U0396902

广西文物保护与考古研究所学术丛书

WILEY

【澳】彼得·贝尔伍德 著

Peter Bellwood

陈洪波 谢光茂 等 译

First Farmers

The Origins of Agricultural Societies

最早的农人

农业社会的起源

上海古籍出版社

图书在版编目(CIP)数据

最早的农人：农业社会的起源 /（澳）彼得·贝尔伍德著；陈洪波等译. —上海：上海古籍出版社，2020.9
（广西文物保护与考古研究所学术丛书）
ISBN 978-7-5325-9706-2

Ⅰ. ①最… Ⅱ. ①彼… ②陈… Ⅲ. ①农业史-世界 Ⅳ. ①S-091

中国版本图书馆 CIP 数据核字(2020)第 137087 号

FIRST FARMERS The Origins of Agricultural Societies by Peter Bellwood
ISBN：978-0-631-20565-4

最早的农人——农业社会的起源
（澳）彼得·贝尔伍德 著
陈洪波 谢光茂 等 译
上海古籍出版社出版发行
（上海瑞金二路 272 号 邮政编码 200020）
(1) 网址：www.guji.com.cn
(2) E-mail：guji1@guji.com.cn
(3) 易文网网址：www.ewen.co
常熟市文化印刷有限公司印刷
开本 635×965 1/16 印张 34.25 插页 2 字数 415,000
2020 年 9 月第 1 版 2020 年 9 月第 1 次印刷
印数：1—3,000
ISBN 978-7-5325-9706-2/K·2880
审图号：GS(2020)4154 号 定价：128.00 元
如有质量问题，请与承印公司联系

目　录

插 图 目 录

表 格 目 录

中文版序

《最早的农人》英文版出版于 2004 年底，至今已经有 15 年了。虽然 2004 年版后来没有做过修订，但我很有信心，15 年以来考古学、语言学和遗传学方面新的研究成果并没有推翻该书的主要观点，食物生产方式的转变仍然是整个人类历史上最重要的变革之一。

《最早的农人》出版以来反响甚佳，2006 年获得了美国考古学会最佳著作奖(Book Award from the Society for American Archaeology)，引用率一直颇高。但争议也不少，特别是针对农业人群迁徙理论，以及使用多学科方法解释农业传播的可行性等方面(Bellwood et al. 2007)。基于过去 15 年来考古学、遗传学和语言学研究上的重大进展，今天大多数史前学家都已经认识到，人群迁徙在人类社会的各个时期都是普遍现象，大家不再像过去那样认为古代社会是静止和固化的，迁徙只是一种例外。

这个研究领域的新进展，读者可以参看我 2013 年出版的著作《最早的移民》(*First Migrants*)。该书讨论了人类史前时期各个阶段的迁徙状况，其中第六章至第九章是关于农业扩散的内容，与《最早的农人》相近，所列参考文献截止到 2012 年。我主编的《史前世界人类迁徙史》(*The Global Prehistory of Human Migration*, Bellwood 2015)，参考文献也更新到 2012 年，收集了世界多个地区的考古学、语言学和遗传学资料。我的著作《最早的岛民》(*First Islanders*, Bellwood 2017)也使用了中国华南和东南亚的新材料，特别是关于南岛语族人群从中国华南扩散到岛屿东南亚和太平洋方面的内容。

自《最早的农人》出版以来,我们对于早期农人问题的认识有了几项重要突破,尤其是关于野生动植物驯化的年代。现在我们很清楚地知道,促使动植物从野生型转变为驯化型的人类选择过程经历了数千年,最终才开花结果(Bellwood 2009)。农业起源的一些关键地区,例如西亚(Willcox 2012)、东亚(Stevens and Fuller 2017; Ma et al. 2018)、中美洲(Piperno 2011a, 2011b)和南美洲(Kistler et al. 2018),其考古证据都表明了这一点。《最早的农人》一书曾经提到作物驯化在开始阶段进展相对缓慢的现象,但是未做深究。在东亚,可识别的驯化稻最早出现在距今 9 400 年前的浙江北部(Zuo et al. 2017),这个年代接近了距今 11 000 年前西亚纳图夫文化晚期和前陶新石器时代 A 段开始初步(驯化前)栽培行为的时间。在长江以北的华北地区,粟和黍最早栽培的时间也与之相当。

但完全驯化的水稻(特征为颗粒饱满、抱穗不脱、同步成熟,《最早的农人》第二章对之有所解释),直到大约距今 6 000 到 5 000 年时才在新石器时代作物群中占据主导地位(Stevens and Fuller 2017),这意味着从野生到驯化的转变需要大约 3 000 年的时间才能实现。尽管如此,长江下游从新石器时代早期的上山文化到中晚期的崧泽文化和良渚文化,其间三四千年里的人口仍有显著增长。当前中国学者针对中国北方和长江流域的新石器遗址已经做了大量工作,发表了很多资料。从遗址的面积和数量上我们可以了解到,人口普遍增加(Cohen 2011; Wagner et al. 2013; Yu et al. 2016)。黄河和长江中下游的农业核心区,从距今 9 000 至 5 000 年,人口数量增长了 10 倍以上。世界各地的民族学和历史学资料都充分证明,人类正是通过垦殖周边环境使得自身快速繁衍,人口得以增长,《最早的农人》第二章说明了这一点,中国新石器时代的情况显然也是如此。

例如,早在 5 000 年前,浙北良渚这一重要遗址就已经接近城市状态，人口多达3万，建立了灌溉稻作农业经济体系（Bin et al. 2017）。如果要为新石器时代华南向东南亚的移民假说寻找人口增长的时代背景，那实在不难找到。根据2015年以来的古DNA全基因组研究结果，甚至会轻而易举地发现这种现象（Lipson et al. 2018；McColl et al. 2018；Bellwood 2018），但是中国国内目前还没有发表过关于人类迁徙的古DNA研究成果。

人类为什么要发展粮食生产？这仍然是一个很有争议的话题，今天对这个问题的回答比2004年并没有多少进展。是否存在一个全局性的环境背景动因对所有地区都发挥了作用？不少人认为冰期后气候的改善（趋向温暖湿润）是一个重要的刺激因素，随着狩猎采集人群数量和密度的提高，催生了家族"私有（Private）"财产观念的产生，并使得聚落规模扩大，这个说法是正确的吗？（Gallagher et al. 2015；Bowles and Choi 2018；Kavanagh et al. 2018）。是不是在狩猎采集人口密度日益增加的情况下，"私有财产（Private Property）"而非强制共享的观念推动了种植作物的需求？今天，这成为一个流行的假设，比2004年时更甚。2004年时多数学者更赞成生存压力和风险管理是农业发生的原因。常说的一个例子就是新仙女木事件，导致了在距今11 000年时全球变冷，这是一个短暂但非常剧烈的气候逆转时期，在冰期后的普遍改善中触发了最早的耕作活动（Moore and Hillman 1992）。

这些根本的和潜在的全球性"动因"，如果它们确实存在的话，应该激发粮食生产在世界各地同时发展起来，特别是许多众所周知的农业起源地，如西亚、东亚和中美洲。尽管这些转变本身是在不同的地方独立发生，但是，这些地区向农业的转变是否足够共时，可否表现出是一个单一原因在发挥作用？

答案仍然是否定的。我们完全看不出全世界在同一个时期一致转向粮食生产。在公元前10000年时，从开普敦到乌斯怀亚和霍巴特，整个世界并没有突然都变成新石器时代，虽然这些地方的环境条件当时都具有发展农业的可能性。世界各地农业发展的轨迹在年代和速度上千差万别。如果我们把农业与欧亚大陆新石器时代画等号,那么毫无疑问,这种特定的生活方式,如定居村落、磨制石器、陶器技术、驯化动植物,在各地并不是同时出现的。英国的新石器时代比叙利亚晚了 5 000 年,比长江流域晚了 3 000 年,质疑测年数据存在偏差似乎并没有充分的理由。所以,结论是很明确的:世界各地的史前农业,其起源地区、传播年代和传播速度都各不相同。

当然,栽培行为在植物形态呈现驯化很久之前就已经发生了,人们可以通过强调这一事实来掩盖农业起源的问题。这个观点将某些地区包括美洲的农业起源上推很早,甚至到了更新世-全新世之交(Piperno 2011 a; Kistler et al. 2018)。但是,很难找到这个时期农业广泛起源的确凿证据,而且,当人们意识到世界上(如华北和日本)新发现的许多陶器的年代都早于新石器时代,并且属于狩猎采集社会,这个说法就更难以成立。我们不能再简单地用有无陶器代表食物生产的存在与否。例如中美洲和西亚地区农业的最初发展就是在没有陶器的情况下发生的。是否存在食物生产,只能通过植物考古和动物考古的证据材料来确定。

正如我在本书中的论述,我们只能得出结论,即世界各地的“新石器时代”年代早晚差异很大。不管是什么原因造成人类开始从食物采集转向作物栽培和家畜饲养,农业只在世界上几个特定地区发生,然后传播到其他地区。传播通常会覆盖一整块大陆,需要很长的时间才能到达终点。速度缓慢是因为每次传播都需要大量的人口迁移,相应地这要求农业人群自身不断繁衍,传播并非完全是土著狩猎采集者接受农业的结果。

现在我们从人类体质和语系方面的研究来考察这一问题。自 2015 年以来,最重大的进展来自对古人类耳内岩骨提取 DNA 的研究(Reich 2018)。由于这一进展,2004 版《最早的农人》关于遗传学内容的第十一章是所有章节中最过时的一章。现在比以往任何时候都更清楚，当今世界76亿人口中的大多数，他们的血统、文化和语言都是由世界上不同地区的早期农耕和畜牧人群扩散而来，可能只有一直居住在极不适宜耕作之地（如沙漠、高山、高寒地区）的人类例外。这个结论在2004年肯定没有现在这么清楚。

自2002年以来（Bellwood and Renfrew 2002），这个观点被称为"农业/语言扩散假说"，或"早期农人扩散假说"，本书使用后一个术语。然而，从古DNA的研究中可以清楚地看到，在农业兴起之前，史前人类也曾多次进行跨越世界的迁徙。即便今天，世界上所有人的基因并非都来自同一个祖先。早期农业人群确实传播了其语系的底层语言[在语言学上称之为"原语言(proto-languages)"]，例如原始印欧语、原始南岛语和原始汉藏语，但后来同语系的农人和游牧者在前期语言层之上又覆盖上了新的语言层。

一个典型例子就是汉藏语系中的汉语，扩张范围遍及今天整个中国，特别是从战国（周朝末年）到秦汉时期，大约在公元前500年至公元300年之间，汉语的传播极其迅速（Bo Wen et al. 2004; La Polla 2015）。另外一个例子是颜那亚人（Yamnaya），在公元前2500年左右从乌克兰和俄罗斯的大草原扩张到中欧和北欧部分地区（Reich 2018）。这并不是整个印欧语系的源头，但颜那亚人可能将古波罗的海语和斯拉夫语传播到了以前由印欧语系其他人群占据的欧洲某些地区（Bouckaert et al. 2012; Heggarty 2019）。

回首2004年，在我完成这部书稿的时候，我是如此描述"早期农业扩散假说"背后的动因的。世界最后一次走出冰河时代，热带和温带地区的很多居民开始改变他们的生活方式，从狩猎和采集转向食物生产，驯化动物和植物。随着食物生产水平的提高，某些（但不是全部）区域的农业人口迅速增加，尤其西亚、东亚、热带西非和中美洲最为突出。由于人口增加带来的压力，需要开拓更多土地以种植作物和放牧家畜，于是造成了向新区域的移民。随着人群迁徙,他们的语言、基因和生活方式也随之传播开来。

语言和语系在这里尤为重要。30 多年前,很多考古学家、语言学家和生物学家开始意识到,世界上许多特大语系的起源与对食物生产的日渐依赖有关。各大语系在殖民时代(从 1492 年美洲伊利比亚移民点建立算起)之前的分布,与人群种族和考古学文化的分布范围高度重合。这些农业、基因和相关语言的传播深深植根于史前时代,远早于希腊、罗马、汉朝等文明的兴起和帝国的征服。在世界许多地区,这个时期大多相当于农业起源时代和新石器时代。

我和其他同行最初在 20 世纪八九十年代提出了“早期农业扩散假说”,并在《最早的农人》一书中做了详细阐述。今天,在考古学、语言学和进化生物学或遗传学带动科学研究日新月异的背景下,人们开展相关研究,对于我们的观点,既有支持者,也有反对者。“早期农人扩散假说”在 30 年后的今天还有说服力吗? 新的发现对于农人和狩猎采集者之间长期的复杂关系有没有新的阐释? 本书的读者可以自行判断。

但是,不管答案是什么,没人能否认,如果没有食物生产,今天的这个世界就不可能存在,我们大多数人也不会存在。

2020 年 2 月

彼得・贝尔伍德

关于中文版插图的说明

读者会注意到中文版的插图与 2004 年的英文版有所不同。出于版权和成本的考虑,我删去了原来的图 4.4、4.5、4.6、10.6、11.2,并且没有换上新的插图。图 10.5 是新增的插图,由罗杰・布伦奇(Roger Blench)提供。原图 10.9 和 10.10 替换为新图 10.8 和 10.9,图名也做了修改。删除了原图 11.1,因为古 DNA 的新证据使得这三个部分的内容已经过时。

英文版序

xv
xvi

重建全球性的人类史前史实非易事。本书主要关注古代农业的起源和人群的扩散。即便如此,恐怕当世学者也很难有谁能全部通晓本书涉及的所有学科,我自己也只是对考古学有所专攻。考古学确是重建人类历史的核心学科,但同时还必须参考其他多个学科的研究成果。

因此,本书任务艰巨。关于人类史前时期在全球范围内温带和热带地区的农业传播,其假说的主要基础是多学科研究结果的相互印证。虽然它们本身并非直接证据,但却可以作为一个非常有力的理论的一部分呈现给读者,具体内容我会在导论章节中详细阐述。下面,作为背景,我想给大家介绍一下我是如何对人类文化、语言和生物多样性这种宏观研究变得如此痴迷的。

20世纪60年代中期,我还是剑桥大学的一名学生,主要研究罗马帝国西北诸省考古,以及后罗马时代(日耳曼人迁徙)考古。当时,格雷厄姆·克拉克(Grahame Clark)领导下的剑桥大学人类学系最热门的方向是旧石器时代、中石器时代、新石器时代和青铜时代考古,所以我可能是选了一匹黑马(黑马之黑,倒不是因为我研究的是日耳曼黑暗时代)。之所以选择研究欧洲西北部晚期考古,是因为我希望研究现代欧洲人的直系祖先。从事这方面的研究,既可以参考历史文献,又有丰富的考古资料。

在剑桥学习的最后一年,我开始意识到,虽然罗马和盎格鲁-

xvi
xvii
撒克逊考古研究极有价值，但这个领域并不能带来对世界范围内古代人类历史的革命性认识。我已故的老师，琼·利弗斯奇(Joan Liversidge)和布赖恩·霍普-泰勒(Brian Hope-Taylor)，可能会赞同我的看法。由此我的兴趣开始转移。1964年，我和诺曼·哈蒙德一起参加了一个大学生考察活动，去调查突尼斯和利比亚的一条罗马大道，随后在1966年，又和塞顿·劳埃德和克莱尔·戈夫去了土耳其和伊朗进行考古调查。总之，我打算在更为偏远和有趣的地方寻求一下刺激。

机会很快来了。1967年，我被新西兰奥克兰大学聘为讲师。我用了6年的宝贵时间来研究波利尼西亚，特别是跟随篠远喜彦(Yosihiko Sinoto)在马克萨斯群岛和社会群岛工作，后来在新西兰和库克群岛又开展了我自己的研究项目。在此期间，我发现了历史语言学的价值，还发现所谓波利尼西亚人实际上是有共同起源而且起源很晚的一群人。我开始想了解，分布范围如此广大的一群人到底来自何处？定居各个岛屿之后又是如何分化的？当然，即使在1967年，我也不是唯一一个对波利尼西亚人起源研究感兴趣的人。沿着18世纪70年代库克船长和福斯特开创的探索传统，在奥克兰大学，我和两位优秀的同事罗杰·格林和安德鲁·波利共同开展研究工作，他们两个也强烈赞同使用考古语言学的方法研究史前史(Pawley and Green 1975)。

1973年，我转到澳大利亚国立大学工作。20世纪70年代是澳大利亚国立大学太平洋群岛和澳大利亚移民研究热的高潮时期。在约翰·穆瓦尼的鼓励下，我开始在印度尼西亚进行研究，并以一手材料证实了我在新西兰时候萌发的学术观点。分布广泛的波利尼西亚人，实际上只是整个南岛语族扩散现象中的一个片段。同时，通过本科教学、季节性田野工作和学术休假旅行，我对世界上多个主要区域的考古研究有了切实的认识，特别是对亚洲和欧洲新石器考古，以及美洲形成期考古。

20世纪80年代初期，我开始认真思考农业人群扩散在人类史前时代的意义。当时大多数考古学家对柴尔德的“新石器时代革命”嗤之以鼻，认为早期农业在绝大多数地区只是一种缓慢而艰难的发展过程。考古界根深蒂固地认为：世界上所有族群起源以后基本上没有动过地方，全部文化特征都是在原地独立发展出来的。西方的学术界，正处在对帝国主义的深刻反省中，故而将文化进化论平等地运用到全世界各个族群。但我关于罗马帝国、日耳曼野蛮人和波利尼西亚移民的知识，令我对以上说法表示怀疑。

在20世纪80年代末和90年代，我开始质疑真实的历史过程不可能如此顺利，特别是出于以下两个重要方面。首先，近几个世纪，就族群而言，形态千变万化，变革剧烈，但考古学家津津乐道的史前社会，变化缓慢，不相往来，长期保持静止状态，这两者之间的差异怎会如此悬殊？其次，世界各地几乎都有人居住，但从有文字记载开始，分布范围如此广大的人群，其语言却只属于极少数几种语系，这是怎么回事？对许多人来说，后一个问题可能看起来很奇怪，特别是它来自一个考古学家。但是，正如我后来试图证明的那样，一个广泛分布的语系必定有一个相对集中的起源地，其扩散历史必然涉及使用此母语的人群的迁徙，至少部分原因会是如此。在这种背景下，语系或人群扩散的广泛程度远远超过我们在民族志或地理大发现之前的世界史中见到的任何政体、帝国或贸易体系的活动。

xvii
xviii

事实上，语言的历史揭露了大多数非语言学者完全不了解的一些重要史实。我开始意识到，人类过去的某些方面必定与考古学家构建的渐进式历史完全不同，后者的观点建立在对民族学调查中人类行为的观察，但在我看来，民族志这个资料库现在变得越来越不可靠。

我记不清楚是什么时候把所有这些零碎的想法拼合为一个整体的，但显然是形成于20世纪80年代这十年(Bellwood 1983, 1988, 1989)。科林·伦福儒(Colin Renfrew 1987)之后提出了关于印欧语系扩散的观点，还有人研究班图语在非洲的传播(Ehret and Posnansky 1982)。我振作精神，全力以赴，搜集了多个学科的大量资料。我也经常感到心灰意冷，因为我发现，基于其他学科构建起来的貌似很有说服力的假说内部也是矛盾重重，情形和基于考古学建立的那些假说别无二致。所有历史学导向的学科都面临着资料的真实性问题，以及利用这些资料进行推理的可信性问题。考古学家在利用语言学和遗传学重建历史方面能否发挥自己的作用？今天，对我来说答案已经很清楚，考古学家确实可以发挥重要作用。因为考古资料，如同体质人类学家的人骨标本一样，是人类过去历史的直接证据。大多数语言学家和遗传学家所依据的都是现代资料，除了特殊情况下得以保留下来的古代文本和古代人骨DNA之外(这两种材料都不常见)。

能够直接反映过去的材料十分珍贵，对于现代大学中的"历史学"学科尤其如此。但是，单纯根据出土材料和古代文献，或者根据现代语言学或遗传学资料推导出的谱系树，重建古代历史都不太可能。这两方面的材料都很重要。两方面都需要对方的独立视角作为必不可少的补充，就像本书中涉及的考古学、比较语言学和生物人类学这三个学科的关系一样。

在此向大家表达我的谢意。非常感谢澳大利亚国立大学太平洋和亚洲研究院制图组的珍妮·希恩，她绘制了大部分地图，这真是一项艰巨的工作。另外一些地图是澳大利亚国立大学的其他同事们绘制的，包括地理系的克莱夫·希尔克、考古学和自然史系的林恩·施密特和多米尼克·奥亚。没有这些地图，本书将黯然失色。

xviii/xix

多位同行阅读过部分手稿，这里按照章节顺序而不是字母顺序把他们的芳名排列如下：尼克·彼得森、欧弗·巴尔-约瑟夫、劳埃德·埃文斯、苏尼尔·古普塔、迪利普·查克拉巴蒂、瓦桑特·辛德、维伦德拉·米拉、大卫·菲利普森、诺曼·哈蒙德、科林·伦福儒、罗杰·布伦奇、简·希尔、安德鲁·波利、罗伯特·阿滕伯勒。对大家的真知灼见我深表感激，任何错误都由我个人承担。

最后，我要感谢我所在的澳大利亚国立大学和我就职的两个系（考古学和人类学系、考古学和自然史系），它们为我提供了便利的设施、充足的时间、丰富的图书资料和出色的助手进行这项研究。澳—美教育基金会（富布赖特基金会）和英国国家学术院分别资助了我在伯克利（1992 年）和剑桥（2001 年）的访问，这对拓宽我的视野非常有帮助。无数的学生，包括研究生和本科生，多年来提问了数不清的问题，他们问起问题来恰如那些不赞成我观点的同行，对我有很大启发。最重要的是，我要感谢我的家人——克劳迪娅、塔内、汉娜和查理，能够支持我对人类过去的探索，希望他们都喜欢这本书。

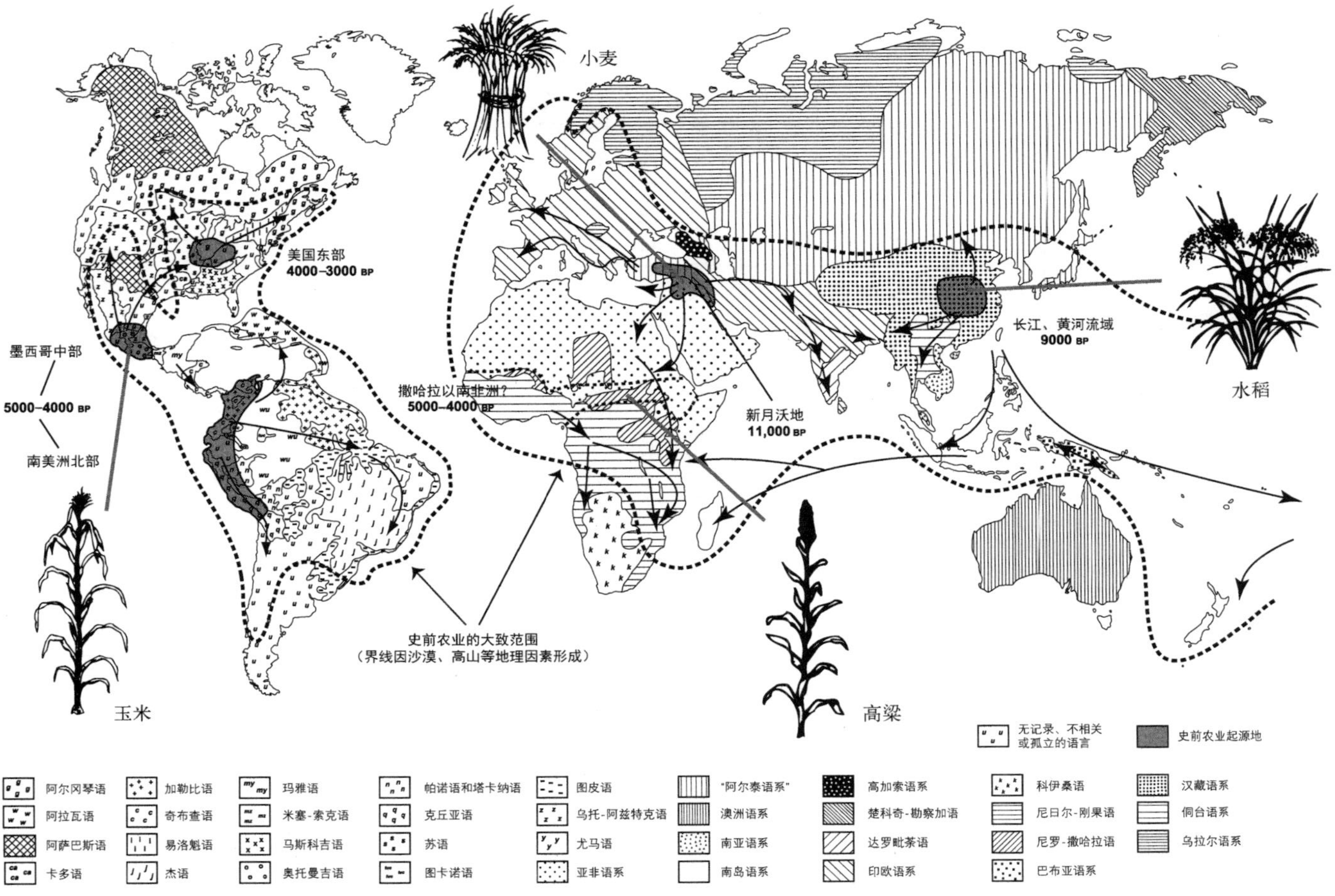

图 0.1　11 000 年以来全球主要农业和语系传播趋向示意图

（据 Bellwood and Renfrew 2003。插图由多拉·肯普和克莱夫·希尔克绘制）

第一章　早期农业扩散假说

概　　述

xix/1

今天，我们大多数人赖以为生的食物主要来自驯化的动植物，回望历史亦是如此。即使是“野生”的食物，如鱼、龙虾和蘑菇，常常也是养殖的。人类能够站在哺乳动物界的顶端，无疑依靠食物生产。如果完全依赖野外狩猎采集，连当今世界人口的零头也养活不了。

提供了世界上几乎所有食物的农业系统已经存在了数千年，而且仍在飞速发展。面对几十亿人口的食物需求以及日益恶化的气候环境，传统农业受到的挑战越来越大，未来只能期许对部分农作物和动物的基因改造带来一个美丽的新世界。我们生活在人类历史进程的一个关键时期，也许是走向未来的转折点，这是一个技术、经济和人口巨变的时代。我们有充分的理由认为，目前生活各个方面的变化之快真是前所未有。

但是，“真实的”史前世界，例如公元前 5000 年或前 3000 年的史前社会，真的如同死水微澜，只是某些地方如埃及和美索不达米亚流光熹微的偶发事件才显露出生机？实际上，有迹象表明，当时的世界就像现代社会一样忙碌，尽管并不存在如此众多的人口和庞大的全球信息网络。本书认为，随着多个人群发明或者采用农业经济，然后传播农业、语言和基因，在某些情况下跨越的距离相当远，世界各地不时上演着人类迁徙的重大事件。这些巨变最终影响了整个世界，甚至包括那些距离农业适宜纬度很远的人群。

1/2

揭开这段历史是一项复杂而艰巨的任务，一定程度上是因为考古学家、语言学家和遗传学家所讲的故事往往互不相干。

专家们讨论过去时通常只关心各自所在学科的材料，这往往会造成争议。为了解决这一问题，本书围绕一个相当简明的多学科假说而展开。“早期农业扩散假说”认为，早期农业生活方式的传播往往与来自农业起源地的史前人类和语言扩散事件有关。虽然历史时期确实多次发生过人口和语言的重组，但是当今全球语系和不同种族人口的分布，仍然主要反映了那些早期传播奠定的格局。

当然，还有一些前提条件。“早期农业扩散假说”并非放之四海而皆准，只有通过理解为什么它适用于某些情况而不适用于另外一些情况，我们才能真正提高对人类过去 12 000 年历史的认识。此外，该假说认为，人口扩张的主要阶段是随着对农业依赖程度的加深而出现的。这种扩张往往意味着人口、语言和文化之间有着很强的关联，就像近代殖民历史所表现出的那样。但是，人们也很容易发现文化、语系和人类基因的分布完全脱节的情况，特别是在民族志记载和现代人群中。例如，人种完全不同的人常说相关的语言，甚至是同一种语言。但是，这种情况并不意味着该假说一定是错的，或者人们的语言、文化和生物学属性从来无关。实际上，这些表面上脱节的状况在许多时候反映了人群的混合过程，实属正常且在意料之中。脱节有时发生在下文所述的传播过程中，有时发生在传播之后很久。

同样重要的是，我们从一开始就要强调，“早期农业扩散假说”并不是说史前时期只有农人才会迁徙到新的土地并建立语系。狩猎采集者在本书中多处都是重要角色，他们的生活方式在长期稳定性和可靠性方面是人类历史上最成功的适应。除了一些海岛之外，狩猎采集者推动了世界各地最初的殖民过程。我无意将农业捧上神坛，而只是考察它对旧石器时代之后人类社会的影响而已。

农业的故事也赋予了世界上所有古代农业人群一种平等的感觉。从这个意义上说，史前这么多的族群和文化都为农业产生做出了贡献，而不仅仅是极少数先进群体。我们在西亚、中国中部、新几内亚高地、中美洲、安第斯山脉中部、密西西比盆地，可能还有西非和印度南部，都发现有明显的农业独立起源迹象。农业的这些发展发生在距今大约12 000年到4 000年之间的许多不同时期，而相关农业体系的对外传播速度差异极大——有些很快，有些很慢，有些则近乎停滞。

2/3

相关学科

为了从历史角度认识人类及其文化的扩张，我们需要研究多个不同学科领域的材料。首先是考古学，即根据来自地上、地下的物质遗存研究古代人类社会。考古学研究占据了本书大部分篇幅，这门学科的优势在于可以直接处理当时产生的证据，这些证据通常可以通过碳十四方法或其他测年方法获得准确的年代。但它也有一个明显的缺点，即这些证据总是零碎的，有时候还非常模糊，反映的往往是人类生存的细枝末节。通过考古材料解释古代社会形态和社会关系实非易事，在史前领域尤其如此。

其次是比较语言学。强调“比较（comparative）”反映了这样一个事实，即我们所关注的语言是很久以前产生的，早于文字的发明，因而直接记录了人类早期历史。不可否认，一些古代文字，如埃及象形文字和赫梯楔形文字，也是很有价值的资料，但是在大多数情况下，比较语言学家是通过对当前仍在说或写的许多语言进行比较研究来重建语言的历史。与考古学相比，比较语言学的优势是现代语言的数据库通常是完整的（整个社会仅靠部分语言无法运行），虽然语言学家并没有直接的时间窗口可以看到古代人的实际交谈情况。在缺乏历史或考古年代的情况下，他们也没有准确的测年方法。原始语言树或语系树都是今人重建出来的，而古代的村落或墓地则是真实存在的。

第三个和第四个学科，分别是体质人类学和考古遗传学，都属于生物人类学的范畴。体质人类学和考古学一样，是研究直接来自过去的材料，即人类遗骸，这些东西在考古环境中当然十分常见。古代人骨也会蕴含 DNA 信息，现在也有了提取和研究 DNA 的技术，但在实践中仍处于起步阶段，迄今为止也很少见到能够直接反映古代农业扩散的大规模历史事件的研究成果。

考古遗传学（Renfrew 2000）是生物人类学这枚硬币的另一面，这门学科当前正处于一个重要的快速发展期。考古遗传学家从现代人群中提取基因材料，并以多种方式建立历史解释。他们主要通过重建非重组线粒体 DNA（mtDNA）和 Y 染色体非重组部分中谱系的分子年龄和地理位置分布，或通过重组核 DNA 内多个遗传系统来进行人群比较。因此，与比较语言学家一样，考古遗传学家是从现代资料中提取信息，但由于受制于人口与基因的抽样范围，样本很少能像现代语言那样完整。

为了支持这些主要学科的研究，我们还从许多其他学科中寻找重要资料。自然科学方面有古气候学和地貌学，它们既研究地球环境的时代变迁，也与动物学和植物学中驯化动植物的起源过程有关。还有人类学中的民族志，其作为对传统社会中真实人类行为的观察结果很有价值。我们还有放射性碳十四物理测年方法和追寻人工制品来源的化学方法。众多学科在广阔的研究领域中所提供的技术方法或观察结果，都可以帮助我们了解遥远的过去。

3/4

但是超越所有其他学科的终极学科是历史学，这不仅仅是指文献记载的历史，更是指过去 12 000 年里在世界范围内展开的人类历史。从比较的角度进行历史解读是我们的目标。在这一探索过程中，考古学、比较语言学和考古遗传学这些学科只是辅助工具而已。

主要观点

本书主要源于对以下两点观察的思考：

1. 在欧洲殖民时代之前，全世界存在（并且现在仍然如此）许多分布广泛的语系，“系（family）”一词意味着相关语言拥有共同的祖先，是从同一源头分化出来的（图 1.1、1.2）。这些语系的存在是因为它们通过多种途径从相同的起源地扩散出来，而不是因为它们将数百种毫不相关的语言融合在了一起。

2. 在人类农业历史的早期阶段，存在着许多分布广泛的考古学文化综合体，它们的人工制品风格十分相似，拥有共同的经济基础，定居程度不高。在考古学文献中，这些文化综合体在旧大陆通常被归于新石器时代（早期），在新大陆被归于形成期（早期）。和语系的情况一样，它们从起源地向外扩散，而且大多数这样的综合体距离农业起源地越远，年代也越晚（图 1.3）。最重要的是，许多农业起源地与主要语系的起源地在地理分布上高度重合。

让我们更细致地看一下这两个观察结果。首先是语系。例如，为什么南岛语系有超过 1 000 种语言，遍布大半个地球？这个语系的祖先语言是通过什么机制传播到如此广阔的区域？同样，为什么在公元 1500 年前印欧语系传播了那么大的范围，从孟加拉直到西北欧（但这个案例跨越的是大陆而不是海洋）？这两个语系实际上在公元 1500 年时就已经达到了目前的分布范围，早于任何文献记载或帝国征服之前。民族志中从未见到过如此大规模的传播案例。在近代历史中确实也存在类似现象，特别是晚近时期语言（不是语系！）的传播，如英语、西班牙语、马来语、阿拉伯语、汉语普通话和粤语。但是，史前语言的传播是何时、何故和如何发生的呢？是否与近代大规模语言传播的情况类似？

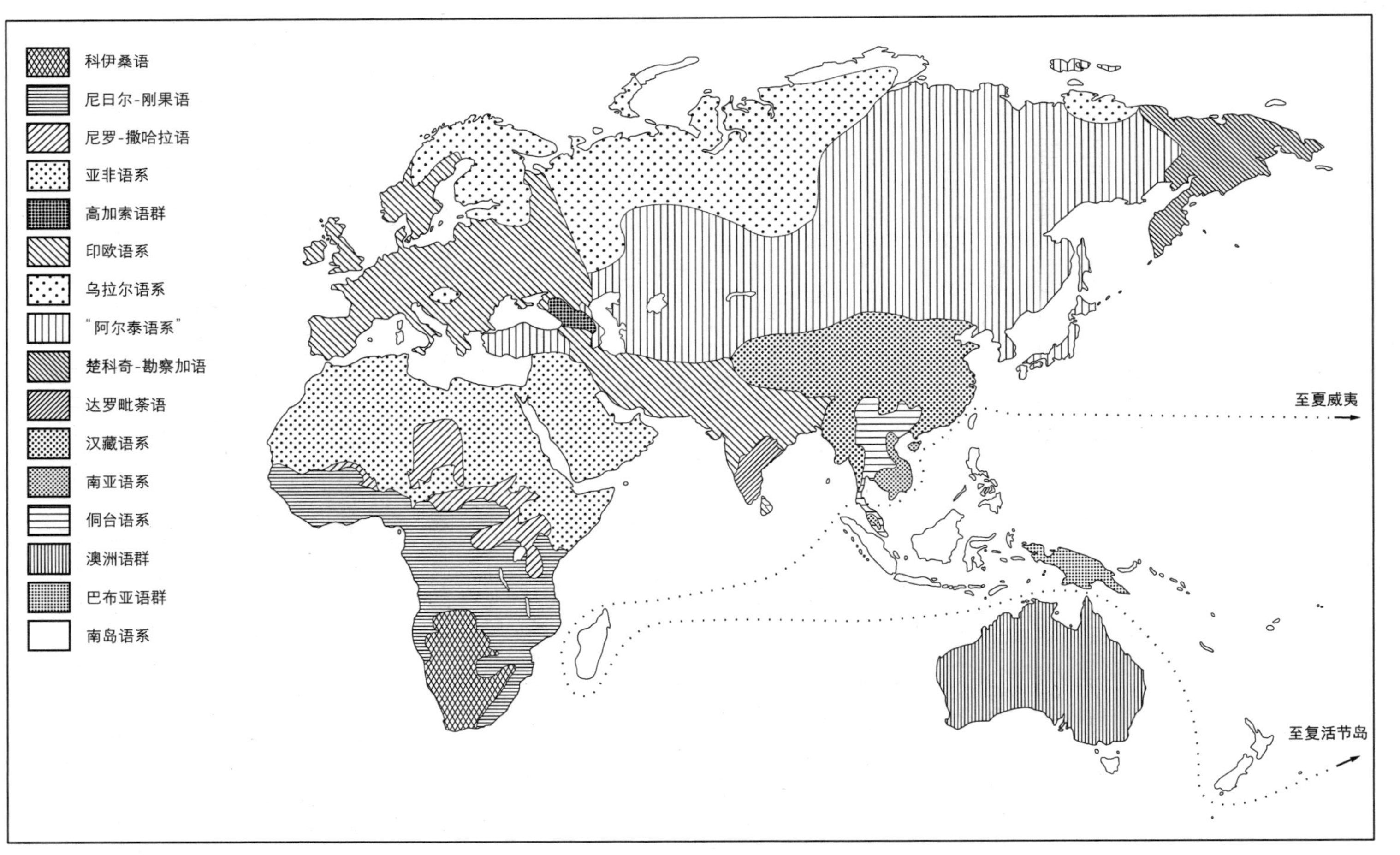

图 1.1　旧大陆主要语系分布图

（标注“语群”[phyla]的地点包含一个以上的语系。据 Ruhlen 1987）

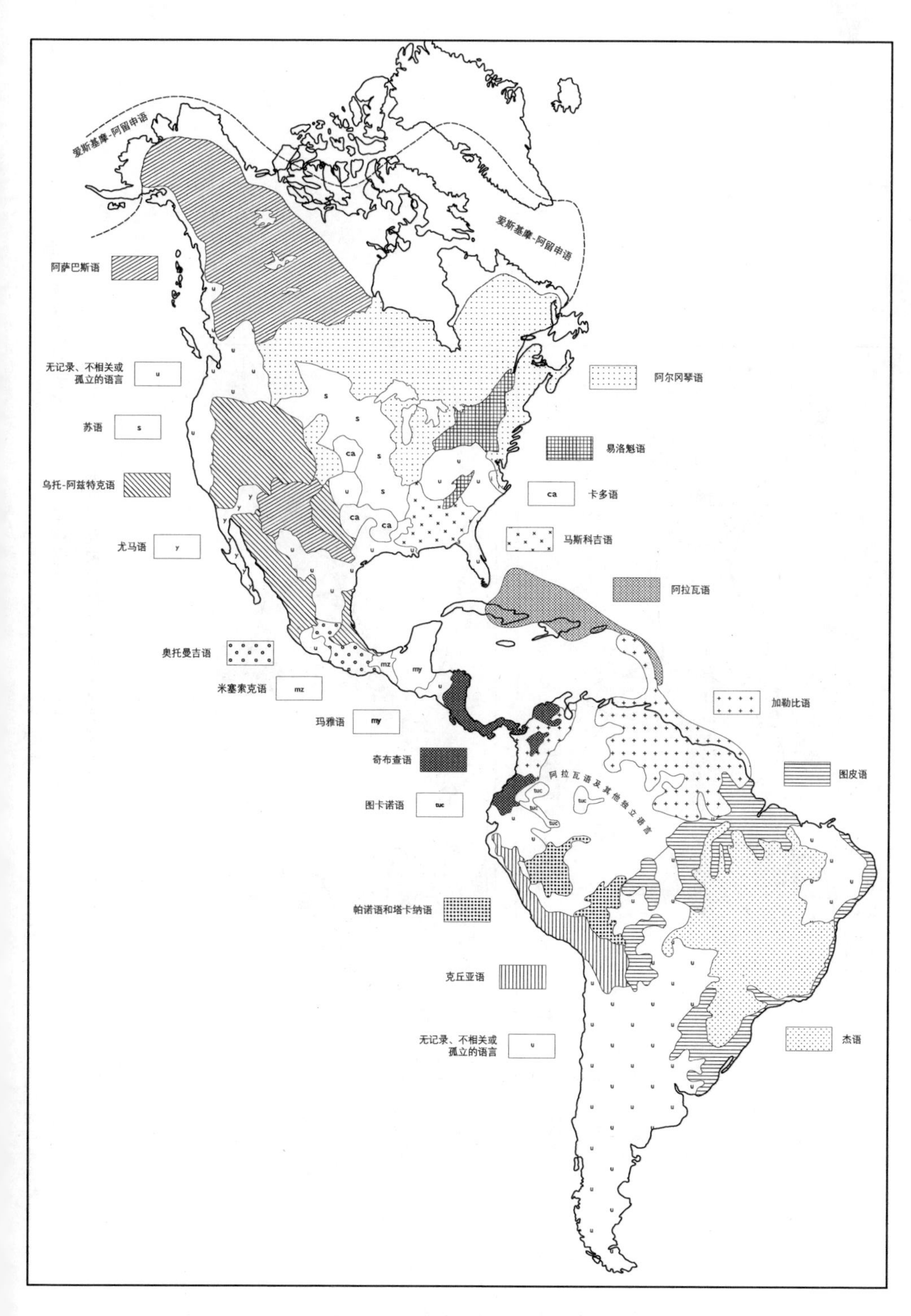

图 1.2　新大陆主要语系分布图

（引自 Encyclopaedia Britannica，15th edn [1982]，Macropaedia vol.11，p.957；vol.13，p.210；vol.17，p.110，有改动）

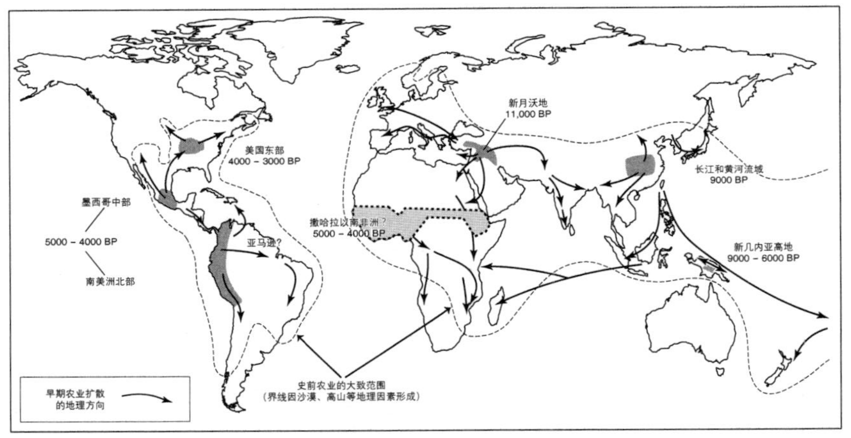

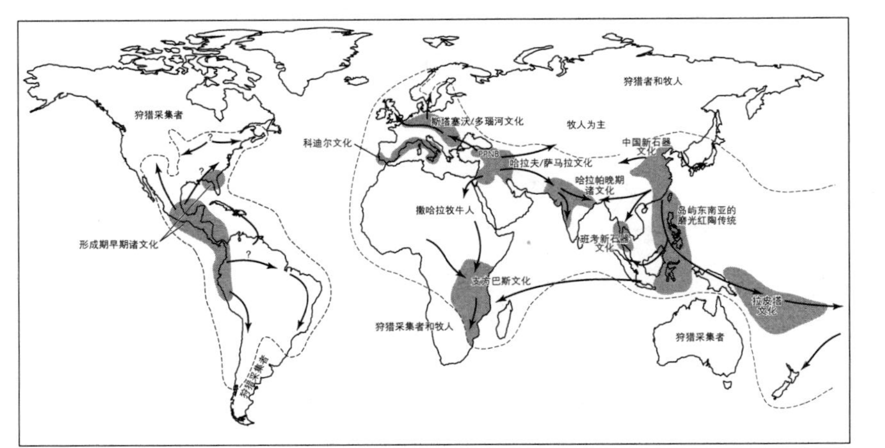

图 1.3　早期农业系统和农业文化起源与扩散方向示意图

（上图显示了考古资料所证实的农业起源主要地区[也见 Diamond and Bellwood 2003，图 1]。下图显示了早期农业世界中一些分布非常广泛的考古学文化[也见 Bellwood 2001b，图 1]）

其次，为什么我们会不时地发现风格一致的考古遗存居然有如此巨大的传播范围？而且传播距离如此之远，在同质性和总体范围上，都达到了空前绝后的程度。史前时期的案例很多，例如前陶新石器时代的西南亚早期农人；巴尔干、多瑙河流域和地中海沿岸欧洲早期新石器文化；非洲东部和南部的早期铁器文化；美洲形成期早期和中期的考古学文化；西太平洋拉皮塔文化及其在东南亚诸岛的前身，以及东波利尼西亚和新西兰岛屿最早的史前文化（图1.3）。所有这些都远远超过了任何可以想象的单一政治单位的疆域，至少在记录小规模农业社会的民族志中从未见到过。

7/8

值得注意的是，这些考古传播往往与相关地区的早期史前农业密切相关，或者像（东部）拉皮塔和波利尼西亚地区一样，与人类的最初定居密切相关。但是，同样记录物质文化的民族志则没有反映出如此广泛的传播关系。例如，在18世纪70年代库克船长航行时期，关于东波利尼西亚诸岛民族志中所记载的人工制品组合（石锛、鱼钩、个人饰物等），与这些群岛出土的1 000年前最早定居时期的考古材料相比，前者显示出群岛之间存在更大的差异。要是我们把民族志中复杂多样的器物组合与3 000年前更为统一的拉皮塔文化器物组合加以对比的话，美拉尼西亚群岛的情况就更为一目了然。我们稍后会更具体地讨论这些文化综合体，但以上两者都说明，在一个非常广阔的区域内建立了广泛且同质的文化基础之后，文化的差异会随着时间推移逐渐增加。

语言和考古记录中的某些传播现象可能难以解释，但常识告诉我们，在人类史前史中，具有共同生活方式和语言的有关人群一定发生过扩散，并且模式同质化的原因也值得人们深思。考古记录足以说明这一点，因为许多农业起源地的人口规模和密度伴随着早期农业出现开始了空前的增长，尤其是在西南亚、中国、中美洲和安第斯山脉北部地区，其文化、语言和人口的传播潜力显而易见。

构成本书主题的早期农业人群扩散反映了两个连续的过程：

1. 本土环境中（考古）或语言新结构的周期性形成；

2. 这些结构扩散到周边区域并发生改变，这些区域有些先前无人居住，有些有人占据。

无论是在传播过程中还是传播之后，这些结构都会发生变化。途径包括对遗传模式的适应性或偶然性改变，从而产生血统或系统发育关系；或通过与其他现代人类种群的相互作用，包括文化和语言上相关的以及不相关的群体，因此产生了一个网状结构的形成过程。纵观历史，这两种改变的相互关系并不是一成不变的。人类社会如果还处于扩散或殖民状态之中，或者刚刚从扩散或殖民状态中摆脱出来，特别是如果扩散的速度较快、范围较广时，那么将会非常清晰地表现出血统之间的关系。正是在这种社会中，我们才有望看到文化、语言与生物变异之间的明确关联。长期稳定处于一定地理范围内的社会，其互动模式将不会表现出这种相关性。[1]

8/9

贯穿本书各章节的观点之一是，在人类史前时期，尤其是农业在某些区域率先发轫，或是物质、人口或思想方面取得优势之后，联系紧密的人群会不时发生间歇性的大范围迁徙。当人类首次进入先前无人居住的区域，例如澳洲、美洲和太平洋群岛，迁徙也会中止。迁徙的爆发实际上只占据了人类历史长河中很短的一段，它们的影响往往被隐藏在错综复杂的互动网络之下，让人很难看清。在此后漫长的几千年历史中，这些网络将不同的人群联结在一起，对人类历史进程和多样性发展产生巨大的潜在影响。

指导原则

这里有必要提出一些关于人类行为和历史某些基本方面的关

键指导原则，这些原则对于重建本书所述早期农业扩散过程有很大的帮助。

1. 在农业发展的时段内，人类个体的行为模式是相对一致的，大致处于同一范围。

鉴于现代人类的生物学统一性，万年前的个人行为模式在一定程度上与今天相差无几。因此，追求经济和繁殖的成功、同伴的认可、免于恐惧和疾病的自由，以及精算过的利他主义和道德行为，大概一直都和我们这样生理意义上的现代人一样。同样，人类也有索取和破坏的能力。虽然这种看法无法得到完全确凿的证实，但也没有证据证明存在其他可能性。这是一个基于均变原则的有效假设。

2. 史前史上的具体事件不一定能通过与民族志的直接类比来重建。

尽管上文提出人类个人行为均变论的观点，但史前人类群体的总体历史轨迹不能用均变论的方式来解释，当然也无法从民族志中观察到的事件进行比较解释。民族志并不是了解民族志产生之前更早历史结构的完整而可靠的指南。对于史前时期发生的一系列事件来说（具有偶然性和独特因果关系轨迹的特定历史情境），民族志记录中绝对没有相似的事件。其中一类情况就是主要语系的语言传播。另一类就是狩猎采集者和新石器时代农人对新大洲和群岛（澳大利亚、美洲和太平洋）的殖民活动。这些都是民族志中没有的。

9/10

民族志的世界不是一个反映扩张模式的世界——它未包含我们所看到的那种跨大洲人口扩散的记载，例如像近代西方的殖民历史事件。它记录的主要是一个在西方文明压力下的社会（当然，也有一些明显的例外，但不足以颠覆多数情况）。这并不意味着民族志在我们所讨论的问题上毫无价值，实际上它是非常重要的，下文将从比较角度详细讨论它的各个方面。但是，民族志不能被当作一种机制来支持或反对从考古学或语言学得出的具有重大历史意义的假说。

3. 史前具体事件无法通过与文献记载的直接类比来重建，尽管对于有关人群扩散的情况，文献记载的相关性可能比民族志更密切。

从公元前3千纪的苏美尔人、阿卡德人和埃及人遗留给我们的最早的文献，直到近代历史上阿拉伯人、中国人和西欧人的扩张，文献记载完整记录了民族语言扩张和收缩背景下的人类活动，而没有民族志的那种局限性。总的来说，要对本书中提出的大规模民族语言传播假说进行比较评价，这种历史记载可能比近代部落民族志更有价值。历史记载对于考察语言在近代历史上如何流传到广阔区域的比较研究特别有用。这些区域的范围远远超过任何单一政体的疆域，而与我们所能想到的世界上众多语系的基本传播地理范围差不多。

4. 规模是文化历史阐释中的一个重要因素。

单层次的现实社会是一幅纵横交错的拼图，是文化传播、通婚和双语代代相传的结果——一般来说，是社会化和人类追求利益活动的结果。然而，如果从全球比较的观点看，这个看法可能会发生变化。在全球层面上，有可能超越区域人类多样性的横向镶嵌，发展到一个更大的规模，历史和地理范围都远远超出特定民族志或考古学文化区的界限。在这样的大陆尺度背景下，小尺度现实呈现的不规则性被"消除"了。这一大尺度上的史前史不仅仅是考古学和民族志情景的无穷总和，还涉及一种不同的人类观，一种在内容狭隘的民族志世界中领略不到的完全不同的人类观。例如，南岛语系的扩张不能简单援引我们在民族志中所见相邻村民使用双语甚至语言转换的互动过程来解释。在解释史前史时，规模很

10/11

重要。大陆尺度的考古学和历史语言学解释远不是民族志观察能够相比的。

人口扩散无疑一直是人类历史上一个非常重要的过程。它贯穿了整个史前史,也发生在历史时期,它既进入了先前无人居住的地区,也进入了先前有人居住的大洲。自人类诞生以来,它就是许多文化发展的根本推动力,甚至可以追溯到人类第一次走出非洲的原始时代。它也可能导致社会等级和财产概念的强化,特别是在以土地占有为中心的农业时代,许多群体社会就是因此建立起来的(Bellwood 1996d)。

无可否认,人口扩散一直是人类长期进化过程的前因,而不是外因或者内因,但这并不会削弱它的重要性,没有它,人类仍将生活在非洲的伊甸园里,或者已经完全灭绝了。

第二章　关于农业起源与扩散的思考

农业的起源，既是人类刻意干预的结果，也是生态环境和进化法则的产物。

肯特·弗兰纳里(Kent Flannery 1986：4)

本书的主题，主要是通过语言学和考古学材料考察新石器时代(美洲称之为形成期[Formative Period])农业体系和人群的大规模扩散。一些学者认为，如果扩散人群已主要依靠农业(包括畜牧业)为生，并且他们有在新环境中复制同一农业体系的技能，那么这类扩散就会持续不断地发生。民族志中有不少狩猎采集者已具备类似农业的资源管理技能，有一些甚至偶尔进行小规模栽培活动，但是，这种低效能的经济方式并不能解释我们所说的这种大规模文化和语言播迁事件。因而，我们首先要提出以下几个重要问题。

1. 农业是什么？它的生产效率可以达到何种水平？最多可以养活多少人口？

2. 农业是如何起源的？

3. 在生产力和生产方式上，农业和狩猎采集之间有什么样的联系？

4. 当狩猎采集者开始与农业人群接触时会有什么样的反应？

5. 通过接触和借鉴，狩猎采集经济体系能够完全转化为农业经济体系吗?

为了研究上述问题,我们必须先明确几个定义。

资源管理(resource management)　资源管理是农人、狩猎者、采集者等人群从事的一整套活动,可以解释为繁殖、照料和保护某类物种的技术,以减少来自其他物种的竞争,延长收获周期或提高产量,确保该物种能在特定时间和地点生存,扩展或者改变物种的性质、分布范围和生长密度(据 Winter and Hogan 1986: 120。实际上这是作者对于"作物管理[plant husbandry]"的定义)。资源管理并不等同于农业或作物栽培,很明显,在农业开始之前很久,动植物的利用者已经在一定程度上进行了长期的探索。

12/13

作物栽培(cultivation)　作物栽培是农业体系的基本组成部分,由人类的一系列活动组成,包括播种、照料、收割等环节,在下个生长季节再次有意识地修整田地和播种,以实现轮回。作物栽培是人类一项有意识的活动,在早期驯化植物的进化过程中,种植行为的季节循环发挥了至关重要的作用。野生植物可以拿来和驯化植物一样去栽培,但在某些情况下,收获了野生植物的成熟种子,以后继续种植,通过栽培行为的筛选,植物的形态很快就会呈现出驯化特征。下一章将会更充分地讨论这个过程。

驯化(domesticated)　考古出土的驯化植物,与野生种类在外观形态上已经有明显区别。这是因为人类有意无意选择某些特征,通过栽培行为改变了野生植物的基因类型。一些驯化植物变得只有依赖人类才能繁殖,例如,许多谷类作物成熟时,它们的谷穗已经失去了成熟后炸裂以散播种子的能力,现代玉米的这一特征表现得特别明显。但是,在这里,驯化的概念仅仅指因为人类干预产生的某种程度的外在形态改变,并不是说这些植物在自然条件下自身已经无法繁殖。

对于动物来说,如果明确有了人为控制和饲养迹象,就可以称之为驯化或驯养。动物的生活范围如果脱离了原生地，一般来说就算存在这种迹象。比如，从西南亚和欧洲带到非洲的山羊和绵羊，从中国和东南亚带到太平洋群岛的猪和鸡。反而在这些动物的公认原生地，尤其是前农业时代也在利用此类野生动物的地区，在其早期农业阶段，考古研究很难将猎物和家畜区分开来。另外，许多动物物种驯养的鉴定标准比较模糊，根据的是动物骨骼尺寸和年龄、性别比例的渐变而不是突变。动物驯养使得某些地区的生产力大为提高，对于农业人口增长和扩散发挥了主要作用，在旧大陆尤其如此，下文将会详述这一点。事实上，动物驯养很可能是造成旧大陆和新大陆早期农业扩散巨大差距的主要因素之一。

应该补充说明的是，本书所用“农业(agriculture)”一词包括了植物栽培和驯化在内的所有活动。在一些考古著作中，有种倾向是将农业和“园艺(horticulture)”区分开来，农业是以田地为基础的单一作物种植活动，园艺则是以园圃为基础的多种作物种植活动。因为这两类活动在考古材料中经常很难区分，所以本书只是在引用民族志案例时候才使用“园艺”一词。对“树艺(arboriculture)”一词也是如此处理，一般仅指果树经济。

农业的意义：生产力和人口数量

13/14

农业的历史意义在于，它奠定了万年以来人口增长的根基，也是我们称之为“文明”这种现象的生长基础，尽管在这里我们无意将这个因果关系链延伸到城市化、国家化和文明化等领域。在今天这个人满为患、不堪重负的世界，我们仍在享受着人类历史上农业革命带来的成果。

不言而喻，农业带来的人口增长肯定超过狩猎采集。一般来说，一个狩猎采集家庭通常需要数平方千米的资源域才能养活自己，一个游耕家庭则需要几公顷的土地来种植作物为生，而一个灌溉农业家庭只需要不到一公顷的土地就可以养家糊口。因此，随着生产集约程度的提高，可以养活一个正常生存单位，例如一个家庭或个人所需要的土地数量越来越少。费克里·哈桑的民族志调查显示，狩猎采集者的人口密度一般情况下低于每平方千米一人，在不列颠哥伦比亚的海达(Haida)地区，每平方千米的自然资源养活了十个人，达到了最大值。仍然处于史前阶段的西北海岸狩猎采集群体人口密度达到了一个不可思议的水平，它是如何维持的尚不清楚(Hassan 1981; Butler 2000)。未采取集中定居方式的游耕者，人口密度从每平方千米 3 人到近 100 人不等。灌溉农业人口密度则可以达到更高。因此，在人口密度上，资源最丰富的觅食者(如美国西北海岸)与集约程度最低的农耕者之间有一些交叉，但重合范围很有限。

本书研究的是农业人群的最初扩张，这个时候世界尚被狩猎采集者占据，任何体现了农业人口增长与扩张潜在能力的资料都值得关注。农业发展的初期，卫生状况可能还是比较健康的，历史上的一些主要传染病(现在知道许多疾病源于家畜)在这个时候还没有流行开来。并且，也许很多作物这时候也是没有病害的(Dark and Gent 2001)。当然，在拥挤和肮脏的居住环境中，一旦疾病流行开来，对农耕者和狩猎采集者无疑都是毁灭性的。但在这儿，我们关注的是“最早的农人”的情况，这是一群相对健康的人，他们搬去的地方，要么之前无人居住，要么只有很少的狩猎采集者。

相对而言，近代历史上的人口增长和扩张速度有时非常之快。近代澳大利亚、南非和美洲的殖民历史，中国大陆向台湾岛的人口迁徙，以及邦蒂号(Bounty)军舰叛乱者后代在皮特凯恩群岛(Pitcairn Islands)上的繁衍(图 2.1)，这些案例都提供了非常重要的比较资料。[1]这些例子表明，在边缘环境中，农业对于促进内部人口增长效果是十分明显的，尤其是在原来无人居住或原居民抵抗微弱的地区。但是，人口的快速增长很快就会随着土地紧缺和社会经济预期的改变而结束。不过，很有启发性的是，我们观察到19世纪中期澳大利亚白人妇女的平均生育率是20世纪初的三倍多（表2.1）。这种增长，是在快速殖民化、资源充足和婴幼儿夭折率低的情况下文化促进的人口增长，特别是与英国本土相对比，可以看得更清楚。考古资料表明，在世界许多地区农业开始系统性发展之后，类似的情况都会发生，至少在几个世纪内，人口会呈几何级数增长。人类大规模繁殖的能力是毋庸置疑的（Sherman 2002；LeBlanc 2003a），至少在条件适宜的情况下是这样。

14/15

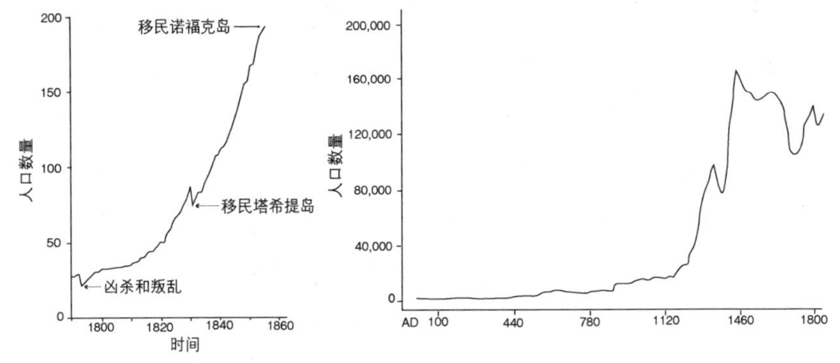

图2.1　在没有外来移民的情况下边缘地区农业人口自身激增的两个案例

（左：1790—1860年代皮特凯恩岛的人口。在此期间，皮特凯恩岛的人口从27人增加到了193人，在没有新来移民的情况下，66年间人口增长了7倍。据Terrell 1986；右：夏威夷群岛史前人口数量增长曲线，以各居址的碳十四年代分布作为人类活动强度变化的指标。详见原著第18页的解释。据Dye and Komori 1992）

表2.1　边缘地区人口的快速增长：1841—1897年澳大利亚白人妇女生育率

（这里需要注意的是生育率的持续下降，整个时间段里下降了一半还多。数据源于Vamplew 1985：55）

妇女生育年份	每个已婚妇女的平均生育数
1841—46	6.8
1846—51	6.5

续　表

妇女生育年份	每个已婚妇女的平均生育数
1851—56	6.3
1856—61	5.7
1861—66	5.1
1866—71	4.6
1871—76	4.0—4.2
1877—82	3.8
1882—87	3.6
1887—92	3.3
1887—97	3.0—3.1

一些考古研究也为这种观点提供了佐证。费克里・哈桑(Fekri Hassan 1981：125)认为，早期农业带来的人口增长速度非常之快，在世界向农业社会过渡的整个过程中，全世界的人口可能从1 000万增加到了5 000万。菲利普・史密斯(Philip Smith 1972：9)曾指出，在公元前8000年至前4000年间，作为世界上史前农业主要起源中心的西南亚，人口可能从10万人增长到了500万人。布莱恩・海登(Brian Hayden 1995)估计，从纳图夫文化时期到前陶新石器时代B段(大约公元前10000年到前7500年)，黎凡特的人口数量增长了约1600%。马克・哈德森(Mark Hudson 2003：312)在评论小山修三(Shuzo Koyama)的研究时提到，从绳文时代末期(约公元前300年)到公元7世纪，日本人口可能从7.5万人增长到了540万。

15/16

不幸的是，考古学家无法准确知道史前时期某地到底有多少人口，但是他们可以从遗址位置、遗址数量和占地面积的历时变化来估算出相对接近的数值。如图2.2所示，新西兰两个主要岛屿的例子说明了语言相同的不同人群在迁徙到不同环境时农业对于

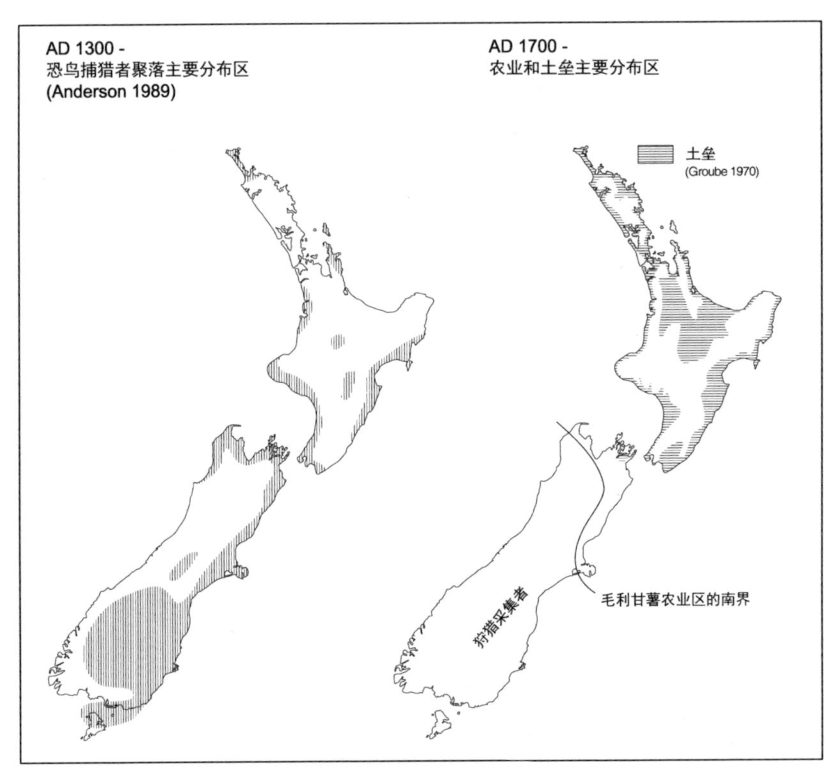

图 2.2 农业在新西兰毛利人史前史上的重要性

(左：新西兰古代期[捕猎恐鸟时期]遗址分布图，约公元 1300 年，毛利人移民初期；右：北岛土垒防御工事和甘薯农业区，南岛狩猎采集文化，约公元 1700 年)

推动人口增长的重要性。大约 800 年前，毛利人祖先从热带地区的波利尼西亚移民到了荒无人烟的新西兰，他们熟练掌握了块茎类作物的种植方法。但遗憾的是，新西兰是温带气候，只有北岛边缘地区适合种植甘薯(the South American sweet Potato)，这也是该地区唯一适宜生长的块茎植物。尽管毛利人拥有丰富的农业知识，但在新西兰大部分地区，他们不得不因为环境不适于作物种植(尤其是中部和南部地区)而放弃农业，只能回过头来重操狩猎采集经济，依靠丰富的海洋资源和恐鸟(moa)为生。在一个世纪左右的时间内，在这些资源枯竭之前，它们无疑为毛利人，尤其是生活在南岛的人提供了良好的生活条件。就这样,移民过来的农业人群变成了狩猎采集者,或者他们要么有一定的辅助性农业(例如北岛的情况),要么完全没有农业(例如南岛的情况)。这成为探讨其他地区中石器时代向新石器时代过渡进程的良好对照案例。

在史前的几个世纪,新西兰南岛和北岛都已经有狩猎采集者在沿海地区定居,且人口密度相近。依据遗迹数量判断,似乎南岛东部的人口更密集一些。辅助性农业主要分布在北岛的北部和中部沿海。当 1769 年詹姆斯·库克登陆新西兰时,当地的恐鸟已经灭绝,海洋哺乳动物资源消耗殆尽,在能够种植块茎类作物的地区,人类已经必须完全依靠农业生存。到今天为止,还有将近 80%—90%的毛利人(大约 10 万人)生活在北岛北半部的沿海和内陆最适宜农业的区域。北岛出现了成百上千的土垒(pa),主要修筑于公元 1500 年后不再以狩猎恐鸟为生的时期,说明当时人口密度很高。而新西兰的非农业区,包括北岛内陆和几乎南岛全部,因气候基本上不适合甘薯甚至蕨根类植物生长,相对于农业区人口很少,其面积占整个新西兰的近 75%,人口比例却不到 10%。农业发展的环境条件成为造成新西兰南北两岛人口相差悬殊的主要因素,即使农业在这里只是一种辅助性经济方式。

16/17

农业人群人口密度可以比狩猎采集人群更高的原因是,单位面积内农业种植获得的食物平均产出量高于狩猎采集。食物采集妇女的生育周期长于农耕妇女,在一定程度上与其高度流动性和日常食谱有关,[2]后两者在生理上导致了生育率的降低。这种节育方式最大限度地保证了狩猎采集者儿童的成活率,却使总人口数量偏低。过着定居生活的农耕妇女能够尽早给孩子断奶,部分原因是谷物可以烹煮成粥或糊状食物(这类食物只能用陶容器来烹煮),能够用来喂养婴儿。因此,她们怀孕的频率更密,生育率也更高。定居,无论是与集约式食物采集有关,还是与真正的农业有

17/18

关,多数情况下都可以促进人口增长。后面我们还会讨论定居对于农业发展的重要性。

与数量庞大、居住拥挤的后世子孙相比,早期农耕者的健康状况可能是十分良好的。许多地区最早阶段的作物栽培者,对照后来的标准来看儿童夭折率和骨骼应力值(osteological stress markers)是不高的,[3]除非人们迁移去的环境对健康有严重潜在威胁。泰国沿海的科潘迪(Khok Phanom Di)早期农业遗址就是这样一个例子,那里的新石器农人在公元前2000年左右定居在一个疟疾肆虐的沼泽地带,尽管人口健康状况总体良好,但由于贫血和疟疾,婴儿死亡率高得惊人。[4]但是,总的来说,早期农业社会远没有后来那么拥挤不堪,而且可能也没有受到烈性传染病的困扰(特别是热带以外的地区)。在没有传染病流行的情况下,早期农人的人口出生率会上升,而婴儿死亡率会下降,这对人口增长有着长远作用。

当然,最大的问题是,在来自其他人群竞争以及患病和死亡率与后世相比极低的情况下,早期农人的人口数量和活动范围扩展的速度到底有多快?皮特凯恩群岛和19世纪澳大利亚的案例给我们提供了线索,但是我们另外也有更为完整的数据资料,如近世以来占据了太平洋群岛的尚处于新石器时代的移民。一个典型案例就是夏威夷群岛,大约在1 000年前波利尼西亚人占据了这里。图2.1显示了这个群岛人口规模的历时变化,结合19世纪的人口调查数据,可以对当时的人口数量有一个粗略的估算。早于公元1000年的可靠年代数据一般源于炭化木头的碳十四测年,而不是基于对当时人类行为的判断。在欧洲殖民者到来之后,人口数量下跌,可能是欧洲人带来的疾病所致。因此,这张图表显示出,夏威夷人口规模在300—400年之间从最初一群移民繁衍到了大约150 000人的水平。在简朴但健康的条件下,波利尼西亚早期农人人口数量的增长速度惊人。

18/19

最后讨论一下“富裕觅食者”观点(Sahlins 1968)。这个观点近来令关于人口问题的讨论热烈起来,它倾向于认为狩猎采集者比他们不幸的农业同伴更幸福、更健康,付出的劳动更少。有人认为,由狩猎采集者转变为农耕者,劳动繁重,疾病丛生,是在走下坡路。这个看法显然是错误的。这种观点没有对考古资料和人口资料做深入考察,未考虑年代,也忽视了近代殖民历史中的一些基本事实。在农耕者闯入之前,许多狩猎采集者的生活可能确实是十分富足的,但是在饱受拥挤和饥饿之苦的现代人看来,也包括从狩猎采集者的角度看来,早期农耕者生活在身体健康、食物丰富的优越条件下,十分令人羡慕。确实,在某些案例中,早期农人的后代很快陷入了鼠疫、疾病、拥挤、营养不良和环境破坏等状况。但是,最早的农人居住松散,因居住条件引起的疾病可能和狩猎采集社会一样少。殖民时期来自温带的欧洲拓荒者到达澳大利亚和美洲时,生活状况可能就是如此。因此,我们应该考虑的是“富裕早期农人”,而非所谓的“富裕狩猎采集者”。

为什么农业会在某些地区率先发展?

这是考古学家们长期讨论的问题之一,也比考古学上其他问题引起的争论更多。我们现在确实没有一个可以适用于所有地区的完美答案。当前关于农业起源的理论大多来自对西南亚、中美洲和中国的研究,然而必须记住的是,因为环境、年代和文化轨迹的差异,一个理论适用于一个地区,并不一定适用于另外一个地区。可能仍然有人会问,在全球范围内的早期农业过渡过程中,是否存在某些跨区域的规律?农业伊始,似乎还确实存在这么两条普遍规律。

首先，如果没有有意识的种植和年度轮回耕作，最初的农业在世界上任何地方都不可能得到发展。人类通过选择最终产生驯化植物显然是从上述两个方面开始的。最初种植的作物，形态上仍然是野生种。植物脱离野生环境易地种植，对于形成稳定的驯化趋势会发挥很大的作用。尤其是对于异花授粉而非自花授粉的植物来说，远离原生地可以摆脱与野生植株持续授粉从而退回野生状态的机会。

第二，如果没有冰后期的环境改善，以及温带和热带地区在全新世最终形成的稳定的温暖湿润气候，食物生产也是不可能发生的。最近一项古气候研究有非常重要的发现，主要内容是说，距今20 000年到11 500年之间的冰后期，气候不仅十分寒冷干燥，而且也极其多变，温湿度的摆动以十年为一个周期。这个变化曲线根据冰芯、深海岩芯和欧洲大陆的花粉资料清晰地建立起来。越来越多的学者（van Andel 2000；Chappell 2001；Richerson et al. 2001）认为，在这种环境状况下，最初栽培和驯化植物的那些尝试都注定要失败。事实上，正如我们在下一章将看到的，在大约13 000年前，叙利亚北部的阿布胡赖拉遗址居民们似乎不止一次试图驯化黑麦，但都徒劳无功。

19/20

在全新世气候逐渐向今天这种状况演变的过程中，在大约距今11 500年前，发生了一个突变，全球气候变得比现在还要温暖湿润，并且在一段时间内相当稳定（图2.3）。优良且可靠的环境条件触发了一连串的结果，包括野生食物资源的增加、定居程度的提高、人口规模的增长，以及各个区域群体之间在经济方式和人口数量上的激烈竞争，这使得农业的产生呼之欲出（Richerson et al. 2001）。农业发展的趋势一旦开始，几乎从未回头（当然下文也提到，有些农人在特殊情况下确实又变回了狩猎采集者）。

乍一看，这种解释清晰明确，优于之前所有关于早期农业起源

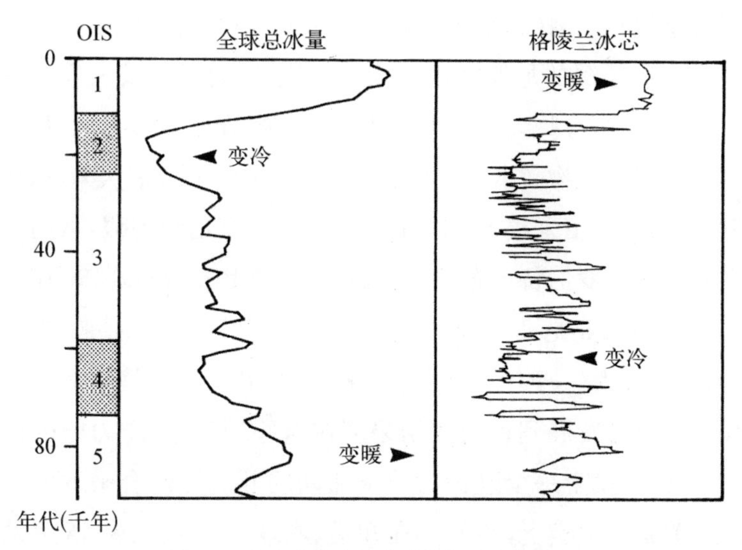

图 2.3　末次冰期之后全球气候剧变曲线图

（两图上端表示了全新世稳定温暖的气候状况［OIS＝氧同位素阶段，ka＝距今千年期］。据 van Andel 2000）

的阐释。但是这种解释并不普遍适用，因为在公元前 9500 年前后，并不是全世界所有气候适宜的地区全都突然转向了农业生产。全新世气候确实是早期农业发生的终极因素，但它并不是每一桩农业起源事件背后的直接原因。为了了解农业起源的直接原因，我们需要回顾一下考古学中关于早期农业起源理论的学术史。

20/21

农业作为不同于狩猎和采集的人类行为模式，许多人都会疑惑为什么它能发展起来，大家采用了许多不同的理论加以解释。一些学者强调资源丰富的自然环境是促使农业起源的重要因素，另外一些学者认为压力尤其是环境和人口的压力导致了农业起源。有学者倾向于认为农业发展是人类有意识选择的结果，也有学者认为农业是达尔文所说自然选择的产物，与人类主观意识无关。一些人认为农业发展是一场革命，而另一些人则认为农业发展是一个渐进过程。

早期不少理论认为，是丰富的自然资源再加上好运气叩门造成了农业起源。例如，威廉·佩里(William Perry 1937：46)相信："年复一年，柔缓的尼罗河水周期性泛滥，准时为埃及人灌溉谷子和大麦。由此，有些天才想到建造水渠以灌溉更多的土地，从而种植更多的粮食作物。"卡尔·索尔(Carl Sauer 1952)则认为，东南亚滨海、滨河的狩猎采集者拥有丰富的资源和充足的闲暇，从而有条件发明农业。罗伯特·布雷德伍德(Robert Braidwood 1960：134)倾向于认为农业是西亚地区文化演进的结果："在我看来，没有必要刻意用'原因'一词使事情复杂化，食物生产革命就是文化差异和社群专业化发展到极致的结果。"在这些理论中，压力原因很少得到认可，且没有一个理论为栽培活动的开始提供合乎逻辑的前后因果关系。事实上，我们现在知道，农业的最初发端，既不是在埃及，也不在东南亚。

戈登·柴尔德可能是农业起源压力说早期最负盛名的倡导者。他相信，在末次冰期之末，干旱迫使西南亚地区的人和动物麇集于绿洲地带，最终导致了作物驯化，这就是著名的"亲近假说(propinquity hypothesis)"或者叫"绿洲理论"(Childe 1928，1936)。我们现在知道，驯化活动严格来说是在全新世早期较为湿润的气候条件下才真正开始的。但是，就像在第三章中将要谈到的，这个气候状况发生过一个"扭曲"，这意味着柴尔德的理论可能部分是正确的。末次冰期以后，全球气候发生变化，慢慢变暖，但间歇性的干旱，特别是新仙女木事件(公元前11500—前9500年)影响了西南亚可能还有中国。这种压力可能促发了早期(尤其是在公元前9500年之前的千年之间)短暂的作物栽培试验，以维持食物供应。从这方面来看，柴尔德的理论也许并不离谱。

现代对农业起源的许多解释都运用了类似的气候"扭曲"观点，强调压力是一种重要因素，即本来丰裕的生活状况受到了周期性或持续性的压力而发生改变。但是，关于导致人类走向农业的根本压力到底是什么，学术界有更深入的讨论。到底是社会因素、人口因素，还是自然环境因素，或者三者兼而有之？这些压力是持续性的还是周期性的？是温和还是严重？

一派学者倾向于认为个人之间以及群体之间的社会竞争引起的社会压力（此处称为“社会激励”可能更恰当一些）是首要因素。在资源丰富的环境中，农业的产生可能基于对机会和回报的期望，回报包括本社群的人数和势力超过其他社群（Cowgill 1975）。同时，许多人认为，社会竞争需要增加食物供给，可能导致了食物生产。[5]这种生产方式发生在某些社会，它们重视夸富宴，或者喜欢聚敛外来珍贵物品，通过包括食物在内的交换行为来显示自己的社会地位。布莱恩·海登（Brian Hayden 1990）强调，这样的发展会发生在资源相对丰富的环境中。在这种环境中，狩猎采集群体并不严格遵守民族志给他们贴上的各个家庭之间必须共享食物的标签。在食物充足的环境和定居程度较高的情况下，各个家庭可以储藏食物供自己享用，从而导致个人或家庭财富的积累，能够用来举办夸富宴。在贫穷和资源长期匮乏的环境中，这种积累会更大程度地被以生存为导向的分享模式所取代，分享模式则会形成结构性障碍，阻碍任何向食物生产的转变以及随之而来的个人剩余积累。

21/22

还有一些专家强调，农业起源的重要因素是人口压力，而不是社会激励或社会竞争。这个观点最清晰的表述来自马克·科恩（Mark Cohen 1977a）。在此之前，艾斯特·博斯洛普（Ester Boserup 1965）和菲利普·史密斯（Philip Smith 1972）也先后做过一些论述。科恩的理论重点放在晚更新世不断改善的环境条件下人口的持续增长。人口增加造成食物匮乏，人类不得不将食谱转向产量高但不是特别可口的食物（例如从大型动物转向海洋资源、谷类和小动物），最终，人类不得不走向作物栽培，以养活越来越多的人口。人口聚集增加了定居程度,从而进一步提高了人口出生率,导致人口密度不断攀升。科恩的农业产生模式是一个渐进过程,但是,并不是在全世界任何时间、任何地点、任何环境下,人口压力都会产生这样的结果。随着野生肉类资源的减少,人类也会驯养动物。

类似的理论,如关于西南亚和中美洲的人口增加或"集聚(packing)"模式,提出更早一些。刘易斯·宾福德(Lewis Binford 1968)和肯特·弗兰纳里(Kent Flannery 1969)认为,更新世以后,半定居的渔猎采集者占据了环境良好、适宜生存的海滨,人口密度不断增加,资源紧张,导致有些人不得不迁往边缘地带居住,为增加食物供应而开始栽培谷类作物。这一假说还强调,最初的作物栽培最有可能发生在这些植物原生地的边缘地带,因为这里的食物供应压力明显高于食物供应丰富可靠的核心地区(Flannery 1969)。在末次冰期之后和农业开始之前,旧大陆各地狩猎采集人口数量确实有所增长,对这些地区影响很大,在西南亚特别突出。毫无疑问,人口压力确实是农业发展的一个重要因素。

在促使狩猎采集者最终转向农业的因素中,除了人口增长之外,另一个被广泛承认的重要因素是定居(Harris 1977a; LeBlanc 2003b)。现在许多学者相信,农业,尤其是黎凡特地区的农业,只会在定居社会而不是季节性流动社会中出现。但是,不幸的是,确认史前时期的定居行为是考古学家面临的最困难的任务之一。生物遗存线索(例如,候鸟的骨骸、季节性繁殖的哺乳动物的年龄)有时会提供一定参考,如果在某些特定季节,人和这些生物遗存共存,那就可以确认存在定居,否则就无法确认。考古学家经常不得不根据遗址中是否存在人类伴生动物(如黎凡特遗址中的鼠、雀等)和疑似永久性房屋建筑,对定居行为做出笼统的判断。在现代民族志中,关于定居的问题总体也是十分不确定的,狩猎采集者和

22/23

农耕者都是如此。他们的定居点在一定程度上是永久性的，但是这些居民又经常随季节迁徙。[6]史前时期那些貌似定居的“富裕”狩猎采集者也是同样的情况。也许是意识到了这一点，苏珊·肯特(Susan Kent 1989) 将定居定义为一年中在一个地点居住达六个月以上。欧弗·巴尔-约瑟夫(Ofer Bar-Yosef 2002：44)则认为，在前新石器时代之前的黎凡特地区，定居是指一年中在一个地点持续居住九个月以上。

对农业起源来说，一定程度的定居显然是十分重要的，因此更新世末期和全新世早期农业发展之前哪些地方的人群存在定居行为也变成了必须要弄清楚的问题。到目前为止，考古资料中几乎没有发现完全定居的迹象，除了黎凡特和土耳其东南部、绳文时代的日本(这里的定居狩猎采集者貌似拒绝采用农业模式)、苏丹，可能还包括墨西哥中部和安第斯北部山区之外，其他地方并不存在稳定的定居行为。[7]毫无疑问，世界各地的考古学家都有资料宣称当地存在定居现象，但是在更新世晚期和全新世早期环境中，狩猎采集者定居的现象是十分罕见的，特别是全体人口全年定居在一处村落的情况更难见到。

尽管存在以上概念争议，但是定居程度的大幅度提高确实对定居本身构成了压力，因为它会通过缩短生育周期增加人口数量。居址或村落之间相邻很近，食物和其他资源的供应压力都会更大。[8]费尔纳(Fellner 1995)认为，西南亚地区作物栽培活动的发展是一种有意识的行为，小规模的狩猎采集者定居村落合并成大规模的农业村落，后者物产更加丰富，拥有更强大的社会政治力量(Cowgill 1975)。

社会和人口压力这组假设令人信服，但是并不意味着这些假设可以解释一切现象。例如，为什么史前“富裕”狩猎采集区域没有全都发生农业？尤其是民族志中许多十分富裕的人群占据的适合农业发展的区域,如澳大利亚、加利福尼亚或不列颠哥伦比亚的一些河边和海滨地区。特别是,美洲的狩猎采集人群定居程度还相当高。虽然存在明显不能适用的情况,但是,早期农业的发生与食物共享行为的持续减少一定存在关联。富裕、宴享加上利于储藏的定居形态,都减少了食物共享行为的路径。农业起源的富裕模式不能轻易被抛弃,它确实具有一定的普遍性。

不过,有些地方农业起源还有另外的因素。富裕模式的整个故事,并不仅仅包括定居和社会人口压力背景下的富裕,也包括了笼罩在周期性环境威胁压力下的富裕。严酷的环境或食物压力可能并不是问题的答案——如果没有外界鼎力相助,我们在电视上看见的那些正饱受饥饿摧残的人们彻底改变他们自身经济状况的可能性几乎没有。但是,环境压力也有层次之分,会有程度和周期上的差异。可能公元前 11000 年新仙女木事件造成的资源锐减促发了黎凡特地区的早期农业试验,多数真正意义上的农业经济都是此后出现的。在这一点上,需要强调的是全新世早期的气候并非是完全稳定的,并不会年年如一。更新世气候变化剧烈,完全不允许农业长期平稳发展。但是从反面来看,如果气候长期稳定不变,发展农业对当时的人类来说也无必要。谚语说:"需要是发明之母(necessity is the mother of invention)。"这个说法肯定不是空穴来风。资源富裕但伴有轻微的周期性环境压力,特别是在全新世早期那种食物来源经常发生周期波动的环境,避险 + 高产两种因素的结合成为现代许多考古学家普遍认可的早期农业转变的解释。事实上,在对民族志记载的狩猎采集者从事"原始农业"活动的一项分析中,劳伦斯·凯利(Lawrence Keeley 1995)指出,这类活动大多发生在中低纬度的高危环境中。风险和对风险的巧妙规避,本来就是人生和历史走向成功之路。

这里还有另外一个与众不同的理论需要介绍。该理论的要点是认为农业起源既不需要富裕的环境也不需要任何压力的促使，甚至与人类的有意选择无关。埃里克·希金斯和迈克尔·贾曼(Eric Higgs and Michael Jarman 1972)是这一理论的先驱，他们认为动物驯养早在更新世人们逐渐完善狩猎和放牧技术的时候就已经开始发展起来。这个观点后来被戴维·林多斯(David Rindos 1980，1984，1989)极其有力地运用在了作物驯化上。林多斯采取了一种达尔文式的渐进观来解释共同进化过程中的选择和变化。他认为，作物是与人类共同进化的，其进化过程远比人们想象的要长，在人类干预下，逐渐适应了新的种子扩散机制和一连串的选择程序。从这个观点来看，作物一直在经历着不同程度的表型变化，这是人类行为和资源管理的结果。然而，林多斯确实也认识到，向有意识耕种("农业驯化")的实际转变可能是由人口增长所推动的，农业也是后来人口数量增多并扩散的原因。

24/25

林多斯理论的实质是认为农业起源是无意识的自然选择的结果，而不是人类有意识选择的产物，它不是为了任何特定地区量身定做的，各个地区都会发生。在我看来，农业起源之前植物与人类有一个漫长的共同进化过程，可能与我们所知的新几内亚和亚马逊地区的情况比较相符。他们专注于块茎类和果实类作物的栽培，顺利程度超过西南亚、中国或中美洲地区，后几个地区的谷物驯化过程似乎相当艰难。但是这个理论并没有告诉我们史前觅食者群体跨越生业方式的鸿沟去采纳农业体系的任何历史原因，也没有像达尔文那样告诉我们动物是如何通过基因突变获得全新的遗传特征的。

因此，有必要强调的是，农业的地区起源肯定与一定范围内的多个变量有关，说不定我们一不小心就会忽略了其中一个。这些变量包括：早期定居，富裕和选择，人类和植物共同进化，环境变化和周期性压力，人口压力，当然还有称职的驯化者。这还不是全部。查尔斯·海泽(Charles Heiser 1990)认为,种植的起因是为了在野生植物丰收后安抚神灵——这是一种无法验证的假说,但却很有趣。雅克·考文(Jacques Cauvin 2000; Cauvin et al. 2001)等人认为,“符号革命(revolution of symbols)”构成了黎凡特地区植物驯化活动的先导,这类符号包括女性雕像和公牛形象。这又是一个有趣但无法验证的假说,并且因果关系牵强。

事实上,大多数所谓“动因(causes)”都交叉重叠,经常很难将它们完全区分开来。全新世的环境变化和气候稳定可能是最重要的潜在推动力,但是如果没有社会和动植物背景的“正确”结合,也不会有什么结果。因此,对于农业起源的解释并不能一概而论。我们也不能忽视人类选择和自觉创造的可能性。任何对农业过渡复杂趋势的全面解释都必须进行“时序分层”,也就是时段划分,这也意味着会有各种不同的动因轮番上场。

农业相对于狩猎采集的重要性

人类学家和考古学家普遍有一个看法,认为狩猎采集和农业是一个连续过程的两端,古代社会可以轻松随意地选择自己在这个过程中的位置(Schrire 1984; Layton et al. 1991; Armit and Finlayson 1992)。这种观点显然贬低了农业起源的重要性,使农业起源这个概念失去了价值。狩猎采集者确实经常从事资源管理活动,但是说社会像个变色龙一样,从依赖狩猎采集到依赖农业或畜牧业,然后再变回依赖狩猎采集,这种情况无论在考古学还是民族志中都极其罕见。当然也有个别例外。如原本的农人登上无人荒岛,一度试图驯养当地动物,但未能成功。太平洋就发生过这种情况,上文中我们讨论过新西兰的例子。

25/26

当然,对现代不少狩猎采集者的研究发现,他们可以通过在一定程度上改变环境来提高食物产量，无论是火烧、移植、灌溉，抑或是驯养媒鸟和家犬，就是所谓的资源管理技术，考古学称之为原始农业（proto-agriculture）。通过考古资料我们可以发现，如果条件适宜，大多数农耕者也会狩猎，并且实际上他们也经常这样做。在美洲，由于缺乏家畜，狩猎成为农耕者的主要肉食来源。这可能是美洲农业和语系扩散资料的重要性不如旧大陆的一个主要原因。

所有这些，意味着在现代社会中食物采集和食物生产也存在一定程度的交叉。但是在这里，整个问题都是围绕"食物生产"的标准是什么而展开的。一个称职的食物采集者也是一个资源管理者，偶尔种植园艺作物，或者饲养几只动物。然而，认为流动狩猎采集者可以在狩猎采集和农业（或畜牧）两种生活方式之间随意转换的想法似乎是不切实际的。这两种基本生产方式都需要根据每年的资源状况在不同阶段安排相应的活动。民族志调查中基本上没有发现过随意转换的情况，当然，也不排除历史上确实有这种可能。如果农业真要成为流动觅食者的经济支柱，那么他们就必须提高自己的定居水平。要是他们去狩猎，种植作物的土地就会被丢下几个月，真这样做的话，产量会很低。如果觅食者在采取农业模式之前已经定居，那么这个过渡过程可能不那么痛苦，但是前面已经谈到，考古学家几乎没有发现农业起源之前人类存在定居行为。

还有另外一种方法可以处理狩猎采集模式和农业模式之间过渡的难题。如果农业模式和采集模式之间的随机转变在近几个世纪发生频率很高，那么我们有望在民族志中发现很多处于过渡形态的社会。我们也会看到相对于狩猎采集来说，食物生产的重要性逐渐提高，从极端无足轻重直到极端不可或缺——是这样的吗？

这个问题的答案并不是特别明确，因为近代民族志记录开始之前，通过与西方世界的接触，许多传统经济模式已经被改变了。但是我们在默多克主编的《民族志图集》(*Ethnographic Atlas*)(Murdock 1967; Hunn and Williams 1982)词条中找到了一些线索，里面有全世界870个社群的食谱资料，显示了五种不同生业模 26/27 式(采集、狩猎、捕鱼、饲养、种植)的食物贡献比例。图2.4中，农业和畜牧合并为一个数值，用以计算食物生产在社群食物总供给中所占的比例。我们从中可看到一些非常有趣的模式。

在旧大陆(图2.4上)，几乎所有从事农业或畜牧的社群都从这两个来源获得了超过50%的食物供应。没有人认为他们主要依靠狩猎采集为生。例外情况主要发生在太平洋群岛，一些群体对农业的依赖程度下降到50%以下，这里渔业非常重要，也缺乏大型动物，使得食物生产的数值很低。一般来说，在旧世界，狩猎采集者会少量进行农业生产，而农耕者也会少量进行狩猎采集，但是这两种生产方式绝不会融合或转化。几乎没有哪个社会处于"过渡性"状态，例如30%的食物来自农业，70%的食物来自狩猎采集。从旧大陆的文化史来看，自有民族志记载以来，这种结合显然是不稳定的。[9]

27/28

旧大陆的文化轨迹表明，狩猎采集和农业两种生产模式无法随意混合。对大多数群体社会而言，只选择其中一种生产模式要优于在两种模式之间搞平衡。流动狩猎者不能长时间待在农作物旁边保护它们免受动物侵害，农民也不能长时间放下他们的庄稼去狩猎，并且如果有狩猎采集者住在附近，他们通常也不需要这样做。两种生产方式之间以贸易和交换的方式互助，故而在许多民族志记载中都体现出两者之间的差异，并且狩猎者常常因农业吸引来的动物而受益。有种观点认为狩猎采集和农业是人类社会可以随意选择的两种不同生产模式，旧大陆民族志中两种生产方式的截然不同体现出完全相反的情况。

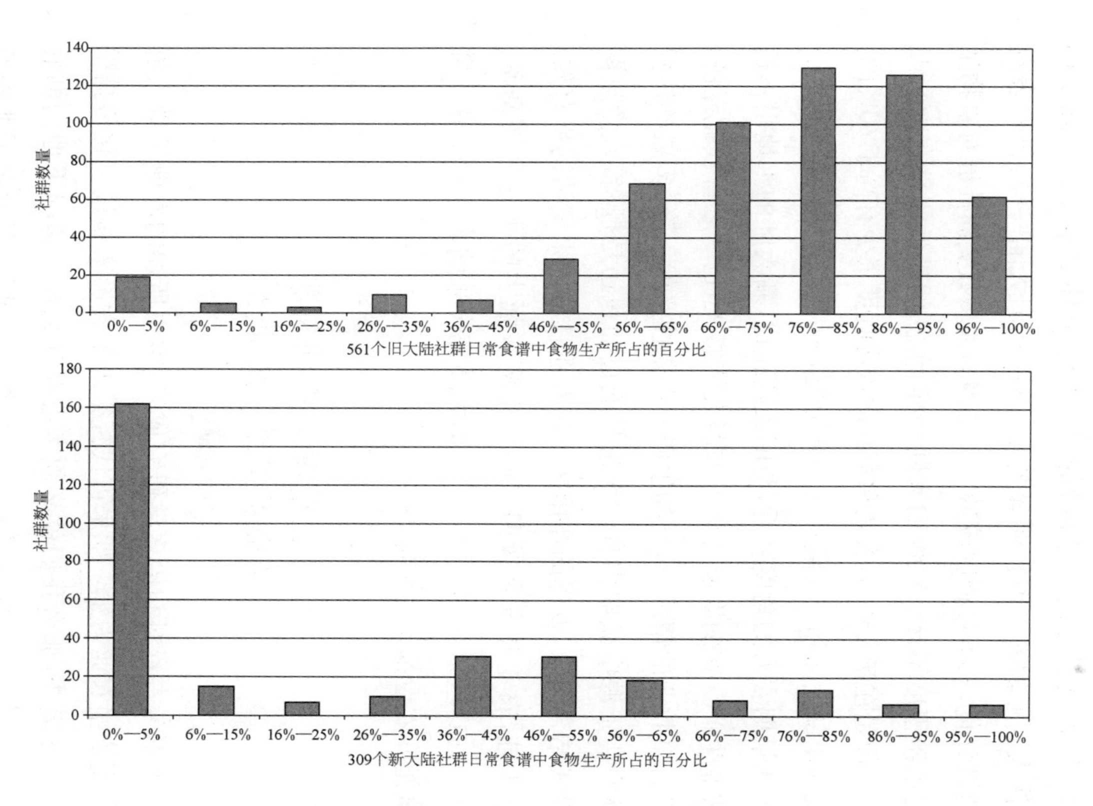

图 2.4　旧大陆和新大陆人类社会农牧产品在食谱中的比例

（数据源于 Murdock 1967）

默多克《民族志图集》中所列美洲309个社群对食物生产依赖的程度不像旧大陆那样突出(图2.4下)。当然,在欧洲殖民者到来时,美洲(尤其是北美地区)的狩猎采集群体数量比旧大陆多得多,澳大利亚例外。但很明显的是,美洲和旧大陆一样,仍然表现出两极分化,只不过程度较低。这是因为大多数美洲社群对食物生产的依赖程度不高。就像旧大陆一样,美洲的最低值也在16%—25%。但是在新大陆,对农业和畜牧的依赖程度很少有高于60%的。这反映出新大陆和旧大陆在环境和历史方面存在一些根本差异。

从早期农人的角度来看,与旧大陆相比,新大陆的土地很不适宜农业生产。它的农业历史不如旧大陆悠久,也缺乏畜牧业经济。在没有畜牧业的情况下,食物生产的重要性必然下降,多数群体只能从野生资源中获取肉食。无论是通过捕鱼还是打猎,或者这两种模式结合起来,发挥的作用往往比农业社群的采集活动更有效。在新大陆,农业并没有像旧大陆那样构成强大的生业经济基础。尽管存在这些差异,但事实上,要旧大陆完全采纳农业和要新大陆完全抛弃农业都不太可能。

在什么情况下史前狩猎采集者采纳了农业?

根据考古资料和语言学研究成果,本书所述的农业扩散人群都高度依赖农业为生。如果古代狩猎采集者确实通过文化传播采纳了农业模式,那么我们就必须考虑在什么样的情况下他们彻底转向了农业经济。这不是一个无关紧要的问题,至少对于那些希望能深层次认识农业扩散的学者来说是这样的,他们不想仅限于知道植物学和考古材料提供的数字。

28/29

在一定范围内,我们可以通过观察近代民族志和历史记载中处于农业区的狩猎采集者的行为来对这个问题进行比较研究。但是当考虑到民族志中那些狩猎采集群体的真实状态时，问题就变得复杂起来。民族志中的狩猎者之所以还保持原生态，不但是因为过去他们没有农业，而且还因为当时的社会政治环境不支持他们这么做。多数情况下，他们只是作为反面教材被人拿来说明为什么某些人没有采纳或发明农业。我们确实没有发现关于狩猎采集者成功地长久采纳农业方式的历史记载，甚至连他们偶尔进行短期栽培活动的记载都没有见到过。

实际上，研究这些问题有一定的历史局限性。一方面，民族志记录实质上是西方殖民社会的产物。它所属的时代，对于农业是十分鄙视的。这个时期的狩猎采集社会拒绝采纳农业，与新石器时代的农业问题无关。另一方面，关于澳大利亚北部地区和加利福尼亚地区狩猎采集人群的记载，严格来说，在他们被欧洲人殖民统治之前的几个世纪里，已经可以从作物栽培者邻居那里学到农业生产方式，但他们从来没那样做过。我们也有一些间接证据，例如某些人群，以前是狩猎采集者，后来在较短的时间内掌握了农业或畜牧业，不过这些适应活动都发生在欧洲殖民者到来之前，民族志没有记录，历史上的真实情况尚不得而知。从这些行为视角来看，民族志记录确实有用于比较研究的价值，即使这种比较不能运用到人类长期历史发展轨迹的解释上。

为了系统地处理民族志资料，并提取有用的比较信息，很重要的一点就是不能将民族志中所有狩猎采集社群一视同仁，也不能认为它们自更新世以来的发展轨迹都完全相同(Kent 1996)。这些社会都不是亘古不变的化石，在很多时候，狩猎采集者的历史和农人的历史一样都是复杂多变的(Lee and Daly 1999)。本章基于对历史的理解将现存狩猎采集者分为三类，虽然他们的来源以及过去与农耕者的关系现在也不是很清楚。并不是所有的狩猎采集者群体都可以明确归入这三类中的一类，但是这种方法足以得出令人十分信服的结果。

在这三类中，前两类可以归为“原生(original)”狩猎采集者，至少在大多数研究者看来，他们的狩猎采集经济方式可以追溯到更新世，并且从未间断。第一类狩猎采集者周遭为农业和畜牧业所包围；第二类则没有这种限制；第三类狩猎采集者的狩猎采集经济方式明显是派生出来的，是由以前的生活方式(很多时候包括农业)特化创造出来的。

29/30

高纬度地区完全不适于发展农业，这里的狩猎采集者不在讨论范围内。这类群体包括了阿伊努人(近几个世纪阿伊努人确实也稍微尝试了一下农业)，当然还有寒温带、北极和南美洲南部的狩猎采集者。下文将要讨论的三类群体都分布在热带、温带及其邻近地区。在这些地方，农业自古到今都是可行的(图 2.5)。

第一类：非洲和亚洲的“小生境”狩猎采集者

这些人群归为一类。他们都生存在大型农牧社群的夹缝中，在农业极不发达的状况下生活至今。纵观他们从古至今的历史，这些群体的社会组织形式是没有等级差别的“游团(band)”，并且经济方式明显都是狩猎采集。这类群体的典型代表有：卡拉哈里和纳米布沙漠地区的桑人(布须曼人)、坦桑尼亚北部的哈扎人、非洲雨林地区的俾格米人，以及马来西亚半岛和菲律宾的尼格利陀人。亚马逊河流域的一些狩猎采集者可能也属于这一类。他们大多生活在河流平原上农业人群的中间地带，但是关于这类群体的性质仍然存在争议。本节中大多数例子来自非洲卡拉哈里沙漠和东南亚雨林地带。

第一类狩猎采集社群生活在明显不适于栽培作物的地区，特别是半沙漠化地区和赤道热带雨林区。今天他们大多被肥沃的农

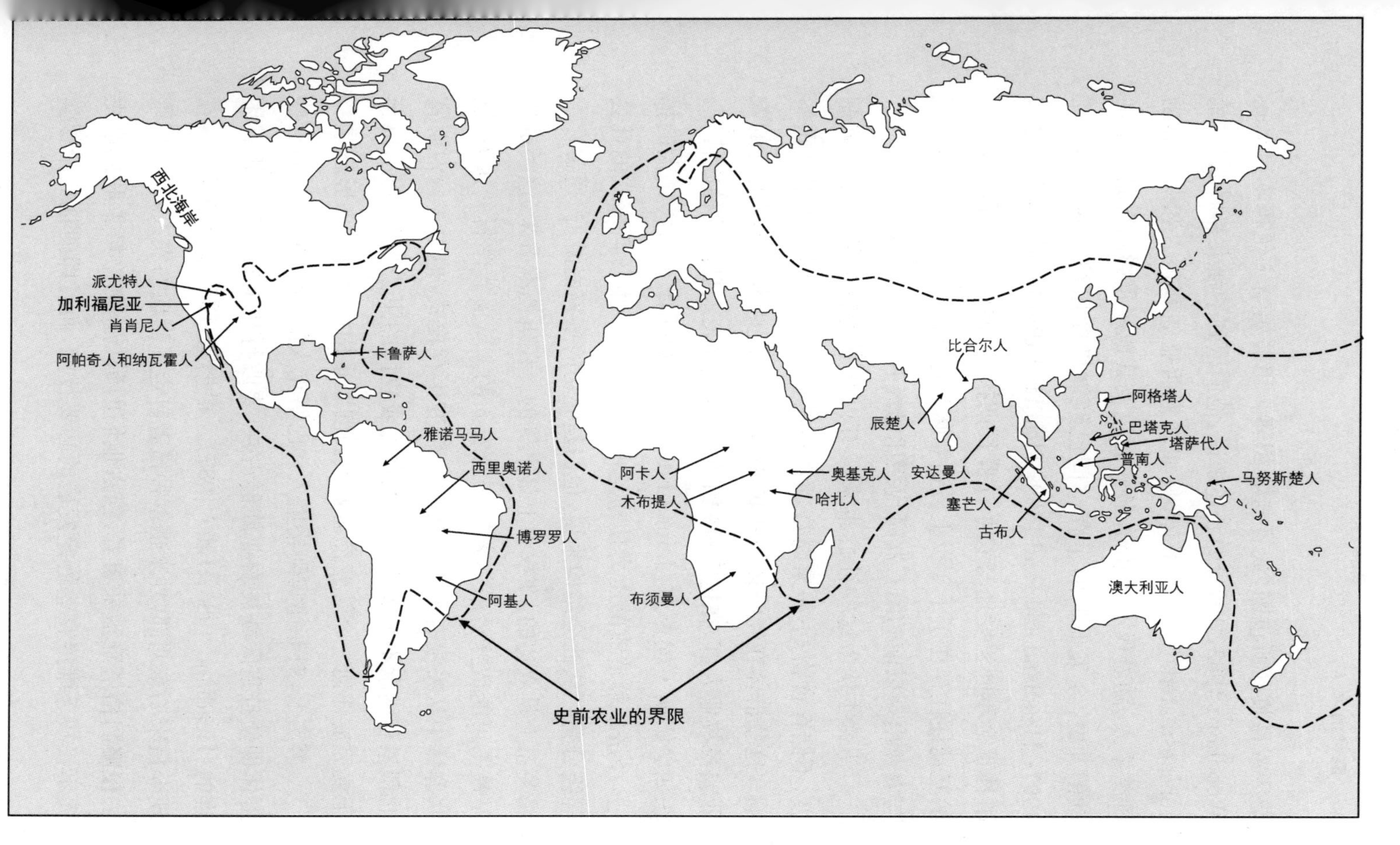

图 2.5　全球现存狩猎采集群体分布图

（展示了历史上三类狩猎采集者以及史前农业社会的分布范围）

业区或畜牧区所包围，或者与之相邻。用詹姆斯·伍德本（James Woodburn 1982，1991）的表述来说，他们遭到了强大邻居的“封禁（encapsulated）”。一些群体，例如马来西亚的塞芒人和菲律宾的阿格塔人，随着伐木、经济作物种植以及其他严重影响狩猎采集活动的开展，今天他们的生存空间已经被极度压缩（Dentan et al. 1997；Headland and Reid 1989；Headland 1997）。但是，所有这些群体都会不同程度地与农业社群长期接触、通婚，或者敌对，双方的互动往往存在了千年以上。这意味着这些群体当前的行为方式与农业出现以前的旧石器时代相比已经有了巨大差异。

伍德本认为这些社群本来具有以共享为特征的即时回馈制度，不储存食物，不积累财富，而外界的排挤对他们造成了严重影响。这些群体在经济体系中的地位较低，需要部分依赖附近的农业或畜牧业人群，在这个过程中他们会很快丧失自己的种族特征。正如詹姆斯·埃德尔（James Eder 1987）对菲律宾巴塔克人的描述，经济依赖造成的压力使得这些族群无法产生任何形式的社会等级分化。从社会结构来说，他们是流动的多家庭游群，通常在亲属关系上是双边的，在权力上是平等的。在伍德本看来，这类群体是最不可能从狩猎采集者转变为农人的。就民族学材料来看，这些群体中从来没有人下定决心去转变生存模式，他们普遍对财富的积累和继承不太关心。这与农民或牧民的想法相差甚远，以至于要完成任何一个转变都需要他们彻底重构社会和观念形态。[10]

31/32

事实上，对菲律宾阿格塔人和巴塔克人的详细研究显示，这些群体即使狩猎区域被农业族群占领，要改行从事农业都是极其困难的（Headland 1986；Eder 1987）。根据雷（Rai 1990）的研究，在现今吕宋岛东北部，外来烟草种植者赶走了当地的农人，农人们则去侵略阿格塔狩猎采集者，强占他们的猎场。阿格塔人和巴塔克人不仅缺乏维持农业稳定发展的必要技能，而且即使他们希望学习农业技术,周围的作物栽培者和经济作物种植者也不允许他们成功转型。这些狩猎采集群体保持半依附状态更有利于农民,让他们主要从事狩猎采集,通过双方贸易获得这些产品,间或让他们帮忙干些农活。埃德尔(Eder 1987: 93)曾经评论巴拉望岛的巴塔克人:“巴塔克人的农业呈混乱状态有一系列原因,大约包括管理不善、季节冲突、社会压力和文化价值差异等。”

安德鲁·史密斯(Andrew Smith 1990: 65, 1998)对与南部非洲班图牧民为邻的桑人得出了同样的看法:“即使一个猎人渴望成为一名牧民,社会环境也不允许他转变。”他还指出,目前与非洲牧民生活在一起的狩猎采集者地位很低,搞不好很可能会退回到史前状态。维瑞奇指出:“卡拉哈里沙漠东南部的狩猎采集者没有进行现代的‘新石器时代革命’,而是越来越依赖不断蚕食而来的班图经济。”她还说,巴萨尔瓦人(博茨瓦纳的布须曼人)“越依赖牲畜和农产品,他们就越不可能真正拥有牲畜或自己种植土地”(Vierich 1982: 217, 219)。这使得本来就很明显的结论更有说服力,即随着对狩猎采集者封禁程度的加强,成功转型到长期稳定食物生产的机会会迅速失去。

对这些群体来说,定居也会带来很多问题。肯特(Kent 1996)指出,在非洲,定居生活方式使得缺乏威权的平等社会秩序混乱,凶杀行为剧增。希契科克(Hitchcock 1982)也谈到非洲的情况(巴萨尔瓦人):“考虑到定居造成的种种弊端,如果条件允许,狩猎采集者一直保持流动状态会更好。”

近代这些陷于困境的群体的历史表明,在过去来自农牧民的压力还不像后来那么大的时候,保持狩猎采集者的身份确实是一个很有吸引力的选择。在这种情况下,人们有足够的狩猎区域,可以与农民建立贸易伙伴关系,获得谷物和其他食品。作为回报,狩猎采集者会用肉类和其他野生产品进行交换,这对缺少大动物的农人族群尤其重要(Spielman and Eder 1994)。在旧大陆,特别是西非、马来西亚和菲律宾地区,所有的狩猎采集者都存在这种交换体制。[11]杰弗里·本杰明(Geoffrey Benjamin 1985)的语言学和人类学研究表明,马来半岛的塞芒狩猎采集者和诺伊农耕者保持各自生活方式交流互动的历史超过了4 000年,并分别朝着狩猎采集和农业的专业方向发展。塞芒人发展了社会组织方面的内容,例如群体异地通婚和双边继嗣,扩大了活动范围和社会关系,摆脱了定居农业社群那种血缘和疆域的桎梏。托马斯·黑德兰(Thomas Headland 1986)注意到卡西古兰的阿格塔人也有同样的特征。

除非二者之间壁垒森严互不来往,一般来说农耕者和狩猎采集者之间的这种互动关系是很稳定的,会一直维持下去,直到农耕者人口增加(在现代发展中国家几乎不可避免),需要更多的土地。然后,狩猎采集者要么作为底层劳动力加入农业社群,要么有幸自己也采纳农业生产方式。但是等到来自农耕者的压力大到令狩猎采集者认为发展农业十分划算的时候,已经太晚了。正如菲律宾的尼格利陀人,境况十分悲惨,还有非洲桑人,也受到畜牧业的排挤而边缘化。在21世纪,这个过程看起来就像行人试图跳上飞驰的火车一样。

对于那些因为自身选择或命运安排而错过火车的人来说,未来的状况确实会很严峻。殖民时期宗主国试图说服马来西亚塞芒人定居和耕种,但由于食物季节性短缺和种类单一等问题,这种尝试并不是十分成功(Kuchikura 1988;Polunin 1953)。菲律宾阿格塔狩猎采集者也做过类似努力,但是他们的人口比马来西亚塞芒人多得多,作为一个独立群体未来会更加艰难。黑德兰(Headland 1986, 1997; Early and Headland 1998)的调查数据显示,菲律宾卡西古兰阿格塔人的寿命平均为22岁,其中50%的儿童在青春期之前夭折,七分之一的妇女死于分娩,五分之一的男子死于凶杀。阿格塔人营养不良的状况十分严重。他们的菜园规模非常小，以至于对他们的饮食没有太大的帮助。黑德兰认为，食物匮乏可能是阿格塔人身材矮小的一个主要原因。事实上，对东南亚地区所有尼格利陀人来说情况也是一样的，身体矮小不是人种问题，而是营养问题。埃德尔对巴拉望岛巴塔克人也做过同样的描述。

然而，当从历史的角度来观察这些群体时，很明显，他们的世界并不是一直承受着现在这样的压力。有些菲律宾阿格塔人早就接受了农业模式，甚至在史前时期就已经改说属于农业人群的南岛语（Fox 1953；Reid 1994a，1994b）。菲律宾三描礼士省的阿格塔人今天已经成为全职农人，但是奇怪的是他们的庄稼90%是美洲作物，如玉米、木薯、甘薯、番薯等，而不是东南亚地区的本土作物（Brosius 1990）。这无疑反映了一个事实，即这些人被迫生活在一个土地贫瘠的地区，那里只能种植耐旱和耐寒的作物。

33/34

尤其是非洲的桑人，他们到底是不是狩猎者，人类学家和考古学家一直争论不休，甚至到了口不择言的地步。[12]桑人现在的主要活动范围在农业区域之外，也不属于畜牧区，过去他们与班图混合农业人群和科伊科伊牧民的关系一度非常密切，特别是卡拉哈里沙漠边上的那些桑人。科伊科伊人是科伊桑人的一支，后者在大约距今2 000—1 500年前就真正永久性地转向了牧羊业。据理查德·李（Richard Lee 1979：409－411）研究，一些桑人也向班图人学习农业技术，偶尔种植烟草和高粱，但却几乎不照料这些作物。然而，其他桑人，比如德比（Dobe）地区的桑人，生活在干旱的卡拉哈里沙漠中心地带，直到20世纪初期，他们仍然保持着狩猎采集者生活，没有受到外界太大影响。正如索尔维和李（Solway and Lee 1990：119）所说："因此……只要荒野之地还有维持他们狩猎采集生计的可能，桑人完全融入农业—畜牧经济体系的时间就会推迟下去。"

尽管第一类群体中存在偶尔采用农业模式的情况，但从文献记载或事实推断明显可以看出，这些农业规模都很小，当然不可能成为推进农业扩散进程的力量。事实上，他们可能也是历史的幸运儿，没有被农牧业的发展所吞噬。考察亚非所有具备农业潜力的“小生境”狩猎采集社群，他们都不可能发展出类似欧亚新石器时代或美洲形成期农业扩散时期的大规模农业经济。

第二类：澳大利亚、安达曼群岛和美洲地区的“开放型”狩猎采集者

这一类群体包括了居住在澳大利亚、安达曼群岛和北美各地（尤其是西海岸和佛罗里达）农业区的狩猎采集者，但他们的生活方式与欧洲殖民者到来之前的本地农人迥然不同。北美许多这类群体居住在沿海地区，有丰富的海洋资源，其社会组织形态可以发展到酋邦模式，一般根据血缘关系划分社会等级。史前时期，一些群体也与邻近地区的农业人群不时发生友好联系，因此有机会采用农业模式，但他们从来没这样做过。例如，澳大利亚北部、安达曼群岛和加利福尼亚南部的情况就是如此。佛罗里达的卡鲁萨人也属于这一类，但是基冈（Keegan 1987）根据人骨同位素分析结果认为他们食用驯化玉米，因此对其定性还是要谨慎。其他群体与农业社群的联系有限，或根本没有接触，部分原因是因为所在地区偏远，或者中间地带都是大片的狩猎采集文化区，很难与农业人群产生联系。北美洲不列颠哥伦比亚和澳大利亚南半部的一些部落属于这类群体。

按照伍德本的说法，一些狩猎采集者群体，尤其是美国西北部和佛罗里达的沿海酋邦，他们已经有了互惠性质的债务责任“延迟偿还（delayed-return）体系”。因此较之亚洲和非洲地区被“封禁”的那一类狩猎采集者，他们产生了一定的不平等现象。这类人群对从个人到群体不同等级的领土和资源权力通常都是认可的

34
35

(Richardson 1982；Widmer 1988)。他们是血缘关系社会，而不是依靠婚姻和信仰组成的社会。他们储存食物(“延迟偿还体系”的必需品——Testart 1988)，一般较少流动，比奉行债务责任“立即偿还体系(immediate-return)”的社群定居程度更高，通常具有一些社会性特征，成功转型为以积累和储存为生活方式的农业人群在理论上似乎不是难事。因此，从社会特点来看，这类群体与农业社群有很多相似之处。这表明酋邦的社会复杂性从源头上来看是因为人口的集中和资源的丰富，而不是简单地因为出现了食物生产。这不是一个新观点，但却值得反复思考。

哈里·洛伦多斯(Harry Lourandos 1991，1997)和科林·帕多(Colin Pardoe 1988) 以考古和墓葬材料说明，澳大利亚史前时期可能存在类似伍德本所说“延迟偿还”债权模式的复杂社会，尤其是大洋洲南部的一些肥沃地区。但在欧洲人殖民时期，澳大利亚似乎并不存在类似北美那样复杂的狩猎采集者酋邦。从民族志资料来看，澳大利亚的狩猎采集者状况十分复杂，以至于难以分类，一些群体高度具有债权“立即偿还体系”的特征，并且是比较纯粹的共享社会。然而，澳大利亚并没有出现拥有复杂技术和血缘等级的海洋性酋邦社会，除了一些十分干旱的地区，也未见有储藏食物的行为(Peterson 1993；Cane 1989：104)。

在第二类群体中的大多数融入现代社会之前，他们采用农业模式的机会我们了解多少呢？澳大利亚大陆板块形成了一个独一无二的广阔的狩猎采集者世界，一直到殖民时代，这些狩猎采集者仍然存在。在与欧洲人接触之前，未见有农业迹象，即便他们有些居住在有高度农业潜力的地区。约克角半岛的土著与托雷斯海峡以及新几内亚南部的园艺种植者有接触，双方活动区域在生态、气候和植被方面都类似(Harris 1977b)。事实上，新几内亚农人种植的作物如薯蓣、天南星科植物(尤其是芋头)、竹芋、棕榈、露兜，偶尔还有椰子，在约克角半岛的土地上都有野生种，但却没有引起当地狩猎采集者的任何兴趣。

澳大利亚阿纳姆地和金伯利荒原的土著与印度尼西亚的海上渔人和商贩望加锡人(Macassans)也有接触，但我们必须知道的是，依靠水手来传播农业技术是很不靠谱的事情。可能在16世纪，望加锡人已经到澳大利亚北部采集刺参(Macknight 1976)，因为交流的频繁形成了望加锡—澳洲贸易语言(Urry and Walsh 1981)，有些澳大利亚土著甚至随船到了望加锡(又称乌戎潘当)。但在这个案例中，印度尼西亚人并没有在澳大利亚定居或耕种。类似的接触也发生在安达曼人身上，至少在两千年前，来往于印度和东南亚的贸易船只就访问过他们，因此安达曼人学会了养猪和制陶(Cooper 1996)，但是他们也没有从狩猎采集者变成农人。

35/36

按照一些权威专家的说法，澳大利亚土著社会的某些行为特征也使得采纳定居农业十分困难。尼古拉斯·彼得森(Nicolas Peterson)指出，澳大利亚土著社会不信奉物质主义，凡事求简，视慷慨为美德，这些都抑制了向劳动密集型生业方式(比如农业)转变的动机。他举了一个阿纳姆地社群的例子。这些人在1971年建了一处园圃，目的是为了让政府相信他们的土地正在耕种，因此可以免遭征收。当社群迁移营地时，他们会将作物连根拔起，重新种植在新营地旁边，说不定有学者看见还以为出现了新的轮耕方式。毫不奇怪，这些作物都死了。针对澳大利亚北部土著社会，A. K.蔡斯(A. K. Chase)还提出，农业“意味着对环境及其人类同伴要有一种全新的认知，并对植物及其习性进行与过去完全不同的操控”。[13]

史前时期澳大利亚的干旱内陆，有些河流的边上生活着依靠采集野草种子为生的人群，今天依然还有(Allen 1974; Cane

1989)。但是,与黎凡特或中国的情况不同,我们在这里并没有看到向驯化发展的轨迹。原因可能是因为民族志记载的手剥收获的方法对具有非迸裂性状种子的植物没有发挥选择作用。即使发生了这样的选择,但下一季如果不继续种植还是没有效果。另外,这些小草种子的处理是十分费力的(据凯恩的研究,一个人六个小时的劳动成果才够他一天的食物),经过去皮和磨碎做成的类似面包的这种东西只能算是一种补充性食物。如果这些采集者被外部世界遗忘数千年,是不是最终能够发展出农业,我们真是不得而知。但是按照他们现有的做法,那真是不可能。还有一些类似区域也处在农业的边缘地带,因为经常受到干旱的困扰,也无法发展农业。

民族志记载中世界其他地区第二类狩猎采集者采用农业模式的状况是怎样的呢?委内瑞拉的雅诺马马人可能在哥伦布时代之后将香蕉种植纳入了狩猎采集经济内容,香蕉是从东南亚引入美洲的(Rival 1999: 81)。另一个采纳农业的案例发生在几个世纪之前的美国西南部。讲阿萨巴斯语的阿帕奇人和纳瓦霍人的祖先从加拿大迁移到了亚利桑那北部和新墨西哥西北部,时间大约在公元1400年。阿那萨齐人和莫戈隆人(以普韦布洛建筑闻名)的祖先建立的农业社会崩溃之后,留下了一些著名的废墟,例如梅萨维德的悬崖村和查科峡谷的波尼托遗址(Matson 2003)。作为以猎取野牛为生的狩猎采集者,阿萨巴斯语族人群本来应该随野牛向西部平原地区迁移,但是一些纳瓦霍人在与幸存的普韦布洛人密切接触之后,却在1705年学会了牧羊,并偶尔种植玉米。据民族志记载,阿帕奇人和纳瓦霍人的栖息地比较干旱。19世纪之前,他们对农业的投入程度有限;在1863年之前,曾迫使纳瓦霍人全力务农,但各种努力均宣告失败。一些居住在高海拔地区(例如梅斯卡莱罗)的阿帕奇人在春天种植玉米,但是为了避免霜冻,玉米尚未成熟就要收割。然后,他们将玉米粒烘烤和晒干以便食用。这意味着他们将缺乏下一季节的作物种子,以后他们只能通过与外界交换获得。因此,这个地方采用农业模式毫无疑问既有需求,同时又受到恶劣环境的制约(Hester 1962; Snow 1991)。

到目前为止,民族志关于第一类和第二类狩猎采集者的记载并没有提供他们渴求并成功转向农业模式的线索。无论是"立即偿还"还是"延迟偿还"体系,封禁型或开放型,不平等或平等的,定居的或流动的,采集者或觅食者,各类群体似乎概莫能外。[14]相比于约克角半岛的澳大利亚土著或马来半岛的塞芒人,以及大多数史前狩猎采集者,人口众多且社会分层的加利福尼亚北部狩猎采集者群体对采用农业也没有表现出更多兴趣。这意味着并不是社会复杂化程度高的狩猎采集者群体一旦接触农业观念就一定会变成农业人群。事实上,阿帕奇人和纳瓦霍人在适应农业和畜牧时,他们可能只是流动的小规模平等群体。

因此,无论社会和自然条件是否有利于采用农业模式,"底线(bottom line)"观察依然是必要的。在民族志记录中,我们没有看到任何群体因为采用农业模式带来成功扩张。当然,这里我并不是断言这种情况在史前就绝不存在,后面的章节我们仍然会再次讨论这个问题。

第三类:农人退化为狩猎采集者

由于他们历史轨迹的独特性,这一类群体被有意留到最后讨论。一些农牧人群进入了特殊的环境中,他们无法从事农业,或农业变得很次要,又倒退变回了狩猎采集者。他们中有些因为文化和血缘关系仍然与农业社群有直接联系。美拉尼西亚阿德默勒尔蒂群岛中的马努斯岛南岸所谓的"马努斯楚(Manus True)"渔民群体就是一个很好的例子,[15]他们与岸上的农业人群比邻而居，在种族上也没有严格的区别。就历史而言，他们的发展轨迹显然与第一类和第二类始终保持“原初”状态的狩猎采集者不同。

这类群体的身份辨别起来很困难。一般认为他们的祖先是农人，一定程度上是根据语言学或体质人类学研究中的相关线索，而不是肉眼可见的具体证据。很多地方的群体声称自己属于这一类，如东非、印度南部、婆罗洲腹地、新西兰南岛、新几内亚塞皮克盆地、美国大盆地和西部大平原，以及亚马逊流域相对贫瘠的河间地带。有时候他们也否认自己属于这一类。事实上，这是一类数量非常大的群体，其中南半球的毛利人和北半球的乌托—阿兹特克人是少数迫于环境压力放弃农业的社群。从历史过程的角度来看，这一类群体的存在使“狩猎与采集”成为一个不确定的概念，但我们在这一章节中更多关注的是他们的行为而不是历史本身。就行为而言，这些人当然是真正的狩猎采集者。

37/38

从语言和体质来看，岛屿东南亚雨林地区的一些狩猎者和采集者，特别是婆罗洲的普南人、苏门答腊的库布人和棉兰老岛的塔萨代人（对其性质有争议），他们都是从原来的农业群体退化而来的。[16]普南人和库布人的先辈下决心迁移到农人很难进入的河间雨林地区进行狩猎和采集活动，由此他们从农耕者变成了狩猎采集者。普南人专门靠采集野生西米为生。其他从农耕者转变而来的狩猎采集者群体包括非洲南部的班图语系人，可能还有东非肯尼亚高地以采集蜂蜜为生的多罗博人和奥凯克人、新几内亚岛塞皮克盆地边缘的西米采集群体（他们多数种植小规模园圃），以及一些印第安人群体，比如先朱人（Chenchu）和比罗人（Birhor）。[17]在南美洲亚马逊流域比较贫瘠的河间地带，也有一些可能属于第三类的狩猎采集者群体，比如巴拉圭的阿基人、巴西的西里奥诺人和博罗罗人。[18]最有趣的是大盆地及其邻近地区讲纽米克语的乌托—

阿兹特克人，他们早在大约 1 000 年前就放弃了原来的农业生活方式。从语言上判断，这些人是墨西哥及美国西南部玉米种植者的后裔，迁到此处后发现当地十分干旱，很难种植玉米，甚至不可能种植（见第八章）。有些人群仍然保留了农人祖先的特点，例如烧制陶器、灌溉野生植物以及类似农业社会那样的资源所有权（Kirchhoff 1954；Madsen and Rhode 1994；Hill 2001，2003）。

第三类狩猎采集社会是非常有意思的，因为由边缘性食物生产社群转化成狩猎采集社群比从狩猎采集社群转化成食物生产社群容易得多。因此，可以预料，第三类狩猎采集社群的数量应该很多，特别是在扩张中的农业社会的生态边缘地带。关于第三类狩猎采集群体采纳农业的价值存在争议。有人认为，即便他们一度放弃了农业，但是一旦有机会就会重操旧业。这有可能是真的，尤其是如果他们的习惯中还保留有一些过去农业阶段的生产技术的话。然而民族志中生活在有农业潜力地区的狩猎采集者（不包括新西兰南岛和美国大盆地），他们的行为模式仍然与现代狩猎采集者极其相似，普遍对农业缺乏兴趣。例如，伯纳德·赛拉图（Bernard Sellato 1994）注意到，婆罗洲部分地区的普南人非常抗拒从事农业活动，尽管普南女性经常嫁给卡扬农业社群的男性。

事实上，在民族志记载中，狩猎采集者女性与食物生产者男性婚配是非常普遍的，这显然是文化和基因交流的主要途径。而狩猎采集者男子则很少能娶回一名农业社群女子，尤其是如果还需要聘礼的话。尽管相互通婚，卡扬农人群体仍然与普南采集社群保持主从关系，就像菲律宾农业群体与阿格塔人的关系，以及班图农人群体与他们的邻居俾格米人和桑人的关系一样。

38/39

这样看来，第三类狩猎采集者群体与第一、第二类狩猎采集者群体在行为方式和社会状况方面有相同之处，似乎只是起源不同。但是关于第三类狩猎采集者起源的讨论是非常重要的，它提供了一条文化演进的轨迹，足以推翻过去认为从采集到农业的进化是一条单行道的看法。

一项比较研究：为什么民族志中的狩猎采集者没有采纳农业？

> 他们的生活非常安宁，这种安宁中没有社会不平等造成的困扰：土地和海洋为他们提供了生命所需的一切，他们既不贪图华丽的房子，也不奢求家居用品……简言之，他们似乎对于我们给予的任何东西都不重视，他们也不会为了我们能够提供的物品而放弃他们自己的东西；在我看来，他们认为自己的生活已经应有尽有，也没有什么是多余的。
>
> ——詹姆士·库克船长在 1770 年这样描述他见到的新荷兰（新南威尔士和澳大利亚）土著；Beaglehole 1968：399

> 在类似加利福尼亚这种适合耕种的地方，农业却未能得到发展，并不是由于自然条件的限制，而是由于社群文化传统对农业毫无兴趣所致。
>
> ——Kirchhoff 1954：533

民族志对以上三类狩猎采集群体的记述表明，近几个世纪以来有些群体已经走到了农业经济的边缘。但是在民族志中，几乎没有观察到有社群完全过着农耕生活而极少进行狩猎采集的。为什么大家不采用农业生产方式呢？难道是因为过去 500 年间欧洲人洪水猛兽般的殖民征服这一特殊原因使得走向农业不可能吗？在此之前，狩猎采集者是否时常采用农业方式？也许有这种可能，但事实显然是仍有很多流动狩猎采集群体拒绝接受农人那样的定居生活。最重要的是我们认识到，农牧业社群通常有地位和等级意识，民族志中记载，一些狩猎采集者与他们接触之后，经常受到严重的排挤。因此，在内外两个原因夹击之下，狩猎采集者进退维谷，无法采纳农业——内部的原因是自身平等社会不契合农业社会的不平等，外部的原因是无法与农业社群建立良好的关系。

39/40

那么那些没有受到外部力量排挤的狩猎采集者群体，他们的状况是怎样的呢？我们需要解释，为什么澳大利亚约克角半岛的土著没有采纳来自托雷斯海峡对岸的薯蓣和芋头园艺，但沿着同一路线传播而来的其他物质文化，包括边架艇，他们却接受了？我们还必须问，在西班牙人到达很久之前，为什么南加利福尼亚人不从下科罗拉多大峡谷的农人那里学习玉米栽培？深入研究了加利福尼亚的案例之后，宾和罗顿(Bean and Lawton 1976：47)一针见血地指出："除了一些贫瘠的沙漠地带，加利福尼亚丰富的食物资源和发达的加工技术使得发展农业模式毫无必要"。

对于前面不采用农业模式的现象，我们得出了两组基本原因——一是狩猎采集群体社会自身的原因，二是缺乏农业经济发展必要性的原因。加利福尼亚和澳大利亚北部地区的案例还呈现了第三个原因。尽管南加利福尼亚人和约克角人都拥有丰富的食物资源，不需要来自外界的帮助，但眼前险峻的地理障碍确实阻碍了他们与农人邻居之间的交流。就澳大利亚北部而言，这里与新几内亚隔海相望，越往南旱季越长，造成了狩猎采集者群体与新几内亚农业群体的生活状态相去甚远。再看加利福尼亚，这里地处沙漠，气候带差异很大，从亚利桑那的半干旱气候一直过渡到冬季多雨的地中海气候。宾和罗顿只看到 18 和 19 世纪殖民时代印第安人将玉米种遍了加利福尼亚，而忽视了气候环境的差异。其实后世的成功只是表明了"有志者事竟成"而已，而在 18 世纪中期之前,那里的人群似乎并没有这方面的志向。

除此之外,生活在亚利桑那的尤马和乌托—阿兹特克农业人群,人口不多,似乎没有动机跨越莫哈维沙漠将耕地扩展到加利福尼亚,除非来此狩猎和采集。由于当地灌溉系统落后,生产力水平很低。对他们来说,没有什么必要穿过可怕的沙漠进入一个气候完全不同的区域。无论在世界上哪个地方,如果需要跨越不同的生态—地理区域,就像从巴基斯坦到印度,从中国温带到东南亚热带地区,农业的扩散都非常缓慢。在殖民时代之前,农业从来没有传入过澳大利亚和加利福尼亚,当地的狩猎采集者只是坚持着他们最熟悉的生活方式。

考察了狩猎采集者不采用农业模式的多种原因之后,现在有必要问一下,什么类型的狩猎采集者可以从容不迫地打破上述所有进退维谷的困局,避开被排挤的命运,重回新石器时代或形成期?在什么样的情况下,狩猎采集者可以成功地采用农业模式,从农人邻居那里学到经济、技术甚至语言,并将之转化为对外扩张的力量?断言史前狩猎采集者采用了农业就拥有了语言和物质文化扩散的力量,这种说法毕竟需要进一步的说明。狩猎采集人群仅仅零星从事一些简单的栽培活动,或者狩猎采集者群体及其基因被强势的农业群体吸收,都不真正属于这个方面的问题。

40/41

要回答上述问题并不容易,就对农业生活方式的态度而言,万年以前的狩猎采集者与后来的狩猎采集者可能很不一样。当然,肯定又有人对此提出异议。我们在考古资料中没有发现古代狩猎采集者的社会结构能够超出游团到酋邦这个范围,民族志记载也是如此。如果我们要问,当农人和狩猎采集者在农业潜力很大的地区相遇,如肥沃的欧洲温带、中国中部以及印度北部,会出现什么样的状况?通过民族志和历史记载的比较研究,可以得出以下几点可能性:

a）如果不与农耕者进行直接和长久的接触，狩猎采集者不可能采用农业模式。他们也不可能跨越生态—地理过渡区或无人区远程接受农业。

b）当他们的接触是直接的，也就是说农人实际上生活在狩猎采集者活动区域之内时，双方关系最初的发展趋势将会是互利共生和交换模式。[19]

c）随着农人对土地的要求增加，狩猎采集者将会开始采取农业模式。但是在这儿，我们又会遇到让人左右为难的情况——随着农人土地要求增加，狩猎采集者也会面临被排挤和控制的局面，这也会降低他们成功转型为农业模式的可能性。对于狩猎采集者来说，农业的大门总是对他们敞开着的。但是如果机会转瞬即逝，比如碰到农业人口暴增的状况，大多数狩猎采集者也很难过渡到农业模式。

因此，到目前为止，似乎并没有令人信服的理由来解释，古代狩猎采集者一定都会毫不迟疑地走向农业之路。在没有外界推动的情况下，他们有必要这么做吗？凭什么新石器时代农业社群袖手旁观，看着狩猎采集者采用他们赖以获得社会性和符号化权力的生计方式？对于那些主张狩猎采集者采用农业模式是新石器时代农业传播主要途径的人来说，这是一个非常明显的漏洞。这与环境的特殊性和农人/猎人人口的比例有关。在农业边缘地带，或海洋食物采集人口非常稠密的沿海地区，当地狩猎采集者“全盘接收”外来农业体系的概率较大一些，至少理论上如此。这在很大程度上取决于农人们保护自己种族特征的意愿有多强，取决于他们希望通过与狩猎采集者通婚获得多少新成员，以及取决于他们迁移到不利于农业发展的环境之后面临的经济压力有多大。这些都是复杂的问题，并非一个简单的答案可以解决，后文还会讨论诸多此类案例。但是我们不要忘记，富裕的海岸狩猎采集者经济体系

41/42

生产力水平很高，甚至有定居和粮食储存，他们可能完全没有采取农业模式的必要。

尽管对于古代狩猎采集者采用农业的可能性存在一些相当消极的观点，但是这里当然不会认为古代狩猎采集者永远不可能从外部学来农业模式。然而，他们也只有在以下情况下才有可能这样做，即狩猎采集者比邻近的农人在人口和环境方面更有优势，或者狩猎采集者对农业没有兴趣的那些一般理由因为某些重要原因不再成立。我们不能仅仅因为农业就在狩猎采集者眼皮底下存在，就认为后者会自动发展农业。我们还需要记住的是，在世界上许多地方，一些狩猎采集者虽然和农业人群共同生活了数千年，但是正如我们在民族志资料中看到的那样，他们并没有采用农业模式。

接下来的章节将会证实，农业扩散的情况过去能够发生，并不仅仅是因为世界各地的狩猎采集者都采用了农业模式。农业能在新石器时代（形成期）扩散，主要是因为早期农耕者的后代人口增加，对外扩张了他们文化和语言的影响范围。偶然情况下，狩猎采集者也有短暂的机会转向农业，但是这种机会可能十分稀少，至少需要在狩猎采集者单方面采用农业模式时，邻近地区不存在农业人群。

关于考古资料

根据考古资料，世界上至少存在以下五个重要地区（图 1.3），农业是直接从狩猎采集背景中产生的主要食物生产形式，并非由外界传播而来。[20]

1. 西南亚的新月沃地（小麦、大麦、豌豆、扁豆、绵羊、山羊、猪、牛）；

2. 中国长江中下游和黄河中下游（水稻、小米、多种块茎和果实、猪、家禽）；

3. 新几内亚内陆高地(芋头、甘蔗、露兜、香蕉,无驯养动物);

4. 美洲热带地区,集中在墨西哥中部和南美洲北部(玉米、豆类、南瓜、木薯、多种水果和块茎,小型家养动物);

5. 美国东部林地(南瓜、多种种子植物,无驯养动物)。

42/43

非洲中部地区(撒哈拉沙漠以南的非洲大陆)也出现了早期农业,尤其是萨赫勒地带的黍和西非北部雨林的薯蓣和非洲稻。有研究认为印度南部也有类似情况。

了解这些地区的农业起源时,我们需要根据资料考察每一个地区的动植物、环境和考古等方面的问题。

a) 当动植物驯化活动第一次发生时,这些驯化对象主要分布在哪些地区(请注意,几千年前的环境状况和物种分布可能与现代大不相同)?

b) 在各个地区农业出现的时间段内,这些地区的气候状况和环境条件是如何变化的? 这些变化给当地的动物、植物和人类经济带来了什么样的结果?

c) 在这些地区,什么样的狩猎采集文化促发了向农业模式的过渡? 与平等主义的分享模式相比,定居、食物储存和不同的财富积累机会对农业起源来说有多重要?

d) 过渡的速度有多快? 覆盖的地理范围有多大?

e) 这种向农业的过渡用什么样的考古学或文化术语来描述?

在我们研究各个地区的考古资料时,我们会详细解答这些问题。不同地区的资料数量差异很大,我们的认识主要建立在考古材料的基础上,并以对黎凡特农业过渡的研究为主。但是我们有足够的信息可以判断,黎凡特地区的模式不可能适合其他所有地方。也许中国是个例外,但即使在中国研究上,黎凡特的模式也做了一些修正。历史上通向农业的道路确实是多种多样,各不相同。

第三章　西南亚农业起源

43
44

西南亚是迄今为止世界史前史上最著名的向农业过渡的地区，特别是通常被称为黎凡特的西部。西南亚的轨迹不一定为其他所有过渡地区提供一般性模式，但就世界意义而言，它对后来人类历史发展的影响是最大的，紧随其后的是中国。

西南亚向农业转型的地理环境是一片开阔的林地和草原，这里生长着一丛丛野生谷类和豆类植物，构成了考古学中著名的“新月沃地（Fertile Crescent）”的一部分（图 3.1）。“新月沃地”的地理范围，从约旦河谷向北穿过叙利亚内陆，进入土耳其东南部（安纳托利亚），然后向东穿过伊拉克北部，最后沿着伊朗西部的扎格罗斯（Zagros）山麓向东南延伸。今天，“新月沃地”每年有超过 200 毫米相对稳定的冬季降雨，其南面是沙漠，北面和东面被高山环绕。这里实际上是一个坡度平缓的地带，有大量的冲积土壤，气候条件允许天然降雨农业的发展，而不需要进行复杂的人工灌溉。

关于新月沃地向农业的过渡和动植物的驯化，首先要注意几点非常重要的事项：

1. 在时间节点上，它与第一次冰期后持续稳定的气候改善密切相关，主要集中在公元前 9500 年到前 7500 年之间（校正后的碳十四年代）。

2. 它发生在冬季降雨季节特征明显的地区。

3. 它是谷类、豆类与动物驯化的结合，在世界史前史上有着无与伦比的开创性意义（Diamond 2002）。

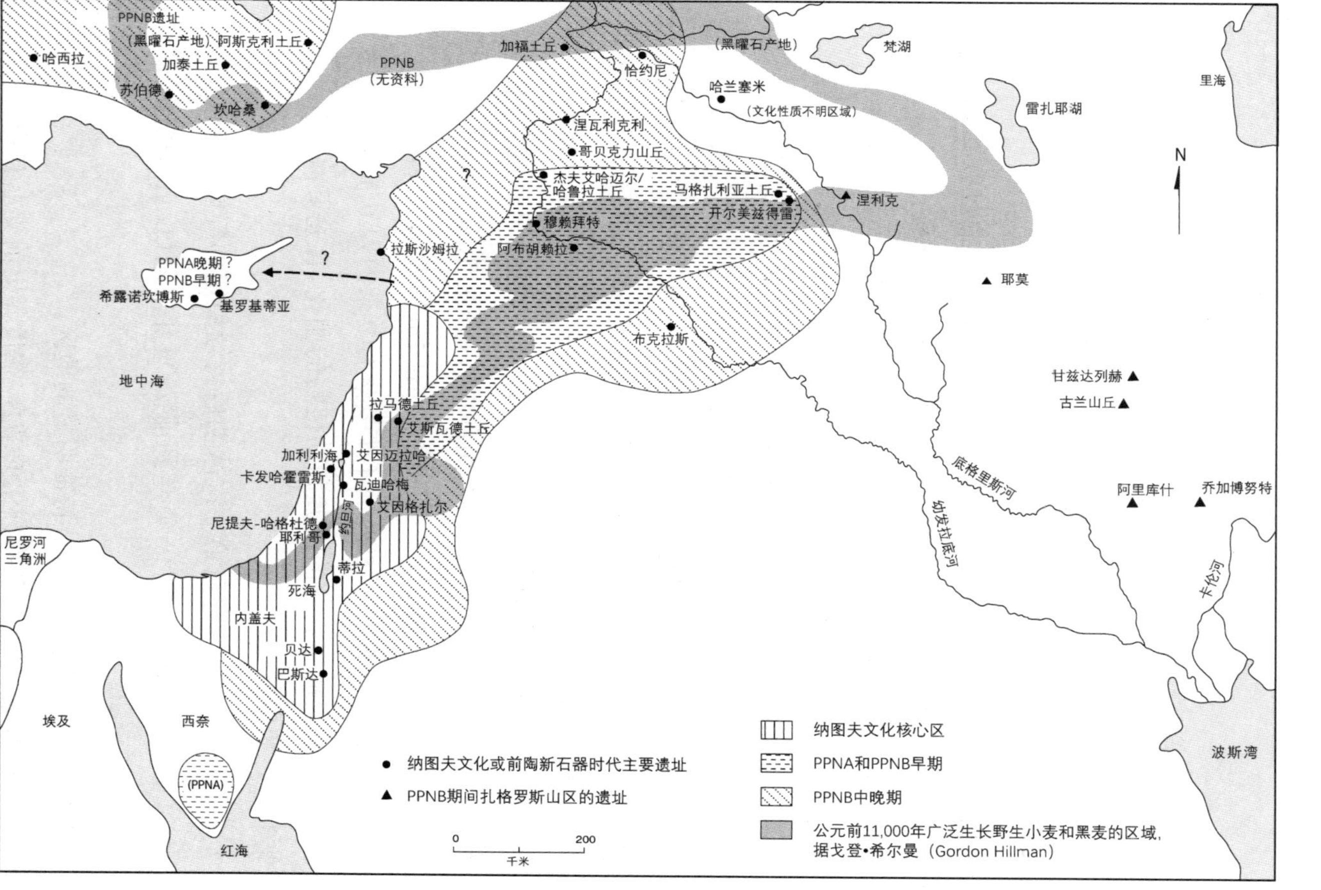

图 3.1 纳图夫文化/旧石器时代晚期、前陶新石器时代 A 段和 B 段遗址分布图

（资料采自多处，特别是 Hours et al. 1994。图上还显示了由戈登・希尔曼[Gordon Hillman]复原的大约公元前 11000 年野生谷类植物的分布区域，此时，“新仙女木事件”造成的寒冷干燥期即将到来）

4. 它的技术属于前陶新石器时代（例如，早期没有陶器，没有超过金属捶打水平的冶金术等）。

45
46

5. 它是从复杂的狩猎采集经济基础上逐渐发展出来的，可能有定居或半定居聚落。

6. 无论在发展速度还是在对欧亚中西部和北非文化面貌的影响上，它都是革命性的。[1]

西南亚的第四纪花粉资料结合其他古气候指标，勾勒出该地区两万年以来的气候和植被变化。[2]新月沃地在末次冰期盛期时环境寒冷干燥，有广袤的干草原，树木稀少，平均气温比现在低 4°C 或更多，野生谷类植物显然只存在于某些“避难区（protected refuge areas）”。公元前 15000 年至公元前 12000 年间，气温、降雨和大气中的二氧化碳含量上升到接近今天的水平，但并不稳定（见图 2.3）。大约在公元前 11000 年，一次异常迅速而剧烈的气候波动使该地区重新陷入了寒冷干燥的冰川环境，并一直持续到公元前 9500 年左右。这个寒冷阶段被称为“新仙女木事件”。

到公元前 9500 年，“新仙女木事件”之后，地球急剧回暖，年平均气温上升了 7℃，进入了全新世早期。气候温暖湿润，冬季降雨量增加，南部一些地区夏季风降雨量增加。这些条件对野生谷类和豆类植物的广泛散播是非常有利的。同样重要的是，高度稳定的气候条件的形成也发挥了作用。公元前 9000 年至前 7300 年之间，驯化谷类、豆类作物与畜牧动物在整个西南亚的人类生计中迅速获得了主导地位。如果说与相对积极稳定的全新世气候的这种联系纯属巧合的话，那么它就是人类史前史上发生的最重要的巧合之一。

新月沃地的植物驯化

利用现有孢粉数据（van Zeist and Bottema 1991；Hillman 1996；

Moore et al. 2000),有可能对驯化之前野生谷类物种的分布情况进行相当具体的复原。如果戈登·希尔曼的复原(图 3.1)是正确的,它们应该主要生长在新月沃地的西部和北部,而不是寒冷的东部内陆。植物学和考古学证据与这一复原结果一致,表明作物的栽培也是在该地区开始的。[3]

正如贾雷德·戴蒙德(Jared Diamond 1997)所强调的,西南亚是世界上最大的地中海气候区(夏季炎热干燥,冬天凉爽潮湿),而且是这一气候类型里海拔落差最大的地区。西南亚同样是地中海气候区里拥有一年生大粒野生谷物品种和结荚豆类(包括蚕豆、豌豆、鹰嘴豆和扁豆)品种数量最多的地区。它们的基因都已经被改造,可在潮湿冬季短暂的白昼里发芽生长,并在炎热干燥的夏季结出种子在泥土里休眠。一年生谷类植物往往比多年生谷类植物谷粒更大,因为谷粒在休眠期有储存营养的功能。对于人类来说,幸运的是,那些被选择用于最终驯化的谷类和豆类也恰好是自花授粉而不是异花授粉。换句话说,因人类管理而形成的有用性状不会轻易通过与野生植物的回交而从后代中消失,特别是如果这些改良品种被种植在野生品种的生长范围之外时。西南亚谷类作物从一开始就能形成稳定的驯化品系,所具有的这些植物学上的优势具有根本的重要性。

46/47

现在谈一下谷物本身。被称为二粒小麦(一种有壳的四倍体[4])和单粒小麦(一种有壳的二倍体)的小麦品种是最早在新月沃地广泛栽培的作物,同时还有大麦和黑麦。直到公元前 8500 年左右,这些谷类的驯化特征(形态上)才真正出现在一些遗址里,尽管现在有人声称叙利亚的阿布胡赖拉(Abu Hureyra)遗址发现的驯化黑麦的年代比这个要早得多。到公元前 8000 年,裸粒(自由脱粒)四倍体和六倍体小麦也出现了。二粒小麦和一种野生山羊草发生渐渗杂交之后,普通小麦(一种裸粒六倍体)也被驯化了。最初栽培的大麦是自然的二棱形态，通过栽培者的选择，在灌溉充足的条件下，产量更高的六棱大麦迅速发展了起来。野生的二棱大麦在整个西南亚分布广泛，分布范围延伸到了安纳托利亚西部、北非和阿富汗。然而考古发现[5]表明，最早的栽培发生在新月沃地。二粒小麦起源于黎凡特，而单粒小麦目前被认为起源于安纳托利亚东南部。

豆科作物中的豌豆、扁豆和鹰嘴豆全都起源于黎凡特，范围可能包括叙利亚北部和安纳托利亚东南部，但是直到公元前 8000 年以后，这些物种才开始被驯化，依目前证据来看，比二粒小麦和大麦要晚(Ladizinsky 1999; Lev-Yadun et al. 2000; Garrard 1999)。在新月沃地，另一种重要的驯化植物是亚麻。亚麻是制作亚麻布的纤维原料，在以色列干燥的洞穴中发现的新石器时代织物证实了这一点。从农业过渡期人类的视角来看，野生谷类和豆类作物都有一些不太如意的特性。它们的穗和荚会在成熟时分解或爆裂开来，这样种子就可以散播——对于谷物，这被称为落粒；对于豆类，被称为裂荚。籽粒都被包裹在有保护作用的坚硬颖壳里(图 3.2B)，这样它们就可以在传播和休眠期间可能发生的动物掠食中幸存下来。单株植物上的所有谷粒、穗或荚不会同时成熟，因而给收割带来困难。野生的西南亚谷类和豆类由于对温度、湿度、昼长变化的敏感性以及对春化作用的要求，每年只在相对固定的时期(秋季至春季)才能萌发和成熟。早期野生谷类和豆类的利用者可能会在种子完全成熟引发扩散之前收获稍生的穗或荚，接下来，他们还需要在磨碎食用前将籽粒晒干，或者用火烤干。[6]

47/48

人类驯化过程的影响总体上一直在变化，包括世界上所有主要谷类作物，西南亚谷物尤其如此。经驯化后植物的野生性状全都趋向成熟时籽粒不脱落的习性，谷粒被脆弱的颖壳松散地包裹着(裸粒)，所有植株发生同步成熟，种子的休眠期缩短(这意味着

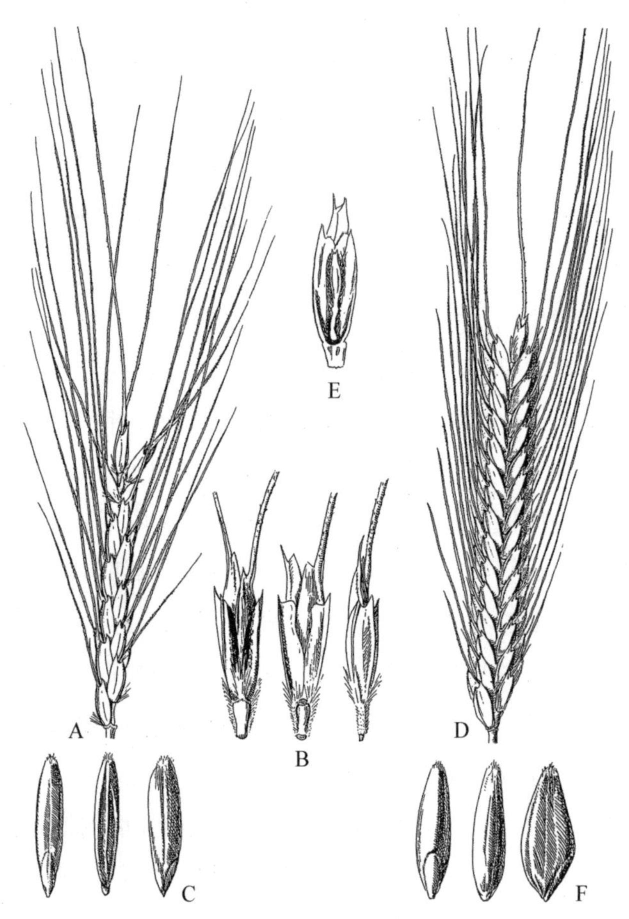

图 3.2　野生单粒小麦的穗、花序、籽粒(A、B、C)和驯化单粒小麦的穗、花序、籽粒(D、E、F)

(引自 Zohary and Hopf 2000)

只要有水灌溉,它们可以全年种植),谷粒更大,穗也更大更紧密(图 3.2D)。显然,具有这种特征的谷物无法在野生环境中独立存活,只能依靠人类栽培。从种群数量的角度来看,驯化动植物可以说与人类一样,双方受益于一种互惠共生的驯化关系。

面对所有这些作物,有人可能会问,每种作物在多少地方发生过多少次独立的驯化?这是一个重要问题,因为如果大多数作物只驯化过一次，如同丹尼尔·佐哈里（Daniel Zohary 1996，1999）和马克·布卢姆勒（Mark Blumler 1998）所认为的那样，那么可能意味着整个更新世晚期西南亚的狩猎采集者并没有简单地各自独立开始栽培那些正好生长在他们营地附近的野生谷物。这是因为，一经驯化，主要谷类和豆类作物就会“先发制人（pre-emptively）”，在新兴农业世界中迅速传播，致使任何人独立驯化当地野生品种的尝试都是不划算的。目前，这一问题背后的遗传学问题还没搞清楚。然而，据称单粒小麦仅在安纳托利亚东南部的喀拉卡达山脉（Karacadag Mountains）某地驯化成功（Heun et al. 1997）。其他作物的相关证据也不太清楚，但不止一次发生驯化事件的可能性很大，尤其是大麦（Jones and Brown 2000；Willcox 2002）。

尽管仍然不确定，但最近有消息称，近东所有主要创始性作物都是在叙利亚北部和安纳托利亚东南部的一小块区域内驯化的。持这一观点的部分原因是野生鹰嘴豆的分布范围有限，基本上局限在此处。这意味着新石器时代近东地区几乎只有一个农业起源地点。这种可能性不能被轻易否定，而且如果得到独立验证，将会意义非凡（Lev-Yadun et al. 2000；Gopher et al. 2001）。

公元前19000年到前9500年黎凡特地区的狩猎采集者（图3.3）

在黎凡特，作物驯化的考古史可以追溯到公元前19000年左右，即末次冰期的顶峰时期。当时，人们在加利利海岸边一处名为奥哈罗Ⅱ期遗址（OhaloⅡ）的地方建立了营地，并利用当地野生的二粒小麦、大麦、开心果、葡萄和橄榄（Nadel and Herschkovitz 1991；Herschkovitz et al. 1995；Nadel and Werker 1999）。加利利海只是面积更大的更新世湖泊利桑湖（Lake Lisan）的北部部分，利桑湖绵

公元前(校准后)	气候阶段	黎凡特地区文化序列	安纳托利亚西部	安纳托利亚中部	地中海沿岸：塞浦路斯	黎凡特南部	约旦河谷，大马士革盆地	幼发拉底河中游	土耳其东南部	叙利亚北部	伊拉克北部	扎格罗斯山区
6000		陶器时代	依利皮那，霍卡塞米	哈西拉		雅姆克文化	（游牧者）	萨比阿比亚		（游牧者）	哈苏纳文化 达巴吉耶	耶莫
7000	变干	PPNC		加泰土丘	比布鲁斯 基罗基蒂亚文化 拉斯沙姆拉	艾因格扎尔 PPNC	PPNB 晚期	阿布胡赖拉2期C段 PPNB 中期		布克拉斯	PPNB 晚期 马扎利亚	阿里库什 甘兹达列赫
8000	全新世大暖期：稳定	PPNB		哈西拉无陶阶段 阿斯克利土丘	塞浦路斯PPNB阶段	艾因格扎尔 PPNB	贝达 耶利哥PPNB阶段	阿布胡赖拉 2 期 PPNB 早期 杰夫艾哈迈尔	加福土丘 涅瓦利克利 哥贝克力 恰约尼聚落			
9000		PPNA				希阿姆文化	苏尔坦文化 耶利哥PPNA阶段 希阿姆文化	穆赖拜特Ⅲ期 穆赖拜特ⅡA 期			内姆里克	
10000	新仙女木事件：干冷					纳盖夫文化晚期 纳图夫文化	纳图夫文化 伊南	穆赖拜特ⅠA 期	恰约尼底层 哈兰塞米		开尔美兹得雷	
11000		纳图夫文化			纳图夫文化		哈尤尼姆	纳图夫文化 阿布穆赖拜特Ⅰ期		纳图夫文化		扎维凯米 沙尼达
12000	阿勒罗德间冰期：温暖，不稳定											
13000	不稳定，变暖	凯巴拉几何细石器文化			凯巴拉几何细石器文化		凯巴拉几何细石器文化	凯巴拉几何细石器文化		凯巴拉几何细石器文化		
14000												扎尔济文化
15000												

图 3.3　中东地区公元前 15000 年至前 5000 年的考古学基本年表

（显示了这一时段内遗址、文化以及气候变化的总体状况。主要采自 Cauvin 2000，有改动。根据考文[Cauvin]的说法，实线显示了前陶新石器 B

延 220 千米，遍布整个约旦河谷。奥哈罗Ⅱ期营地占地 1 500 平方米，相对于这一时期的其他遗址来说，它的面积大得惊人。其居民建造有三个以上椭圆形支柱的茅草屋；食物储存在窖穴中；将死者以屈肢姿势埋葬在浅坑里，上面覆盖大石块（就像后来的纳图夫人一样）；使用一套旧石器时代晚期的石叶工具以及玄武岩石臼和石杵。现有资料表明，这个时期西南亚的人口密度很低，大多数地区气候寒冷，植被为多年生灌木。奥哈罗是恶劣环境中的一个“避难区”，存在时间可能相当短暂，而在这类温暖庇护区域之外，谷物无法茁壮成长。

公元前 15000 年以后，在黎凡特南部发展起来一支被称为凯巴拉文化的几何细石器文化（Geometric Kebaran，Geometric 指的是其典型细石器呈几何形状）。凯巴拉人居住在洞穴或小型营地中，遗址面积多在 300 平方米以下，最大可达 1 000 平方米左右。他们应该是随季节流动的，冬天在山谷的低处扎营，夏天则到海拔更高的地方扎营。他们也使用石臼和石杵。在加利利海附近的恩盖夫Ⅲ期遗址（Ein Gev Ⅲ），他们用石头作地基建造圆形的小棚屋。有人认为他们像先辈奥哈罗人一样收割野生谷物，但是，与后继者纳图夫人不同，他们显然还不会使用石镰。《近东遗址地图集》（*Atlas des Sites du Proche Orient*）（Hours et al. 1994）一书列出了黎凡特属于几何凯巴拉时期的 51 处考古遗址，而西南亚其他地区同期遗址只有 3 处。当然，这可能只是告诉我们当前考古学研究热点地区在何处，而不是任何绝对模式。

到公元前 12500 年，凯巴拉几何细石器工业逐渐发展为纳图夫文化。[7]总体来说，纳图夫文化时期，遗址的数量和面积显著增加。《近东遗址地图集》显示，在黎凡特地区有 74 处这一时期的遗址，在安纳托利亚和扎格罗斯山脉有 26 处同时期非纳图夫文化的遗址，但以上数量并不是全部。而且据估计，整个纳图夫文化分布区的遗址面积平均要比凯巴拉几何细石器遗址大五倍。这表明人口数量正在迅速增长，特别是在纳图夫文化早期，即“新仙女木事件”寒冷期开始之前（公元前 11000 年至前 9500 年）。贝尔弗-科恩和霍弗斯（Belfer-Cohen and Hovers 1992）将发掘的所有 417 座纳图夫墓葬与之前仅有的 3 座旧石器时代晚期墓葬对比，清晰表明了这一时期人口数量的增长。

不幸的是，大部分纳图夫文化遗址的土壤环境不利于植物遗存保留下来。但也有迹象表明，至少在一些比较干燥的地区，野生谷物特别是大麦，当时曾被开发利用。和凯巴拉几何细石器遗址一样，纳图夫文化的很多遗址都有玄武岩石臼和石杵。纳图夫文化早期的瓦迪哈梅 27 号遗址（Wadi Hammeh 27）出土有野生大麦遗存，同时出土有内嵌细石叶的骨制镰柄（Edwards 1991）。的确，在纳图夫文化时期，石叶镰刀在黎凡特中部地区似乎已经被广泛使用。正如帕特丽夏·安德森（Patricia Anderson 1994）所指出的那样，这种工具既可以切割芦苇也可以收割谷物。叙利亚北部与纳图夫文化有关的穆赖拜特遗址 IA 期（Mureybet IA）也出土有野生大麦、单粒小麦和扁豆的遗存，年代大约是公元前 10500 年（van Zeist 1988）。

阿布胡赖拉遗址位于幼发拉底河中游，距穆赖拜特遗址不远。

51/52

最近发表的该遗址研究成果将纳图夫人（或其近亲，这里也许称他们为“中石器时代人群[Epipaleolithic]”更好一些）带到了早期驯化讨论的前沿。根据戈登·希尔曼等人的研究（Hillman 1989；Hillman et al. 2001；Moore et al. 2000），该地区的居民在公元前 11000 年后受到了“新仙女木事件”寒冷干燥期的严重影响，气候恶化导致了林地的消失，并促使居民利用野生小麦和黑麦。令人惊讶的是，对三粒黑麦的 AMS 放射性碳测年表明，黑麦早在公元前 10700 年就已经表现出了驯化特征。同时，遗址中出土了一些杂草种子。广为人知的是,这些杂草喜欢在耕地中生长。然而,气候的极端变化使得阿布胡赖拉遗址的驯化尝试早早就终结了,因为这个遗址在“新仙女木事件”后即被废弃长达一千年之久。然而,这种情况表明,在西南亚更新世末期的诸多背景条件下,谷物驯化或许马上就要发生了。

大约在公元前 8500 年,阿布胡赖拉遗址在废弃一千年后重新有人居住,在之后约两千年里,这里产生了系统而且持续的驯化农业,构成了村落生活的经济基础。从遗址出土植物考古资料,以及发掘者所做人口估算,可以清晰地看到驯化作物的到来。在中石器时代(阿布胡赖拉第 1 期),人口数量可能在 100 至 200 人之间,他们稳定定居在一个小型聚落中,主要依靠狩猎采集和少量的黑麦栽培为生。在公元前 8000 年前后的新石器时代(阿布胡赖拉第 2 期),驯化作物在经济中占据了绝对的主导地位,人口数量急剧增加到了 4 000 至 6 000 人(见图 3.4)。

纳图夫文化的社会发展方向也很不寻常,“社会复杂性”不断增长。一些遗址出现了大型墓群,比如,在穆哈艾瓦(Mugharet-el-Wad)洞穴里有大约 60 座墓葬,在纳哈奥伦(Nahal Oren)洞穴里有 50 座墓葬,这两处遗址都位于今天的以色列。有些定居点相当大。在以色列北部胡拉湖(Lake Huleh)古代时期的湖岸,发现了属于纳图夫文化早期的艾因迈拉哈(Ain Mallaha)遗址,占地约 2 000 平方米,估计每个阶段都有 12 个以上的圆形棚屋,屋内地面为半地下式,并铺石板。艾因迈拉哈遗址和阿布胡赖拉遗址都少量出土有来自安那托利亚的黑曜石。所有这些迹象,更不用说还有骨雕艺术、磨刃石斧和石镰,使纳图夫人及其在幼发拉底河中游的“近亲”看起来有点类似“富裕觅食者”的形象。同时还发现有高度定居的聚落,以及一定程度的社会分化和较高的人口密度。在“新仙女木事件”造成的危险多变的环境中,考虑到觅食者适应的不

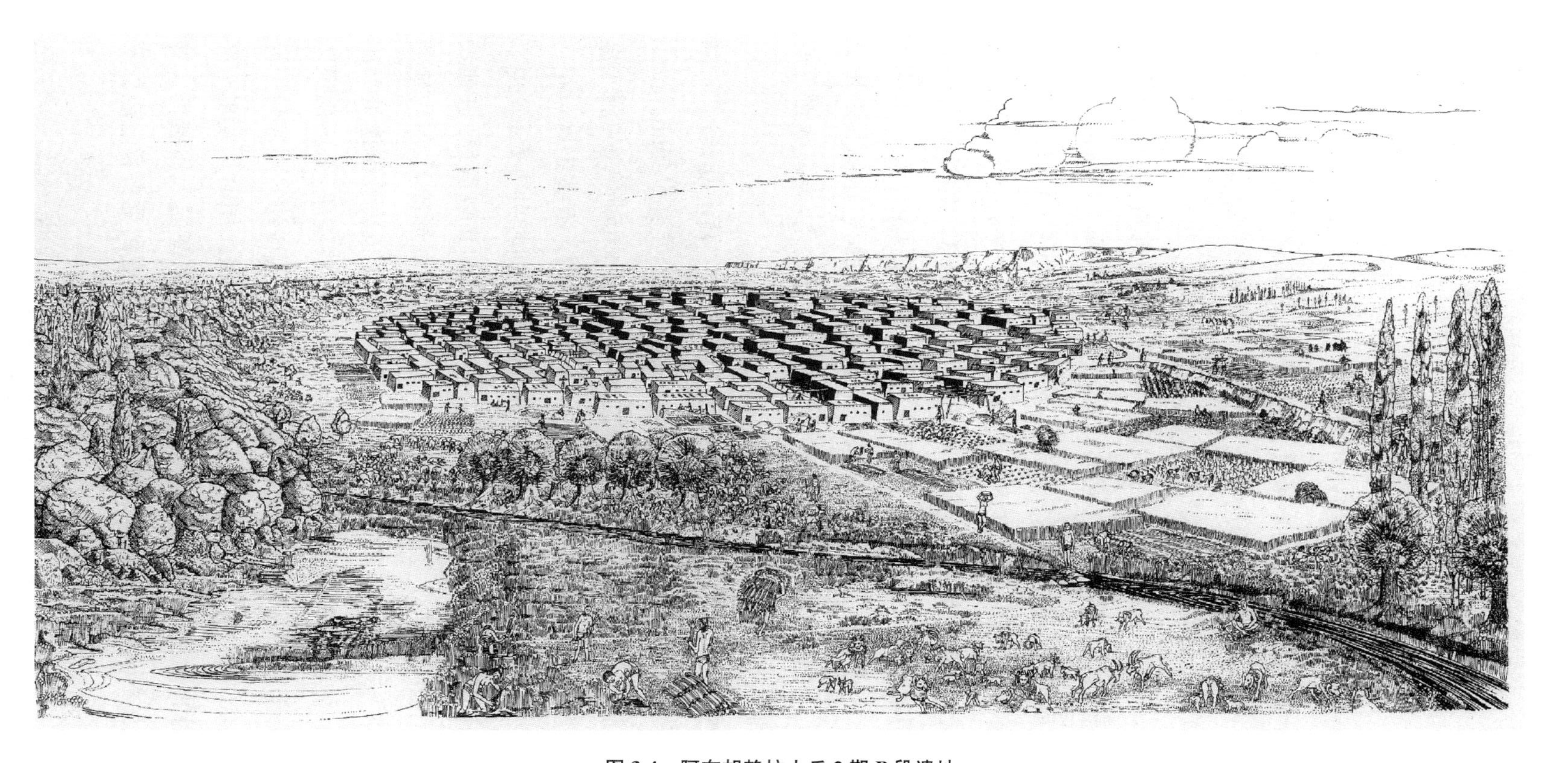

图 3.4　阿布胡赖拉土丘 2 期 B 段遗址

（约公元前 7200 年前陶新石器 B 段的一个长方形房子组成的大村落。引自 Moore et al. 2000）

稳定性，黎凡特除了走向种植和栽培的道路，还有什么更好的选择呢？居住在村落的植物采集者，在越来越寒冷干燥的环境中，面对日益减少的食物来源，要么退回高度流动的游牧生活，人口由此萎缩，要么选择走向粮食作物的有意种植和栽培，从而人口进一步增长。纳图夫文化之后的考古学资料已经明确回答了哪种选择更加成功的问题。

52/53

“新仙女木事件”是文化变革的引擎，这一观点具有很强的吸引力，受到许多现代学术权威的支持[8]，尽管最近切尔诺夫（Tchernov 1997）和考文（Cauvin 2000）也对此提出质疑。然而，应该指出的是，纳图夫文化在定居方面的考古学证据（基于聚落的复杂性和共生动物的存在等）并不确凿，社会分化方面也是如此。[9]正如我们稍后将看到的那样，除了阿布胡赖拉遗址中几粒驯化形态的黑麦这个孤例之外，“新仙女木事件”和考古资料中广泛出现的驯化植物之间并没有什么明确的关联。从现有迹象看，后者在“新仙女木事件”和纳图夫文化之后约500—1 000年才大量出现。所以，如果是“新仙女木事件”扣下扳机的话，那这把枪可是过了好长时间才发射。

前陶新石器时代和驯化作物崛起

凯瑟琳·肯扬（Kathleen Kenyon）在20世纪50年代的耶利哥（Jericho）发掘报告中，将黎凡特地区在纳图夫文化之后的第一个千年命名为前陶新石器A段（Pre-Pottery Neolithic A）（简称PPNA，大约从公元前9500年至前8500年）。顺理成章，在肯扬的术语中，前陶新石器A段之后是前陶新石器B段（PPNB，大约从公元前8500年至前7000年）（图3.3）。再之后是黎凡特核心地区农业和环境的衰退期，现在被称为前陶新石器C段（PPNC），虽然肯扬自己并不使用这个术语，因为它反映的是后来的研究成果。除了阿布胡赖拉遗址昙花一现的黑麦之外，驯化谷类和豆类作物最早出现在前陶新石器 A 段晚期或前陶新石器 B 段早期，已到公元前 9000 年之后(Garrard 1999; Colledge 2001)。

在整个前陶新石器时代，很多文化因素要么首次出现，要么变得更加突出，说明人类社会正在从狩猎采集模式向农业模式转变。这些因素包括：

1. 聚落规模大幅增长。前陶新石器 A 段的一些聚落面积达到了 3 公顷，而前陶新石器 B 段晚期的一些聚落面积接近城市水平，达到了 16 公顷(图 3.4)。这样的规模无疑说明，到前陶新石器 A 段末期，这些聚落是由真正的食物生产者永久性居住的(Bar-Yosef and Belfer-Cohen 1991; Kuijt 1994, 2000a)。

2. 建筑有所创新。表现在普遍使用晒干的泥砖，以及在墙壁和地板上涂抹石灰浆，并且房屋格局从纳图夫文化和前陶新石器 A 段盛行的圆形逐渐转变为前陶新石器 B 段的方形，从此之后方形房屋就在旧大陆的住宅建筑中占据了主导地位(Flannery 1972)。

3. 许多大型遗址中出现了“纪念碑”和公共建筑。例如耶利哥前陶新石器 A 段出现的圆塔和城墙，以及最近从约旦南部至安纳托利亚东南部的多个遗址中发掘出的许多类似神殿的建筑。其中一些遗址出土有纪念性石雕，最著名的是来自安纳托利亚东南部哥贝克力山丘(Gobekli Tepe)和涅瓦利克利(Nevali Cori)遗址的 T 形柱，上面刻有人和动物的浮雕。

54/55

4. 常见女性泥质塑像(即广受关注的所谓“母神”)。强调性和生育的女性塑像，还有建筑上放置的牛头骨，都见于大约公元前 9000 年至前 8500 年叙利亚的杰夫艾哈迈尔(Jerfel Ahmar)和穆赖拜特等遗址，还有稍晚的安纳托利亚加泰土丘(Catalhoyuk)的神殿。雅克・考文(Cauvin 2000)最近提出，这种“符号革命”是西南亚新石器时代演变背后的主要动力之一。

5. 将颅骨从墓葬中取出，放在屋内，作为祖先来祭拜。在前陶新石器B段甚至用黏土复原出面部，以贝壳做眼，绘上五官（Kuijt 1996；Garfinkel 1994）。与这种有趣的现象相关联的是，尤其在前陶新石器B段，出现了大型集体合葬墓，人骨置于墓坑或室内。房子地面下常见无头屈肢葬墓穴。

6. 早期阶段的细石器减少，取而代之的是通体磨光的石斧、广泛出土且形制统一的石镰，以及用大型石叶制作的矛或锥（图3.5）。

7. 通过研究石镰刃缘的磨损程度和光滑度可知，在前陶新石器时代发展过程中，对成熟谷物的收割有增加的趋势（Unger-Hamilton 1989，1991；Quintero et al. 1997）。只有当谷物经过驯化形成了不落粒的习性时，使用燧石镰刀大量收割成熟谷物才可行。

最重要的是考古材料体现出的整个前陶新石器时代的经济形态。人们对驯化作物的依赖程度越来越高，与此相契的是出现了最早的驯化动物，特别是绵羊和山羊。在公元前7000年后不久，陶器开始广泛使用，这对于炊煮以谷物为原料的流食（如粥和汤）具有重要作用。在我们今天看来，这些食物微不足道，但是却为之前以食用粗粒面包为主的人们打开了一扇新的大门。流食可以让孩子早点断奶，人口增长更快，牙病也大量减少（Molleson 1994；de Moulins 1997）。[10]制陶要求掌握烟火技术，而这无疑最终导致了冶金术的产生。在前陶新石器时代遗址都没有发现熔炼金属，但是经常有锤揲而成的小件铜器，比如珠子和锥子，这是新技术即将到来的一个明确信号。

当然，不是所有这些变化都在前陶新石器时代才出现。女性塑像在欧亚大陆旧石器时代晚期艺术史上已经扮演了一个重要角色。纳图夫文化中也有去除颅骨的现象。但是对头（或者颅骨）的崇拜显然表明了人们对“祖先”日益重视，集体合葬也是如此。

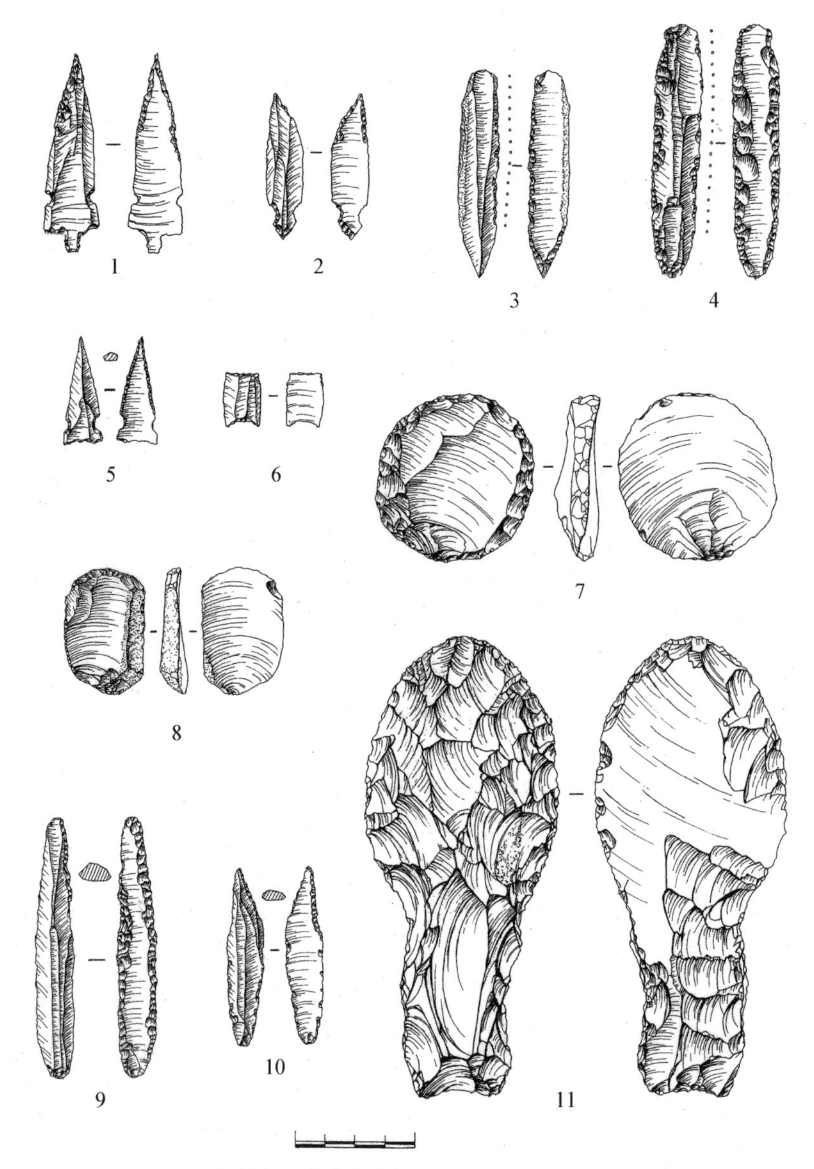

图 3.5 幼发拉底河中游杰夫艾哈迈尔遗址和哈鲁拉土丘前陶新石器时代 A 段和前陶新石器时代 B 段的石器

（1. 阿勒旺[Helwan]尖状器；2. 杰夫艾哈迈尔尖状器；3 和 4. 磨光石镰；5. 希阿姆[El-Khiam]尖状器；6. 哈格杜德平头器[Hagdud truncation]；7. 半圆形刮削器；8. 端刮器；9. 石锥；10. 钻孔器；11. 幼发拉底河流域类型的薄片石锛。曼迪・莫特拉姆[Mandy Mottram]绘图）

民族学记载确凿表明祖先往往与血统世系相关。反之，血统世系往往与某一粮食生产地的所有权相关。“土地公有的血缘群体”长期以来一直都是人类学研究的重要关注对象。很多狩猎者和采集者，以及生活在人口密度低、土地可无偿获得地方的耕种者，社会结构都是双边的，血统关系并不重要。但是，当人口越来越密集时，当土地的获得需要某种正式认可时，当“所有权”必须以某种有形的东西来证明时，我们就会看到通过世系或血统来表明土地使用权的情况。世系要求确立一个祖先，从他那里可以追溯大家都一致认可的血统（展示颅骨可能就是发挥这个作用！）。

56/57

的确，考古资料显示，西南亚早期农业最先出现在那些珍贵的小块肥沃土地上（所有权可能家庭传承？），这些小块土地都靠近良好的水源。这是黎凡特地区前陶新石器A段晚期遗址的主要优势，它们出土了最早的驯化谷物遗存，所有遗址都位于泉水、湖泊、河流等水源附近。这些遗址包括耶利哥、尼提夫哈格杜德（Netiv Hagdud）、吉甲（Gilgal）、艾斯瓦德土丘（Tell Aswad）、阿布胡赖拉和穆赖拜特等。其他地方的早期农业遗址，例如胡泽斯坦的阿里库什（Ali Kosh）遗址，也有类似的有利条件。其中一些遗址位于野生谷物的天然分布区之外，因此那里的居民需要有意引进和种植。

早期作物种植需要浇水应是常识，考虑到新月沃地降雨的不可靠性，种植植物的地点显然应该靠近可靠的水源。必要的时候，可以使用简单的“灌溉”技术（如用动物皮革制成容器装水）从这些水源引水。例如，碳同位素的研究表明，叙利亚的哈鲁拉土丘在前陶新石器时代B段就使用了某种灌溉方法（Araus et al. 1999），但是，主要问题当然是这样的土地是相对稀少和宝贵的。这本身就能刺激个别定居点规模的增长，比如耶利哥，因为这里的泉水四季不断，拥有能得到充分灌溉的农田。毫无疑问，这种增长同时刺激了社会阶层和贫富分化的发展,这也正是制度化不平等的根源,但那是另外一个故事了。

谷物驯化是如何在西南亚开始的?

戈登·希尔曼和斯图亚特·戴维斯的实验表明,如果人们坚持用镰刀收割完全成熟的谷粒并将它们重新种植,小麦和大麦的不落粒基因组就可以被快速选择。他们认为(Hillman and Davies 1990: 189):"如果在作物接近成熟时将它们用镰刀收割或者连根拔起,并且连续将上一年收获的种子播种在新的土地上,驯化可在20—30年内迅速实现。"然而,乔治·威尔科克斯(George Willcox 1999)指出,在驯化谷物完全占据统治地位之前,野生谷物和驯化谷物共存了一千多年。因此,驯化的过程实际上很可能并不是那么一帆风顺,尽管最终的结果很辉煌。

驯化的关键之一似乎是古代的收割者使用石镰切割非驯化的成熟谷穗(成熟在这里是一个重要特征)。他们会在切割过程中摇晃每一株植物,使得这些成熟穗子上具有不落粒基因倾向的谷粒比一般自由落粒的谷粒保留更多,后者将大量地掉落在地上。将植物连根拔起应该也有类似的效果。通过击打或者摇晃植株,将谷粒装进篮子或者袋子里则是反向的选择。如果通过镰刀收割或连根拔起方式选择的不落粒谷种后来得到种植,特别是种在远离现有野生谷物植株丛的新地块上,那么就意味着一个对非落粒品种极其强大的选择过程开始了,这一过程迅速导致了驯化植物的崛起(Wilke et al. 1972; Heiser 1988)。

然而,从穗轴片段和颖壳结构来看,形态呈现驯化的谷物遗存最早广泛出现仅见于前陶新石器 A 段末期或前陶新石器 B 段早期的考古资料中,大约在公元前 8500 年左右,即在"新仙女木事

57/58

件”和纳图夫文化结束的几百年之后。[11]看来，纳图夫人并没有长期驯化他们的谷物。在这点上非常有趣的是，对纳图夫石镰的光滑刃缘的研究表明，人们经常收割未成熟的生鲜谷粒，这种做法应该可以避免落粒的问题，以最大限度地增加野生谷物的产量（Unger-Hamilton 1989，1991；Anderson 1994）。未成熟的谷物茎秆也比完全成熟的茎秆更容易切割，尽管未成熟的野生谷粒会比成熟谷粒要花费更多的时间去壳，因为需要在食用前晒干或者烘烤（Wright 1994）。然而，如果纳图夫人收割未成熟的谷粒并将收获的谷粒全都消耗完，而不是储存以供下一季重新种植，那么驯化就不会发生，必定有其他因素出现来激励这一进程。

我们可能永远都不会确切地知道这个进程最终是如何以一种不可逆转的方式发生的，但是肯定有三项活动帮助了它的进行。如上所述，一个当然是镰刀收割的使用及其导致的对非落粒性状的选择。另一个应该是将镰刀收割的谷粒播种在远离野生植株丛的新土地上。第三个应该是延迟收割直到植物部分或完全成熟，以增强来自非落粒穗谷种的典型性。

因此，戈登·希尔曼（Hillman 2000）最近提出，公元前 11500 年左右，在“新仙女木事件”之前相对温暖和潮湿的环境中，中石器时代的阿布胡赖拉居民选择了将野生谷物拍打入篮的方式进行收割，所以没有发生导致驯化的选择。然后，在“新仙女木事件”时期，野生谷类植株丛的萎缩促使居民种植野生黑麦。与此同时，使用镰刀收割或连根拔起的收获方式肯定已经采用，至少被某些家庭采用了。他们有没有在某些时候，有意切割成熟的麦穗进行储存和再种植，并将剩下的还未成熟的麦穗留待以后再加工为食物呢？我们不知道。但不知何故，阿布胡赖拉人在公元前 11000 年后很快培育出了一种籽粒饱满的驯化黑麦，但时间出奇地短暂，似乎与公元前 8500 年以后驯化谷物更大规模地出现没有直接关系，目前还有很多谜团尚未解开。

58/59

西南亚农业考古资料的宏观考察

系统性的农业及聚落是从哪里起源的？是从一个小区域，比如黎凡特中部或北部起源，然后向外扩张？还是在新月沃地的几个不同的早期耕作环境中同时起源，然后通过文化交流连接在一起？随着大型聚落群面积扩张达到16公顷，特别是"完全成熟(full-on)"的新石器时代农业与动物驯化相结合之后，最终会产生什么结果？在脆弱的环境中，迅猛发展的各类经济形式明显形成了一个不稳定的组合，尤其是在前陶新石器B段。在那个遥远的时代所产生的一些后果，恰如现代人类要面对当下境况中的一些不良后果一样。

为了回答上面的问题，我们需要仔细研究一下黎凡特地区纳图夫文化和前陶新石器文化群中同期同类文化的分布情况。我们还需要将讨论的范围扩大到附近地区，比如安纳托利亚和伊朗西部，这些地区也出现了相关的发展。

首先，对纳图夫人及其同时代人类来说，考古资料显示，在黎凡特南部和中部地区有一个密集的"典型(classic)"纳图夫文化遗址群。这些遗址主要集中在约旦河谷和地中海沿岸腹地(图3.1)。相关遗址如穆赖拜特和阿布胡赖拉都坐落在幼发拉底河中游。这些遗址向我们展示了丰富的物质文化，表明这里的居民有着相似的生活方式，并且在艺术、丧葬和建筑等方面都有着类似的风格传统。不同种类的石器所占的比例存在地区差异，但考虑到纳图夫文化在树木茂密和开阔的环境中都有广泛分布，甚至南方和东方都延伸到了沙漠边缘，这也完全在意料之中。从考古学的角度来看，以色列和约旦的"典型纳图夫文化"是名副其实的"文化(culture)"

(Bar-Yosef 1998b)。欧弗·巴尔-约瑟夫(Ofer Bar-Yosef)和安娜·贝尔弗-科恩(Anna Belfer-Cohen)(1992：39)认为："在中石器时代狩猎采集的背景下，纳图夫文化的出现是黎凡特发生的一次革命性事件，其'起源地(homeland)'的地理轮廓十分清晰。"

这一时期安纳托利亚和伊朗的同时代遗址还是流行细石器技术，不能被归为纳图夫文化。事实上，伊朗的这些遗址根据石器特征可被单独归类为扎尔济文化(Zarzian)。安纳托利亚或伊朗的这些遗址中几乎没有谷类或豆类作物利用的证据，并且，目前没有什么证据表明其居民直接参与了农业起源活动。

前陶新石器时代 A 段(约公元前 9500 年至前 8500 年)

在前陶新石器 A 段，我们发现考古学文化的区域范围比纳图夫文化时期更广大，分布范围到了伊拉克北部和安纳托利亚，但是很难判断扩散是起源于一个地区，还是在大区域内同时发展起来的。[12]现有的碳十四测年有一定的误差范围，测定结果在公元前 10000 年至公元前 9000 年之间摆动较大，而且在这个时间范围内还存在一个放射性碳校准的"平台期(plateau)"，使得目前不可能得到很精确的年代结果。但是，不管前陶新石器 A 段是如何演变的，它的发展速度都是非常快的。

59/60

前陶新石器 A 段的地域远大于纳图夫文化的范围，它是根据某些典型石器(图 3.5)的出现判定的，比如"投掷尖状器"(希阿姆、萨利比亚[Salibiya]、阿勒旺和约旦河谷的各种演变类型)、小型"哈格杜德平头器"、磨制石斧和未加工的石镰。遗址包括叙利亚北部的穆赖拜特、阿布胡赖拉和杰夫艾哈迈尔，可能还有伊拉克北部的开尔美兹得雷(Qermez Dere)。[13]杰夫艾哈迈尔遗址(公元前 9600 年至前 8500 年)已经建造了一些非常令人瞩目的建筑，包括一处大型圆形地穴式房屋，应该是社群公共活动场所，周围围绕着圆形和长方形的房子。圆形房屋、石灰地面、无头墓葬、女性雕像、燧石镰刀、磨盘和磨棒、土耳其中部的黑曜石、磨制石斧、凹口投掷尖状器，还有纳图夫文化衍生的一种燧石工业，全都在前陶新石器A段期间结合起来，形成了一个相当紧密的文化统一体。虽然将其与远方的耶利哥和穆赖拜特等遗址做比较的话，它们在面貌上还存在细微的差别。

安纳托利亚和扎格罗斯山区的遗址和文化综合体有哪些方面与前陶新石器A段的面貌相一致呢？伊拉克北部的内姆里克9号遗址(Nemrik 9)(Kozlowski 1992, 1994)有很多黎凡特前陶新石器A段的特征(比如雪茄形砖砌成的圆形房屋和希阿姆尖状器)，但另一方面，它也有一些石器及其磨制技术据说与扎格罗斯山区的扎尔济文化以及安纳托利亚东部的哈兰塞米(Hallan Cemi)遗址有关。有趣的是，在内姆里克9号遗址的一些墓葬中发现有刺入人体的投掷尖状器，表明该地区的族群可能存在冲突——也许这是由于该遗址位于或接近黎凡特与扎格罗斯影响范围的边界。位于伊拉克东北部和伊朗西部的扎格罗斯山麓丘陵地区的该时期遗址，如穆勒法特(M'lefaat)、卡里姆沙希尔(Karim Shahir)、扎维凯米(Zawi Chemi)、阿萨巴(Asiab)和甘兹达列赫(Ganj Dareh)E层，情况仍然不是很清楚，但大家似乎都认为它们不属于黎凡特前陶新石器A段。这些遗址中的任何一个都没有明确证据证明其在前陶新石器A段或前陶新石器B段早期驯化过植物或动物。目前的迹象表明，扎格罗斯山区的这些农耕文化是从黎凡特地区引进的(Hole 1998; Dollfus 1989; Kozlowski 1999)。

尚不确定同样的结论是否也适用于安纳托利亚东南部，因为正如上文所述，单粒小麦可能已经在这个地区得到了驯化。但在前陶新石器A段，黎凡特诸文化之间的联系很少。据报告，哈兰塞米遗址(大约公元前10000年前后)和恰约尼(Cayonu)遗址(两者都在底格里斯河上游）的底层都发现了可能表明定居的圆形房屋聚落，这两个遗址都没有确切的农业证据（前一个遗址中完全没有发现谷类遗存）。最近的报告显示，哈兰塞米遗址可能在“新仙女木事件”时期存在对猪的管理，与后来的纳图夫文化和阿布胡赖拉遗址的黑麦驯化探索属于同一时期。如果这一结论得到证实，它可能会改变我们对动物驯化过程的看法，至少在黎凡特的周边地区是如此。[14]

根据目前的证据，我和苏珊・科莱奇（Susan Colledge et al. 2004）等倾向于认为前陶新石器 A 段是黎凡特地区农业社群起源的标志性时期，没有有力证据证明它的范围超出了图 3.1 所示的界限。这意味着同一时期伊朗和安纳托利亚的遗址主要是“复杂觅食者（complex forager）”的聚落，很可能存在某些动物管理。[15]他们在新石器时代 A 段继续过着与纳图夫文化类似的生活。其中一些遗址的居民可能已经会收割野生谷物，但是可能不包括单粒小麦。没有充分证据证明他们独立驯化了这些谷类植物。正如雅克・考文所说，土耳其和伊朗的野生谷物分布区完全融入农业生活方式是后来前陶新石器 B 段扩张的结果，同样是从位于黎凡特某处的核心地带开始的。

60/61

前陶新石器时代 B 段（约公元前 8500 年至前 7000 年）

首先我们需要谨记一项重要的研究成果。西南亚的环境很脆弱，尤其是当受到人口增长、森林砍伐、土地耕作、牲畜放牧和许多其他活动的冲击时，多种压力叠加起来会导致土壤退化、植被消失、土地盐碱化、水土流失和资源总量减少。[16]西南亚前陶新石器时代的遗址很少会延续至历史时期，即使是耶利哥和阿布胡赖拉等最大的遗址后来也被废弃了。黎凡特的前陶新石器时代后期被证实是环境衰退的一个重要阶段。这是由人类活动和气候的干旱趋势共同推动的,这一点我们会在适当的时候再来论述。常识和历史告诉我们,这种事件总是会推动人类寻找新的土地。另一种选择是强化,或用克利福德·格尔茨(Clifford Geertz 1963)的术语来说是"农业内卷化(agricultural involution)",这在世界历史上显然是类似的文明和小规模种植者曾经多次采用的一种行动方针。但并不是所有的人类社会都会自动寻求在当地加强生产以养活不断增长的人口或者弥补资源短缺,特别是如果仍然存在尚未被拙劣的耕作者破坏的新土地可供利用的话。这一观察带领我们进入前陶新石器时代 B 段及其扩张的历史。

布莱恩·海登(Brian Hayden 1995)估计,黎凡特地区前陶新石器 B 段的人口是纳图夫文化时期的 16 倍,但遗址数量却比纳图夫文化时期少得多。这是因为许多前陶新石器 B 段的遗址几乎都和现在的城镇一样大——有些遗址面积大至 16 公顷(图 3.4),大约是前陶新石器 A 段最大遗址的四倍。伊恩·库伊特(Ian Kuijt 2000a)注意到,从纳图夫文化晚期到前陶新石器 B 段晚期大约 2500 年的时间里,最大遗址的规模增长了 50 倍。约旦一些前陶新石器 B 段的遗址,如艾因格扎尔(Ain Ghazal)、巴斯达(Basta)和巴加(Baja)等遗址,已经出现了上下两层的房屋,巴加遗址的石墙残留高度在 4 米以上(Gebel and Hermanson 1999)。一些较小的遗址也有防御工事,至少部分是有的,例如伊拉克北部的前陶新石器 B 段晚期的马格扎利亚土丘(Tell Magzaliyah)(Bader 1993)。当然,像城镇一样的大型聚落意味着,如果居民们愿意,他们在聚落内部也能通婚。当几千人密密麻麻地住在一起时,并不难找到配偶。由于人口的高密度和社会的动荡,人们也可能被迫采取防御性姿态,这导致了部落制和种族制的兴盛。因此,就像所有成功的新石器时代文化一样,前陶新石器 B 段文化有两种相反的趋势——一种趋向扩张,另一种趋向区域分化。记住这一点非常关

61/62

键,否则我们就不得不在两个荒谬的极端假设中做出选择,一个认为前陶新石器 B 段是一个庞大的整体,另一个则认为它是各地独立涌现的诸多不同文化特征的集合,其实两者都不对。

和前陶新石器 A 段一样,"典型"的前陶新石器 B 段文化也只存在于黎凡特地区。但是,一些基本因素在西南亚更大范围内扩张的迹象非常显著,特别是前陶新石器 B 段晚期的长方形联排房子和强大的混合农业经济,十分具有代表性;六倍体普通小麦的加入进一步充实了农业。当然,在前陶新石器 B 段结束时,也可能在此之前,随着密集狩猎造成野生动物数量减少,所有重要家畜——山羊、绵羊、牛和猪——都已经出现在驯化名单中(Legge and Rowley-Conwy 1987, 2000)。

就分布范围而言,中期和晚期阶段的典型前陶新石器 B 段文化超过了前陶新石器 A 段,如果对叙利亚和安纳托利亚尚未调查的区域,即图 3.1 所示的主要分布区之间的区域做进一步调查,其范围可能还要大得多。[17]前陶新石器 B 段文化遍布整个黎凡特地区,巴尔-约瑟夫和贝尔弗·科恩(Bar-Yosef and Belfer-Cohen 1989 b,1991: 192)将其描述为前陶新石器 B 段文化圈,范围扩展到了伊拉克北部,并在安纳托利亚东南部和中部融合了更多的区域性文化。前陶新石器 B 段的核心起源地,如果确实存在这么一个地方的话,确切位置目前尚不确定,尽管一些学者提出它在黎凡特北部。巴尔-约瑟夫和贝尔弗·科恩指出,许多前陶新石器 B 段的典型文化特征在时间和地理分布上似乎具有从北往南发展的趋势。这些文化特征包括黑曜石(全部源于土耳其)、单粒小麦和鹰嘴豆(均源于黎凡特北部或安纳托利亚)、驯化动物(尤其是绵羊和山羊,可能源于黎凡特北部或扎格罗斯山区)、方形建筑(根据碳十四测年,年代最早者在黎凡特北部,如穆赖拜特和杰夫艾哈迈尔等遗址),以及石膏做成的"陶器",被称为"白陶"。另一方面,前陶新石器B段文化的许多典型因素以黎凡特南部地区最为突出，包括耶利哥遗址著名的彩绘膏泥头骨，和约旦艾因格扎尔遗址发现的内部用芦苇和树枝作骨架、外表以膏泥涂抹而成的“祖先”塑像。

根据人工制品的类型来考察前陶新石器B段的区域图景，情况略有不同。例如，在黎凡特和安纳托利亚东南部，前陶新石器B段的遗址有相当类似的石器技术，集中体现在从船型石核上打制出大型石叶，当作有柄投掷尖状器的毛坯。其中，基部有柄的“比布鲁斯尖状器”似乎是最普遍和最典型的。在黎凡特之外，压制法剥片的石叶石核占主导地位，尤其是在扎格罗斯山区和从伊朗北部延伸到巴基斯坦的地区(Inizan and Lechevallier 1994; Quintero and Wilke 1995)。船形石核和压制剥片石核的分布边界，似乎与黎凡特和扎格罗斯之间的前陶新石器A段早期文化的分界线相一致，这表明在前陶新石器A段期间观察到的区域特征持续到了前陶新石器B段。除了船形石核和“比布鲁斯尖状器”之外，土耳其和幼发拉底河中游的遗址，如加福土丘(Caferhoyuk)、恰约尼、阿斯克利土丘(Asiklihoyuk)、穆赖拜特和杰夫艾哈迈尔等，也有相似类型的刻纹砾石或“牌饰(plaques)”，表明它们在整体上有着密切的文化关系。从前陶新石器A段传统中衍生出的膏泥头骨和头骨崇拜，也出现在了从黎凡特南部远到安纳托利亚腹地的哈西拉(Hacilar)这一范围内。在前陶新石器时代和早期陶器时代，整个西南亚(包括塞浦路斯和扎格罗斯)似乎都出现了各种各样的头骨人为变形现象(Meiklejohn et al. 1992)。

62/63

在房子格局方面，有很多地域性变化。拉马德(Ramad)和比布鲁斯遗址是单间房屋；耶利哥和艾因格扎尔遗址是有门廊的“中央大厅”型房屋；前陶新石器B段晚期边缘地带的许多遗址，如约旦的贝达(Beidha)和巴斯达、叙利亚的布克拉斯(Bouqras)、安纳托利亚的恰约尼和涅瓦利克利，以及早期陶器时代遗址如伊拉克北部的乌姆达巴吉耶（Umm Dabaghiyah）和耶里姆土丘Ⅰ期（Yarim Tepe Ⅰ），似乎是无门的小隔间组成的复杂建筑。这种“无门小隔间”建筑风格正是那些距离黎凡特较远地区最早农业社会的特征，例如伊朗的甘兹达列赫遗址的D层、巴基斯坦的梅赫尔格尔（Mehrgarh）遗址和安纳托利亚中部的加泰土丘。[18]在前陶新石器B段分布范围的南北两端，如恰约尼、涅瓦利克利和巴斯达遗址，也发现了类似的由紧密排列的墙基构成的“格栅”平面布局，可能是木柱和芦苇搭建而成的房屋（Ozdogan 1999）。我相信，前陶新石器B段后期这些建筑上的相似性显示了广泛的文化联系。尼森（Nissen et al. 1987）提到，巴斯达遗址屈肢葬中的狭长颅骨与恰约尼遗址的类似，这一点也很有意义。这两个遗址分别靠近前陶新石器B段分布范围的最南端和最北端，两者相距约1 000千米。

社群公共建筑似乎比普通住宅更能说明诸文化各个方面的特点和风格，因为它们理所当然是族群认同、从属关系和宗教仪式的“纹章学（heraldic）”表现的一般载体（Verhoeven 2002）。近几年来，大量公共建筑被发掘出来，并且都有独特之处。例如，杰夫艾哈迈尔遗址和穆赖拜特遗址（有些属于前陶新石器A段）发现了大型半地穴式圆形“社群公共房屋”；耶利哥遗址有用泥砖砌成的长方形“神殿”，后墙有一壁龛；艾因格扎尔遗址发现圆拱形的“神殿”；安纳托利亚的涅瓦利克利遗址有用石墙围成的长方形“祭祀建筑”；叙利亚北部属于前陶新石器B段的萨比阿比亚遗址2期（Sabi Abyad II）发现有长10米，宽7米，高0.6米的大型泥砖台基。

最引人注目的是安纳托利亚东部哥贝克力山丘上的高山神庙，年代大约从公元前8300年到前7200年。整个神庙区呈圆形，占地9公顷，可能包括20座建筑（已经发掘4座），石墙环绕，直径为10至30米，半地下式，墙里侧有10根高达3米的巨大T形石柱，呈辐射状排开，其中一些柱子上饰有动物浮雕。神庙区中央也有两根高大的T形石柱，一根未完成的石柱高度可能超过6米。神庙区范围内没有生活遗迹，主要功能可能只是用于社群的某种仪式活动。整个建筑群最终被有意埋在了3至5米厚的地层之下，并且填土是从别处运来的。涅瓦利克利遗址也发现了类似的T形石柱，上面雕刻着人像。

63/64

作为公共墓葬的停尸房也是前陶新石器B段的一个显著特征。在恰约尼遗址，有一座非同寻常的"头骨屋"或说停尸房，里面杂乱摆放着大约400名已故部落成员的遗骸，这些遗骸被放置在建筑物一头的石棺中，石棺上面覆盖着石板；在约旦的巴加遗址，有一个彩绘二次葬灰泥墓室；在阿布胡赖拉遗址，有一个停尸房，另外还有一批合葬墓；在加利利海附近的卡发哈霍雷斯（Kfar HaHoresh）遗址，有一系列令人瞩目的人和野牛的合葬墓，墓坑用重达3吨的石灰泥层层密封。在卡发哈霍雷斯遗址的一个墓坑里，有50块人体长骨似乎被排列成一头欧洲野牛或野猪的形状。[19]

黑曜石贸易的发展加强了前陶新石器B段各个聚落之间的联系，源于安纳托利亚中部和东部的黑曜石到处可见。在前陶新石器A段期间，似乎只有土耳其中部的黑曜石到达了黎凡特的中部和南部地区，但是在前陶新石器B段增加了土耳其东部的黑曜石。在纳图夫文化时期，黎凡特基本没发现黑曜石，至少极其罕见。

正如前陶新石器A段的情况，如果我们从表面来看目前的资料，确实没有任何确凿的证据可以证明农业社群在公元前8000年以前的前陶新石器B段期间进入了伊朗的扎格罗斯山区（Kozlowski 1999；Hole 2000；Dollfus 1989）。但此时很多遗址，例如甘兹达列赫、古兰山丘（Tepe Guran）和阿里库什遗址都出现了类似前陶新石器B段的建筑和经济方式，尽管甘兹达列赫遗址中显然没有二粒小麦。这三个遗址都有牧养山羊的证据，而且据说阿里库什遗址还有驯养绵羊的证据。阿里库什位于胡泽斯坦干旱的德卢兰平原(Deh Luran Plain)上，那里原本没有任何重要野生谷物。这个地区的农业显然是被引入进来的，就像其他地区，比如欧洲和埃及，农业一定也是源自别处一样。

不需要阐述更多的细节，我们已经可以从上文看到前陶新石器B段的大致面貌，即黎凡特地区以及邻近的安纳托利亚和伊拉克北部总体上具有一致性。但它在风格上明显也有许多地方特征，特别是在后期(毕竟这一文化阶段持续了1 500多年)。尽管存在明显的交流，扎格罗斯山区的遗址可能还是属于其他文化系统。

许多权威学者将前陶新石器B段视为一个"互动圈"，但他们没有特别提出这种互动是否涉及人口的迁徙。[20]例如，穆罕默德·厄兹多安(Ozdogan 1998：35)指出："近东新石器时代最引人注目的是，这是一个实验的时期，以最有序和有组织的方式进行，就像在实验室里进行实验；任何变化或创新，几乎是立即分享到整个近东地区。"我们可能永远不会知道到底有多少族群组成了前陶新石器B段，但有一点是清楚的——他们之间存在有效的沟通。同样，雅克·考文认为前陶新石器B段是一种统一的传播现象，它起源于黎凡特北部，具有以对人和动物的生殖崇拜为基础的强大宗教信仰。随着对外传播的进行，它取代了各地区的晚期狩猎采集文化和前陶新石器A段文化，或将它们融入到一个相对同质化的统一体中，虽然各个区域仍然存在一定的多样性。

64/65

下面我们来看看前陶新石器B段人口增长的结果，这些结果可能会让我们理解农业进程是如何扩散到黎凡特之外的。

新石器革命的真正转折点

对大多数人来说，新石器革命的概念是指驯化作物农业的起源，它发生在西南亚的前陶新石器A段晚期或前陶新石器B段早期，约在公元前9000年至前8500年。的确，这里曾经发生过一场经济革命，没有这场革命，就没有后来的文明。但是，这场革命还有另一个方面，即农业方式的大规模向外传播。公元前8000年以后，一系列事件汇集在一起，简直就像“揭开了前陶新石器时代高压锅的盖子”。其中有两类活动具有根本性的重要意义，即区域土地退化造成的资源短缺事件，以及动物驯养重要性日益提高，越来越依赖豆类植物作为饲料(Miller 1992：5 1)。这两种趋势是人口和家畜数量势不可挡增长的结果。这一时期见证了绵羊和山羊畜牧业的起源，也奠定了美索不达米亚早期城市的基础。这些活动造就了后来文明的辉煌，如欧贝德(Ubaid)、乌鲁克(Uruk)和苏萨(Susa)文化等，以及公元前3千纪的苏美尔(Sumerian)、阿卡德(Akkadian)和埃兰(Elamite)文明。美索不达米亚低地是后世这些文明的发祥之地。大约在公元前6000年，早期欧贝德灌溉农业人群在这里殖民，他们的经济和文化传统很大程度上源于前陶新石器B段。

当然，前陶新石器B段人口规模的增长，以及支撑这种增长所需的经济复杂性的提高，也有其不利的一面。在考察大约公元前7000年至前6500年期间黎凡特的发展时，这方面十分明显。值得注意的是，在黎凡特，很少有前陶新石器B段的大型遗址长期连续有人居住，并延续到后来的有陶新石器时代。在公元前7千纪陶器广泛出现的时候，许多遗址遭到遗弃或者萎缩(有时只是暂时的)。我们在布克豪斯、耶利哥、贝达和阿布胡赖拉等遗址清楚地看到了这一点。这种衰退状况，在约旦河谷艾因格扎尔遗址已经有了深入研究(Kohler-Rollefson 1988；Rollefson and Kohler-Rollefson 1993)。有证据表明，在大约公元前6500年时，这里的生态系统趋于崩溃，导致了文化衰落，愈加干燥的气候加剧了这种趋势(Bar-Yosef 1996；Hassan 2000)[21]。艾因格扎尔遗址的规模在前陶新石器B段时从5公顷增加到了10公顷，在公元前6750年左右的“前陶新石器C段”达到了13公顷。在该遗址的规模发展到巅峰的同时，该地区的其他遗址被废弃(艾因格扎尔遗址被持续使用至有陶新石器的雅姆克文化[Yarmukian])。该遗址的短暂“繁荣”过程，就像今天一些城市兴起而周围农村失去活力的情形那样。当时，艾因格扎尔遗址大量使用了黏土制成的标牌——这些东西被认为是计数系统甚至是文字的前身，因此存在管理大量人口事务的复杂性也许是显而易见的，这时距离文字在苏美尔真正发明还有3000多年。

65/66

然而，在艾因格扎尔遗址这一显著增长阶段，房屋的间距增大了，房间的面积和柱洞的直径减小了，石镰和石臼的数量也减少了。人们砍伐树木用来建房、烹饪以及烧制石灰以制作涂抹地板和墙壁的灰泥。前陶新石器B段的伊夫塔赫尔(Yiftahel)遗址有一座7.5×4米的房屋，其用灰泥涂抹而成的地板估计重达7吨(Garfinkel 1987)。在艾因格扎尔遗址，婴儿的死亡率增加，驯化山羊以及人们可能用作草料的各种豆科植物重要性也有所增加。许多权威学者认为，这一轨迹记录了以谷物为基础的农业经济因环境恶化和大规模砍伐森林而发生的局部崩溃，结果导致经济日益向游牧业转变，以及人口减少或四散。扎林斯(Zarins 1990)指出，游牧业导致的一场人口扩散主要是从公元前7千纪前陶新石器时代的黎凡特开始发生的，并且延伸到沙漠或绿洲地区，比如帕尔米拉盆地(Palmyra Basin)和阿拉伯半岛北部。

其他遗址也出现了类似的压力增大迹象。约旦南部的贝达遗址使用至前陶新石器C段，然后被遗弃，可能是被巴加聚落取而代之。巴加聚落占地一公顷，人口稠密，类似于印第安人的阶梯状普韦布洛村落。这个遗址给人的印象，就像是在穷途末路之际为了维持定居生活所做的最后一次短暂的努力(Gebel and Bienert 1997; Gebel and Hermansen 1999)。阿布胡赖拉遗址的规模在前陶新石器B段中期增长到了惊人的16公顷,然后到公元前7300年时又迅速萎缩了一半,房屋密度也降低了。皮特·阿克曼斯(Peter Akkermans)论述了公元前7千纪有陶新石器时代早期叙利亚北部拜利赫河谷(Balikh Valley)众多的遗址废弃现象,特别是在比较干旱的地区。尽管阿克曼斯与欧弗·巴尔-约瑟夫和艾伦·西蒙斯(Alan Simmons)一样,在遗址废弃原因上支持气候变化而不是人类影响的解释,但人类社会的结局总体上是一样的(Akkermans 1993; Bar-Yosef 1996; Simmons 1997)。另一方面,遗弃从来都不是普遍存在的。目前来看,黎凡特北部似乎就没有其他地区那么明显。例如,哈鲁拉土丘遗址似乎在前陶新石器B段和后来的有陶新石器时代之间没有完全废弃,尽管有一些短暂的萎缩(据与曼迪·莫特拉姆[Mandy Mottram]的私人交流)。

一些地区的遗址遭到了废弃,有些地方仍然有人居住,在这些聚落的周边,流动的畜牧业得到了发展,它们很可能会促进两种趋势。这两种趋势可以被简单地描述为区域互动和人口扩散,这两个看似对立的因素共同导致了农业革命的第二个阶段,也是主要的阶段。西南亚的早期农业社会在经过了2 000多年的孕育之后,即将正式开启向非洲东北部、欧洲、中亚和印度河流域扩散的进程。

第四章　走出新月沃地：农业在欧洲和亚洲的传播

66/67

本章我们将首先研究农业传播的“全速前进(full steam ahead)”理论。从公元前6500年到前4000年的2 500年间，从西南亚发展起来的农业体系在旧大陆的广袤地区传播开来——一条路线通向不列颠和伊比利亚，另一条路线通向土库曼斯坦、阿尔泰山、巴基斯坦，以及埃及和北非地区。此时，在亚洲的另一端，东亚的农业体系也在向东南亚和印度东部扩散。

对旧大陆和新大陆大多数农业传播地区来说，考古资料是否揭示了当地从前农业到农业(旧大陆是从中石器时代到新石器时代，美洲是从古代期到形成期)的文化连续性有很多争论。欧洲在这些争论中处于非常核心的地位。实际上，包括欧洲在内，全世界都很少有考古遗址能够确凿展示其生活方式不受外界影响从狩猎采集到农业的连续独立发展。正如我们所料，主要的例外情况发生在被认为是农业独立起源的地区(图1.3)。其他多数地区的农业体系，或来自获取，或来自入侵，各不相同，有时是两种过程的结合。

不过，即使一个地区有了农业人群，狩猎采集者也仍会存在，如果条件允许，后者能在农业开始之后继续存在几百年甚至上千年。欧洲人在美洲和澳洲的殖民历史明确表明了这一现象，虽然在这些案例中，因为致命的疾病和活动区域被强占，狩猎采集者的死亡率最糟糕的时候远远高于新石器时代早期。农业传播并不意味着狩猎采集会立即消失，农业过渡时期的考古遗址记录了本土

67
68

文化的延续性，但其中也没有任何线索表明土著采纳农业是区域文化转变的唯一甚至是主要过程。只要觅食者和农人稳定保持既独立又互动的关系，狩猎采集和农业就可以和谐共处。

第三章描述了早期农业经济从黎凡特北部向周边的安纳托利亚和伊朗传播的过程。它还介绍了农业经济的发展和家畜驯养的增长，以及由此产生的不良后果——人类对一些资源脆弱地区的影响。第三章对不同时期做了回顾，尤其是前陶新石器B段。这期间的考古学文化似乎有一种超越局部地域的统一性，并且呈现出强烈的对外扩张。但是，前陶新石器B段仅仅是农业沿着欧洲、中亚、印度次大陆和北非四个方向在整个欧亚大陆传播的一个开端。

新石器经济在欧洲的传播

欧洲由于纬度跨度大并且远远超出了新石器时代农业区的北界，在世界史前时期农业传播的问题上，已经成为争论的主要地区之一(图4.1)。主要是土著狩猎采集者采用了农业？还是如艾伯特·安默曼与路卡·卡瓦利-斯福尔扎(Ammerman and Cavalli-Sforza 1984)所说，主要是依靠农人的“前进浪潮(wave of advance)”带来了农业？有证据表明可能是两种方式的混合。在希腊、地中海沿岸、多瑙河流域、德国以及低地国家等地区，农业传播迅速，但是在西欧以及大西洋与波罗的海沿岸的寒冷山区，由于大量中石器时代人群的采纳或抵制，农业传播速度要慢很多。

基亚斯坦等人(Gkiasta et al. 2003)最近分析了欧洲新石器时代的最早年代，结果清晰地表明，在西欧部分地区，尤其是在法国南部和中部、葡萄牙、不列颠群岛和爱尔兰，中石器文化与新石器文化并存了几个世纪(也见 Zilhao 2000; Perrin 2003)

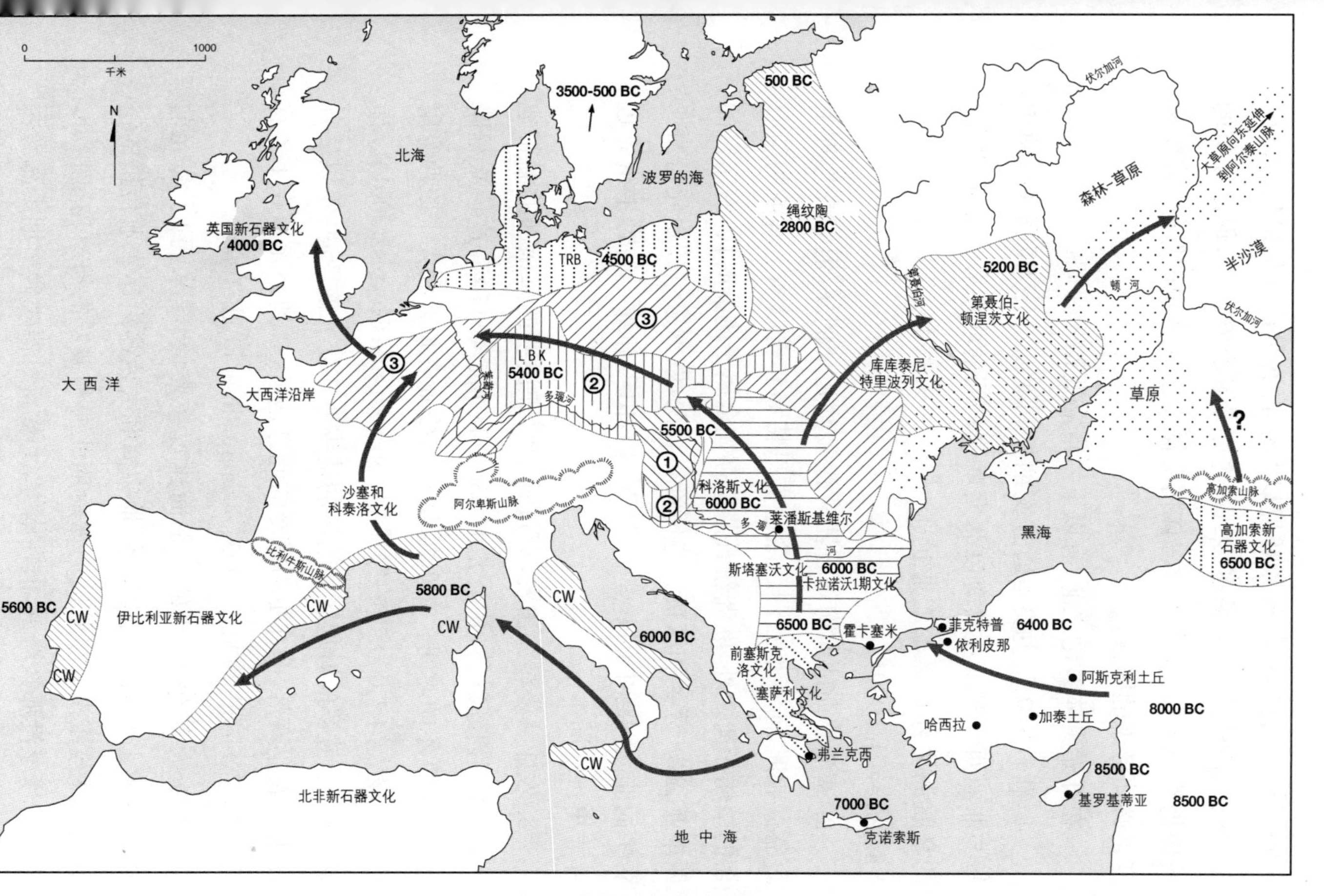

图 4.1　欧洲最早的新石器文化

（① 线纹陶文化（LBK）起源地；② 线纹陶文化早期的扩张；③ 线纹陶文化晚期的扩张[据 Zvelebil2000]；CW 是卡迪尔陶器的简写。其他阴影部分只是虚泛代表文化的分布区。年代系指农业或者说新石器遗物在该地出现的最早时间）

(图 4.3)。结合当时的气候环境以及中石器时代狩猎采集者的分布状况(沿海地区人数最多)来看,这完全在预料之中,但是细节的梳理仍然很重要,因为要对总体情况做出全面客观的解释,传播速度是必须考虑的因素。

在开始具体讨论之前,有以下六点需要预先强调:

1. 新石器文化主要是通过安纳托利亚西部传入欧洲的,地中海与非洲西北部以及黑海以北大草原之间的联系微不足道,反映的是欧洲之外地区的农业扩张,与欧洲关系不大(Telegin 1987; Yanushevich 1989)。

69/70

2. 塞浦路斯的前陶新石器时代显然是个例外,但它在地理上更靠近亚洲,而不是欧洲。除去克里特岛和希腊本土有前陶新石器的微弱孑遗之外,欧洲新石器遗存完全属于陶器时代,有丰富的西南亚谷物、豆类和家畜。遗传资料表明,欧洲家牛的祖先是西亚野牛而非欧洲野牛(Troy et al. 2001),山羊和绵羊的野生祖先也并非出自欧洲本土。

3. 农业从爱琴海出发,穿过地中海和波罗的海南部的温带地区,直达不列颠群岛,从公元前 6500 年到前 4000 年,这趟旅程跨越了 2 500 年的时间。在东西方向上,农业在匈牙利大平原西缘附近有一段大约 1 000 年的停滞期(Sumegi and Kertesz 2001)。南北方向上,波罗的海地区和斯堪的纳维亚在公元前 3500 年以后首次出现农业聚落,而在更为寒冷的北方地区,要到公元 500 年才有了农业(Zvelebil 1996a, 1998; Taavitsainen et al. 1998)。

4. 公元前 8000 年的海平面比现在要低 35 米,到了公元前 4000 年才上升到现在的水平,地中海和大西洋沿岸农业传播的遗迹也因此被淹没。尽管因为冰后期北海和波罗的海有均衡抬升,北方的情况没那么严重,但在南方,大量新石器时代早期沿海考古遗址可能已被淹没,难以了解详情。例如,巴奈特(Barnett 1995)

提到，朗格多克一处早期新石器时代海岸遗址现在就位于海平面以下 5—6 米的地方。

5. 关于中石器时代向新石器时代过渡问题的争论主要集中在洞穴和岩厦遗址，尤其是地中海地区。从比较的角度来看，幸存的狩猎采集者比成功的农人更有可能居住在洞穴里。毫无疑问，他们拥有的农产品是通过馈赠、借贷或抢劫得来的。由于许多洞穴都是喀斯特地貌，所以离肥沃的耕地较远，但往往却是优良的狩猎区。这里不可能进行全面的总结，明智的做法是留意洞穴并研究其相关遗存。

6. 实际上，所有撰写过欧洲新石器时代论著的作者，无论他们如何论证其观点的正确性，似乎都同意文化的多样性是在同质性流行的背景下悄然兴起的，只是随着时间的推移，越来越具有鲜明的区域特色。正如戈登・柴尔德(Childe 1956：86)所说：

> 如果仔细研究几处密切相关的新石器时代遗址群，例如中欧那些环壕遗址，就会发现存在一种持续分化的现象，遗址群彼此之间的差别越来越明显……

新石器时代早期欧洲多数地区的文化统一性既高于之前的中石器时代后期，也高于之后的新石器时代晚期。

欧洲南部及地中海地区

塞浦路斯、土耳其和希腊

农业传入塞浦路斯的时间在前陶新石器 B 段，甚至可能早到前陶新石器 A 段晚期，大约在公元前 8500 年。移民应该是从叙利亚沿海出发穿越地中海的，黎凡特北部的农业起源地有可能现在已经位于海平面以下。现存的遗址，例如现代海岸边的拉斯沙姆

70/71

拉和比布鲁斯，由于年代太晚不可能是农业起源地。正如埃德加·普滕博格(Peltenberg 2001: 60)等人所说："因此，地中海(即塞浦路斯)的遗存，比之前仅从大陆获得的遗存提供了更加可靠的证据，证明了迁徙在最早的农业传播中发挥了重要作用(也见Colledge et al. 2004)。"

新移民到塞浦路斯之后，最先干的一件事情就是捕光了当地一群极其天真的倭河马。[1]他们建造了几个村庄，拥有完整的黎凡特前陶新石器B段物质文化，包括比布鲁斯尖状器、船形石核、磨光石镰和安纳托利亚黑曜石(Peltenberg et al. 2000, 2001; Knapp and Meskell 1997; Simmons 1998)。他们带去了驯化的单粒小麦、二粒小麦和大麦，牛、绵羊、山羊、猪和野生黇鹿也被带来圈养在希露诺坎博斯遗址的围栏中。塞浦路斯最著名的新石器时代村落是位于岛南的基罗基蒂亚遗址(Brun 1989)，建在海边的陡峭峡谷中，建造时间大约在公元前7000年。村内有数十幢蜂巢状的石墙圆屋，让人想起黎凡特前陶新石器A段的建筑。这里的房屋被一道墙隔成两片区域，可能反映了聚落中社会或者家族的某种划分。

目前对安纳托利亚西部文化序列的看法也倾向于来自人群入侵，这些人来自土耳其中部和东南部，时间上略晚于塞浦路斯的移民活动。目前的证据表明，土耳其西部似乎在陶器时代早期已经进入了新石器时代文化轨道。在位于博斯普鲁斯的伊利皮那遗址(公元前6200—前6500年)，早期的房屋为单间泥板房，之后变成了安纳托利亚中部风格的两层多间泥砖房。这里的居民拥有完整的农牧经济，有猪、牛和羊(包括山羊和绵羊)，还制作女性雕像和以谷壳作为羼料的各类陶器。负责伊利皮那遗址发掘的雅各布·儒登博格认为这里的居民来自土耳其中部的哈西拉地区，他还特别提到伊利皮那与巴尔干早期新石器时代有密切关系

(Roodenberg 1999；Ozdogan 1997a，1997b)。

再往西到色雷斯，切什梅遗址在公元前 6400 年左右出现了外来的有陶新石器文化，有石墙圆屋、防御墙、彩陶和单色陶器，还有非本地的后旧石器时代的大型石叶工具传统。穆罕默德·厄兹多安(Mehmet Ozdogan)认为切什梅的文化来自土耳其中部。他还指出这里的陶器和巴尔干东部的一些早期新石器遗址有关，如保加利亚的卡拉诺沃Ⅰ期遗址。

71/72

如厄兹多安的推测，希腊新出现的新石器时代文化传统与安纳托利亚西部相当一致，并且兼具安纳托利亚与更深层的“近东”特征。已经证实，克里特岛克诺索斯遗址的Ⅹ层有公元前 7000 年左右的前陶新石器文化聚落，农牧遗存丰富，有普通小麦、牛、猪、绵羊和山羊。赛普鲁斯·布罗班克(Cyprian Broodbank)认为这代表了一次大规模的海上殖民运动，来自某个地方的农人占领了克里特岛，岛上和塞浦路斯一样，殖民者到来之前从未有人居住(Broodbank and Strasser 1991；Broodbank 1999)。克诺索斯遗址Ⅹ层与塞浦路斯的遗迹表明，农业最早是通过海路从黎凡特向西传播的，并非通过土耳其西部的陆路。同样，希腊大陆也只有一段面貌不太清晰的前陶新石器时期，而且年代非常晚，以塞萨利的阿吉萨等遗址为代表。另外，希腊陆地多数新石器时代遗址都出土陶器，且年代晚于公元前 6500 年(Perles 2001)。

从地理上看，希腊位于安纳托利亚正西方向的延伸地带。和土耳其多数地区一样，这里的耕地面积有限，中石器时代人口很少，这样的环境使得新来的新石器时代人群能够在肥沃的冲积平原之间自由流动。结合几位专家的研究结果，会发现情况的确如此。[2]提尔德·范安德尔与柯蒂斯·鲁尼尔斯(Tjeerd van Andel and Curtis Runnels 1995)探讨了塞萨利新石器时代遗址的分布情况，它们大都位于扇形阶地上，靠近肥沃的冲积平原和可耕种的河岸。和安德鲁·谢拉特(Andrew Sherratt 1980)一样,他们赞同新石器时代早期社会是跳跃式移动的,可以在范围有限的小环境之间迅速迁移(图 4.2)。塞萨利此类冲积地貌丰富,因此在新石器时代早期遗址十分密集,这些遗址的平均面积有 2.5 公顷,遗址间平均相距 2.7 千米,高度依赖农业生产(Perles 1999)。

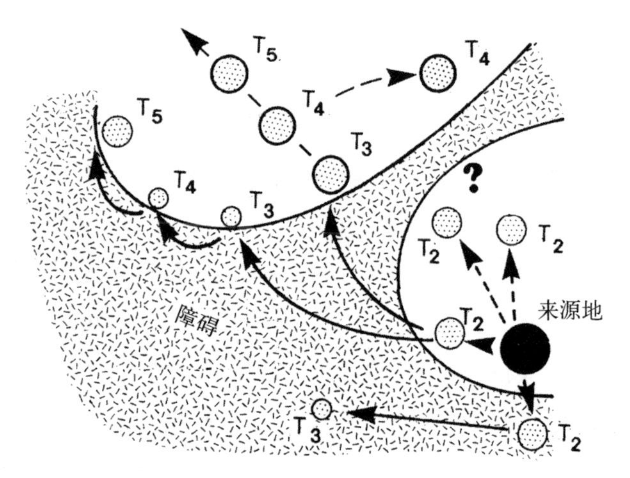

图 4.2 外来新石器文化在希腊的殖民

(他们从肥沃地区出发,穿过贫瘠地区后抵达新的耕地。图片引自 van Andel and Runnels 1995)

72/73

让·保罗·德穆勒(Jean-Paul Demoule 1993)和凯瑟琳·皮尔斯(Catherine Perles 2001)都认为,希腊的新石器时代经济从一开始就以农牧业为主,鲜有狩猎,并且未延续中石器时代的石器传统。希腊新石器早期的彩陶都属同一类(Vitelli 1995),与之相似的有色雷斯的切什梅早期陶器,以及巴尔干南部的原始塞斯克罗、斯塔策沃和卡拉诺沃文化群(约公元前 6100 年)(图 4.1)陶器。但久而久之,它的区域特征愈加突出,尤其到公元前 5300 年以后。在希腊最早的新石器时代遗址中,我们可以发现与安纳托利亚新石器文化类似的一些器物和建筑:女性雕像、大理石手镯、明显不是很"原始"的彩陶、石制或陶制的耳塞、陶印章、房屋地板下掩埋的屈肢葬墓、用抹灰篱笆墙和泥砖建造的木构房屋，以及土墩(Perles 2001：52－56)。正如我们在黎凡特北部的几处同期的新石器时代遗址所看到的(例如拉马德丘和比布鲁斯丘)，希腊和巴尔干地区的新石器时代房屋都是独立的单间结构。

关于希腊突如其来的农业经济，阿尔戈利斯州的弗兰克西洞穴遗址为我们提供了一个重要视角。在中石器时代，这里的人靠野生燕麦、扁豆、开心果、扁桃仁和大麦为生。公元前6900年左右忽然陆续出现了驯化的二粒小麦、大麦和扁豆，以及驯养的绵羊、山羊和猪，此前这里曾一度被废弃。朱莉·汉森(Julie Hansen 1991，1992)认为，是安纳托利亚人群的到来导致了这一现象。尚不清楚本地中石器时代人群在整个过程中扮演了什么角色，但是在诸如弗兰克西这样的洞穴遗址，我们可以期待存在一定程度的文化延续。不过，在最近对希腊新石器时代早期遗址的调查中，凯瑟琳·皮尔斯(2001，with Colledge et al. 2004)认为它们并非是从之前面貌模糊的中石器阶段发展而来，而是属于安纳托利亚的殖民者，这些移民数量庞大，跨越爱琴海到达这里。她提到，希腊目前只发现了12处中石器时代遗址，而新石器时代遗址却有250到300处。

和黎凡特一样，新石器时代早期的殖民和人口增长也让希腊付出了巨大代价。在希腊新石器时代开始后约500到1 000年，塞萨利和伯罗奔尼撒的部分地方出现了明显的水土流失现象(van Andel et al. 1990)。新石器时代农业严重破坏了阿尔戈斯平原周围的坡地，这里正是后来青铜时代迈锡尼城堡之所在：

> 人类活动的扩张引发了一场环境灾难，使自然风貌发生了永久改变……由于新石器时代农人们的农牧活动，在很短的时间内，伯尔巴提与利姆奈斯上面的山丘发生了大面积水土流失，只剩下光秃秃的岩石。流失的土壤和碎石冲入南边

的阿尔戈斯平原，形成了一大片 20 英尺厚的沉积层（Wells et al. 1993：56）。

的确，后来的迈锡尼文明可能将人类影响下形成的这些冲积地带全部利用了起来，依靠农业生产逐渐发展壮大；太平洋上的很多岛屿居民也曾经这样利用过他们的祖先开垦土地带来的产物（Spriggs 1997b）。但事实是，当时造成的眼前后果让人忧心忡忡，至少在一段时间内是这样。范·安德尔与鲁尼尔斯（van Andel and Runnels 1995：497）认为，东塞萨利的聚落发展在新石器时代晚期有过一次倒退，新建聚落寥寥无几，还有很多被废弃。我们有理由怀疑，正是这种状况造成了后来的人群迁徙。

73/74

巴尔干半岛

巴尔干的问题可以从两方面来回答。首先从北方来看，巴尔干新石器时代早期文化与安纳托利亚文化有着十分密切的联系。希腊北部的代表性文化有马其顿的原始塞斯克罗文化、前南斯拉夫的斯塔策沃文化、保加利亚和色雷斯的卡拉诺沃Ⅰ期文化，以及匈牙利的克洛斯文化。皮尔斯（Perles 2001：304）相信，巴尔干最早的新石器时代人群并非来自近旁的希腊，而是经色雷斯从安纳托利亚而来。不论源自何处，他们带来了完整的农牧经济，有家畜、黍，还有一种非西南亚品种的谷物，应该是来自乌克兰大草原或者是中亚地区（Dennell 1992；Zohary and Hopf 2000）。巴尔干的新石器文化延续了前陶新石器 B 段/安纳托利亚因素，与希腊的情况相同，这种普遍因素包括巴尔干南部类似土墩的居址，住所是抹灰篱笆墙房屋，这种墙体比泥砖更适合潮湿的气候。

本地的中石器时代人群并非消失得无影无踪（参见 Kertesz and Makkay 2001）。在多瑙河中游铁门地区的莱潘斯基维尔遗址，有证据显示中石器和新石器人群之间存在年代交叠（尽管还有争议）。据说直到公元前 4400 年这里一直都有中石器时代人群的后裔居住，他们已经适应了新的文化。孢粉证据表明新石器经济在巴尔干半岛的影响断断续续，大面积清除森林的现象也只发生在公元前 4000 年左右（Willis and Bennett 1994）。

巴尔干风格的新石器文化以匈牙利克洛斯文化的形式向西北方向传播，可能由于土壤、气候和地形的差异所致，它在向匈牙利大平原的西缘方向传播时明显有一个约 1 000 年的减缓期（Sumegi and Kertesz 2001）。但是到了公元前 5400 年左右，在经历了一段文化和人种剧变之后，随着气候转暖，出现了一股强大的殖民势力，考古学家称之为线纹陶文化（the Linear Pottery Culture），也叫多瑙河文化，我们将在后文介绍。

地中海地区

最晚到公元前 6000 年，出现了农业向欧洲扩散的第二条路线，新石器人群开始沿着地中海北部海岸线迁徙。阿尔巴尼亚和意大利最早的陶器与巴尔干南部的斯塔策沃文化有关。在意大利东南部的普利亚平原上，从大约公元前 6200 年开始，在一片 70×50 千米的土地上密集分布着大约 500 个环壕聚落，总面积达 30 公顷，有些聚落还带有多重环壕和多个内部单位（Malone 2003）。露丝·怀特豪斯（Ruth Whitehouse 1987）提到，这里没有中石器时代延续的证据，也没有明显的迹象显示存在直接来自希腊或者黎凡特的土墩聚落。我们似乎可以看到，随着农业及其物质文化向西传播，它们也在适应中不断展现出新面貌。随着人们迁往比黎凡特、安纳托利亚或希腊更有农业发展潜力的地区，土墩被寿命更短的村落取代，[3]建筑材料由泥砖变成了木材，人们开始更加频繁地更换新居所，而不再长期住在一个地方。

74/75

穿过意大利，新石器文化沿地中海北部海岸线不断扩散，以所谓的科迪尔陶器(Cardial pottery,也称之为贝壳印纹陶)为特点,在公元前5800年到前5400年间抵达法国南部、伊比利亚、马耳他和邻近的北非沿海地带(Rowley-Conwy 1995; Zilhão 1993, 2001)。若昂·齐良(Joao Zilhão, 1993, 2001)认为,这个文化综合体是通过海路殖民而来的,主要集中在中石器时代狩猎者不密集的地区,在大多数地区与之前的中石器时代有一个明显的文化断裂,尽管在某些边缘位置的石灰岩洞穴中有共存迹象。当然,面对农业的蓬勃发展,中石器时代人群并非完全无动于衷。葡萄牙处于这条新石器时代传播线路的末端,这里也是沿海狩猎采集者的天堂,中石器人群与新石器农人在此似乎有至少1 000年的共处时期(图4.3)。在这样的情况下,最近关于伊比利亚中石器时代到新石器时代的延续问题出现一些激烈争论就不足为奇了,其中在葡萄牙发现的人骨证据成为大家关注的焦点。[4]

欧洲温带地区与北欧

公元前5400年之后,大约在农业沿地中海海岸向西传播的同时,更早迁徙的一批农人在匈牙利大平原西缘停留了600年之后开始加速前进。他们沿多瑙河逆流而上,穿越阿尔卑斯山北部的欧洲地区,抵达莱茵河和巴黎盆地。向北欧沿海迁徙时,他们的速度再次大幅放缓,而中石器时代人群融入农业聚落的潜在迹象也显著增加。可能直到公元前3500年之后,农业才传入拉脱维亚和斯堪的纳维亚的大部分地区,也可能直到完全进入青铜时代时才到达芬兰。

针对新石器社群在欧洲迁徙的两条路线,植物考古学家厄休拉·麦尔(Ursula Maier 1996)从经济角度提出了一个有趣的观点。最初穿越巴尔干、沿多瑙河到达阿尔卑斯山脉北部欧洲温带地

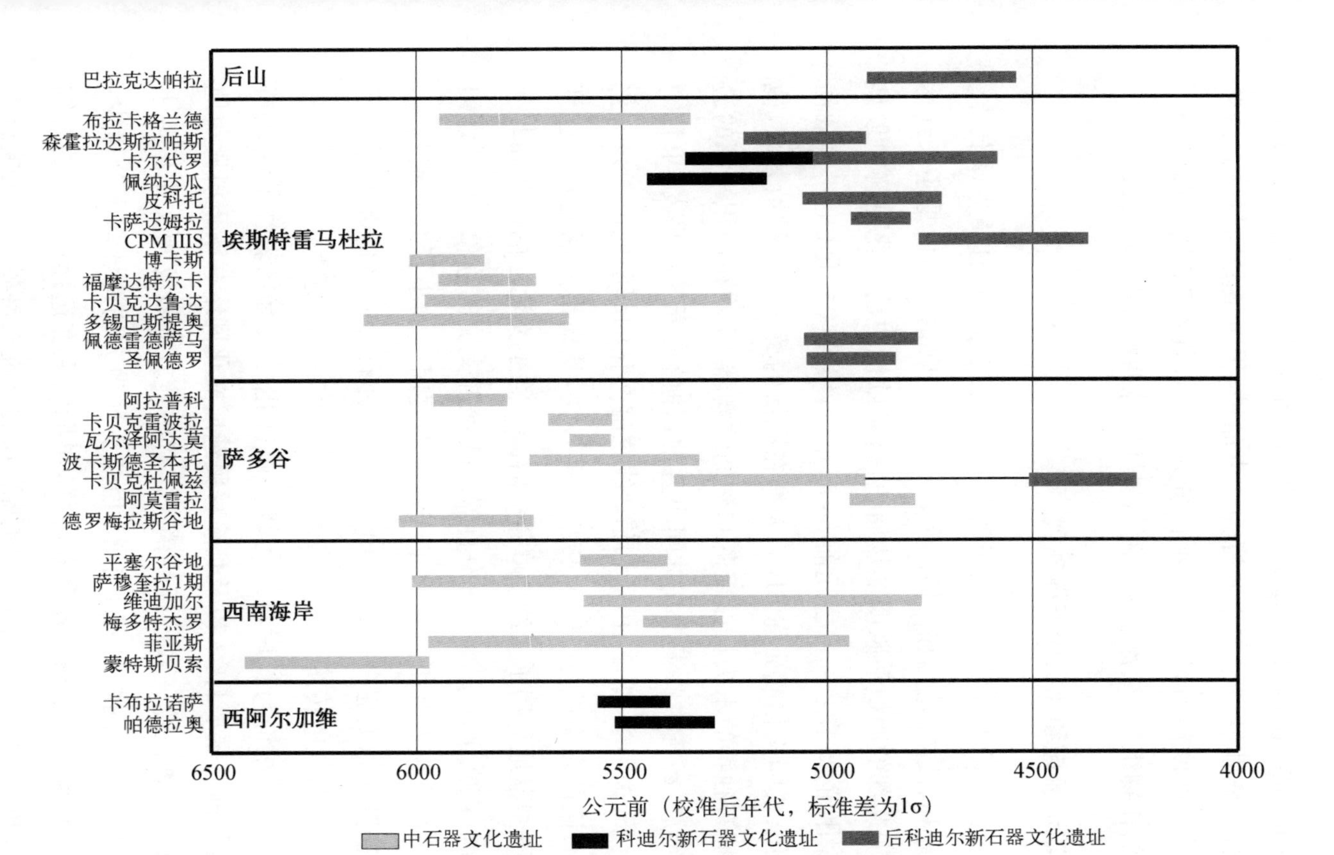

图 4.3　伊比利亚半岛中石器时代与新石器时代遗址碳十四年代的交叠

（据 Zilhao 2000）

区的农业经济,以有壳二粒小麦和单粒小麦为主;而沿地中海北部传播的农业经济中的小麦皆为裸麦品种,很可能是四倍体。这个看法表明欧洲的农业移民不仅分为两条迁徙路线,还包括两种不同的作物组合,二者最终在阿尔卑斯山脉西部和北部汇合。[5]

75/76

多瑙河流域和北欧中石器时代

最早的农业社群从匈牙利大平原出发,穿过前捷克斯洛伐克、奥地利、波兰、德国和低地国家,向北部和西部扩张,但是还未到达欧洲北部的冲积平原就戛然而止,这是欧洲史前文化更替中最具戏剧性的情节之一。公元前 5400 年后,线纹陶文化(也叫多瑙河文化、线陶文化或简称 LBK)人群在肥沃的黄土地带扩散开来,他们拥有独特的木头长屋聚落和刻划纹陶器,喜欢在冲积平原的边缘定居,经济主要集中在林间小空地,种植有壳二粒小麦、单粒小麦、黍,饲养牛、绵羊、山羊和猪。[6]线纹陶文化的起源地位于该文化分布区的东南端(图 4.1),传播速度极快,从斯洛文尼亚和波兰到达巴黎盆地只用了大约 200 年的时间。除了文化区的西部和北部边缘,该文化几乎没有和中石器时代社群交流的迹象。包括镰刀在内的大型石叶工具代替了当地中石器时代的小石叶和雕刻器,尽管格隆恩伯恩(Gronenborn 1999)认为石叶的制作部分延续了中石器时代的传统。

陶器纹饰与长屋建筑是线纹陶文化最具有代表性的文化特征,但随着定居日久,以及长途移民造成文化网络联系不可避免地衰减,这种文化一致性很快消失。有些地方的线纹陶文化聚落十分密集,村落间距只有 1 千米,但是有些地方的遗址却十分稀少,这说明和在希腊和伊比利亚一样,早期农人在选择居住地的时候十分挑剔,并且做好了必要时继续长途迁徙的准备。和民族志中婆罗洲的某些地方一样,长屋可能反映出非宗族社会早期土地所有权是不固定的，在这种制度下，人们经常在村落之间或长屋之间迁移，19世纪婆罗洲西部分布广泛的伊班人就是这样。这种社会的发展方向是获取劳动力而非土地，至少在领土向以前未开垦的地区扩张的初级阶段是这样。从这个角度来说，长屋和先驱型社会由此关联了起来，这种社会中的个体家庭必须具有流动性。最近对莱茵河线纹陶文化人群的牙齿和骨骼中锶同位素的研究证实了这种流动性的存在，研究显示很多人童年生活的地方与死后埋葬之地的化学环境是不一样的(Price et al. 2001)。

不过，线纹陶文化分布区北部的农业传播情况则截然不同。中石器时代人群盘踞在北欧的冲积平原以及波罗的海和北海沿岸，加上土壤和气候条件不佳，在很大程度上阻挡了农业的传播。这里文化面貌十分复杂，区域性特征明显。当然，文化内涵缺乏一致性本身也是一个明确的信号，说明新石器时代居民并非是在真空中传播。但是，在我们深入探讨这种复杂性之前，先来看一下相关文献对于狩猎者和农人之间"对抗"的有趣描述：

77/78

> 首先要认识到，现代并没有什么合适的模式可以与史前的情况类比，我认为这点很重要。我们研究的是石锄耕作者或者说殖民者与大量流动性很低的狩猎采集者之间的对抗，所有这一切都是在一个未受破坏的温带环境中进行的，所有参与的社群都有充分的机会选择最佳的地点。移民人群与土著人群有着截然不同的文化根源。线纹陶人群可以追溯到东南欧，最终可到近东地区……与之相比，土著人群的根源可以追溯到遥远的北欧旧石器时代晚期……我认为可以用双方心态的差异来解释早期几个世纪的接触中中石器时代人群在采用新石器文化元素方面的空白。虽然双方心态完全不同，但最终还是不得不走向融合，这意味着两种文化综合体都必须逐渐向另外的方向转化。(Kooijmans 1993：137)

我们来进一步观察北欧中石器时代向新石器时代过渡的特点。在低地国家线纹陶文化分布区的边缘地带，有大量长屋聚落，以壕沟和木栅围护，这可能反映了居民对中石器时代人群的防御，当然也不能排除是由于人口增长导致的线纹陶文化内部各群体之间存在冲突(Shennan 2002：247－251)。劳伦斯·基利(Lawrence Keeley)提到，在比利时中石器时代和线纹陶文化分布的交界处存在一个无人地带，在德国塔尔海姆线纹陶遗址中发现有34人遭到屠杀。他还表示，在中石器时代遗址中发现了不少线纹陶文化石斧被用作战争武器。他认为(Keeley 1997：309)："不论这两个族群如何来往，他们之间的关系最好的状态也就是冷漠相处，最坏则是暴力冲突。"

在欧洲的北部边缘地带，狩猎者与农人之间有过一段漫长而持久的交流互动期。马雷克·兹韦莱比尔与彼得·罗利-康威(Zvelebil and Rowley-Conwy 1986；Zvelebil 1998)对此提出一个观点，认为狩猎采集者采纳驯化动植物生业方式要相继经历三个阶段，依次是出现(availability)阶段、取代(substitution)阶段和巩固(consolidation)阶段。出现阶段的时间可能很长，比如公元前4800年到前4000年期间，丹麦和德国北部沿海地区的埃泰博莱渔猎人群一直和南方的农人之间保持着距离，之后，农业才以漏斗杯文化(Funnel Beaker，简写为TRB)的形式迅速传播进来。[7]除了零星的羊骨，埃泰博莱遗址并没有农业产品的任何明显痕迹，表明他们可能没有与农人定期交换产品的习惯(不像很多晚近的"小生境"狩猎采集者那样——见第二章)。公元前4500年左右，他们开始制作陶器，并引进了一些线纹陶文化的鹿角和石锛。所以这个案例见证了埃泰博莱人在漏斗杯文化时期最终采纳农业之前，与农业人群长期接触却没有引进农业生产方式的情形。

漏斗杯文化与波罗的海地区

79/80

漏斗杯文化源于早期的线纹陶文化，从公元前4500年开始在欧洲北部的沿海平原传播开来，并取代或融合了中石器时代的埃泰博莱文化。它的早期文化面貌有高度的一致性，又与线纹陶文化的另一晚期变体伦杰尔类型有明确区别。和线纹陶文化一样，漏斗杯文化早期的一致性强烈表明它是从同一个发源地向外传播的，并非是在本土中石器时代文化中分散起源。当然，漏斗杯文化的发展轨迹中有时会出现中石器时代文化的孑遗，很多学者都强调过这一点[8]。不过，贝格约特·索尔伯格(Bergljot Solberg 1989)认为，在丹麦，漏斗杯文化迅速取代了埃泰博莱文化，后者的延续很微弱(也见 Skak-Nielson 2003；Raemakers 2003)。彼得·罗利-康威(Rowley-Conwy 1999)还注意到食物结构方面发生了急剧变化，尽管在一些地区，新石器时代中期文化转变成了狩猎采集文化(这样的转变在农业边缘区十分常见——见第二章)。很显然，不论周边有多少"土著"狩猎采集者自愿或非自愿加入农业人群，北欧向新石器时代的转变过程必定是由线纹陶-漏斗杯文化的发展进程所驱动，而非当地的中石器文化。

80
81

还有一个地方令人关注，即波罗的海东海岸，这里长期处于农业的出现阶段，与取代阶段(即中石器时代社群最终采纳农业)具有明显的相关性(Zvelebil 1998)。利莫特·利曼提尼(Rimute Rimantiene 1992)提出，公元前 5500 年到前 3400 年之间是一个漫长的"新石器早期"阶段，这个时期人类使用陶器但没有农业[9]，随后是公元前 3400 年到前 2800 年的新石器中期阶段，粟、黍、二粒小麦和家畜等农业经济在这一阶段终于被采用。这种衍生的中石器时代混合经济，到了新石器时代晚期(公元前 2800 年到前 2000 年)又被新的绳纹陶农业文化所取代。

埃泰博莱和波罗的海的例子都提出了一个有趣的问题。我们看到，在农业文化的边缘区域，有一些案例更有说服力。本地中石器人群采纳了新石器时代生活方式的某些内容，农业则或有或无，他们最终融入了后来“真正的新石器时代”和青铜时代的文化中，其中有些群体则直接消失了。因此，我们可能会问，北欧真正新石器时代文化的覆盖范围超出了线纹陶文化的核心区域，这一过程背后的真正推动力，是否纯粹是因为中石器时代人群采纳了农业，还是来自那些主要从东部和南部迁移过来的渴望土地、不断扩张的农人？这是长期困扰整个欧洲考古学界的问题之一。只看到有些中石器时代人群可能融入到新石器时代文化格局中并不能解决问题，我们想知道的是新石器时代人群扩张的真正动力，那些碰巧卷入扩散的中石器时代狩猎者的表现与这个问题可能并没有直接关系。

不列颠群岛

不列颠群岛也存在类似的争论。不列颠低地（“英格兰”）拥有肥沃的土壤和温带海洋性气候，从一开始就对农业人群充满了吸引力。这一点和欧洲低地的情况一样，贫瘠的北欧沙碛平原除外。中石器时代人群采纳农业很可能发生在苏格兰、威尔士和爱尔兰的要塞地区，直到4 000年后的铁器时代，这里的居民还比东部低地居民更加成功地抵御了罗马人以及后来盎格鲁·撒克逊人的进犯。尽管如此，今天考古学家们大多赞成完全是不列颠群岛的中石器人群采纳了来自欧洲大陆的农业经济。道格拉斯·普赖斯（Price 1987：282）认为，不列颠的“新石器革命”是一场内部运动，大陆农业人群的到来对此作用有限。

然而，和欧洲大陆一样，不列颠和爱尔兰从中石器时代到新石器时代的转变迅速而坚决，并未发现不列颠任何中石器遗址完全依靠内部资源发展出了新石器经济或物质文化。在不列颠新石器时代遗址中新发现了类似线纹陶文化的大型木屋、农田系统和一些令人震惊的谷物窖藏，说明这里的很多居民都是保留着大陆文化传统的真正农人。[10]事实上，考虑到第二章中土著人群对于采纳远方农业消极态度的看法，尽管英吉利海峡只有 33 千米宽，但不列颠中石器时代人群对农业的采纳绝非是这种转变的全部动力。

81/82

关于中石器人群采纳农耕的争论，经常会延伸到土墩墓(earthen burial mounds)和巨石纪念建筑的来源问题，后二者是公元前 4600 年以后西欧早期新石器时代诸多文化的特征。虽然很多人认为它们在某种程度上反映了中石器时代精神观念渗入了新石器时代的文化格局，但似乎没有明确的证据显示二者确实源于中石器时代。克里斯·史卡瑞(Scarre 1992)与安德鲁·谢拉特(Sherratt 1997a)的观点持一种折衷态度，他们认为早期带有木构墓室的长形土墩墓最初起源于中欧新石器文化，可能是线纹陶文化，而经常采用巨石和圆形元素的纪念建筑(尤其是带有墓道的墓)则是源自本地中石器文化。正如谢拉特(Sherratt 1997a：336－367)最近对这种现象的描述，他显然希望两个世界能够保持平衡："西欧和北欧的新石器时代文化……创造了一种独特的文化综合体，社会结构来自近东，而文化方式和经济基础则来自本土人群。"

欧洲史前时期的狩猎者与农人

从总体上考虑，我们也许会问，在疑似未发生农业独立起源的地区，是什么样的情况可能会造成从中石器时代到新石器时代的某种程度的延续发展。中石器文化独立发明农业是极不可能的，至少从本书的观点来看是这样，除非可以证明这里的农业和西南亚的一样产生于当地。但是还有很多中间的可能性。关于中石器时代人群，伊恩·阿米特和比尔·芬利森(Ian Armit and Bill Finlayson 1992)提出了一种可能性："无论是他们的经济活动本身，还是仅仅采用了与农业经济相关的物质符号，从考古学上来说，这些人都将变成新石器时代人群。"换句话来说，正如后来民族志的记载，很多猎人使用了外来的人工制品，实际上并未采纳农业本身，他们因此看起来貌似新石器时代人群，但真实的经济方式却并非如此。

R. E. 唐纳修(R. E. Donahue 1992)对此给出了一个很好的例子，托斯卡纳中石器时代的穴居者就拥有新石器时代的陶器。米卢廷・加拉萨宁和伊凡娜・拉多万诺维奇(Milutin Garašanin and Ivana Radovanovic 2001)给出了另一个例子，莱潘斯基维尔(位于多瑙河流域)的一处"中石器时代"房屋中有一个新石器时代的陶罐。如上文所说，北海和波罗的海沿岸的晚期狩猎采集者也获得了农业工具，例如磨制的石斧。荷兰一些中石器时代晚期遗址中也有谷物遗存，应该是交换得来，而非自己种植。欧洲中石器时代晚期考古资料中一定有更多此类的例子，经常很难分辨是否真的发生了向农业的迅速转变。这种情况不足以证明中石器时代文化单方面地采用了农业。

相反，在狩猎资源丰富的农业边缘地带，居住于此的农人则可以放弃自己的农业传统，暂时转向狩猎，再次变成货真价实的狩猎采集者。太平洋群岛上很多早期的波利尼西亚人就是如此。[11] 诚然，所罗门群岛以东的太平洋群岛上没有中石器时代猎人，第一批农人到达的时候，那里还是原生态环境，有大量野生鸟类栖息。所以很明显，边缘地带的新石器时代人群在考古学上有可能呈现出中石器时代狩猎者的面貌，约翰・亚历山大(John Alexander 1978)在讨论欧洲最早的新石器时代人类时提到过这种情况。马雷克・兹韦莱比尔(Marek Zvelebil 1989)也提到过欧洲很多新石器时代遗址似乎没有确凿的农业证据，这也许反映了觅食方式的暂时性转变，当然也有可能出于有机遗存在遗址中难以保存的原因。

狩猎者和农人也可以长期比邻而居，交错共存。基利在谈到比利时线纹陶文化(见上文)时提到，狩猎者和农人之间的边界长期处于敌对状态。这两种情况不能混为一谈。正如很多民族志表

82/83
83/84

现出的情景一样，在很多相邻地区，狩猎者与农人保持和平共处和互动交流。苏珊·格雷格(Susan Gregg 1988)认为，德国南部的线纹陶文化农人和他们的中石器邻居就是这种情况。只要有空间，狩猎者当然可以在农业人群中间生存几千年，虽然只有在各方面条件适宜的时候才会如此。

农业从西南亚向东亚的传播

中亚

公元前 7500 年左右，一场农业运动开启了扎格罗斯地区的农业新石器时代。这场农业运动持续扩散，在公元前 7 千纪抵达了中亚的巴基斯坦、高加索和土库曼斯坦。向巴基斯坦传播的线路应该是经过伊朗北部，而非伊朗高原的沙漠腹地，但是由于目前缺乏伊朗北部和阿富汗的资料，很难做进一步的推测。不过，著名的梅赫尔格尔遗址发现有约 10 米厚的堆积层，代表了前陶新石器时代的文化序列。该遗址位于俾路支省奎塔东南方向 150 千米的卡契冲积平原上。俾路支省位于冬季降雨区的东部边界，梅赫尔格尔本身类似一个灯塔般辉煌的前哨站，靠近新月沃地新石器时代扩张区的东缘。

梅赫尔格尔的形成时间可能稍早于公元前 7000 年。这里发现有成排的长方形无门小屋，用泥砖建造，类似前陶新石器 B 段一些聚落的建筑。出土石器以细石器为主，呈梯形和月牙形，和旧石器时代末期、中石器时代初期的工业，例如纳图夫文化和扎尔济文化类似，后者是该传统最有可能的源头。天然沥青柄磨光石镰显示存在收割谷物的活动，泥砖中的谷粒印痕表明当时的主要作物是六棱裸大麦(即驯化大麦)，同时出现了有壳二粒小麦、单粒小麦和二棱大麦，可能还有硬质小麦、普通小麦和椰枣。在更靠下的地层中没有发现驯化动物，但是前陶新石器时代末期驯化了山羊和绵羊，它们和本地的印度牛（瘤牛）一起迅速在家畜中占据了主导地位。出土有水牛的骨头，但是还不清楚在梅赫尔格尔前陶时期它们是否已经被驯化。这种动物对后来南亚和东南亚的稻作经济至关重要。发现有女性雕像，是常见的中东类型。[12]

虽然有人认为梅赫尔格尔文化代表了当地独立产生的新石器时代经济，但这却是对考古证据的过度解读。瘤牛（*Bos indicus*）很可能是本地驯养的，甚至山羊也是如此（MacHugh and Bradley 2001），但是该遗址的总体迹象表明它的文化来自西方。动植物存在本地驯化并不意味着这是一种完全独立产生的农业经济。这里可能就是常见的文化传播中的整合，外来文化在一定程度上同化了"本地"传统。

84/85

在里海以东的土库曼斯坦，第一批农业聚落出现的年代略晚于梅赫尔格尔。土库曼斯坦的新石器时代从一开始就有陶器，主要遗址哲通兴起于公元前 6000 年左右。哲通遗址所在的地区需要灌溉才能进行农业活动，因此它的年代可能相对较晚，并且似乎处在中东早期农业圈的东北边缘。该村落占地约 0.4 公顷，房屋为方形单间，用泥砖建造，灰泥地面，带有谷仓。一开始就有驯养的绵羊和山羊，还有单粒小麦和大麦，可能还有灌溉沟渠。哲通彩陶似乎和伊拉克库尔德斯坦的耶莫（Jarmo）遗址有关，耶莫或伊拉克北部地区很可能是哲通文化的最初发源地。和梅赫尔格尔一样，这里的中东类型经济也受制于生态环境，其边界位于中亚的边缘地带（Harris et al. 1996; Harris 1998b）。

农业可能在公元前 6500 年前后到达了高加索地区。在黑海腹地的东部，库拉河与阿拉斯河形成的河川平原上，发现了大量新石器遗址，其位置靠近一些汇入里海的小河旁。卡琳·库什纳雷娃（Karine Kushnareva 1997）认为最早的新石器时代遗址有陶器和完整的驯化动植物群，但是她也提到在一些偏远地区有中石器时代技术延续。正如我们看到的，这和高加索地区的语言分布状况相一致；从南面迁来的农人带来了新的农业经济，在一定程度上也被土著人所接受，后者的语言一直延续到现在。

在里海之东，北纬36°附近，有一条险恶的沙漠带，穿越天山山脉，一直延伸到中国的塔克拉玛干和蒙古的戈壁荒漠。在公元前2千纪，骑马和青铜技术使得安德罗诺沃牧人能够穿越广阔的沙漠到达东方的阿尔泰和天山。据我们所知，至少在这之前，早期农人未能穿过这个沙漠地带（Dergachev 1989）。不过，这些沙漠以北的草原以及再往北的森林草原带，公元前5000年之后，确实发生了以携带谷物的牧羊人群为主的扩张。西部大草原范围广大，自多瑙河口起，环绕黑海与里海的北岸（图4.1），在阿尔泰和萨彦山脚下向东逐渐消失，这里实际上也是亚洲的地理中心，到了蒙古，草原又再次出现。就西部大草原上的考古发现来说，克尔捷米纳尔、马里乌波尔、萨马拉和波泰诸文化都是公元前3500年之前源自西方的文化。波泰文化处在最东面，它的覆盖范围略微超出了乌拉尔地区。在这之后，阿凡纳羡沃文化于公元前2500年到达了阿尔泰地区。

在更靠近西方的黑海附近，农人们种植了二粒小麦、单粒小麦、大麦、黍（*Panicum miliaceum*）和粟（*Setaria italica*）等谷物，放牧牲畜有绵羊和山羊，偶尔还有牛（后者可能在史前晚期用作畜力）。在乌拉尔山脉的东部，种植谷物似乎并不可行，至少在青铜时代之前如此；早期人们主要以放牧为主。最初，马是捕猎的对象，公元前2千纪骑马技术的发明提高了人类的流动能力，为大范围扩张提供了可能（Levine et al. 1999）。

85/86

草原上的新石器文化似乎全是由西部或南部传入的。有的来自黑海北部的库库塔尼文化和特里波列文化，有的可能来自高加索，咸海地区的凯尔捷米纳尔文化甚至有可能来自土库曼斯坦。这时候它与中国的新石器文化似乎还没有发生真正的联系。但是到了公元前 1 千纪的铁器时代，我们知道，在新疆塔里木盆地的绿洲地区以及稍北哈萨克斯坦天山地区的冲积地带，这里文化的经济基础是小米、黍（*Panicum*）和稻米等作物，以及绵羊、山羊和牛等家畜（Chang and Tourtelotte 1998; Rosen 2001）。鉴于塔里木盆地发现了印欧语系中最早的分化语支之一的吐火罗语，以及公元前 5000 年之前新石器时期的中国、伊朗和西部大草原有种植黍的历史，人们开始怀疑，是否在更早的时候就有新石器人群穿越这些沙漠地区迁徙而来。黍可能起源于里海和新疆之间的某个地方（Zohary and Hopf 2000）。新石器时代居民是否从阿富汗、俄罗斯大草原甚至是中国西部进入塔里木盆地？这些问题只能靠以后的研究来解答。

印度次大陆

喜马拉雅山脉与西延的兴都库什山脉把印度次大陆——巴基斯坦、印度、孟加拉国、尼泊尔和不丹——与中亚分隔开来。至少就农业的早期历史而言，我们可以根据气候、雨季和农业殖民历史将南亚分为 5 个区域（见图 6.2，雨季图）。

1. 印度河流域和俾路支。在俾路支发现了南亚最古老的农业，公元前 7 千纪西南亚农业经济进入梅赫尔格尔就是证据。直到世界上最伟大的早期城市文明之一——巴基斯坦与印度西北部的哈拉帕文明（也称为印度河流域文明或萨拉斯瓦蒂文明）出现之前，这种农业经济都一直在俾路支延续，基本没有其他外来经济进入。哈拉帕文化成熟阶段结束时（公元前 2600 年至前 1900 年）出现了很多重要的粮食新品种，尤其是来自中国或印度东部的稻米，还有来自非洲热带地区的粟类作物（Fuller 2002, 2003; Fuller 和 Madella 2002）。到公元前 2000 年左右，这些作物的引进实现了夏作与冬作兼具的农业体系（Fentress 1985）。冬作需要依靠灌溉，因为印度河流域降水丰沛的季节只有春季和夏季。

2. 恒河流域。这个地区总体上比印度河流域更加湿润，夏季季风降水更加稳定，在公元前 3000 年左右的新石器时代初期，这里就有了西南亚冬季作物和稻米（属于季风作物）的混合经济，当然也不应该忽略存在更早期稻作的可能性。在西部地区，起初西南亚作物的地位较重要，但是随着时间推移，稻米的重要性逐渐提高，取得了在恒河流域的统治地位，恒河流域的农耕故事由此开始。根据现有的证据，开始时间可能在梅赫尔格尔文化 4 000 年以后，部分应该起源于西部的前哈拉帕文化，还有一些比较模糊的线索，可能来自中国或东南亚栽培稻（亚洲稻）的影响。

3. 印度半岛内陆。在印度河与恒河流域之南，印度内陆的德干高原地区属于干燥的季风气候，公元前 3500 年左右前哈拉帕农人首先在北部和西部定居，当时的经济基础为西南亚谷物与本土豆类和粟类作物。新的研究表明，公元前 2800 年，卡纳塔克邦可能至少有豆类和粟类两个本地驯化品种（Mehra 1999；Fuller 2002，2003）。公元前 2000 年左右，非洲珍珠粟与高粱经海路从哈拉帕到达这里。在拉贾斯坦邦、古吉拉特邦、马哈拉施特拉邦和卡纳塔克邦一些更干燥的地区，牧牛业也有所发展，狩猎采集者在与农人的交换联系中生存了很长一段时间（Misra 1973；Possehl and Kennedy 1979）。

4. 印度西南部、东部和东北部湿润的沿海地区和斯里兰卡一样，都没有发现早期农业遗迹。[13]公元前 3000 年前后，印度东部和东北部肯定发生过稻作独立起源或从东方成功引入次大陆的过程，但是我们还未从孟加拉和缅甸等国家发现明确的考古证据。

5. 同样，喜马拉雅地区也没有早期农业的详细考古资料，克什米尔除外，一些遗址中出现了来自西南亚和东亚（或中亚）新石器时代文化的混合因素。

因此，南亚的情况相当复杂。与西南亚不同，这里没有发现稳固统一的农业起源地，也无法构建起农业扩张的历史。实际情况显然是多个外部源头混合进入该地，还可模糊看到一些内部独立发展的痕迹，尤其是在南部地区。

印度次大陆的驯化作物

南亚农业起源故事中的驯化作物根据最初的起源地可分为四类来源：西南亚、非洲、东亚和南亚本地（Willcox 1989）。西南亚的主要谷物和豆类都以驯化种的形式引入到这里，大麦是个例外，它可能是在本地驯化的。哈拉帕遗址广泛种植的六倍体小麦（印度圆粒小麦）也有可能是由次大陆西北部的野生种驯化而来的。

87/88

乌尔第三王朝和伊辛—拉尔萨时期（前 2350 年到前 1800 年），印度河地区与美索不达米亚和波斯湾以阿卡德人为主要对象开展贸易，非洲粟类和豆类可能就是在这个时候首次被引入南亚的。两种主要粟类，高粱（蜀黍）和珍珠粟（狼尾草属），都出现在公元前 2000 年前后的哈拉帕晚期和德干铜石并用时代。二者都是高产的夏季作物，非常适合季风区频繁干旱的气候。龙爪粟，学名穇子，被认为源自埃塞俄比亚，但对它在南亚遗址中的发现目前仍然存在争议。属于非洲豆类的豇豆和紫扁豆也是在哈拉帕晚期到达了南亚。[14]

第三类是来自东亚的作物，其中最重要的品种是亚洲稻，学名水稻，公元前 7000 年左右首先在长江流域驯化。然而印度东部和东北部很多地区也是野生稻的重要分布区，一些本土长粒稻种（籼稻）很可能是随着稻作经济引入而发展起来的。不过，目前还没有确切的证据可以证明印度早期存在独立的稻米驯化，驯化现象晚至公元前 2500 年才普遍出现于印度北部地区（Singh 1990；Kajale 1991）。从哈拉帕晚期开始广泛种植的粟类品种中，有两类可能是外来作物。其中，粟（*Setaria italica*）可能最早是在中国的黄河流域驯化的；黍（*Panicum miliaceum*）可能是在中亚驯化成功的（Weber 1998；Zohary and Hopf 2000）。

南亚本土的粮食类驯化植物都是夏季作物，例如豆科植物中的黑绿豆（豇豆属）和马豆（扁豆属）、雀稗属和藜属中的大量谷类植物，以及两种小型粟类植物（多枝臂形草和倒刺狗尾草）。傅稻镰（Fuller 2003）认为其中一些植物是在印度南部的卡纳塔克地区独立驯化的。以上这些作物今天都已不太重要。

由此可知，公元前3000年到前1000年之间，铁器时代之前的南亚新石器时代文化与铜石并用时代文化是在混合作物的基础上繁荣起来的。这些作物有的来自西南亚，经印度河流域传入；有的来自中非，经哈拉帕贸易体系传入；有的来自中亚和东亚的其他地区；同时还有本地驯化的作物。印度最早的新石器时代文化与铜石并用时代文化完全可以追溯到公元前3000年左右，可能在本土经济（如巴基斯坦的梅赫尔格尔经济形态）或外来经济（如长江流域的彭头山经济形态）形成四千年以后。鉴于南亚的农业殖民需要对不同来源的作物融合和选择，因此这个时间周期较长也就不足为怪了。农业传入印度次大陆显然需要漫长的酝酿与适应。

从狩猎采集到农耕：南亚地区的农业发展之路

梅赫尔格尔文化的成果

88/89

在印度河流域，西南亚农牧经济于公元前7000年传入梅赫尔格尔，逐渐发展成为哈拉帕文明成熟期的经济基础。这中间经过了一系列连续不断的前哈拉帕文化（Possehl 2002），可追溯到公元前5000年到前2600年之间，分别有梅赫尔格尔、果德迪吉、阿姆里和哈拉帕等遗址（图4.4）。到公元前3500年，这些文化传统的很多

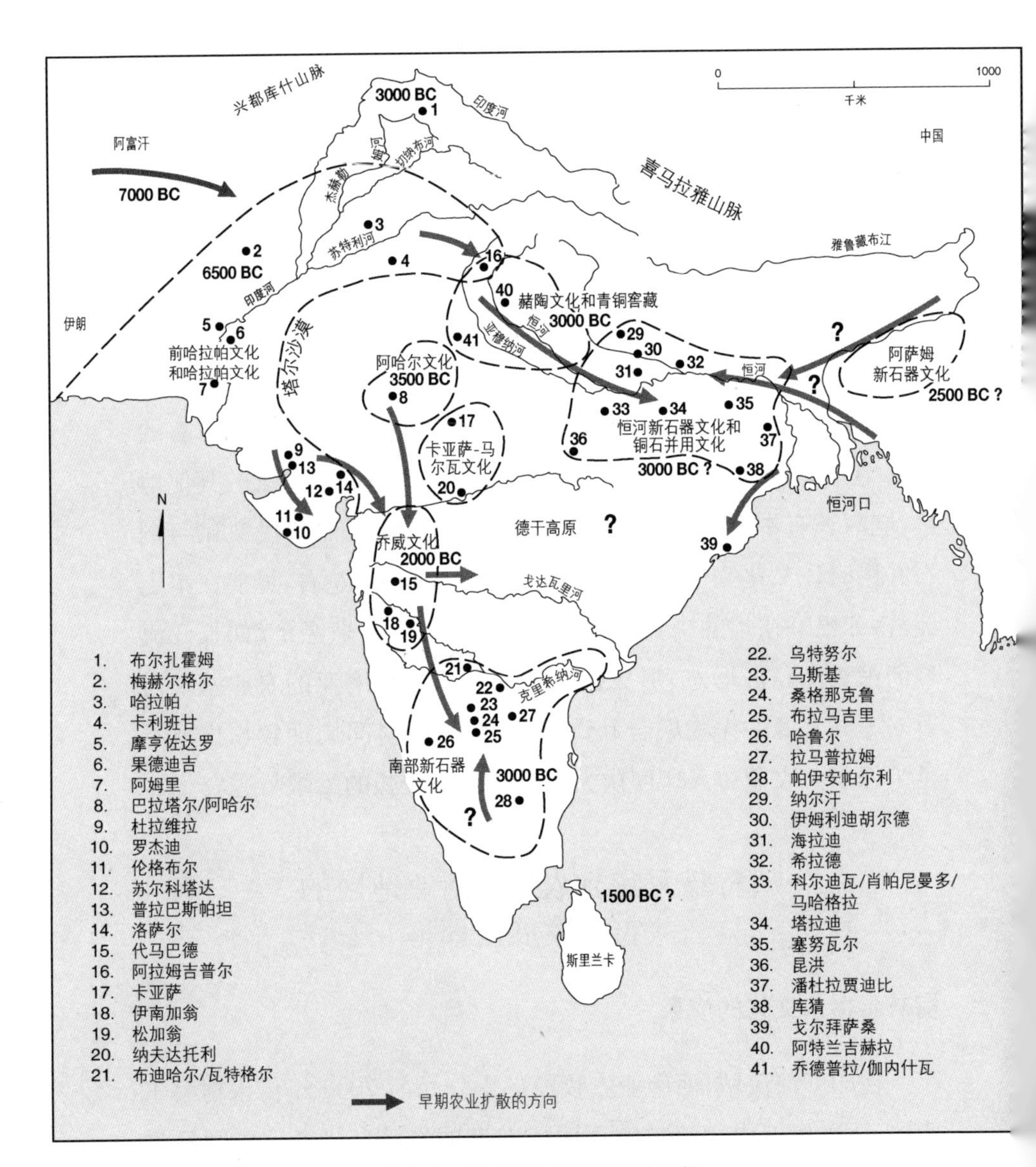

图 4.4　南亚地区的早期农业文化

（引自 Misra 2001；Chakrabarti 1999，有改动）

因素已经传播到印度河流域的东南部，出现在古吉拉特邦的朵拉维拉和帕拉布哈斯帕坦以及拉贾斯坦邦的卡利班甘和巴拉塔尔等遗址的底层。除了村落和城镇，猎人与牧民的营地也出现在了印度河东部支流沿岸。公元前 2600 年左右，在哈拉帕成熟期开始多个世纪以前，农业的确沿着塔尔沙漠的南侧进入了印度半岛的西北部。[15]

几乎同一时期，在印度河流域的北缘发生了另一场传播活动，将西南亚经济带到了新石器时代诸遗址，如克什米尔的布尔扎霍姆和古夫克拉遗址（约公元前 3000 年到前 2500 年）[16]，它还可能在这一时期进入了恒河上游和亚穆纳河流域。古夫克拉遗址的底层显示为很晚的前陶新石器时代（约前 3000 年），这令人困惑。由于克什米尔的这两个遗址所出土的文化遗物与中国的新石器时代有明显联系，尤其是绳纹陶器和磨制石镰，情况变得更加复杂。然而，在这一阶段，我们未在这些遗址中观察到存在稻米或非洲粟的长期种植现象。

在公元前 3 千纪晚期，印度河地区与古吉拉特的持续交流导致后者出现了大量哈拉帕成熟期的聚落，有些还有防御工事。这些聚落包括苏科塔答、朵拉维拉（前哈拉帕时期已有人居住）、罗基迪以及洛塔遗址。亚穆纳河流域也兴起了哈拉帕成熟期的聚落，例如德里附近的阿拉姆吉尔普尔遗址。拉贾斯坦邦的巴拉塔尔遗址以及马哈拉施特拉邦的戴马巴德遗址也出现了受哈拉帕文化影响的聚落。到公元前 1900 年，印度河流域的哈拉帕以及摩亨佐达罗等核心区域的聚落已经开始衰落。原因有多个方面，包括信德地区印度河改道，萨拉斯瓦蒂河的一些支流汇入亚穆纳河/恒河，可能还有人类对脆弱环境的过度开发（包括盐碱化或者过多取土烧砖）。因此，在印度河及其旁遮普支流沿岸的哈拉帕中心地带，迅速出现了大规模的聚落废弃现象（Possehl 1997；Flam 1999）。

哈拉帕农业人群可能不得不面临三个选择——就地减少人口，转向畜牧业，或者移居新地区继续务农。

正如格雷格·波塞尔(Greg Possehl)的论述，在哈拉帕城邦的晚期或后期(公元前1900到前1400年)，显然有大量人口流入了古吉拉特邦以及哈里亚纳邦与北方邦西部的恒河上游与亚穆纳河之间的地区。在人口扩散过程中，建立的是小型村落而非城市，并且缺乏哈拉帕成熟期的典型特征，例如印章、文字以及方形石质砝码。在古吉拉特邦以及恒河与亚穆纳河的交汇地带，哈拉帕晚期文化的东传无疑与前哈拉帕文化、哈拉帕成熟期的早期扩张联系在一起。事实上，它可能只是同一场长期运动的晚期阶段。此后，非洲粟与稻米的加入使经济形态变得更加丰富。[17]结果，到公元前1800年，众多人口都可以获得各类冬季和夏季作物、驯化牛羊、彩陶以及青铜技术。他们沿着干旱的塔尔沙漠朝着恒河流域和印度半岛向南北扩张。

90/91

在这一点上，最大的问题是，最终传入印度西部与恒河流域的最早农耕文化是完全来自前哈拉帕及哈拉帕文化成熟期，还是融合了其他文化，例如本土传统文化？要回答这一问题并不容易，但正如我们即将看到的，后一种情况似乎是有可能的。

印度西部：从巴拉塔尔到乔威

在印度西部，从拉贾斯坦邦东南部的巴拉塔尔与阿哈尔向南，直到马哈拉施特拉邦克里希纳河上游的桑甘，这块区域的考古资料显示，北部一些联系密切的铜石并用时代文化可追溯到公元前3500年，并一直延续到公元前2千纪晚期，才进入最后的衰败和废弃阶段。[18]这些文化出土哈拉帕青铜器，因此严格来说，该地区并没有新石器时代，尽管南部和印度东北部一样也有一处新石器时代遗址。印度西海岸目前基本上没见到与早期农业相关的考古资料，东海岸的情况也是如此。

带有古吉拉特邦哈拉帕文化特点的农耕经济传入了异常干燥的德干高原季风气候区。它带来了西南亚的谷物和豆类，非洲和本地的粟，偶尔还发现水稻。例如中央邦丹瓦达遗址就出土过稻米，经^{14}C方法测定，年代大约为公元前2000年（IAR 1982－83：144）。一同而来的还有以牛为主的畜牧经济，绵羊和山羊的占比很小，和印度河流域的情况一样。这里的黑棉土非常适合定居农业，聚落选址通常位于河流附近，以便农田在必要时可以得到灌溉。在马哈拉施特拉邦的伊纳姆甘就发现了一处灌溉水渠的遗迹。和哈拉帕晚期一样，这里可能也是双季作物农业，在较干燥的地区还有大量以养牛为主的畜牧业。

相关诸文化通常通过陶器类型的细微差别来区分，但大多数印度考古学家认为它们是密切相关的。瓦萨·辛德（Shinde 2000，2002）将西印度的铜石并用时代序列从公元前3500年开始分为几个连续阶段，以拉贾斯坦邦巴拉塔尔遗址的前哈拉帕底层为最早的典型遗存，然后依次是卡亚萨、阿哈尔、马尔瓦和乔威遗址的陶器群，终结于公元前1000年前后乔威遗址的衰落，刚好在铁器时代这一文化剧变来临之前。就我们的研究目标而言，这些陶器连续发展阶段的细节并不重要，只需注意到很多人工制品类型确实展现出与印度河流域的前哈拉帕及哈拉帕文化之间存在显著的联系。这包括黑彩红陶和轮制陶器，陶窑以及黏土灶，压制法剥片的石叶工业，大多用开口模具制作的简单铜器，公牛和人形泥塑，儿童翁棺葬，用泥或石建造的长方形房屋以及涂抹石灰的地面。巴拉塔尔和戴马巴德遗址公元前3千纪的地层中甚至出现了类似哈拉帕文化的防卫飞地（或者称之为“城堡”）。

91/92

巴拉塔尔的“城堡”是一座相当雄伟的方形建筑，占地约600平方米，土墙外表包以石块，墙宽7米，高4米，废弃后整个建筑从上到下都堆满了牛粪。如米斯拉(V. N. Misra 2002)所说,这座建筑非常神秘,填满的牛粪让人联想到卡纳塔克邦的灰丘(ashmound),下文会讲到这些遗址。这些铜石并用时代的聚落面积达 20 公顷(如戴马巴德遗址),笔直排列的房屋组成街区,中间以小路隔开,伊纳姆甘遗址就是其中的典型代表。伊纳姆甘遗址占地 5 公顷,防御工事是一道土墙和一条壕沟,土墙上有一些石头堡垒(Dhavalikar et al. 1988)。

印度西部铜石并用时代诸文化需要研究的基本问题包括两个方面。一方面是确定它与前哈拉帕及哈拉帕文化序列的关系;另一方面,是确定它与其他地区新石器时代文化的关系。大多数研究者都赞成它们直接起源于前哈拉帕及哈拉帕文化传统,或者深受其影响(如,Dhavalikar 1988, 1994, 1997; V. N. Misra 1997, 2002; Shinde 2000, 2002)。然而,西部铜石并用文化似乎并非仅仅是印度河流域的流风余韵。例如,中央邦的纳瓦达托利遗址以及拉贾斯坦邦巴拉塔尔遗址底层(约公元前 3200 年)的抹灰篱笆墙圆屋就不属于哈拉帕类型风格。到公元前 2 千纪后期,它们在马哈拉施特拉邦乔威遗址的晚期阶段完全占据了统治地位(Dhavalikar 1988)。表面来看这好像没什么意义,但是至少暗示出存在一个并非源自摩亨佐达罗的“土著”元素。索纳韦恩(V. H. Sonawane 2000: 143)指出,古吉拉特邦后哈拉帕城市阶段的几处遗址也出现了圆形小屋,再次表明这些铜石并用文化所包含的族群传统并非仅仅源自哈拉帕。

印度南部

卡纳塔克邦、安得拉邦和泰米尔纳德邦的景象与印度西部的情况略有不同。我们没有多少喀拉拉邦新石器时代的资料,斯里兰卡似乎在公元前 1000 年后的铁器时代才有农人定居。事实上,南方所有的考古资料都出自德干高原南部内陆的干燥季风区。在卡纳塔克邦北部，最早的新石器时代遗址似乎以牧牛业为经济基础，年代在公元前2800年左右。乌特努尔灰丘遗址是该系列中的一处典型遗址，遗址内有一个棕榈树干做成的近长方形的围栏，周长60米，面积足够容纳约500头牛。围栏内有一层厚厚的焚烧过的牛粪，还有几处蹄印。住宅小屋（似乎是圆形）建在围栏和外围栅栏之间（Allchin 1963；Allchin and Allchin 1982：123）。

另一处灰丘遗址位于布迪哈尔，年代可追溯到公元前2300年，可能有四处牛栏，其中主要的发掘项目（布迪哈尔1区）包含一个3米高的焚烧过的粪堆，旁边有一个石墙构成的动物围栏，一侧还有一处住宅区，面积约1.3公顷。住宅区内有长方形和椭圆形的石头房基。粪便应当是栏内的牛群在夜间排泄的，可能为了灭蝇而定期焚烧。这种定期焚烧表明不需要用粪便当肥料，因此可能没有农田。不过，布迪哈尔的植物遗存确实含有大麦、马豆等豆类以及粟类的种子，所以我们不能断定这里的居民完全是牧人（Paddayya 1993，1998；Kajale 1996b）。

92/93

这些灰丘遗址出土有石磨盘、石斧、石叶和陶器，陶器有素面灰陶、刻划纹陶和彩陶。在最早的地层中，陶器是手制，未发现陶窑。灰丘遗址的来源尚不清楚，但是最近在布迪哈尔附近的沃格尔发掘的非灰丘遗址，有很多特征让人联想到德干高原北部铜石并用时代的遗址——一个儿童瓮棺葬、与伊纳姆甘相似的附加堆纹陶盆，还有彩陶，其中一些具有乔威风格（Deavaraj et al. 1995；DuFresne et al. 1998）。布迪哈尔也发现了儿童瓮棺葬。沃格尔的居住历史最早可追溯到公元前2700年。它还有一种相当有趣的植物遗存——槟榔，这种植物广泛见于东南亚和西太平洋地区。

在印度南部的其他地区，哈鲁尔、泰克卡拉科塔、帕亚姆巴利、婆罗门吉里和桑甘纳卡鲁等新石器时代聚落（图4.4）中出现了各种组合的彩陶，还有儿童瓮棺葬、石叶工业、竹墙圆屋（如泰克卡拉科塔遗址和桑甘纳卡鲁遗址）和牛俑。多数遗址似乎在公元前2千纪早期已经有人居住，拉马普拉姆、哈鲁尔和马斯基等遗址此后很快出现了铜器。总体来看，家牛、彩陶和圆屋的存在使得该地区与德干高原北部铜石并用时代遗址之间有了松散的联系。实际上，一些遗址很晚才有乔威类型的陶器传入，尤其是在卡纳塔克邦的北部地区。南方这些遗址的植物遗存包括本地豆类和粟类（直到公元前1500年才出现了非洲粟），小麦、大麦和稻米出现的频率较低（Kajale 1996b；Venkatasubbaiah and Kajale 1991；Korisettar et al. 2002；Fuller 2003）。

就南部新石器时代和铜石并用时代文化的起源来说，放射性碳年代序列显示出从北到南，从拉贾斯坦邦到卡纳塔克邦，在公元前3000年到前2500年之间有一条微弱的发展轨迹。这说明整个序列可能属于农业传播的一个独立片段。局部地区呈现出文化多样性，但对如此广阔的地区来说，这也在预料之中。不过，最近有人提出印度南部可能也大量出现了本地小型粟类和豆类的独立驯化。傅稻镰（Fuller 2003）提出，早在公元前2800年灰丘文化期前后，印度南部已产生独立的本地植物驯化路线。如果他的说法得到证实，我们对南亚新石器时代的认识会大大丰富起来。

恒河流域和印度东北地区

恒河流域，包括亚穆纳河等主要支流流域，见证了从新石器时代伊始的文化发展轨迹。表面上它与印度西部的铜石并用时代类似，但是在风格和细节上截然不同。恒河流域还有另外一个复杂情况，尤其是在从阿拉哈巴德往东的中下游地区，即农业的传播可能有早晚两个文化期，东部的水稻种植年代要早于西南亚作物的到达时间，至少也在同一时期，但是目前相关证据还不清楚。作物

93/94

来自东南亚的证据很少，虽然我们知道泰国在公元前2500年就出现了水稻种植，但缅甸、孟加拉和印度东北部的情况不明。

公元前3000年后不久，阿萨姆邦和印度东北部其他邦忽然出现了一批东南亚新石器文化风格的器物，有绳纹陶器（有的带三足）、纺轮，偶尔还发现有肩石锛，它们取代了之前旧石器晚期狩猎采集者的一系列石器工业，对后者人们了解有限（Rao 1977；Singh 1997）。这些新石器时代人群可能种植稻米，不过我们还不能完全确定。在恒河流域的中部和东部，很多遗址都有确凿证据证明水稻种植与一种起源于东南亚的绳纹陶器有关。但这里的一个疑问是，西部一些来自哈拉帕文化的聚落也出现了绳纹陶器。[19]此外，还有很多年代方面的问题，尤其是东南亚文化因素是否比来自西方的恒河新石器时代文化因素（例如黑红陶器、大麦、青铜技术、绵羊和山羊）出现更早。

此处的三个重要遗址是位于拜兰河流域的柯尔迪华、马哈加拉和乔帕尼曼多。拜兰河北流，在阿拉哈巴德附近汇入恒河。它们在南亚考古界引起了一场以稻米和绳纹陶器的放射性碳年代为焦点的讨论，尤其是柯尔迪华，它的年代早到公元前6500年（Sharma et al. 1980；IAR 1975－76：85）。马哈加拉有着与柯尔迪华类似的陶器，它的^{14}C断代却在公元前2千纪。另一处相关遗址——昆罕Ⅱ期的年代在公元前2000年左右（IAR 1977－78：89；Clark and Khanna 1989）。这一切的结果是，现在基本上已经没有人相信柯尔迪华的新石器时代有如此之早（例如，Dhavalikar 1997：230；Glover and Higham 1996；但是Chakrabarti 1999：328中接受该说法）。

目前恒河流域大多数新石器遗址的情况是稻米、绳纹陶器与非印纹陶器（尤其是黑红陶）以及西南亚畜牧元素一同出现。柯尔迪华（Misra 1977：108）遗址即是如此，其他一系列文化面貌类似的遗址也是如此，如塞努瓦、伊姆利迪克鲁德Ⅰ期、赤兰德和纳罕遗址，构成了一个从约公元前 2500 年到前 1000 年的发展序列。这些遗址的经济基础是稻米、大麦、普通小麦、扁豆、豆类、高粱和珍珠粟(最后两种出现在伊姆利迪克鲁德遗址)。[20]恒河下游位于西孟加拉邦的遗址，如班度拉贾迪比，为了适应较大的降雨量，似乎更重视水稻种植。驯养动物包括牛(cattle)、水牛(water buffalo)、猪、绵羊和山羊，伊姆利迪克鲁德遗址在公元前 2 千纪晚期还驯养了马。房屋布局通常为圆形，墙壁为抹灰篱笆。一些遗址(尤其是赤兰德，但不包括纳罕)有细石叶和骨器工业，和柯尔迪华与乔帕尼曼多遗址类似。[21]

94/95

为了更好地了解整个恒河流域的情况，我们需要向西回到旁遮普以及恒河与亚穆纳河的汇合处，因为非绳纹(黑红)陶器风格在向下游的孟加拉传播之前似乎就发源于此。该地区既有前哈拉帕又有成熟期哈拉帕的居址，它们向东延伸到亚穆纳河畔的德里附近。在亚穆纳河与恒河之间，一直到下游的阿拉哈巴德，最早的陶器被称作“赭色陶(Ochre Colored Pottery)”——通常为轮制，施红釉，常绘以黑纹。多数陶器因为受到水流冲刷，发现时保存状况较差，关于它们的直接源头有较大争议。拉贾斯坦邦的一些赭色彩陶遗址可能属于前哈拉帕时期，但是其他遗址显然与哈拉帕文化有一定联系并受其影响(Lal 1984：33)。例如，在赭色彩陶遗址发现的很多人工制品，如陶车轮模型、牛俑和玛瑙珠，绝对与哈拉帕文化密切相关。很多赭色彩陶遗址基本上是哈拉帕经济，除了水稻之外很少有夏季作物。另一方面，不能确定与赭色彩陶有关的青铜工具(包括著名的“铜窖藏”)是否也同样源自哈拉帕文化。铜产于当地的拉贾斯坦邦东北部凯德里—甘纳什沃地区，从这里供应给哈拉帕文明的城市与恒河流域的聚落。

赭色彩陶似乎是在公元前 3000 年到前 2500 年之间发源于旁

遮普或拉贾斯坦（Agrawala and Kumar 1993；Chakrabarti 1999；Sabi 2001）。显然，它与哈拉帕文化同步发展并且深受其影响，但其主要意义在于，这是首个被证实的农业从西部传入恒河流域的事件。在一些赭色陶遗址，例如阿特兰吉凯拉和焦特布尔（Gaur 1983；Agrawala and Kumar 1993），赭色陶发展成为黑红陶（Black and Red Ware），在恒河流域的中下游地区发现了大量这类外表光亮施以红釉的陶器。比哈尔邦黑红陶的年代可能在公元前 2500 年以后，孟加拉的则可能在公元前 2000 年。到了公元前 1000 年以后的铁器时代，黑红陶被风格迥异的彩绘灰陶（Painted Gray Ware）所取代。很多考古学家认为，在恒河流域，从赭色陶经黑红陶再到彩绘灰陶是一个连续发展的文化序列。[22]关于早期印欧民族向南亚的移民问题存在争议，恒河流域文化序列从赭色红陶到早期历史时期的演变（相反的一面即文化中断）就是这一争议的焦点。我们稍后再讨论这个问题。

我认为，对农业在恒河流域传播的最佳解释是，公元前 3000 年前后，在拥有绳纹陶器和水稻种植的文化组合从东部向恒河上游移动的同时，还有另外一支文化带着西南亚作物和赭色陶器从西部向恒河下游移动。二者产生了快速的融合，而且没有发生剧烈的社会动荡。

欧洲与南亚的比较

农业进入和经过南亚的几次传播甚至比欧洲的情况更加复杂。农作物的外部来源有三处：西南亚、非洲北部和东亚，另外还有一定程度的本地驯化。在欧洲，农业从安纳托利亚传播到不列颠群岛用了 3 000 年的时间。在南亚，除了东北部早期水稻种植年代不明，农业从巴基斯坦北部传播到斯里兰卡花费的时间似乎比

95/96

欧洲更长。这些早期农业的传播显然势不可挡,甚至在很长的历史阶段都在持续进行,但它们并非是瞬间发生的。在一个纬度相同的地带横向传播,可能相对来说速度较快,正如沿地中海北部海岸线从希腊到葡萄牙的传播。但如果跨纬度或跨气候区,例如从属于冬雨区的伊朗和阿富汗到属于夏雨区的恒河流域,传播速度就十分缓慢。不过,不论农业如何传播,它既不是依靠聪明的狩猎采集者迅速机智地采纳,也不是像高速列车载着饥饿的农人驶向远方的地平线,而将惊惶失措的失地狩猎者甩在身后。

第五章　非洲：又一个农业起源中心？

除了埃及之外，非洲大陆缺少足够丰富的考古资料，难以进行类似于第三章和第四章对西南亚、欧洲和南亚那样详细的讨论。非洲的幅员比欧亚大陆西部更加辽阔，其农业显而易见是从本土狩猎采集经济背景中演化出来的，而且不存在一块类似“新月沃地”那样的主导性核心区域。下面我们将从沙漠、热带稀树草原、山谷和雨林等广袤的环境中搜寻细碎的信息。

直到近来，萨赫勒荒漠草原带和萨万纳稀树草原带才被认为是非洲许多重要本土作物的故乡。这条地理带位于北纬5°—15°之间，横贯整个非洲大陆，介于撒哈拉沙漠和热带雨林之间（图5.1）。下面详细列出的关于撒哈拉全新世气候带的新发现又使该区域向北扩张了许多。最重要的作物是适应夏季降水的谷物，特别是非洲稻（*Oryza glaberrima*）、珍珠粟（*Pennisetum glaucum*）和高粱（*Sorghum bicolor*）。雨林边缘以南的地区驯化了几内亚甘薯（*Dioscorea rotundata*），而更东边的埃塞俄比亚和南苏丹则驯化了龙爪粟（*Eluesine coracana*）。整个史前时期，撒哈拉以南的农业人口均以上述作物和其他非洲作物为生，埃及人和北非人在新石器时代则依靠起源于西南亚的谷类和豆类生活，埃塞俄比亚高原的许多人群也是如此（Barnett 1999；D'Andrea et al. 1999）。赤道以南的非洲地区从未驯化过任何重要的农作物或动物。

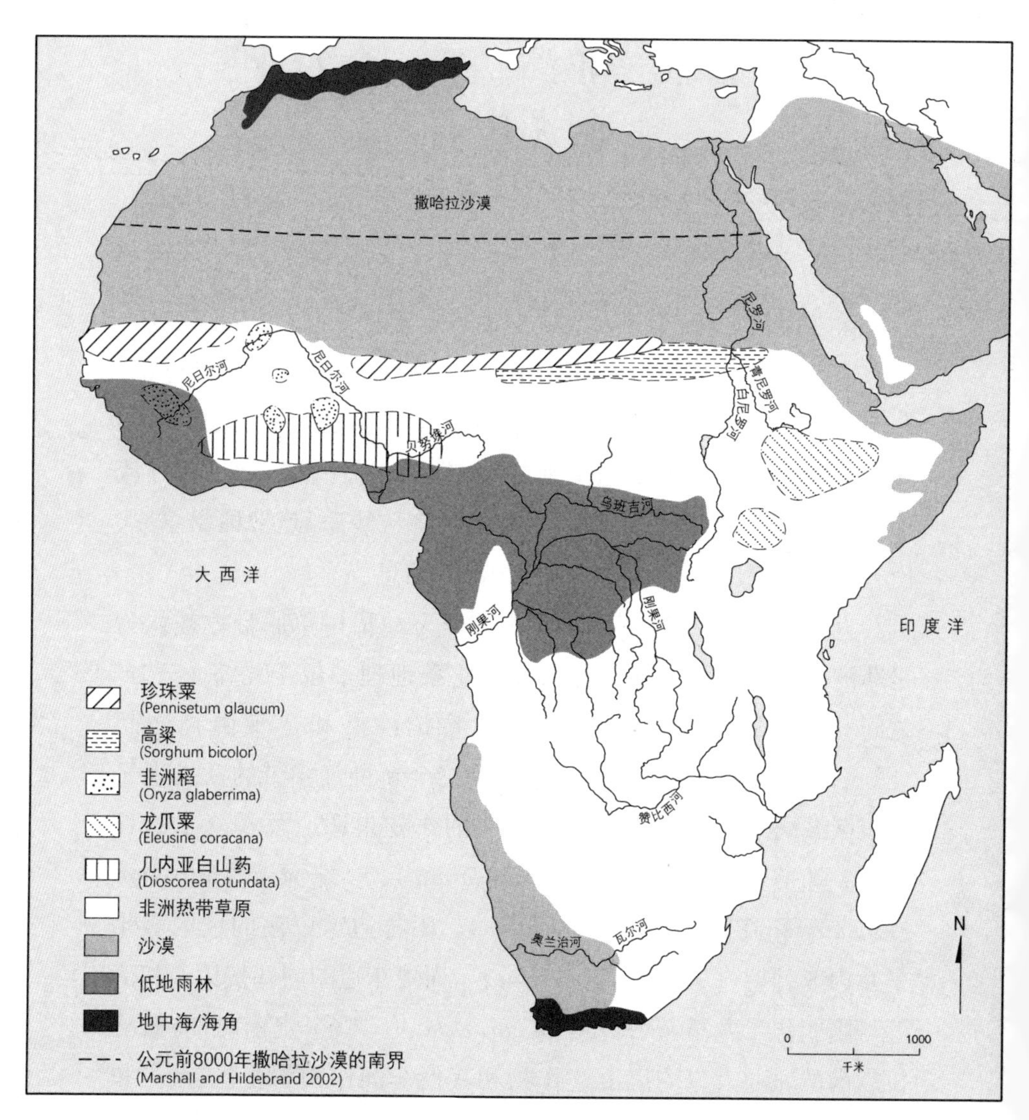

图 5.1　现代非洲的主要植被区和主要作物的驯化起源地

（本图还显示了公元前 8000 年前后沙漠的南界，当时的撒哈拉气候比现在更为湿润。值得注意的是，哈兰提出的起源地参考的是现代植物分布情况，在全新世湿润期，这些植物的分布区域会发生明显的北移，特别是高粱和珍珠粟。资料源于 Harlan 1992；Marshall 1998；Marshall and Hildebrand 2002）

除此之外，1500 年以前，印度尼西亚人可能通过南岛语族对马达加斯加的殖民活动将香蕉、芋头、大甘薯等东南亚作物带到了热带非洲。然而，最近在喀麦隆发现了公元前 500 年的香蕉植硅体（Watson and Woodhouse 2001，Mindzie et al. 2001），引出了关于印度洋航行开始于更早时代这一令人激动的可能性，人们也讨论过某些非洲作物可能经此航线传播至印度和巴基斯坦的问题。

非洲最主要的问题在于，荒漠草原、热带稀树草原以及埃塞俄比亚高原是否存在一个或多个原始农业起源的核心区域？目前，这是最难以回答的问题，因为撒哈拉以南非洲地区并未发现公元前 2000 年以前的驯化作物的考古证据。然而，在全新世早期，由于季风、草原带和稀树草原带向北移动，导致了沙漠面积的持续缩小，撒哈拉地区的气候要比现在湿润得多。在埃及西部沙漠的更新世末期考古遗址内发现了野生高粱，图 5.1 显示野生谷类“原乡”的位置也向北发生了移动。到了约公元前 8500 年，这种情况无疑使人们越来越重视一年生野生谷物的采集，可能还有本地牛的管理。在撒哈拉和尼罗河流域的几个区域，当时一些族群也开始使用带有刻划纹和压印纹的陶器。

由于这些发展似乎发生在东北非首次出现亚洲绵羊和山羊以前（公元前 5500 年前后），它们很可能与西南亚的农业经济和文化无关。然而，在这些早期撒哈拉遗址中并未发现驯化动植物的确切遗迹，也没有足够的证据能够确定存在食物生产的生业模式。在对这些问题进行更深入的研究之前，有必要对非洲早期农业史前史作一概述，因为这方面已有比较清晰的认识。

西南亚农业文化传入埃及

由于尼罗河发源于非洲的季风降水区，埃及境内尼罗河河谷的洪水泛滥季节对于来自西南亚的谷类和豆类作物的生长堪称完美。当然，这正是过去很多学者错误地将埃及视为农业起源地的原因。尼罗河洪水在每年的8月中旬到达埃及南部，4至6周后到达三角洲。洪水相对来说不含盐分，并且能使秋冬时期的土壤得到长达两个月的滋润。因此，作物能够在缺乏灌溉的情况下生长，并且免受土壤盐碱化和冬季河流枯水期的威胁，这两个问题当时极大地困扰着美索不达米亚平原上的苏美尔人。

关于将埃及作为农业起源地的观点，存在的主要问题是在当地环境中没有发现任何相关的野生作物。旧石器时代的埃及人，例如大约2万年前瓦迪库班尼亚营地（图5.2）的人们，开始捕猎鱼类、候鸟、野牛、小羚羊和大羚羊，还在食用有毒块茎类植物（莎草）前使用石磨加工并过滤（Wendorf et al. 1980；Hillman 1989；Jensen et al. 1991；Close 1996）。虽然在对瓦迪库班尼亚的调查中很早就发现了大麦和单粒小麦颗粒，但更精确的测年结果表明它们的年代较晚，是侵入到地层堆积中去的。现在看来，埃及尼罗河河谷末次冰期极其干旱的气候根本不适宜主要谷物品种的生长。曾被认为用来收割谷物的磨光石叶现在看来应该是用来收割湿地上的块茎类作物的，可能还用于收割棕榈树的果实。

99/100

瓦迪库班尼亚营地有人居住的时候，末次冰期的尼罗河谷为冲积层所覆盖，水位和蒸发量都很低。这块泛滥平原保留了季节性的水沟和水坑，对流动狩猎采集者有很大的吸引力。随着更新世末期气候变得越来越温暖湿润，不断增强的尼罗河洪水将泥沙冲向低海拔地区，形成了一条下切河谷，几乎没有人类定居迹象。在全新世早期，随着海平面上升并最终稳定在接近现在的高度，尼罗河三角洲的作物重新开始生长，尼罗河谷也再次填满了肥沃的冲积土壤，在很久以后滋养了法老时期的埃及人民。

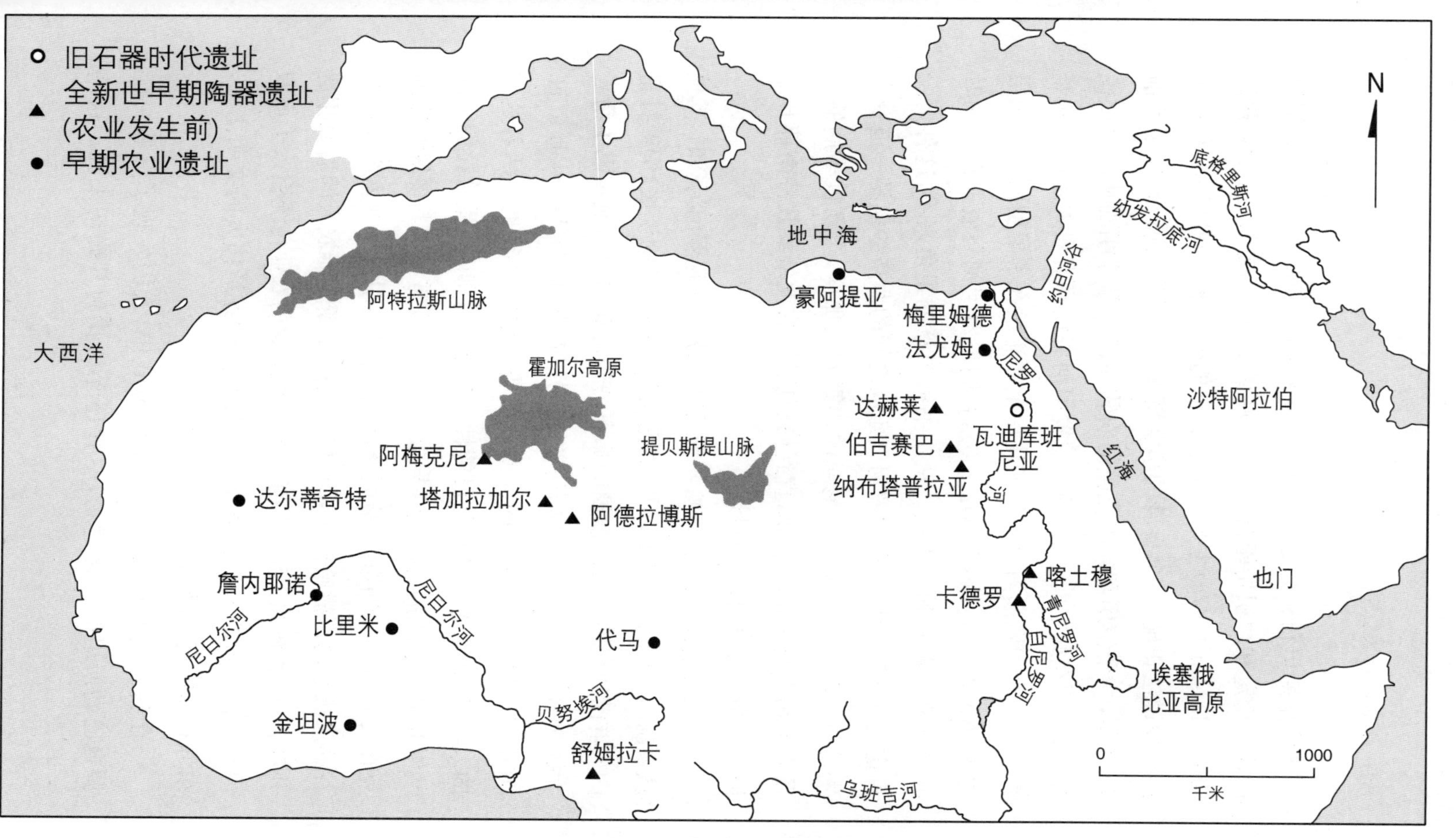

图 5.2　非洲北部考古遗址

根据斯坦利和瓦尼(Stanley and Warne 1993)的研究,尼罗河的这次稳定和冲积始于公元前 6500 到 5500 年之间,也有学者如哈桑(Hassan 1997a)主张开始于更早的公元前 10000 年左右。无论哪种说法正确,一个显著的事实就是,直到公元前 5500 年到前 5000 年,一个使用陶器的完整的农牧经济体系才刚刚从西南亚传播进来,而在此之前,无法证明尼罗河河谷已经有农人定居。除非真的有一个前陶新石器时代文化层全部淹没在了尼罗河的冲积层之下(Midant-Reynes 2000: 106),否则尼罗河河谷农业出现的时间甚至晚于希腊和意大利。从本书第二章的视角来看,这种情况肯定反映了巴勒斯坦和尼罗河三角洲之间的西奈沙漠是一道令人生畏的屏障。就像加利福尼亚的印第安人那样,全新世早期的埃及人不需要也不追求农业,直到局面反转,农业从黎凡特南部开始向外扩散并来到了他们身边。

当农人们在公元前 5500 年前后第一次进入尼罗河河谷时,其他从事制陶、野生高粱采集以及(根据某些权威学者的说法)饲养牲畜的人群已经在埃及西部沙漠的那布塔普雷亚和比特凯希巴生活了大概 3 000 年,当时正处于短暂的周期性湿润气候期(Wendorf at al. 2001, 1996)。没有明显的证据证明当时尼罗河谷也生活着这样的人群,但必须考虑到这种可能性。全新世中期时,撒哈拉的干燥气候和夏季季风的后撤最终导致了那布塔普雷亚和其他绿洲定居点在公元前 4000 年前后被废弃,而这有可能引发了涌入尼罗河河谷的逃难运动。撒哈拉人在这里与西南亚新石器农人的后裔相遇并融合,后者在此 1 500 年前已经将西南亚的农业传统引入了尼罗河河谷。两者的融合后来发展成为古代世界最伟大的文明之一,东方和非洲真正融为一体。

在新石器时代埃及人的生活方式中,人们发现了一些可能源自巴勒斯坦的文化遗物,尽管还无法找到其确切来源。这些遗物包括双面打制且侧边有凹口的有柄箭头(阿勒旺尖状器，图3.5/1，该类型的箭头出现在黎凡特的前陶新石器A段和B段以及尼罗河河谷)、梨形杖头、磨光石斧、有足陶器(有别于苏丹和撒哈拉全新世早期遗址的刻纹陶和印纹陶)，以及二粒小麦、大麦、亚麻、亚麻布、猪、牛、绵羊和山羊(Arkell 1975；Hassan 1988；Koslowski and Ginter 1989；Smith 1989；Midant-Reynes 2000)。近期的基因研究表明，牛有可能是由北非野牛驯化而来(Bradley et al. 1996；Bradley and Loftus 2000；Hanotte et al. 2002)。除此之外，这些东西在考古遗存中突然出现，说明它们是从外部引进的。

101/102

阿拉伯半岛的西部和南部在全新世早期和中期时也比现在更为湿润，因此必须考虑存在经此跨越红海和曼德海峡进行文化传播的可能性。然而，阿拉伯半岛的考古资料中至今仍缺乏新石器时代农业的明确证据(Edens and Wilkinson 1998)，尽管半岛南部出现了似乎是全新世早期用于拦截土壤流失的堤坝(McCorrinstion and Oches 2001)。菲利普森(Phillipson 1998：41)指出，也门高地于公元前3千纪出现了驯养牛、绵羊、山羊和猪的村落。

位于法雍低地的新石器时代遗址，其农业经济因素以很深的窖穴为代表，这些窖穴内放置着足以储存200—300公斤谷物的编篮，并铺有稻草席。没有迹象表明法雍的石镰、片状薄斧和有銎石矛等石器继承自本地前期的细石器工业。如同黎凡特的早期陶器一样，法雍遗址的陶器也以谷壳作为羼料。这些遗址内没有发现任何建筑遗迹，但在靠近尼罗河三角洲西缘的梅里姆德，大约与法雍同期的一处遗址里，发现了半地穴式椭圆形泥墙房址，沿道路分布，遗存有柱子、草席棚等。梅里姆德遗址的面积大约有2.4公顷，其陶器形制和经济类型与法雍相似。

实际上，梅里姆德遗址的底层也出现了阿勒旺尖状器、黏土塑像和人字刻纹陶器,后者与约旦河谷耶尔穆克有陶新石器时代遗址出土物类似(Kantor 1992)。这一时期牧养山羊的农业小聚落是前陶新石器C段农业衰落之后在公元前6000年前后兴起的。前陶新石器C段的衰落本身明显就是尼罗河河谷农人迁徙运动导致的(Hassan 2002, 2003)。投石(sling stone)和纺轮也同样显示了与巴勒斯坦的关联,但从建筑上来看,埃及这些抹灰篱笆墙构成的村落与同一时期在新月沃地出现的典型泥砖村落大相径庭。

所有这些都说明,在统一之前的前王朝时期的一千年中,埃及农业经济是西南亚经济技术与尼罗河及撒哈拉地区本土文化传统的混合,后者的证据就是上埃及(埃及南部地区)巴达里新石器时代的黑顶陶器(black-topped pottery)(Hassan 1997b; Midant-Reynes 2000)。在语言和人口方面,哪种传统最终占据了主导地位?这一问题稍后会从亚非语系的起源方面来讨论。

至于北非地中海沿岸的其余地区,详细资料很少,但西南亚饲养绵羊、山羊和牛的新石器时代经济显然能够通过公元前6千纪昔兰尼加的豪阿提亚洞穴得以追溯,它很可能向西发展。牧民当然有可能沿着北非海岸线散布开来,摩洛哥和阿尔及利亚的沿海地区也发现了公元前5500年前后的陶器和牧羊的证据。但谷类农业到达这里的时间尚不太明确,目前的推测不会早于公元前2000年太多(Holl 1998;与David Lubell的私人交流)。

102/103

因此,到目前为止,西南亚农业向埃及的传播及其与撒哈拉制陶和养牛传统的结合是显而易见的。在埃及南部,新月沃地谷类的传播很快便遭遇到苏丹夏季风降雨气候的阻碍,而它们传播至气候更适宜的埃塞俄比亚高原似乎仅仅是最近3000年间发生的事(Barnett 1999; D'Andrea et al. 1999)。但非洲大陆其他地区情况如何呢?下面我们将进入这一极其广阔的地理舞台。

非洲本土驯化的起源

首先，我们提出两个基本问题：

1. 非洲哪些动植物得到了驯化？驯化是在哪里发生的？

2. 这些驯化是撒哈拉和撒哈拉以南土著狩猎采集群体的独立行为？还是受到来自西南亚农牧业传播的刺激？或者是上述两者兼而有之？许多考古学家认为，无论牧人最初来自何处，公元前2000年以后撒哈拉日益干旱的气候都促使了他们往南迁徙，这可能引发了荒漠草原和热带稀树草原地区植物驯化的过程（Wetterstrom 1998；Neumann 1999；Casey 2000；Hassan 2002；Haour 2003）。

首先，让我们来看看在植物的驯化方面，什么是受到普遍认可的。图5.1显示的是植物学家杰克·哈兰基于现代植物分布得出的多种非洲作物的“起源地”（这些地点在全新世早期显然分布更广）。在这些植物中，最重要的品种是高粱（*Sorghum bicolor*）和珍珠粟（*Pennisetum glaucum*），它们都驯化于干旱的荒漠草原和热带稀树草原地带。然后是非洲稻（*Oryza glaberrima*）和几内亚甘薯（*Dioscorea rotundata*），这些作物生长在西非的森林和热带稀树草原的边缘。此外，还有西非的油棕榈、豇豆和花生，以及许多埃塞俄比亚作物，比如龙爪粟（*Eleusine coracana*）和可以磨成粉用来制作薄饼的画眉草苔麸（*Eragrostis tef*），还有一种叫象腿蕉（*Musa ensete*）的类似香蕉的植物，其叶基部含有可食用的果肉。

上面列出的所有驯化谷物都是一年生植物，和西南亚与中国的情况相同。但是，非洲谷物具有高度的杂交倾向，而不是自花授粉，因此，人类对驯化表型的任何选择，无论有意还是无意，都只能在野生种的分布范围以外才能正常进行（Willcox 1989：282；Haaland 1995，1999；Wetterstrom 1998）。这一点相当重要，因为

103/104

非洲谷物可能不像西南亚的谷物那么容易驯化,完成这一过程可能需要更大程度的人为干预。

因此,非洲本土植物驯化的确凿证据年代很晚,这一发现毫不令人意外。在毛里塔尼亚的达尔提希特和加纳北部的比里米,珍珠粟的驯化开始于公元前2000—前1500年,而高粱和非洲稻的驯化则到公元前1千纪才出现。[1]支持以上断代的证据是高粱和珍珠粟在哈拉帕晚期(大约公元前2000—前1500年;参见第四章)被带到了南亚西北部,可能还到了阿拉伯半岛。公元前2000年以前,无论它们是否真的已经被种植,这些粟类在非洲显然都是作为野生植物来利用的。

实际上,从大约公元前8500年开始,撒哈拉的很多遗址中就出现了多种野生粟和印纹陶器(图5.2)。[2]全新世早期,北非的人们就在收割野生的高粱和珍珠粟,但很难找到栽培的真凭实据。然而,兰迪·哈兰(Randi Haaland 1999)认为,大约公元前5000年时苏丹的遗址中就出现了作物栽培行为。他观察到一个重要现象,即之前的苏丹中石器遗址都没有出土石镰,因此,可能存在一个黎凡特前陶新石器时代石镰农业的强势推进过程。驯化高粱在东北非出现得很晚,已经到了罗马时期(Rowley-Conwy et al. 1997)。

鉴于植物驯化过程中的不确定性,我们可能会问:很多早期陶器遗址中也出现了牛、绵羊和山羊的骨头,如何辨别它们是野生还是驯化?更新世末期的北非当地有牛,因此它们完全有可能与欧亚大陆的牛是分别驯化的。但是,非洲牛独立驯化的证据仍不明确。牛骨最早发现于约公元前8000年的埃尔亚当湿润期,发现地点位于埃及西部的纳布塔普拉亚和伯基塞巴(图5.2和图5.3)。不少人指出,即使在全新世早期,牛也无法在如此贫瘠的地区以野生状态生存,因此很有可能是人工饲养(Marshall 1998; Wendorf and Schild 1998; Wendorf et al. 2001; Hassan 1997,2000)。菲奥

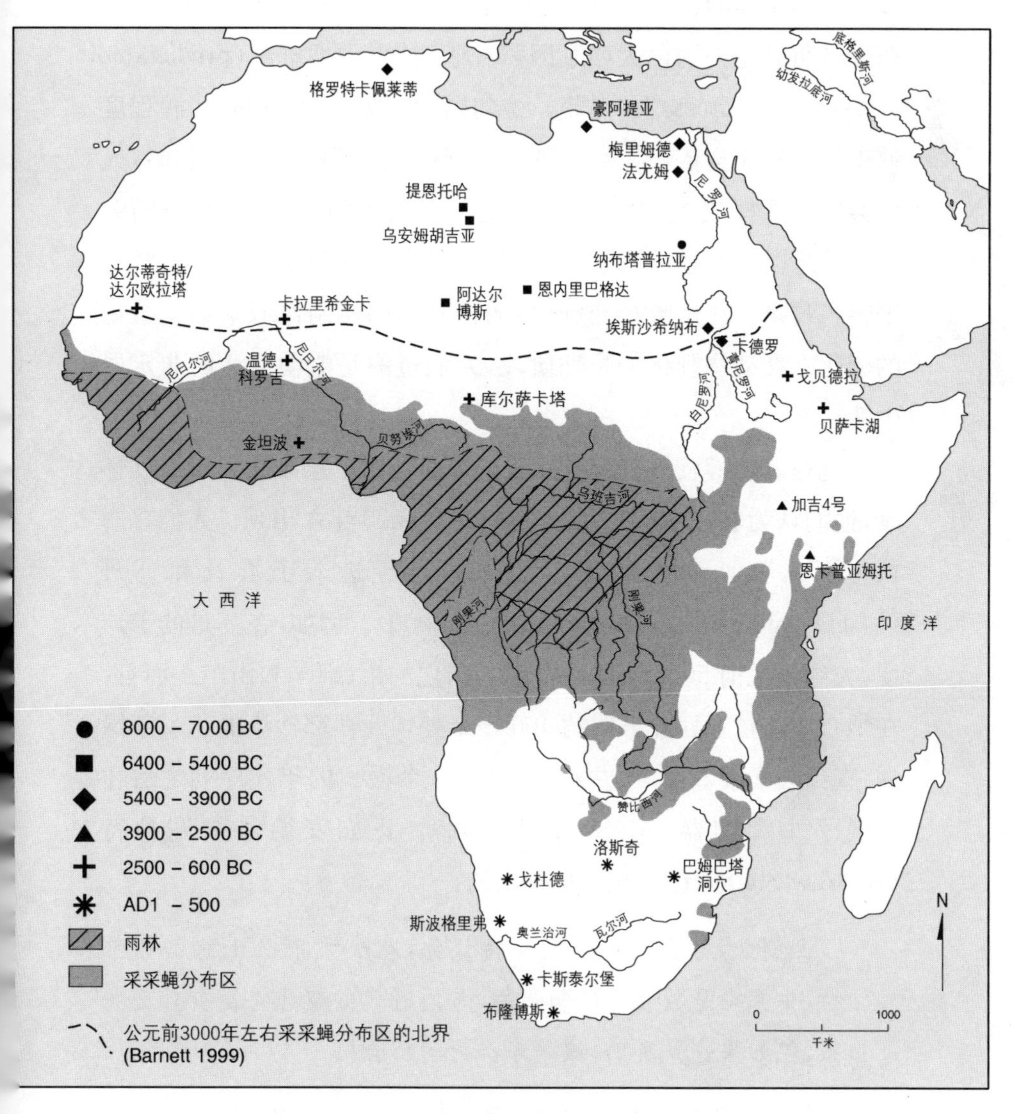

图 5.3　出土早期家牛遗骸的非洲遗址及其年代

（图中还大致标注了公元前 3000 年和现代采采蝇分布区的最北界线。资料源于 Bower 1991；Barnett 1999；Marshall and Hildebrand 2002）

娜·马歇尔和伊丽莎白·希尔德布兰特(Fiona Marshall and Elisabeth Hildebrand 2002)最近提出了一个猜想,她们认为撒哈拉东部早期驯化牛的最大激励因素在于对"可预期资源(predictable access to resources)"的渴望。换句话说,当生活环境的湿润程度使得牛不需完全依赖人类照料,而又不能完全脱离人类照料时,人们会转而选择放牧,根据环境状况不断向资源丰富的地区迁移。这个猜想非常有趣,因为它将我们在近东看到的事件的发生顺序倒转了过来。在撒哈拉非洲,牛的饲养和陶器制作似乎早于植物的驯化。在动物驯化的早期阶段,人们过的是流动生活而非定居生活。

现在,这些假设仍然存在争议,许多考古学家对此表示高度怀疑,他们认为驯化牛到公元前6000—前5000年才出现。人们普遍认为那时候西南亚的绵羊和山羊已经进入了埃及和苏丹(MacDonald 2000; Gifford-Gonzalez 2000)。例如,在苏丹的卡迪罗,大约公元前5000年同时出现了驯化的牛、绵羊和山羊。而且,在纳布塔普拉亚西北方向约400千米处埃及西部沙漠的达赫莱绿洲,直到公元前5000年左右,经过了一个漫长的年代序列之后才出现了牛和陶器(MacDonald 1998)。正如安德鲁·谢拉特(Andrew Sherratt 1995: 11)指出的:

> 例如,尽管有人仍然坚持认为,在公元前7千纪的撒哈拉,牛完全是独立开始驯化的,与同时代的黎凡特没有什么关系,但如果这是真的,该是多么大的巧合!

我们可以得出这样的结论,大约公元前5000年,在北非特别是苏丹,肯定出现了饲养山羊的社群。这些社群可能更早时候就在撒哈拉东部地区开展了牛的管理,并种植野生谷物,最初的粟可能只是用作牲畜的饲料(Wetterstrom 1998)。实际上,正如我们后来看到的，尼罗-撒哈拉语系的语言学重构结果，极有可能证实全新世早期存在撒哈拉牛的饲养和某种形式的管理。此外，格雷厄姆·巴克（Graeme Barker 2003）认为，全新世早期撒哈拉中部可能出现了巴巴里绵羊的驯养。这将很快变成一个引人关注的话题。

撒哈拉以南非洲地区农业的发展与传播

考古学界普遍认可这样一种观点：公元前3000年以后，由于日益干旱，环境恶化，撒哈拉和苏丹的牧民被迫向南迁徙（McIntosh and McIntosh 1988；McIntosh 1994；Casey 1998，2000）。至公元前2500年，可能来自苏丹的驯化牛、绵羊和山羊已经向南扩散到了肯尼亚北部的图尔卡纳湖。在此之前，采采蝇疾病传播区可能因为干旱向南有所收缩（图5.3）（Gifford-Gonzalez 1998，2000）。这些人群在畜牧的同时也进行狩猎和采集，还会制造陶器，但似乎并未种植作物。牛随着班图人在采采蝇疫区扩散开来的时间则要晚得多，最早出现于公元1千纪早期南纬10°以内的地区。戴安娜·吉福德-冈萨雷斯（Diane Gifford-Gonzalez）指出，主要是因为非洲中部的许多牛科疾病，包括牛瘟、锥体虫病（由舌蝇携带）和源于牛羚的恶性卡他热，造成了传播过程如此迟缓。

在撒哈拉西部，利用牛的证据比尼罗河流域和苏丹要晚，通常在公元前3000年以后（图5.3）。至公元前2000年，象牙海岸和加纳的金坦波文化人群开始放牧绵羊、山羊，可能还有牛。金坦波文化与石器时代晚期文化相比发生了显著变化，密集分布的抹灰篱笆房屋组成村落，出土陶器（包括动物和人的塑像）、磨制石器（斧、尖状器、臂环），还有证据表明存在广泛的交换网络（Anquandah 1993；Stahl 1994：76；Casey 2000；D'Andrea and Casey 2002）。安·斯达尔（Ann Stahl 1993：268）认为，金坦波陶器分布范围很大，特征类似，特别是篦纹流行，这种纹样在当时的尼日尔北部也十分常见(Roset 1987；Barich 1997)。

在加纳北部的比里米发现的考古证据表明，金坦波人在公元前2千纪早期已在种植驯化的珍珠粟，更靠北的毛里塔尼亚的达尔提希特等同时代遗址也是如此(D'Andrea et al. 2001；Neumann 1999；Klee and Zach 1999)。金坦波人还利用油棕榈和橄榄属坚果，就像同时期东部的喀麦隆沙姆拉卡岩厦陶器遗址人群一样(De Maret 1996；Lavachery 2001)。因此，金坦波及同时期其他遗址证明，至公元前1500年，在雨林以北的热带稀树草原地区，驯化珍珠粟的种植已经非常普遍，同时还流行牧羊。

非洲中部和南部农业的出现

公元前1500年之前，整个非洲大陆的南半部分，包括雨林地带，可能还有赤道以南全部地区，仍然保持着狩猎采集经济模式。到公元前1500年，迎来了农业传播的爆发，这是世界史前史上最震撼最广泛的农业扩散事件之一。这场传播伴随着班图语系的扩散，从起源地(可能在喀麦隆)出发，绕过雨林(有一部分人穿过雨林)，然后沿着撒哈拉以南非洲的东缘南下，直到遇到卡拉哈里沙漠和地中海气候(冬季降雨)的海角地带才停止。

到17世纪，农业向南已经传播至南非的大鱼河流域，当时该地区被讲科萨语(属于班图语系)的人所占据。从维多利亚湖往南至纳塔尔，这次传播在不到一千年的时间里推进了3 500多千米。这是有史以来农业文化群传播速度最快的案例之一，应当与铁器的使用密切相关(Ehret 1998)。我们稍后再讨论班图语系及其传播，这里首先列出陶器时代的农人和铁器时代的农人东进和南进的考古证据。

幸运的是，大家对这次农业传播的整体年代和文化背景有着一致的认识，特别是关于非洲东部，尽管对于其内部结构、“流派”数量、源头等问题还存在很大争议（Vansina 1995）。关于非洲西部，人们仍然不清楚雨林中的农业是如何开始的，陶器和可能存在的农业文化在这里出现的时间似乎要晚于金坦波，到了公元前500年左右才开始见于刚果盆地的因邦加地层（Eggert 1993，1996；Mercader et al. 2000）。但在东非，情况要明朗得多。大卫・菲利普森（David Phillipson 1993）将东非所有早期陶器类型纳入了他命名的“支方巴斯（Chifumbaze）文化”中，该文化开始于公元前1千纪中晚期的维多利亚湖地区西部（图5.4）。

根据陶器刻划纹和压印纹的地区分布状况，支方巴斯陶器被划分为几个区域类型。维多利亚湖边的乌利维似乎是最古老的类型（大约公元前500—前200年），之后是肯尼亚的夸莱、马拉维和赞比亚的恩科比、莫桑比克的马托拉（公元1世纪），再往后是公元1千纪中期南非早期铁器时代的相关陶器。大卫・菲利普森认为农业传播主要爆发期的时间跨度可能比之前所说的千年还要短，仅集中在几个世纪而已（David Phillipson 1993：190，2003；Maggs 1996）。

107
108

这次农业传播背后的经济方式，至少在它的形成阶段，包含了东非所有主要的驯化动植物，有牛、绵羊、山羊、鸡、高粱、珍珠粟和龙爪粟。虽然尚无证据证明它们在最早期的乌里维阶段已经存在，但菲利普森（Phillipson 1993：188，2003）认为答案应该是肯定的。冶铁的证据普遍存在，并且意义重大，因为铁器能够使人们迅速地清除林地，开展农业活动。而且，到了公元前1千纪中期，肯尼亚沿海地区纳入了横跨印度洋至西南亚和印度的贸易网（Chami and Msemwa 1997），这可能对东南亚作物诸如香蕉、芋头和大甘薯进入非洲发挥了不小的作用。这些农业人群的日常居住

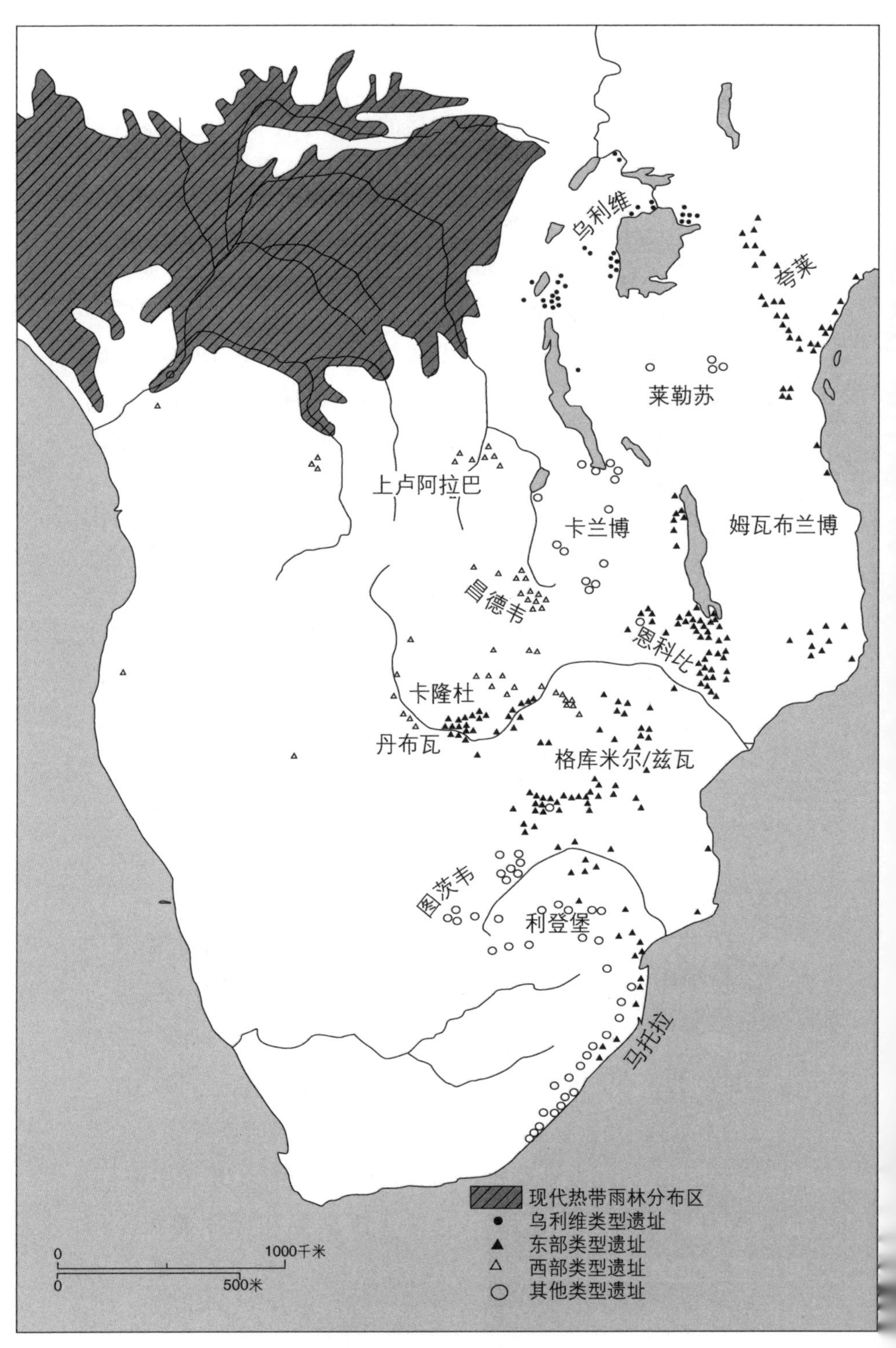

图 5.4　非洲东南部的支方巴斯文化遗址

（图片来自 Phillipson 1993）

方式无疑是村落式的，特别是在海岸地区，但在南部更干燥的内陆，人们的生活流动性更高，带有浓厚的放牧色彩。总之，整个“支方巴斯文化群”呈现出的面貌是具有高度一致性的“农牧业综合体”，尽管有人非常想将内陆的本土石器时代文化传统（例如赞比亚的恩科比传统）也纳入其中。

关于传播的方向，争议要大得多。大卫·菲利普森主张传播主要是沿着非洲东部进行的，并且“支方巴斯文化群”在西非和东非呈现出不同的“面貌”。克里斯托弗·埃雷特（Christopher Ehret 1998）的复原主要基于语言学证据，他的观点与菲利普森相似。另一方面，托马斯·霍夫曼基本认同菲利普森关于“支方巴斯文化群”的观点，但他更重视公元100年以后“卡隆杜传统”从刚果河下游和安哥拉开始的二次传播（Huffman 1989a，1989b；Herbert and Huffman 1993；Huffman and Herbert 1996）。詹姆斯·丹博（James Denbow 1990）同样强调了这个西部传统，但他使用的术语是“西部支流”而不是“卡隆杜传统”。根据这些学者的观点，这股西部支流在非洲东南部与从坦桑尼亚传播至东非的“支方巴斯文化群”中的夸莱文化和恩科比文化相遇并融合。

有一种假说认为，讲班图语的南非农人有两个独立的起源，分别来自非洲大陆的两侧。该假说与当前东部和西部班图语使用者的分布情况并不十分吻合（第十章）。正如霍夫曼和丹博所说，目前非洲东南部并不存在西部班图语，所以只能推测它们可能已经被现在的东部班图语所取代。这一领域中的未知数真是很多。[3]

至公元500年，东非的农业人群扩散到了纳塔尔，这是夏季降雨带的极限，直至1652年范里贝克（van Riebeeck）将荷兰国旗插在开普敦时，农业依然没有突破这一限制。虽然在南部和西部，卡拉哈里沙漠的边缘在2 000年前、非洲西南沿海地区在1 600年前已先后出现了陶器技术和绵羊牧养，但是这里仍然没有农业。陶器技术的引进显然发生在定居农人到达这个纬度的几个世纪之前，而且，毫无疑问，这种传播反映了非洲南部土著科伊桑人的主动获取，有可能是通过与安哥拉或赞比亚南部的牧人之间的交流得来的(Sadr 1998; Bousman 1998)。这些陶器通常为尖底，与“支方巴斯文化群”无关(Smith 1990; Maggs and Whitelaw 1991; Sealy and Yates 1994)。非洲西南部的土著狩猎采集者科伊桑人采用了制陶术和牧羊业，此后直到殖民时期，他们一直保持着对这片土地的控制权，这是因为这里恰巧是夏季降雨带的南界，阻碍了农业人群的侵入。如果非洲南部在降雨分布上完全是季风性的，那么最后结果无疑会大有不同。

109/110

现在，让我们来回顾一下非洲大陆史前农业的萌芽过程：

1. 公元前8000年时，随着气候条件的改善，野生谷物收割(也许还有种植)以及陶器技术传统在撒哈拉和尼罗河流域的很多地方流行开来。同一时间，在撒哈拉东部，某种形式的牛群管理也发展起来。

2. 大约公元前5500年时，新月沃地的农牧经济被引入埃及，这可能导致了非洲牧牛人和黎凡特移民的种族融合。当时，绵羊和山羊(也许还有西亚的牛)通过埃及，可能还有阿拉伯半岛或也门以及非洲之角(The Horn of Africa)，被引入了北非的其他地区，例如红海山地。

3. 随着撒哈拉日益干旱，牧民开始向南迁移，这引发了公元前2000年荒漠草原和热带稀树草原地区珍珠粟的驯化。公元前2500年左右，牧民还从苏丹迁移到了赤道附近的东非地区。尚不清楚新月沃地的作物抵达埃塞俄比亚高原地区的时间，但很可能早于公元前500年。

4. 公元前1000年以后，带着一定水平的铁器技术，班图语农业人群开始从维多利亚湖一带迁徙到东非，他们最终扩散到非洲南部的大部分地区。其他班图语人群则往南扩散，穿越雨林到达了安哥拉。这些扩散导致了南非的土著科伊桑人在约 2 000 年前学会了牧羊。

当然，上述所有结论均建立在考古学证据的基础之上。语言学证据为较晚近的活动提供了更多的细节，并且与上面推断的一系列事件的总体顺序高度一致。从考古学角度，我将以强调撒哈拉以南非洲的农业之路与埃及和黎凡特的差异作为本章的结尾。即使撒哈拉沙漠在全新世早期比今天更加温暖湿润，它仍然是一个巨大的障碍。在这里，无论是农人还是他们的动植物都不可能轻易扩散开来。而且，语言学证据显示，大致沿着撒哈拉的南缘，尼罗-撒哈拉语系人群（可能是早期的牧民）被一分为二，南方讲尼日尔-刚果语，北方讲亚非语。这一事实进一步佐证了本结论的正确性。

第六章　东亚农业起源

110
111

在东亚，农业起源研究的焦点区域集中在黄河和长江的中下游，还有它们之间的一些小流域，特别是淮河流域。像非洲中部和印度一样，这里的季风降雨催生了一系列的夏季驯化谷物，其中水稻已经进化为当今世界上最重要的粮食作物之一（图 6.1）。总的来说，当今中国中部平原的降雨量要高于西南亚，并且伴有强而稳定的季风，尽管由于纬度相似，两地的全年气温变化幅度相近（夏季炎热，冬季由凉爽到寒冷）。

总的来说，与西南亚相比，中国中部的农业历程所表现出的生产力更强，环境退化现象更少。因此，这里人口密度巨大，而且截至目前没有发现任何明显的新石器时代环境破坏的迹象。不过，这里也有长期干旱缺水的地区，特别是长江以北和东南（福建）沿海，以及台湾岛山地的背风面（图 6.2）。有趣的是，众所周知，福建和邻近的广东不仅新石器时代就是人口扩散的重要源头，而且直到最近几个世纪，仍然是南洋各地华侨的原乡。长江以北的干旱地区是中华文明的故乡，至少从 2 000 年前的汉代起，这里就一直是人口迁徙和军事扩张的主要策源地（La Polla 2001）。

中国的早期农业似乎与西南亚一样具有革命性，其发展同样兴起于全新世早期。在黄河中游，大多数新石器时代早期遗址都位于肥沃的风成黄土冲积台地上；这些台地形成于亚洲内陆更新世时期的冰川活动，是种植旱地粟类作物的绝佳地带。长江中游的遗址往往靠近河湖漫滩，那里是理想的水稻种植地带。但是，直到大

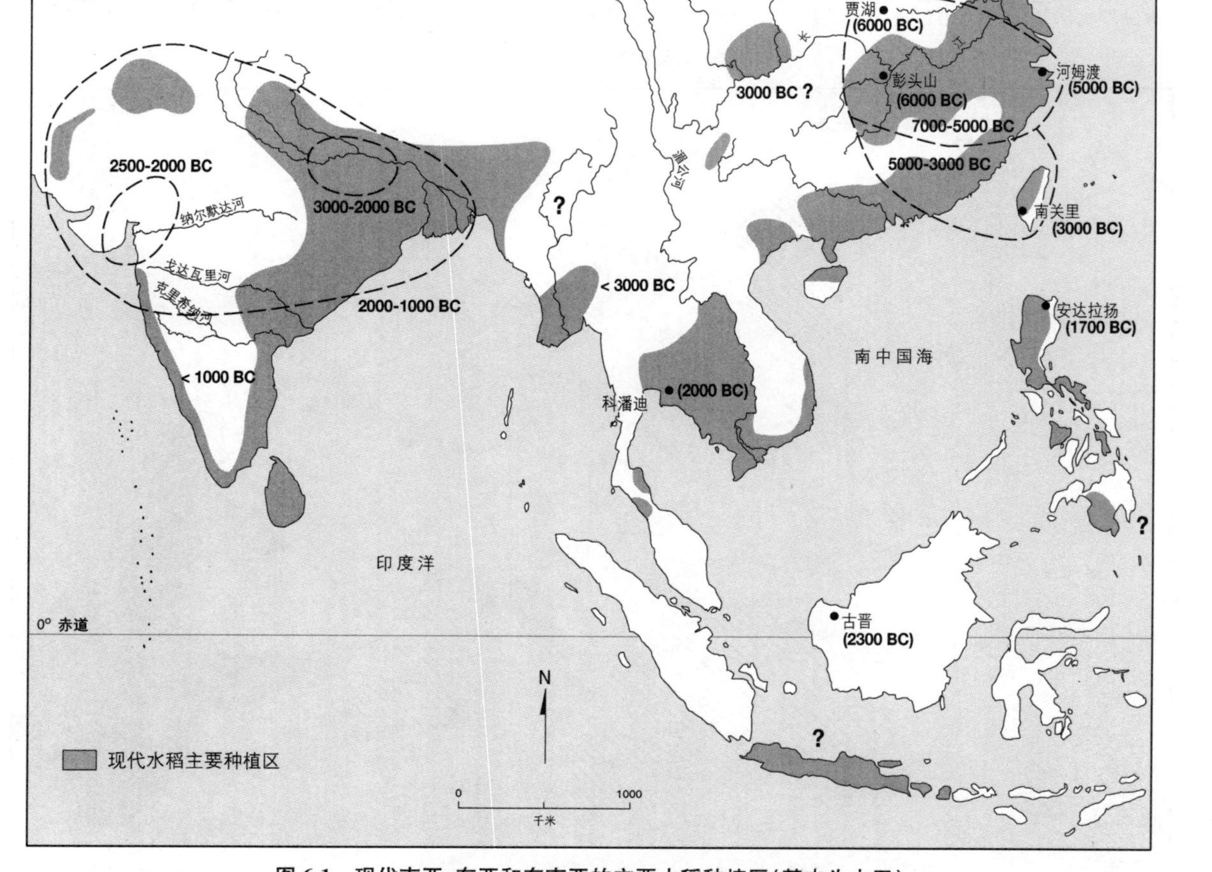

图 6.1　现代南亚、东亚和东南亚的主要水稻种植区(基本为水田)

(请注意,在亚洲大陆,密集的水稻种植往往与较湿润的气候有关[图 6.2],但岛屿东南亚的情况并非如此,那里赤道一带过于湿润的环境不利于水稻的种植。图中标出了出土水稻的主要新石器时代遗址的年代,以及驯化稻扩散的年表。现代水稻分布的资料来自 Huke 1982b)

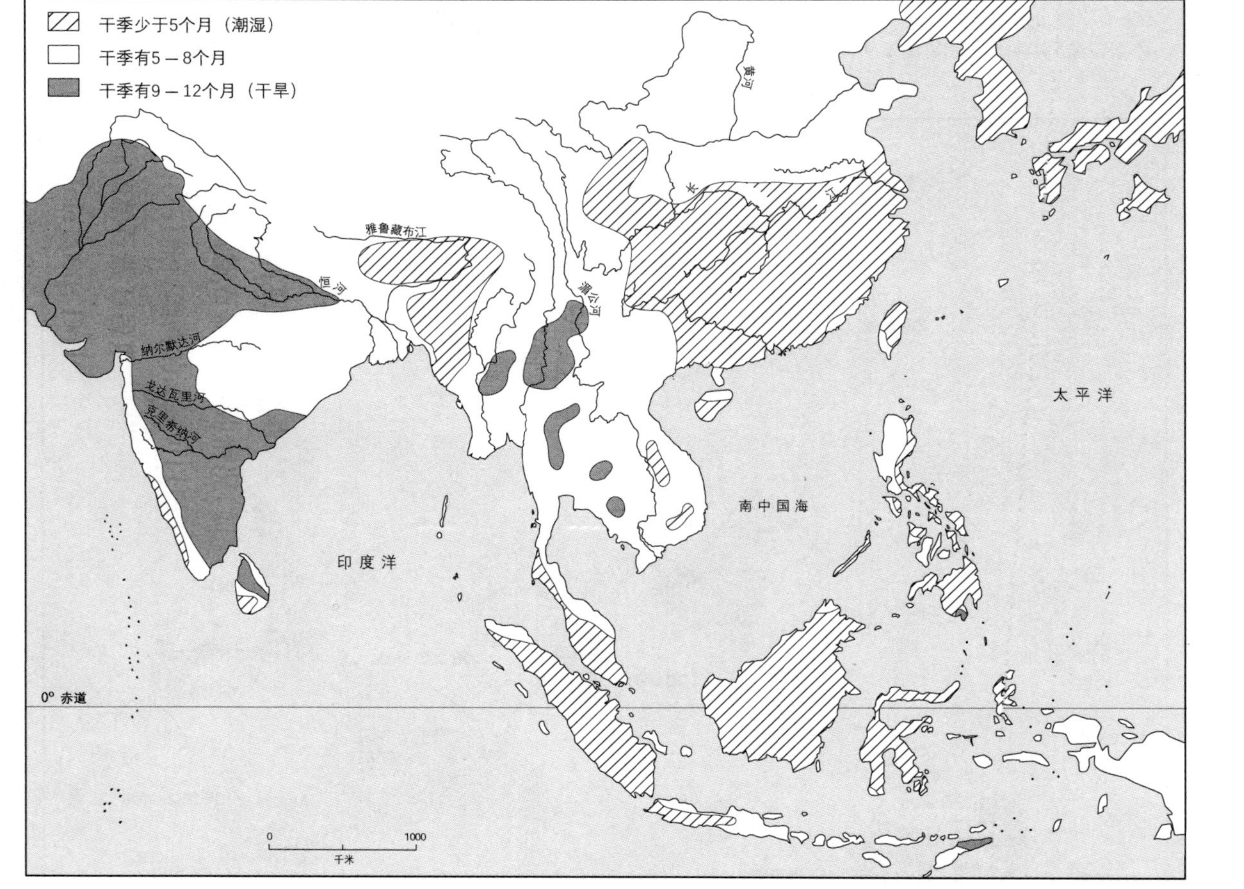

图 6.2　南亚、东亚和东南亚的干季差别

（干旱程度分为低、中、高三个等级。就此而言，印度次大陆是最干旱的地区，大陆东南亚和中国北方中等，岛屿东南亚和中国南方则是最湿润的地区。干季资料来自 Huke 1982a）

113
114

约公元前7000年才出现了面积达数公顷的农业村落，在此之前很少有考古遗址已经过渡到农耕阶段。此外，东亚地区的过渡有一个方面与西南亚不同，就是陶器出现的时间远在农业真正出现之前（苏丹境内尼罗河沿岸以及撒哈拉部分地区也是如此）。目前，有报道称，在中国和日本的许多遗址中都出现了晚更新世时期与细石叶工业共存的陶片（Underhill 1997；Yasud ed 2002；Keally 2003）。其中一些遗址出土的早期陶器据说最早可追溯到公元前9000年至12000年，例如九州的福井洞（日本南部）、江西省的仙人洞和吊桶环、广西的甑皮岩等洞穴遗址，以及河北省的虎头梁和南庄头等旷野遗址（图6.3）。

这些早期陶器可能反映存在一种烹饪方式，这种方式越来越注重整粒烹煮粟米和稻米。所烹煮的粟和稻最初是野生的，在冰后期气候转暖背景下，逐渐成为驯化品种。中国的粒食与西南亚的粉食方式大致是同期的，判断依据是在中国旧石器时代晚期和新石器时代早期的遗址中发现了大量的研磨石器（Taketsugu 1991；Lu 1998a）。许多年代很早且保存完好的新石器时代村落中也有家畜的骨骼（狗、猪和鸡），尽管并不清楚它们最初驯化的年代。但显而易见，中国东北最古老的新石器时代遗址中没有猪（Jing and Flad 2002；Nelson 1995）。

在北方，东亚的早期陶器常常与独特的船形或舌形石核打制的细石叶工业有关，形成了两个独立且截然不同的发展路线。一个在日本，另一个在中国的黄河流域和长江流域，相关发现非常丰富。考古资料表明，日本绳文文化时期，尽管也存在一些小规模的农业活动，但主要是延续了狩猎采集经济，陶器的出现则在万年以上。在这种情况下，富裕的觅食者明显不愿意真正采用谷物农业，尽管公元前7000年之后的中国和公元前3500年的韩国都显著出现了农耕现象。日本绳文文化时期，利用海洋资源以及收获坚果

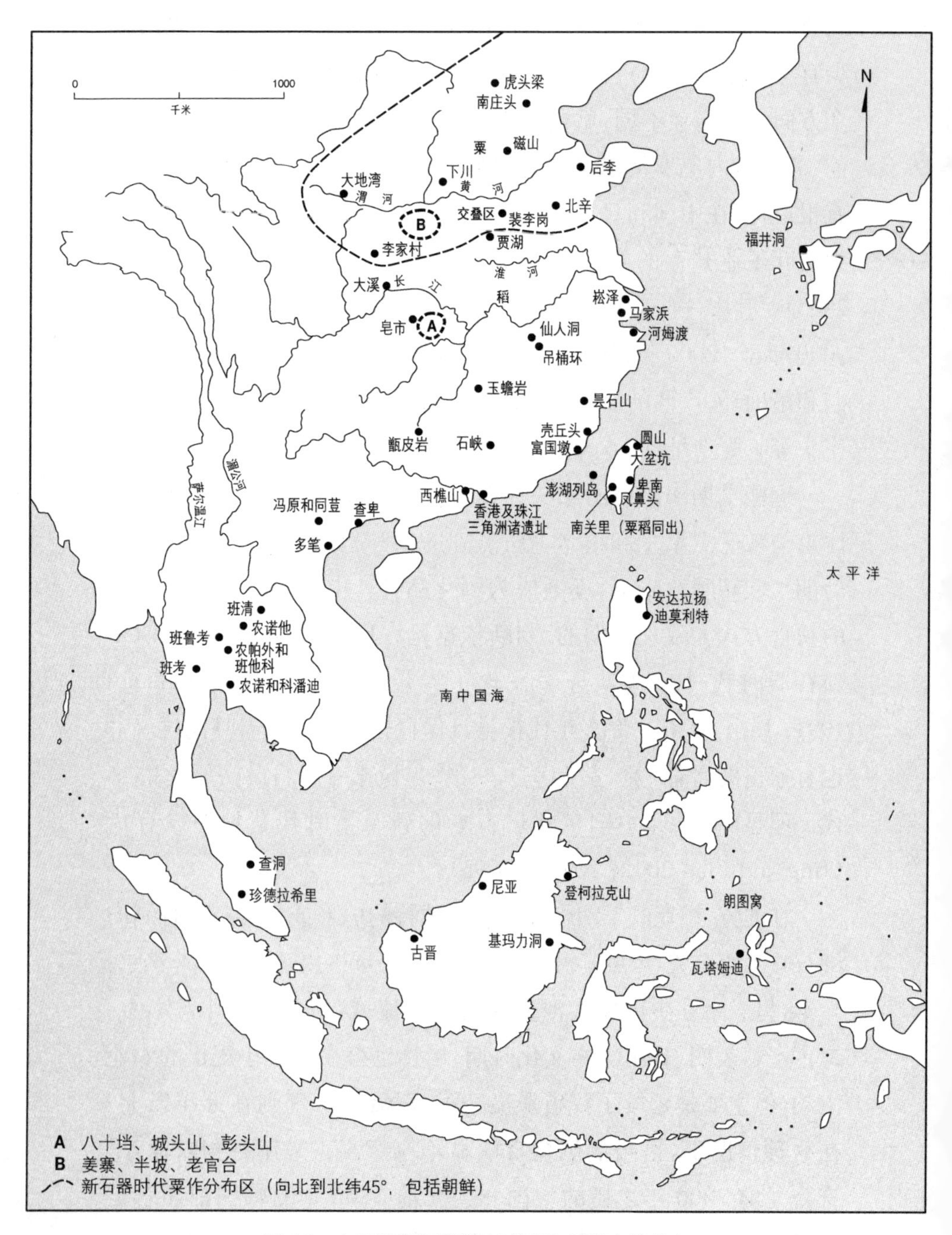

图 6.3 东亚早期陶器遗址以及粟、稻遗存的分布

与块茎植物普遍都很成功，虽然肯定存在谷物农业，但确实无关紧要（Hudson 2003）。[1]日本的这种情况一直持续到公元前 1000 年左右，也就是弥生时期农人从朝鲜半岛入侵（约公元前 500 年）之前不久，在绳文时代晚期资料中，越来越多地出现了种植水稻的迹象（Hudson 1999）。

与长江流域相比，黄河流域的情况则完全不同，这里出现的早期陶器和细石叶显然是公元前 7000 年发展起来的真正新石器时代文化的祖先。山西下川的更新世晚期遗址群出土的一些细石叶，刃部甚至还有光泽，尽管目前尚不清楚这些工具是否和西南亚新石器时代的燧石镰刀一样用于收割谷物（Lu 1998a）。即便如此，在中国中部，无论是黄河流域还是长江流域，一些新石器时代早期遗址中都有少量细石叶继续出现。它们在黄河沿岸一些地区非常普遍，表明从旧石器时代晚期到新石器时代存在技术上的连续性，尽管在一些主要种植粟类作物的早期村落中没有发现细石叶。如果它们的确是收割刀具，那么这个功能在许多新石器时代聚落中已经被磨制石刀、蚌刀、陶刀或骨刀所取代。在长江流域的南部，细石叶则非常少见，数量少于砾石石器。在遥远的华南和东南亚，也就是广东省的西樵山和沙巴州的仙本那，细石叶出现的年代较晚，当前无法确定它们是否和北方的细石叶有关。

114/115

115/116

尽管中国南方多年以来一直被认为是驯化水稻的故乡，但除了黄河、淮河和长江流域的中部之外，中国其他地区并没有发现原始农业发展的证据（T. T. Chang. 1976）。直到可以利用现代考古学和古气候学的资料发掘长江流域的深层意义之前，情况都是如此（Glover and Higham. 1996；Lu et al. 2002）。中国南方的石灰岩洞穴中存在与砾石工具相关的全新世早期农业，这种说法至今还无法令人信服。目前的证据表明，水稻种植是在大约公元前 4500 年传入广西的(据香港中文大学吕烈丹教授意见,个人交流)。

然而,新的研究表明,长江流域以南地区的某些重要考古遗存可能尚未发现。在长江以南大约 150 千米,江西省东北部的仙人洞和吊桶环遗址,约公元前 11000 年的地层中出土了野生稻的植硅体。它们在更新世末期出现,在接下来的新仙女木寒冷期消失,后来稻属植硅体又再次出现,据说已经部分驯化,年代在公元前 9000 年到公元前 8000 年(图 6.4)(Zhao 1998; Lu et al. 2002)。新仙女木时期稻属植硅体的缺失可能是因为这里正处于野生稻分布区的北缘。对于野生稻向驯化稻的转变来说,这个情况可能是至关重要的,尤其是如果这种转变反映出食物资源供应因气候变化发生了快速波动的话(Yan 1992, 2002; Bettinger et al. 1994; Bellowood 1996b; Cohen 1998)。

116/117

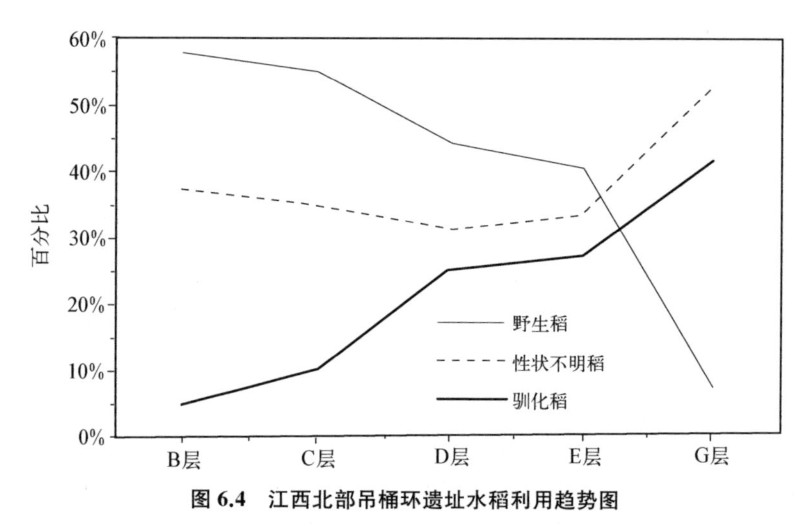

图 6.4 江西北部吊桶环遗址水稻利用趋势图

(基于赵志军对稻属植硅体的分析。G 层的年代约为公元前 1000 年,E 层约为公元前 8000 年到前 9000 年,D 层约为公元前 7000 年,C 层约为公元前 6000 年。引自 Zhao 1998)

江西这两个洞穴中的居民使用圜底绳纹陶器,不带三足或圈足,时间可能早到公元前 9000 年。[2] 这里还发现了猪和鸡的残骸,它们很有可能是来自吊桶环偏下地层的野生种群，但是后来受到了驯化。大约在公元前 7000 年时出现了磨制石斧和箭头。在仙人洞遗址的西南方向，湖南省的玉蟾岩洞穴遗址也发现了公元前 8000 年前的水稻遗存和陶器(Chen 1999)。但是，除了这些洞穴遗址的考古发现，关于中国向农业过渡阶段的真凭实据仍然很少。

距离黄河和长江流域遥远的北方，东北地区(尤其是辽宁和吉林)有着丰富的农业景观。这里是中国清朝统治者的故乡(清朝，1644—1911 年)，并且在第十章关于阿尔泰语系起源的讨论中占据重要地位。这里很少有关于早期农业的植物考古资料，但是吉迪·谢拉赫(Gideon Shelach 2000)坚持认为东北地区的作物种植是独立发展的。我个人的观点是，公元前 6000 年之前，在黄河流域和东北地区，粟类种植出现了同时且相联系的发展，而东北新石器时代早期文化(兴隆洼文化，约公元前 6200—前 5400 年)与同时期中国中部的文化风格大不相同。这里的土著狩猎采集者很可能在农业分布范围的最北缘采纳了农业，就像欧洲和日本北部一样(Nelson 1995; Hudson 1999)。该地区也是朝鲜半岛最早农人的原乡，公元前 3500 年之前，他们在栉纹陶(Chulmun Pottery)阶段之初带着粟类作物到达了朝鲜。而水稻在此之后也到达了朝鲜半岛，可能是从中国东部通过海路传播过去的(Bale 2001; Crawford and Lee 2003)。

环境因素与中国的作物驯化过程

黄河和长江流域都存在中国最早的真正新石器性质的村落，农业证据确凿，年代大约在公元前 7000 年或前 6500 年。那时的气候与现在相似，冰后期的海平面低于现在约 10 米。在公元前 6000 年到公元前 2000 年，海平面高度曾超过现代，达到峰值后再次下降。动物的分布和花粉的研究表明，黄河和长江流域的年平均气温上升到了略高于现在的水平，夏季的季风降雨量也有所增加(Zhang and Wang 1998; Lu 1998a)。

最古老的农业遗址出现在全新世中期野生稻分布区与野生粟分布区的重叠地带，从长江向北穿过淮河，一直延伸到黄河流域(图 6.3)。普通野生稻是驯化稻的祖先，在全新世中期气候最适宜的时候，生长范围最北达到淮河流域。不过，由于黄河流域的冬天过于寒冷干旱，水稻无法生长。在黄河及其支流形成的黄土地上，有两种最重要的野生谷物是驯化粟类的祖先，即粟和黍，后者虽不重要但更耐旱。在东欧和欧亚西部草原新石器时代文化中也普遍发现有粟和黍，但尚不清楚它们与中国作物的关系。中国北方似乎是最早种植这些作物的地方，大约开始于公元前 6500 年。

117/118

目前尚不清楚这些作物到底是如何在一年一度的轮作中驯化和种植的，但很可能是下面这种情况。和西南亚一样，在新仙女木事件期间或其后不久，一定已经发展出了用来维持和增加谷物产量的复种做法，尤其是在粮食供应波动剧烈的“分布边缘”地区。如果在远离野生品种分布范围的新土地上种植作物，正如对西南亚的推测一样，那么天然不落粒谷物在作物中所占的比例就会逐年增加，尤其是如果有些穗在收获的时候部分成熟，而且收割方式是用刀/镰切割，或者连根拔起的话。对这种发展趋势有帮助的是，野生粟类通常经过长达四个月的漫长时间才会成熟，这样一来，很多植株收割时可能包含了一些已经成熟的谷粒，其中有些属于不落粒基因型(Lu 1998b; 2002)。在这种情况下，不难想象强大的选择性压力将会发挥作用。

作物种植和种子优选一旦开始，整个系统就会像滚雪球一样无法回头，不落粒种子很快占据统治地位，颖壳的韧度则会因冬季储存而降低，种子的成熟期趋向一致，所有这些正如在黎凡特发生的一样。事实上,没有证据表明中国谷物的驯化过程与黎凡特不同。甚至连新仙女木事件在诱发种植意愿上都可能发挥了相同的作用,虽然目前仍然没有发现确凿的证据。

如第三章所述,上述场景的一个问题是,快速选择不落粒的种子需要使用镰或刀,或者连根拔起。在以长江流域为中心的稻作区,在农业出现之前,我们没有发现任何可能使用了收割刀具的案例,除非可以把少量细石叶的发现归入其中。在稻作最古老的新石器时代聚落(彭头山、河姆渡第 4 层),这类工具也十分罕见,所以这里的变化过程很不清楚。水稻植株很有可能是被连根拔起的,在河姆渡遗址一个厚达一米的地层中有大量的水稻秸秆和叶片,表明可能确实发生过这种情况。不论答案是什么,水稻似乎首先是在其分布范围的北缘被驯化的,即长江和淮河流域的中游地区。如上文所提到的,这表明,水稻之所以被驯化,并不是因为稻米比粗硬的粟类谷物更为可口,由环境变化引起的食物供应波动本身可能发挥了更为重要的作用。粮食驯化过程实际上可能始于水稻,后来才扩散到了粟类作物,但这一点尚无法得到确切的证明。我个人的观点是,水稻驯化可能先于粟类,随着农业人口向北迁移,稻作对于粟类的驯化甚至还发挥了刺激作用(Bellwood 1995)。

118
119

另一个不确定的领域是水稻品种的变异。张文绪(Zhang Wenxu 2002)曾经提出一个问题,长江一带最早的栽培稻到底是不是粳稻(短粒)和籼稻(长粒)这两个现代水稻品种的祖先?佐藤洋一郎(Yo-Ichiro Sato 1999)也曾发问,它们是否只是粳稻的祖先,而籼稻是在南方某处(可能是在印度东北部或者泰国)单独驯化的?或者如张居中和王象坤(Zhang and Wang 1998)所说,粳稻是在淮河一带被驯化的,而籼稻是在长江一带被驯化的。对此人们提出了许多可能性。[3]这个问题很重要,因为它能促使人们思考亚洲驯化稻有多个发源地的可能。印度东北部的籼稻是本地驯化而成这种考古发现的可能性是存在的,但这并不意味着它的驯化过程完全独立于粳稻在中国的驯化。就目前的年表来看,水稻在印度或东南亚大陆的驯化似乎不可能是完全独立进行的,但这并不意味着长江流域以外从未驯化过其他野生稻。

中国早期农业考古

稻和粟是在同一个文化体系中驯化的,还是在不同文化体系中分别驯化的?这是个重要问题。公元前7000年后不久,位于河南境内淮河流域的裴李岗文化贾湖遗址就出现了大量的水稻,而文化遗存特征属于黄河流域传统的粟作文化(Zhang and Wang 1998; Lu 1998a; Chen 1999)。因此,这两类谷物的分布区域出现了明显的重叠。这一模式从侧面证明了中国有两个完全独立的农业起源地。但是,似乎更有可能存在一个单一的起源中心,尽管这个中心大而分散(Cohen 2003)。

现在我们将目光转向新石器时代早期的考古资料,非汉语读者是幸运的,因为已故的张光直先生1986年的著作《中国古代考古学》对此做了精辟的总结,而且描述非常详尽,尽管现在有点过时。在这本书的最早两版(1963年版和1968年版)中,张先生提出了他的观点,即中国东部和南部的新石器文化是"龙山形成期"文化从仰韶或龙山新石器时代农业核心区扩散的结果,该核心区位于华北平原(也就是中原),处在黄河、渭河和汾河的交汇地带,这里的遗址出土了最早的粟。在发现长江流域早期稻作遗址之前,中原文化被认为是中国所有新石器文化的源头,而龙山形成期被认为与农业人群的二次扩散有关,他们带着稻作技术、石锛、收割刀具和一套独特的陶器(包括三足陶器),往南最远到达了广东地区。

119/120

在张光直先生这部著作第三版面世的时候(1977 年),考古学正在进入一个反传播论和反历史文化方法的阶段。张先生这时把龙山形成期更多地看作是文化之间相互交流的结果,而非从中心地带向外文化传播或者人口扩散的结果。在该书最后一版,也就是第四版(1986 版)中,他坚持了这一观点,认为龙山形成期只是公元前 4 千纪时中国东部和南部的新石器时代晚期文化之间的融合现象。然而,有趣的是,张光直 1996 年的一篇文章表明,由于在长江流域新发现了早期水稻,张先生在 2001 年去世前基本上又回到了自己最初的观点。依据是,他提出中国南方和台湾岛的新石器文化可能起源于长江流域,并且是人口扩散带来的(Chang and Goodenough 1996)。到这时候,有一个观念正在迅速地被更多人所接受,即中国中部是一个粟、稻并存的早期农业大区域,而并非像以前认为的粟作的黄河流域(仰韶文化分布区)是唯一的农业起源地。

首先我必须声明,我认为张光直 20 世纪 60 年代的解释基本是正确的,即使当时尚不清楚长江流域早期水稻的具体情况。我想我们在 20 世纪 90 年代晚期的观点也是一致的,我在访问台北期间曾与他有过多次交谈,交流的内容与我对南岛语族起源的研究有关。新石器时代晚期的中国之所以在约公元前 3500 年时变成了一个如此和谐的文化交流俱乐部,是因为在新石器时代开始的时候,可能在公元前 6500 年或更早的时候,相关诸文化已经在文化和历史方面紧密相连,可能还拥有共同的最初起源地。这并不是说中国的新石器时代文化是从一个小型血缘社会演变而来的,但这的确意味着它是在一个以高度交流和互动为特征的区域内进化而来的,这里可能集中存在着一批语言密切相关的族群。

黄河和长江流域新石器时代早期的考古资料

黄河流域的考古资料表明，最早的新石器遗址出现在公元前6500年前后，华北平原的西部边界是太行山，遗址群沿着太行山东侧山麓的丘陵分布。其他遗址可能位于山东丘陵周边地区，当时的山东丘陵还是一个岛屿，也有可能是通过沼泽和湿地与陆地相连。当时年平均气温比现在高2—4℃，夏季植物生长季节的降雨量可能比现在略多。在水分充足的时候，黄河流域的黄土地可以支持永久性的农业。黄土还有自肥的特性，可以通过毛细作用自下而上汲取矿物质养分。在这样的环境下，根据何炳棣（Ho 1975）的观点，在相当长的时间内，粟作农业每平方千米最少可以养活400人。

黄河流域最早的新石器时代遗址形成了一个文化统一体，可以分为四支考古学文化。其中两支大一些的考古学文化分别集中在磁山遗址和裴李岗遗址周围（图6.3），另外两支小一些的考古学文化分别位于渭河流域和汉江上游。还有一些与其相关但年代稍晚的遗址，分布范围西至甘肃东部（大地湾文化），东至山东地区（后李文化和北辛文化）。磁山和裴李岗一带是核心区，所有遗址的年代都在公元前6500年到前5000年之间。遗址面积通常在1—2公顷，而且分布很密集。例如，根据刘莉的研究（Li Liu 1996：267），在河南中部的一块17×20千米的区域内有54个裴李岗文化遗址，面积都不超过6公顷。房屋为圆形或方形的半地穴式建筑，有不少窖穴。磁山遗址发现了300多个窖穴，其中80个窖穴出土了粟的遗存。据估计，粟的总储量大约为10万公斤（Yan 1992）。还有磨制石斧、锯齿状石镰或收割用的蚌刀，以及石磨棒和带四个矮足的石磨盘，这些遗物都证明了农业经济的存在。同时人们还饲养猪、狗和鸡，并且采集大量的坚果（核桃、榛子和朴树籽）。有些遗址发现墓地，系仰

120/121

身直肢葬，墓地规模表明当时人口很多，并且集中分布。

这些北方文化的陶器极其相似，纹饰包括简朴的绳纹、篦纹、指捺纹和刻划纹（有些甚至有彩绘），通常带三足或底座。尽管这些遗址所在的广大区域内存在细微的文化差异，但考虑到纹饰的整体统一性，不难想象这些文化的来源是一致的，它们的年代非常接近，后来黄河流域所有的文化都起源于此。

文化区南部的一些遗址，例如汉江上游的李家村类型，经常出现少量的稻类和粟类遗存（Wu 1996）。河南的贾湖遗址位于淮河流域，这里的物质遗存非常接近裴李岗文化。正如我们已经提到的，该遗址的意义十分重大，因为这里的确存在以水稻为基础的经济。贾湖遗址的年代在公元前 7000 年到前 5800 年之间，面积可能有 5.5 公顷，拥有裴李岗文化风格的半地穴式房屋，以及一个墓地和陶窑。这里还有裴李岗文化风格的磨制石器工业，包括石斧、石镰和典型的裴李岗四足石磨盘。该遗址还发现了驯化的猪、狗和牛的证据，其他材料还包括绳纹陶器，有时候还有磨光红陶（上面有一些符号，可能是后来汉字的前身），胎体羼有稻谷，另外还发现了大量的稻壳、稻粒和植硅体（Zhang and Wang 1998；Li et al. 2003）。有些陶器与彭头山文化的陶器类似，彭头山是长江中游地区的一处稻作遗址，在下文中我们会再次提到它。贾湖遗址呈现出两个面相，一面北方，一面南方，这一点极其重要。这很好地反驳了一种观点，即稻和粟是由居住在不同环境而且完全没有交流的不同族群分别独立驯化的。

长江中游以南湖泊地带的最新发现彻底颠覆了我们对中国新石器时代的认识。彭头山遗址位于洞庭湖畔，面积 1 公顷，形成于公元前 7000 年左右，年代可能比黄河流域任何一个粟作遗址都要早一些，尽管现有年表还需要更加精确才能完全确定这一点（Hunan 1990；Yan 1991）。它的地层堆积厚达 3—4 米，发现有地面铺沙的

111/112
房址,以及夹稻壳的绳纹陶和磨光红陶,还有相当原始的石片石器。这里没有裴李岗类型的石镰和磨盘,不见磨盘可能是因为大米通常是在锅里烹煮并粒食的,并不需要磨成面粉(Fujimoto 1983)。

另一处稻作遗址八十垱位于彭头山以北约 25 千米,面积 3 公顷。这里的房屋有半地穴式和平地式的,甚至还有干栏式的,还发现一个海星形的土祭台和一条防御壕沟(Hunan 1996; Chen 1999; Yasuda 2000)。八十垱遗址也属于彭头山文化(公元前 7000 至 5500 年),据说出土了木铲以及其他名称不详的骨制、木制和竹制工具。陈星灿指出,八十垱类型的陶器也见于裴李岗文化和贾湖文化(Chen Xingcan 1999)。八十垱遗址还出土了可能已被驯化的猪、狗、鸡和牛的残骸,以及大量的水稻遗存(稻粒超过了 15 000 颗)。

据推测,在长江中游这些新石器时代早期遗址中发现的水稻生长在某种类型的沼泽地带,靠近河湖沿岸。这里还生长有菱角和莲藕,它们像水稻一样都是喜水植物。尽管在之前的新石器时代早期未见任何田地遗迹,但彭头山附近的城头山遗址和草鞋山遗址发现了小块稻田,年代大约在公元前 4500 到前 3000 年之间,这是迄今为止中国发现的最古老的稻田遗迹,证据确凿(He 1999)。

根据严文明(Yan Wenming 1992)的说法,中国已知的最早的稻作遗址大多位于长江中下游地区。这里肯定存在至少一处稻作起源地,也许还是唯一的一处。东亚农业的"中心地带"从长江流域延伸至黄河流域,囊括了处于稻粟农业中心地带的彭头山、裴李岗和贾湖遗址,并且导致了世界上近一半现代人口的祖先的扩散。

中国新石器时代晚期农业的发展(公元前 5000 年以后)

到公元前 5000 年的时候,黄河流域和长江流域广泛出现了新石器时代的聚落（在本书出版之时，中国考古学家们正准备发表关于长江下游新发现遗址的资料，这些遗址中发现了水稻种植和干栏式房屋，年代早于公元前6000年）。我们现在看到的文化关系是什么样的？中国新石器时代文化发源于同一地区的迹象是否依然明显？

图6.5显示了公元前5000年到前3000年之间中国新石器时代主要考古学文化的分布情况。这一时期北方最著名的文化就是仰韶文化，它是裴李岗文化的直系后裔。毫无疑问，它还是拥有四千年王朝历史的汉文化的主要直系祖先。仰韶文化遗址占据了黄河中游及其支流流域的大片区域，从河北向西一直延伸至甘肃。这些遗址的规模巨大，发掘过的主要聚落，例如半坡、姜寨和北首岭，面积达5—6公顷，比之前裴李岗文化遗址的平均面积要大得多。仰韶文化的具体内涵此处不再详述，但是聚落布局、墓地和陶窑都证实了这是一个拥有发达技术的复杂社会，甚至还可能存在阶级。仰韶人还有一套符号系统，通常刻画在器物的口沿，很有可能是殷商甲骨文（大约公元前1300年）的前身。

123/124

从仰韶文化分布区向东，我们进入了位于山东的大汶口文化分布区。该文化系统的早期阶段被称为后李文化和北辛文化（约公元前6000年到前4500年），其陶器形制与裴李岗文化密切相关，可认为是后者向东方的延伸。因此可以说，其后的大汶口文化（约公元前4500年到前2500年）与仰韶文化在源头上高度相似，都来自裴李岗文化。大汶口文化向西延伸到了河南中部，几乎到达了仰韶文化的东部边界（图6.5）。和仰韶文化一样，北辛文化和大汶口文化都是以粟而非稻作为经济基础的。大汶口文化的聚落面积庞大，有墓地，以及类似仰韶文化的复杂社会的迹象（Pearson 1981）。有趣的是，这些墓葬中有时会出现头骨变形和上侧门牙被拔除的现象，后者是南方一些新石器时代早期文化的特征，如长江下游的马家浜文化、福建的昙石山文化和台湾的卑南文化。大汶口文化的陶器没有拍印纹，主要是素面陶或红衣陶，典型器物是陶鬶，一些陶器常配有高底座，底座上有镂孔装饰。大汶口的陶器上也发现了一些符号，可能与仰韶人所使用的符号系统有关。

因此，大汶口文化系统实际上可以看作是内陆的黄河流域仰韶文化与沿海新石器文化之间的一种结合。大汶口文化沿着中国东部海岸南下，最远到达了广东和台湾。在公元前5千纪，这些沿海文化包括了长江三角洲的马家浜文化，浙江地区年代稍早一点的河姆渡文化。大溪文化及其前身（皂市下层/城背溪文化和汤家岗文化）位于长江中游地区。大约公元前3500年，在台湾岛和福建沿海地区兴起了大坌坑文化（图6.5）。

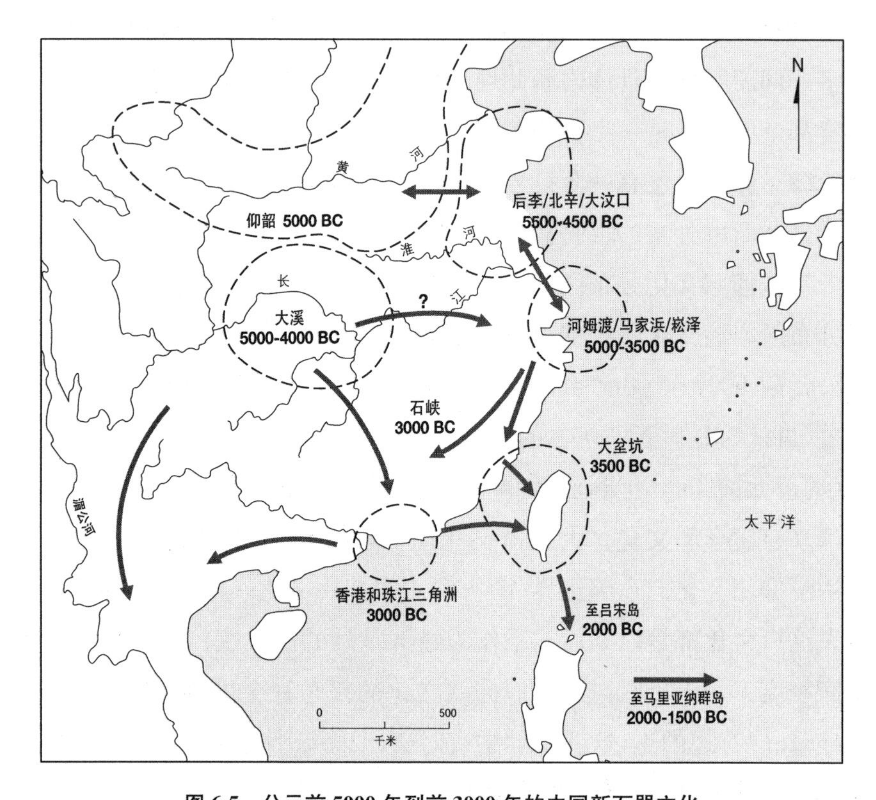

图6.5 公元前5000年到前3000年的中国新石器文化

（该图显示出早期文化交流和人口扩散的可能路线。部分根据 Chang 1986）

长江以南——河姆渡文化与马家浜文化

河姆渡文化位于杭州湾以南，是20世纪70年代中国最著名的考古发现之一。在彭头山遗址被发现之前，河姆渡是中国最早的稻作遗址，其历史至少可追溯到公元前5000年。河姆渡最早的陶器（出自第4层）在中国新石器文化背景中很不寻常，因为没有圈足和三足。这很可能代表了有某个群体融入到了稻作新石器景观中，这个群体并非直接来自长江中游，而应该是来自上游某处。有趣的是，该文化出现了便携式陶灶，类似于后来岛屿东南亚的“海上游民”今天仍在船上使用的一种陶灶（特别是在菲律宾南部和婆罗洲北部）。河姆渡人因此与海上的表亲有了文化联系。河姆渡类型的遗址还出现在了浙江北部的近海岛屿上，证明了当时木筏或独木舟技术的发展（河姆渡遗址发现有木质船桨）。

124
125

河姆渡文化有着非常重要的意义，因为这里保留下来大量的物质遗存，其中有些与后来太平洋地区的文化有着惊人的相似之处，这种情况也许并非完全出于巧合。该遗址位于靠海的沼泽地带，饱水环境使得有机质遗物得到了良好的保存。最引人关注的器物包括带曲尺形木柄的有肩有段石锛、骨铲、陶纺轮、竹席，以及干栏式房屋的木桩，多为榫卯结构（与马家浜遗址的细木工艺相似，见下文），[4]还有刻着几何图案和曲线图案的骨器。驯化动物有猪、狗，或许还有水牛，遗址中也发现了它们的粪便。人们还在一个400平方米的区域内发现了一层1米厚的稻壳和植物碎屑，这显然是一个古老的打谷场的遗迹。据严文明（Yan Wenming 1991, 1992）的说法，该遗址出土的稻米遗存相当于12万公斤的新鲜谷物。

在河姆渡遗址第4层之上的第3层，出土的陶器与马家浜文化的陶器类似，马家浜遗址的位置稍微偏北一些，靠近上海。马家浜文化位于大汶口文化的南方，文化面貌与大汶口非常接近，后继的崧泽文化也是如此，它们的年代都在公元前 5000 年到前 3000 年之间。马家浜的陶器有三足和底座，有些是红衣陶，但很少有绳纹陶。这里的陶器与北辛和大汶口的陶器非常相似，但与裴李岗和仰韶的关系不太明显，正符合人们根据它们之间空间距离的远近得出的常理判断。马家浜文化有些遗址位于冲积带或湖畔地区，适合发展稻作经济（稻壳也经常用作陶胎的羼料）。

因此，河姆渡-马家浜文化序列包含了来自至少两个方向的交流结果。稻作经济可能是沿着长江或淮河传播而来，而马家浜稻作文化的一些陶器特征则反映出它与北方粟作的山东地区有来往。这样的联系表明，到公元前 5000 年的时候（也可能更早），在中国中部，从长江中游到北京一带，所有的稻作和粟作文化都通过交往互相联系了起来，交往的存在可见于它们的农耕经济和陶器风格。这种文化交流正如过去一千年前发生的那样，只不过当时起中介作用的是贾湖遗址。公元前 7 千纪时，最早在裴李岗-贾湖-彭头山新石器时代核心地带形成了文化初祖，后来日渐发展壮大。

浙江南部的农业传播

现在我们来看一下浙江南部的新石器考古资料。首先有必要回顾一下上面的一些观点。到目前为止，在长江、黄河流域以及山东、江苏、浙江等沿海地区所发现的新石器时代文化，在经济和风格上表现出大量的交织现象，其中最“独特”的可能是河姆渡的第 4 层，部分原因是因为这个遗址的保存情况良好，并且出土了大量的物质遗存。公元前 5000 年时，人工制品风格的区域性特征逐渐突出，我们可以看到考古学文化出现了一种分化的迹象，长江以北形成了一种华夏传统（仰韶和大汶口文化），长江以南形成了一种非

125/126

华夏传统，后者（包括河姆渡文化、马家浜文化、皂市文化和大溪文化）是当今中国南方许多少数民族的文化源头。

新石器文化在中国南方的扩散似乎有两条路线（图 6.5）。一条从长江中游湖泊地带的皂市、汤家岗和大溪文化圈（约公元前 5000 年至前 3000 年）出发，沿河流向南扩散到广东（包括香港）和海南。另一条从浙江出发，沿海岸线南下，到达福建、广东和台湾岛，沿途还经过了大量的近海岛屿，这些岛屿是由于冰后期海平面上升而形成的。后一条路线的传播似乎与西部来自皂市或大溪文化的传播大致是同时的，上海或杭州湾地区稻作文化的发展可能对其有一定程度的推动作用。在我看来，拥有南岛语族遗产的台湾岛属于后一种传统，而来自内陆的传播路线则将最早的新石器文化组合带到了中国香港、越南和泰国。

随着中国东部新石器文化的向南传播，上海地区的马家浜文化在公元前 4000 年时发展成为崧泽文化。崧泽陶器的特点是继续存在三足和高底座，后者许多都有镂空装饰。[5]红衣磨光、刻划纹和绳纹等纹饰也都有延续，南边福建省的昙石山文化也是如此。昙石山文化的年代不详，有可能源于崧泽文化。在广东北部的石峡遗址发现了中国大陆东南地区迄今为止最早的水稻遗存，数量很大，年代大约在公元前 3000 年。石峡的陶器类似于长江下游地区的崧泽文化以及之后盛产玉器的良渚文化（约公元前 3300 年到前 2300 年；Huang 1992），石峡遗址也出土过良渚类型的玉琮、玉璧和耳饰。查尔斯·海厄姆（Charles Higham 1996a，2003）认为，所有这一切都表明，到公元前 3000 年时，稻作已经沿着中国东部海岸向南传播，并穿过福建进入了广东北部和台湾岛。

目前，广东和香港地区最早的新石器时代遗址似乎没有发现水稻，但这里有一种布料传统，即使用带沟槽的特制拍子敲打而成的树皮布，而非用纺锤纺线再织成布。查尔斯·海厄姆（Higham

1996a：79）认为，树皮布是狩猎采集者（“富裕觅食者”）的手工制品。我不太相信这一点，因为这些早期遗址数量众多，物质文化丰富，通常还靠近优质的稻田，而且与此前以砾石工具为特征的和平文化肯定没有任何传承关系。有显著的迹象表明，这里大约从公元前4000年开始出现了较为密集的人口，我们认为这与农业有关。鉴于最近在台湾岛南部这一时期的遗址中发现了大量的粟、稻遗存（见第七章），人们还需要对此做进一步的研究，特别是要对水稻和其他作物植硅体的土壤样本进行检测。

126/127

香港和珠江三角洲最早的新石器时代遗址（例如咸头岭、大黄沙、黑沙、深湾和舂坎湾等遗址）的年代在公元前4200年到前3000年之间，其中有很多类似于贝丘，它们分布在海边的沙丘上，面积达1.5公顷左右（Meacham 1978，1984－85，1994；Chau 1993；Chen 1996；Yang 1999）。这里的彩陶和刻纹陶的风格类似于同期长江中游汤家岗和大溪文化的陶器群，以及广东北部石峡文化的陶器组合。通常会出土有段和有肩的石锛，而且还有大量的树皮布拍。秦维廉（William Meacham 1995：450）认为这里的人全都种植水稻，我比较赞同他的观点，但目前的证据还不充分。在中国最靠南的地区，最早的新石器时代经济仍然是一个未解之谜。最后，我们可能不得不勉强接受这样一个说法，即该地区的主要作物是多元化的，种类包括了水稻、块茎作物（特别是芋头）和水果。

一般来说，中国南部和东南亚大陆新石器时代之前的文化组合属于一种被称为和平文化的砾石石器传统。这种文化综合体普遍见于年代早到更新世的洞穴和贝丘堆积中，并且显然还是该地区的本土文化。尽管许多考古学家过去曾试图证明和平文化经历了土生土长的农业过渡过程，但至今仍没有发现令人信服的证据证明这一有趣的猜想。洞穴遗址的上层偶尔会出一些绳纹陶器的碎片，但这可能是遭到扰乱的结果。尽管和平人确实利用植物，甚至还管理植物，但没有迹象表明他们曾经发展出耕作农业体系(Bellwood 1997b; Higham 1996a; Higham and Thosarat 1998a)。中国南方以及东南亚的大陆和岛屿地区属于同一个新石器文化传播区，农业系传播而来，传播证据丰富且明确。只有把关注点向东移动到新几内亚，这一图景的基本内容才会发生变化，这也是下一章将要介绍的内容。

第七章　农业向东南亚和太平洋的传播

127
128

我必须承认，对于本章内容我可能会有一定程度的偏爱，因为我的研究生涯都用在了这一领域。毫不讳言，本章的内容主要是将我以往阐述过的观点作一个基本的总结，[1]同时在必要之处吸收其他学者具有合理性的不同观点。长期以来，根据环境、历史、语言和生物等因素，我们将本区大致划分为三块，三块区域在环境和历史背景上当然有很大程度的交叠，但依然清晰可辨。这三块区域就是大陆东南亚（从缅甸到越南和马来西亚西部）、岛屿东南亚（包括台湾岛、菲律宾、印尼、马来西亚东部和文莱等地），以及太平洋地区（从新几内亚往东的太平洋群岛）（图 7.1）。太平洋群岛通常分为美拉尼西亚、密克罗尼西亚和波利尼西亚三个地区，然而近年来罗杰·格林（Roger Green 1991）提出一种新的地理概念，将所罗门群岛以西的岛屿称之为"近太平洋地区（Near Oceania）"，将所罗门群岛以东的岛屿称之为"远太平洋地区（Remote Oceania）"。更新世狩猎采集者在 3 万多年前就已到达了近太平洋地区的岛屿，但只有南岛语族农人抵达了远太平洋地区的岛屿，并且他们是在最近 3 500 年内才到达的。

在这片广袤的区域内，只在新几内亚高地发现了农业独立起源的资料。除了新几内亚高地，东南亚和近太平洋的其他地区都存在着不同程度的农业传播。传播范围遍布先前被狩猎采集者占据的地区，且传播轨迹极其复杂。直到今天，一些早期狩猎采集人

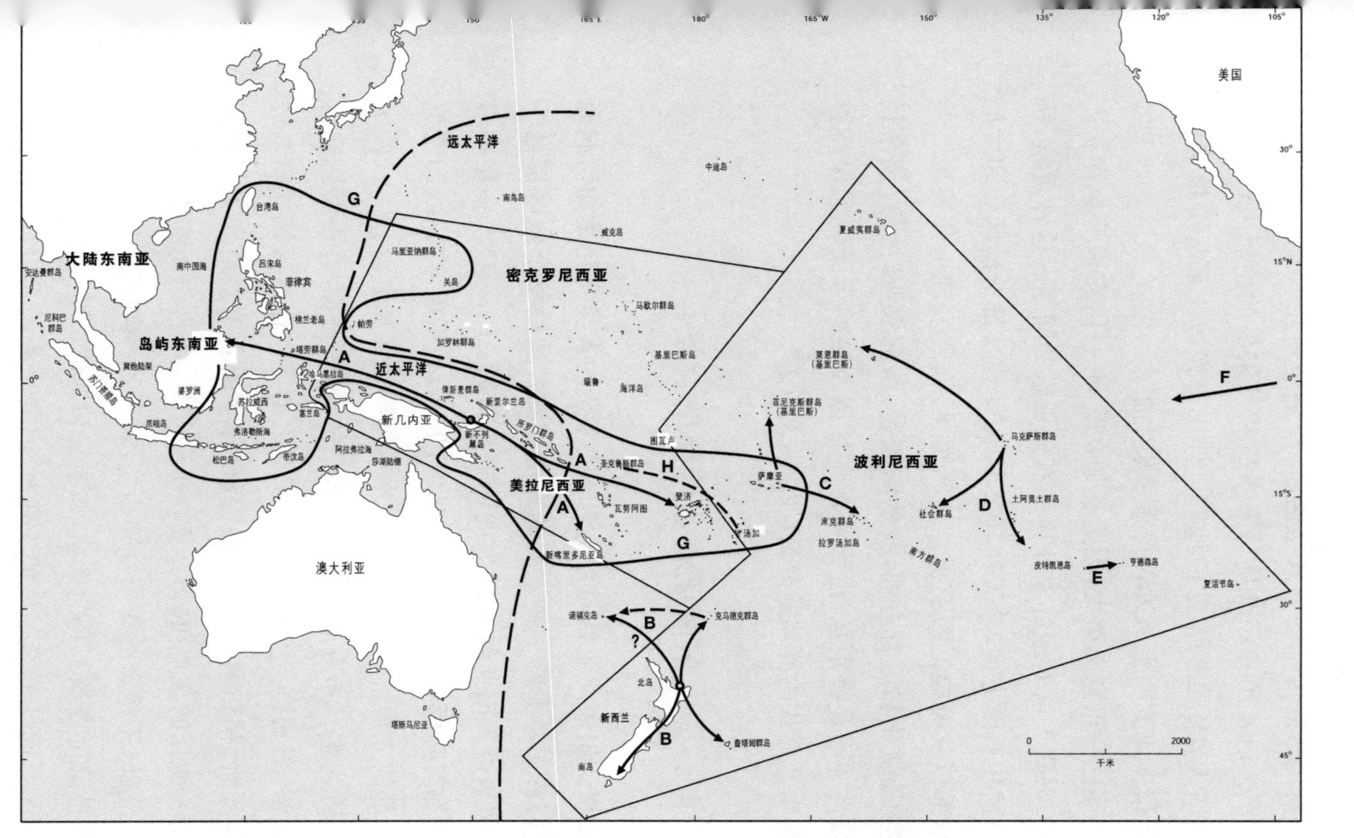

图 7.1　东南亚和太平洋考古研究的主要区域范围

（这张地图同时也显示了新石器时代海上长途运输石器原料的一些案例。A. 公元前 1000 年，新不列颠的黑曜石到达婆罗洲和斐济，跨越距离达到 6 500 千米；B. 公元 1200 年，梅尔岛黑曜石的输出路线；C，D 和 E. 公元 800 年以后，波利尼西亚东部用来制作石锛的玄武岩的流通路线［Weisler 1998；Di Piazza and Pearthree 2001］；F. 大约公元 1200 年［?］，甘薯从中美洲或南美洲传播至波利尼西亚东部。闭合线内区域表示目前所知红衣陶和拍印陶的分布区，它们被认为与早期南岛语族的迁徙有关［印度尼西亚西部的资料暂缺］）

群的后裔仍然以传统的方式生活着，特别是新几内亚低地的西米采集者(Roscoe 2002)，以及马来半岛和吕宋岛的小黑人(塞芒人和阿格塔人)(图 2.5)。即便他们已经不再像过去那样分散居住，但仍有很多地方的土著过着狩猎采集生活。

129/130

上述这一点意义重大，因为正如在欧洲一样，东南亚也存在土著狩猎-采集人群对最终农业拼图有何贡献的问题。这种贡献，特别是在遗传基因方面，今天在马来半岛、菲律宾部分地区和印度尼西亚东部以及美拉尼西亚仍然清晰可见，而且表现十分突出。然而，在物质文化和语言方面，我的印象是，从前农业时代直至今日的连续性并不是特别强，近太平洋地区以及某些今天仍然保持狩猎采集生活方式的群体除外(详见第二章)。

东南亚农业传播的背景

要想认识东南亚如同万花筒一般复杂的人类文化是如何起源的，我们首先要了解一些主要的环境因素。这里整个地区都处于热带，但当进入南北纬 5°以内的赤道地带时，干季变短，一年中多数时候都有降雨(图 6.2)。赤道地区的人口数量通常较少，印度尼西亚东部的人群常常以块茎类和木本植物果实如甘薯、芋头、西米和香蕉等为生。赤道地区遍布热带雨林，雨季过长，并不特别适合种植水稻(图 6.1)。史前时期，当农业人群穿越这片区域并向东进入大洋洲时，稻和粟似乎逐渐从栽培作物的名单上消失了。根据罗伯特·德瓦的观点(Robert Dewar 2003)，在台湾岛的南部和菲律宾的北部，不稳定的季节性降雨淘汰掉了一年生谷物，而选择了对季节性降雨要求不高的作物，如芋头和其他块茎类植物(也见于 Paz 2003)。今天乃至过去的农业社会，最密集的人口都分布在降雨稳定、水稻可以茁壮生长的季风气候区，特别是中国南部的河流冲积平原、大陆东南亚北部、菲律宾部分地区、爪哇岛、巴厘岛和小巽他群岛。

目前，整个东南亚都没有足够证据可以证明公元前 3500 年以前存在过任何形式的食物生产。这一点很重要，因为至少在公元前 6500 年时，水稻已经在长江一带得到了充分的驯化。和农业从西南亚进入印度的过程一样，我们也可以在亚洲大陆上看到一次明显的传播减速，这显然是由于跨纬度移动，可能还有狩猎采集者的抵制所导致的，而并非是由于进入了一个完全不同的降雨带（中国和东南亚本来就处于同一个夏季风降雨带）。然而，在迁徙的过程中，包含有陶器、磨光石锛、贝壳饰品、纺轮、树皮布拍，可能还有已驯化的牛、猪和狗的新石器时代文化群，循序渐进地取代了古老的全新世早中期狩猎采集文化群。新石器文化群通常沿着从北向南的方向移动，它们从中国南部出发，穿过东南亚大陆向马来半岛迁徙，穿过台湾岛和菲律宾向印度尼西亚扩散。[2]在印度尼西亚的赤道地区，农业人群的迁徙穿过婆罗洲-苏拉威西岛-摩鹿加群岛之后，变成了纬度方向的横向传播：一路向西进入了印度尼西亚西部、马来半岛和马达加斯加，另一路向东进入了太平洋。[3]新几内亚存在早期食物生产的独立起源中心，这使太平洋地区的情况变得更为复杂，我们稍后再讨论该问题。

130
131

大陆东南亚的早期农人

大陆东南亚由山地构成，这些山地被许多长长的河谷隔开。大部分河流发源于喜马拉雅山的东缘，流向普遍为从北向南（图 6.3）。这些河流包括伊洛瓦底江、萨尔温江、湄南河、湄公河和红河，在过去它们肯定都是人群迁徙的重要通道。因此，毫不意外，该地区的新石器时代考古材料与中国的联系比和印度的联系更加密切。当然，到了公元前后，这种关系随着印度文化的传入而逆转，印度文化后来居上主导了东南亚的印度教-佛教（伊斯兰教传入之前）文明。但是，公元前500年以前，我们几乎看不到印度与东南亚之间的任何联系，除了可能发生过属于南亚语系的蒙达语的向西传播，这一问题我们会在第十章中讨论。

不幸的是，当今大陆东南亚大部分地区社会都十分动荡，这意味着我们从诸如缅甸、老挝和柬埔寨等国获得的资料相当有限。情况正在好转，但就目前而言，我们只能依靠来自越南、泰国和马来西亚的资料。在越南北部，最早的新石器时代文化的起源和经济方式仍然模糊不清。该地区邻近中国两广沿海，文化来源复杂。越南最早的陶器为绳纹陶，以及藤纹或篮纹的印纹陶。因为它常常与和平文化的石器一起出现在洞穴中，二者年代明显交叠，故而长期以来有一种猜想，认为本土和平文化狩猎采集者可能在该地区农业起源中发挥过某些作用。这个观点还未得到很好的证明。但存在一些较早的新石器时代海滨遗址，例如多笔（Da But）河口贝丘遗址和查卑（Cai Beo）小型露天遗址。它们的年代都可追溯到大约公元前4500年，与中国广西最早的新石器时代遗址为同一时期。尤其是多笔遗址的椭圆形无柄石锛，可能源于和平文化或北山文化的原型石锛。然而查尔斯·海厄姆指出，这些遗址中并没有农业的确凿迹象，因此它们实际上可能是狩猎采集者和渔猎者的聚落（Charles Higham 1996a：78）。

除了早期这些有争议的遗址之外，越南在公元前2500—前1500年之间成为东南亚大陆广泛分布的新石器时代文化区的一部分，文化面貌以一种独特风格的陶器纹饰为代表，其中篦点纹条带最为典型，通常由齿刃蚌刀压印而成。在红河流域，该类型遗址被称为冯原文化，其晚期阶段出现了青铜技术。正是在这一时期，连续出现了大量与中国南方极其相似的器物类型，包括有肩石锛、

131
132

磨光石镞、石镯和耳玦,以及陶纺轮。更为重要的是,这一时期的遗址规模扩大了很多,冯原和同荳(Dong Dau)遗址面积都达到了3公顷。在这一时期的许多遗址(包括越南南部一些遗址)发现了充分的证据,证明从公元前2000年开始出现了水稻栽培,这一经济方式在红河流域肥沃的冲积平原上十分兴盛(Nguyen 1998)。黄牛、水牛和猪在新石器时代晚期可能已经成为家畜,但我们尚未获得确凿的资料。

稻作农业的传播至少在公元前2300年时已经发生,这方面泰国发现了明确的证据资料(Glover and Higham 1996)。正如越南北部那样,在泰国东北部的呵叻高原和湄南河下游地区,最早的陶器上都有篦点条带纹,还有朴素的拍印纹,以及绳纹。在公元前2300—前1500年之间,篦点纹陶器广泛分布在农诺(Nong Nor)、科潘迪(Khok Phanom Di)、农帕外(Non Pa Wai)、班他科(Ban Tha Kae)和班清(Ban Chiang)等遗址[4],往南远到马来西亚也能看到它们。泰国新石器时代经济的资料特别丰富,大多数遗址从一开始就有水稻栽培的证据,特别是胎体羼有谷壳的陶器。泰国中部的农诺遗址中没有发现公元前2500年的稻作线索,但与其邻近并且关系密切的科潘迪遗址中有大量公元前2000年以后的水稻遗存,尽管发掘者认为最底层的稻谷是从其他地方带过来的(Higham 2004)。在泰国东北部,班清遗址的水稻遗存年代可能早于公元前2000年,但在更干燥的呵叻高原的南部,最早的农业遗址年代似乎晚于公元前1500年,例如湄公河西侧支流蒙河上游的班鲁考(Ban Lum Khao)遗址。驯养动物包括猪和狗,但它们在农诺遗址都未出现(该遗址发现了野猪)。在科潘迪遗址,驯化动物只有狗,可能还有一种原鸡。家牛(可能由印度野牛或爪哇野牛驯化而来)最晚于公元前1500年出现在泰国东北部的能诺他(Non Nok Tha)、班鲁考和班清遗址。驯养水牛在公元500年以后的铁器时代才出现在泰国。

大约公元前2500年之后，中国华南、越南北部和泰国的部分地区广泛分布着这种独特的刻划纹和篦点条带纹陶器，这片广大区域表现出一种普遍类似的现象。世界上其他地区的农业传播也是如此，在各地文化区域性风格特征形成之前，存在早期的统一性现象。由于考古资料存在缺环，很难弄清楚这个问题，但查尔斯·海厄姆（Charles Higham 1996c）仍然对此提出了自己的看法。当然，我们发现在岛屿东南亚和西太平洋很多地方最早的新石器时代文化中也存在着相似现象，而且在我们考察曼谷以南泰国半岛和马来西亚最早的新石器时代诸文化时，这种现象非常明显。

泰国半岛从泰国西南部一直延伸到新加坡，长度约为1 600千米，宽度最大为300千米。泰国半岛完全是热带气候，北部为夏季湿润的季风性气候，南部为赤道性气候，并无特别干旱的季节。内陆是山区，特别在马来西亚境内，分布着大片石灰岩地貌，有洞穴和岩厦。大部分考古发现出自洞穴，虽然这种情况无疑使得考古资料的发现不平衡，但从和平文化时期到新石器时代，洞穴的功能发生了十分显著的转变，即从居所变为了墓地。这可能反映了农业的到来促使人们选择了聚落定居方式，而放弃了将洞穴作为临时住所的流动生活。

132/133

泰国半岛的新石器时代陶器有绳纹装饰，少量有刻划纹或红衣，常见三足或底座。从泰国西部的班考（Ban Kao）到雪兰莪州的珍德拉希里（Jenderam Hilir），在遍布半岛南北的大约20个遗址中都发现了一种特殊的有孔三足器，这些孔可以在加热时让热气散发出去（Leong 1991；Bellwood 1993）。该地呈现出一种非常一致的陶器传统，虽然尚不清楚这种广泛的同质现象是缘于文化交流还是人群迁徙，或者两者兼而有之。斯蒂芬·贾（Stephen Chia

1998)证明马来西亚新石器时代的陶器大部分为本地制作,这种看法支持的是人群迁徙假说而非文化交流假说。吉兰丹州的查洞(Gua Cha)遗址中也发现有精美的刻划纹陶器,上有篦点条纹带,年代大约在公元前1000年,类似于前文讨论过的越南和泰国的陶器(Adi Taha 1985)。墓葬为仰身直肢葬,出土横截面呈四边形的石锛(系随葬品),部分有肩或"喙",还有树皮布石拍、手镯、骨鱼叉和鱼钩、贝珠和贝镯。与科潘迪同时期的很多遗址,出土的人工制品都十分相似,特别是泰国中西部的班考遗址最具有代表性,以至于班考遗址的发掘者佩尔·索伦森(Per Sorensen 1967)用"班考文化"一词来称呼这个半岛的考古发现。

在1965—1966年对班考遗址进行发掘之后,索伦森确信三足陶器源于"龙山形成期的中国"——他参考了张光直的《古代中国考古学》一书(1963年第1版)。虽然从那时候起,考古界再没有出现支持班考文化直接起源于中国南方新石器时代文化的观点,但事实上,大陆东南亚的新石器时代文化整体上显示出非常明显的迹象,表明它们从根本上是受到了中国南方文化的影响。索伦森的看法显然是正确的。班考文化明显代表了新石器时代文化群在约公元前2000—前1500年之间沿马来半岛南下的迁徙,然而科潘迪以南地区并没有发现稻作的直接考古证据,所以经济驱动力到底是不是来自水稻依然是一个谜。

在总结大陆东南亚新石器时代的考古材料时,我们发现,在公元前2500年至前1500年期间,在中国华南、越南和泰国,一种鲜明的刻划纹和拍印纹陶器风格正在传播开来,这种陶器风格与稻作农业密切相关。公元前2000年以后,一种与之年代相近但风格略异的三足陶器在马来半岛传播开来。以上传播迅速而广泛,并且几乎没有任何迹象显示它们与先前的本土和平文化之间存在传承关系。问题在于,如果当时中国南方农人向外进行了迁徙,那么他们的迁徙路线是沿着大陆东南亚的主要河流，还是沿着越南的海岸线呢？或者是两种路线兼而有之？这个问题只能期待以后的研究来解决了。

133/134

最后，我们还必须注意到，近来孢粉和植硅体的研究表明，在公元前2500年之前，大陆东南亚可能已经出现了植物管理和林地清理活动（Kealhofer 1996；Penny 1999）。当然，林地清理并不一定代表存在农业。但是，在规范化的田间农业传播到来之前，和平人可能早已关注植物管理，并且可能从事块茎类植物和果树培育等诸多活动，这种可能性不容忽视。这有助于解释上文曾提到的越南北部最早新石器时代的一些谜团，然而我们必须牢记，正如我们将会在岛屿东南亚更清楚地看到的那样，期望在所有新石器遗址中都发现稻作农业的证据是不可能的。泰国的一些新石器时代遗址，如农诺和农帕外遗址中没有出现水稻，但并不意味着此处居民是具有和平人血统的狩猎采集者，他们的物质文化完全否定了这一点。更有可能的是，“新石器经济”并非一成不变，而是随着不同的环境因地制宜。

台湾岛和岛屿东南亚的早期农人

现在，让我们把目光转向东南，考察一下东南亚岛链的情况。在台湾岛的考古资料中，我们看到了与大陆新石器时代早期相同的现象，在基础性的统一之后，区域性开始不断增强。台湾岛最早的新石器时代文化——大坌坑文化[5]，在公元前3500年之后在整个台湾岛的沿海地区传播开来，各地的绳纹陶和刻纹陶风格都十分相似，因此，应该可以断定有一批新的人群从福建迁徙了过来，他们取代或同化了之前的土著长滨人（属于和平文化的一个地方类型）。二者之间的密切关系体现在稍早一些的福建地区陶器组合上，年代在公元前 4500 年前后，出土于壳丘头、富国墩等遗址，后者位于金门岛上[6]。

大坌坑文化种植水稻和粟，出土蚌刀、纺轮和树皮布石拍，这是近年来对南关里东、西两个遗址发掘的结果。两遗址埋藏在台南附近冲积平原的地下 7 米处(Tsang Cheng-hwa 2004)。在澎湖列岛的锁港遗址也出土了含水稻印痕的陶片，属于约公元前 2500 年的大坌坑文化晚期(Tsang 1992)。此外，对台湾山脉腹地的日月潭进行研究得到的一个花粉图谱表明，公元前 3000 年后不久，大型草类花粉、次生灌木和木炭颗粒的数量有了明显的增长(Tsukada 1967)。

大坌坑文化之后，公元前 2 千纪的台湾岛史前文化似乎具有内在的延续性，但更加多样化。这些后继文化包括台北盆地的圆山文化、台湾岛西南部的牛稠子文化，以及东南沿海的长光文化和卑南文化。随着时间的推移，这些文化的面貌越来越复杂多样，呈现出区域性特征。但是，与此同时，台湾岛与中国大陆之间仍然有持续的交流，这从台湾岛与大陆同期文化(如昙石山文化)之间陶器和石器的关系上可以看出来。昙石山文化在福建北部，年代在公元前 3 千纪到 2 千纪之间。最晚从公元前 2500 年开始，澎湖地区的玄武岩在台湾岛被广泛用于制作石锛(Rolett et al. 2000)。

134/135

需要重点强调的是，在大约公元前 3500 年或前 3000 年大坌坑文化形成后，没有任何迹象显示台湾岛的史前文化序列出现了人群或文化传统被全部取代的现象。直到近代，台湾岛人类文化连续发展的历史表明，在 17 世纪大陆人群到来之前，一直是南岛语族人群占据着整个岛屿。根据考古资料，在这个发展过程中，大约在公元前 2500 年至前 2000 年，在大坌坑文化陶器类型发展成各种区域性的绳纹陶或红衣陶之后，第一批新石器农人南下进入了菲律宾，并最终到达了印度尼西亚。

台湾岛确实提供了另一个有趣的视角，可以观察早期农人活动以及农业所受环境的影响。澎湖列岛位于台湾海峡中间，由一群低矮、沙化且贫瘠的岛屿组成，这里距台湾岛 50 千米，距福建 100 千米，是一个干旱的雨影地带。今天，澎湖列岛生活着一小群以打渔和种植花生为生的居民，这里缺乏肥沃的稻田，地表水源也很少。通过田野调查和发掘，臧振华在这里发现了 40 处史前遗址（Tsang Cheng-hwa 1992），年代都在公元前 3 千纪左右，当时人们已开始种植水稻（如前文所述，锁港遗址发现了有水稻印痕的陶片）。其他遗址的年代始于大约 1 000 年以前，主要属于宋代及以后的中国外销瓷时期。这中间的 2 500 年似乎没有留下任何考古遗存。

我们是否有可能在澎湖列岛看到这样的景象：在一个脆弱的环境中，大量的人口和极具扩张性的水稻种植导致了早期农业经济的崩溃？这样的崩溃也许只是区域性的，因为在更加肥沃的台湾岛上，没有发现任何地方有类似的文化缺环。但是，如果这一假设是正确的，那它一定是由于不断强化农业所致，正如黎凡特的前陶新石器时代 C 段或美洲西南部的普韦布洛晚期文化那样。我们无法证明这样一种崩溃导致了农人先辈们向南迁徙到了菲律宾，但总体来看其时间和地点恰好契合。

在菲律宾、婆罗洲北部以及印度尼西亚东部的许多地区，最早的新石器时代陶器的特点是：形制简单，素面或红衣，有些带刻划纹或拍印纹装饰，有些则带镂孔或者圈足。目前这一阶段没有建立起清晰的序列，总体年代似乎介于公元前 2000 年至前 500 年之间，最终演化成为纹饰精美的早期金属时代陶器。根据最近在巴丹群岛和吕宋岛北部卡加延河谷的研究，这种红衣陶的起源可以追溯到公元前 2000 年的台湾岛东部考古学文化。虽然只有简单的报道，但大致可以判定它们的直接祖先很可能是公元前 2 千纪

135
136

晚期台湾岛东海岸的卑南文化、长光文化以及台湾岛北部的圆山文化(图 7.2)。台湾岛东部的丰田软玉是新石器时代玉器的原料来源(Lien 2002),它们不仅在台湾岛使用,还出口到了菲律宾。菲律宾新石器时代和早期金属时代的遗址中(年代约为公元前 1500 年至公元初年)发现了台湾岛玉料制成的手镯和耳环,这些遗址分别是巴丹群岛伊巴雅特岛的阿那罗(Anaro)、卡加延河谷的那格萨巴兰(Nagsabaran)和巴拉望岛的乌雅洞(Uyaw)。[7]

菲律宾吕宋岛北部卡加延河谷下游的马格皮特(Magapit)和那格萨巴兰贝丘遗址出土的这种类型的红衣陶常装饰有齿形拍印和刻划纹饰。帕米坦(Pamittan)遗址的年代始于公元前 2000 年,这里的一些陶器与同时期的美拉尼西亚和波利尼西亚西部的拉皮塔文化的齿形印纹陶十分相似(图 7.3)。卡加延河谷的安达拉扬(Andarayan)和吕宋岛东北部的迪莫利特(Dimolit)露天遗址中发现有含稻壳的陶片,安达拉扬遗址的年代大约在公元前 1600 年(Snow et al. 1986; Michael Graves,个人交流)。巴丹群岛的桑格特(Sunget)遗址出土的类似陶器纹饰是环形而不是齿形,年代在公元前 1200 年左右(Bellwood et al. 2003)。

沙巴州的登柯拉克山(Bukit Tengkorak)遗址也出土有和吕宋岛类似的公元前 2 千纪的红衣陶(Bellwood and Koon 1989),还发现了玛瑙细石叶工业,内有加工蚌器的长钻头,以及从 3 500 千米以外的新不列颠岛(属于俾斯麦群岛)运来的黑曜石(图 7.1)。登柯拉克山陶器极少见到稻壳羼料(Doherty et al. 2000: 152),居民的船上有大量的鱼骨和陶炉碎片,后者与现代“海洋牧民”巴瑶人(Bajau)的炉具一样。这暗示存在着一种流动性的海洋经济,这种经济以贸易为主,对田间农业只是偶尔有兴趣。在苏拉威西岛北部、摩鹿加群岛北部和爪哇岛东部,文化组合中有类似的红衣陶,但没有玛瑙细石叶和新不列颠岛黑曜石,到目前为止也没有发现稻谷

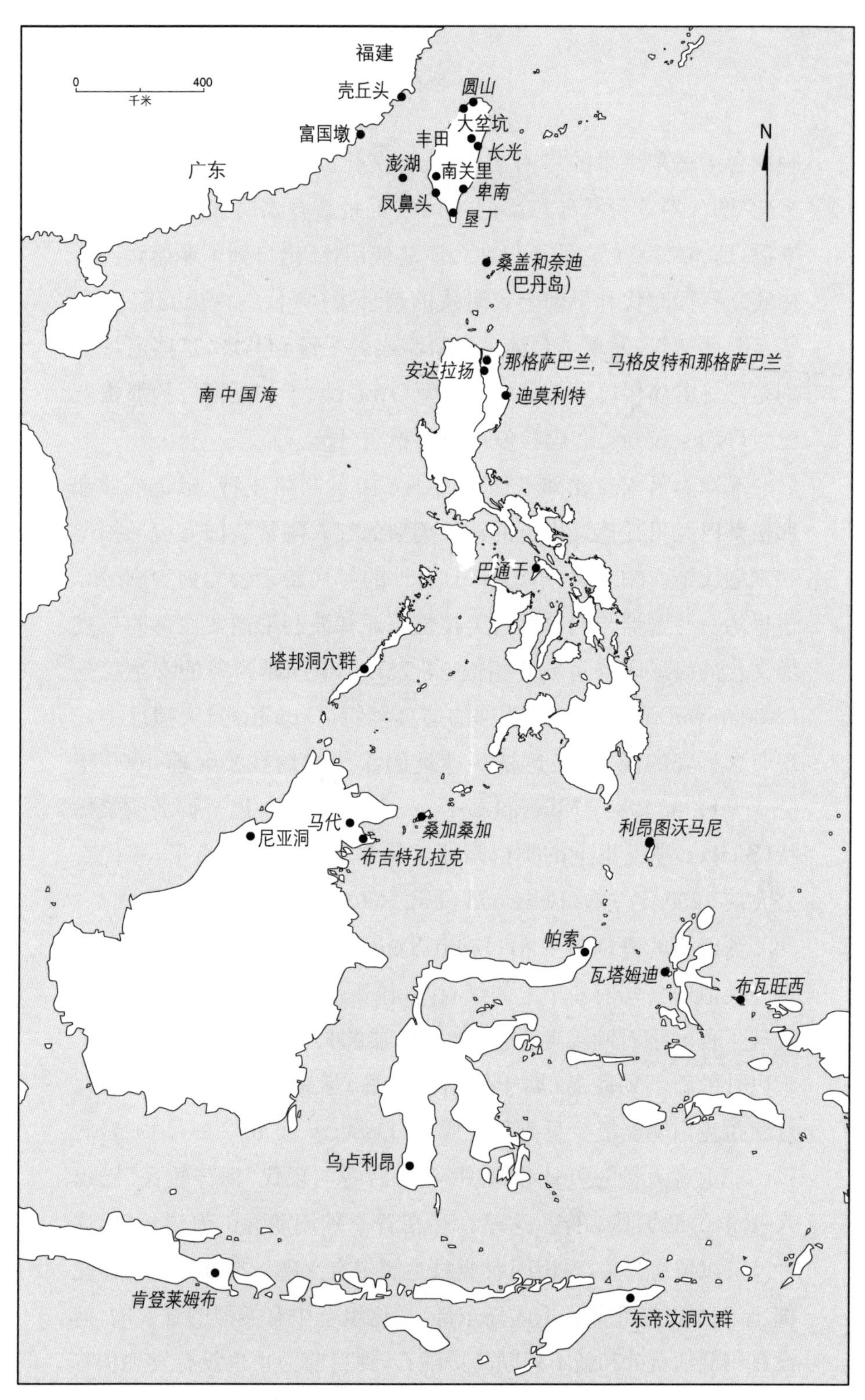

图 7.2　岛屿东南亚地区出土磨光红陶的新石器时代遗址

（该类遗址名称以斜体字标出）

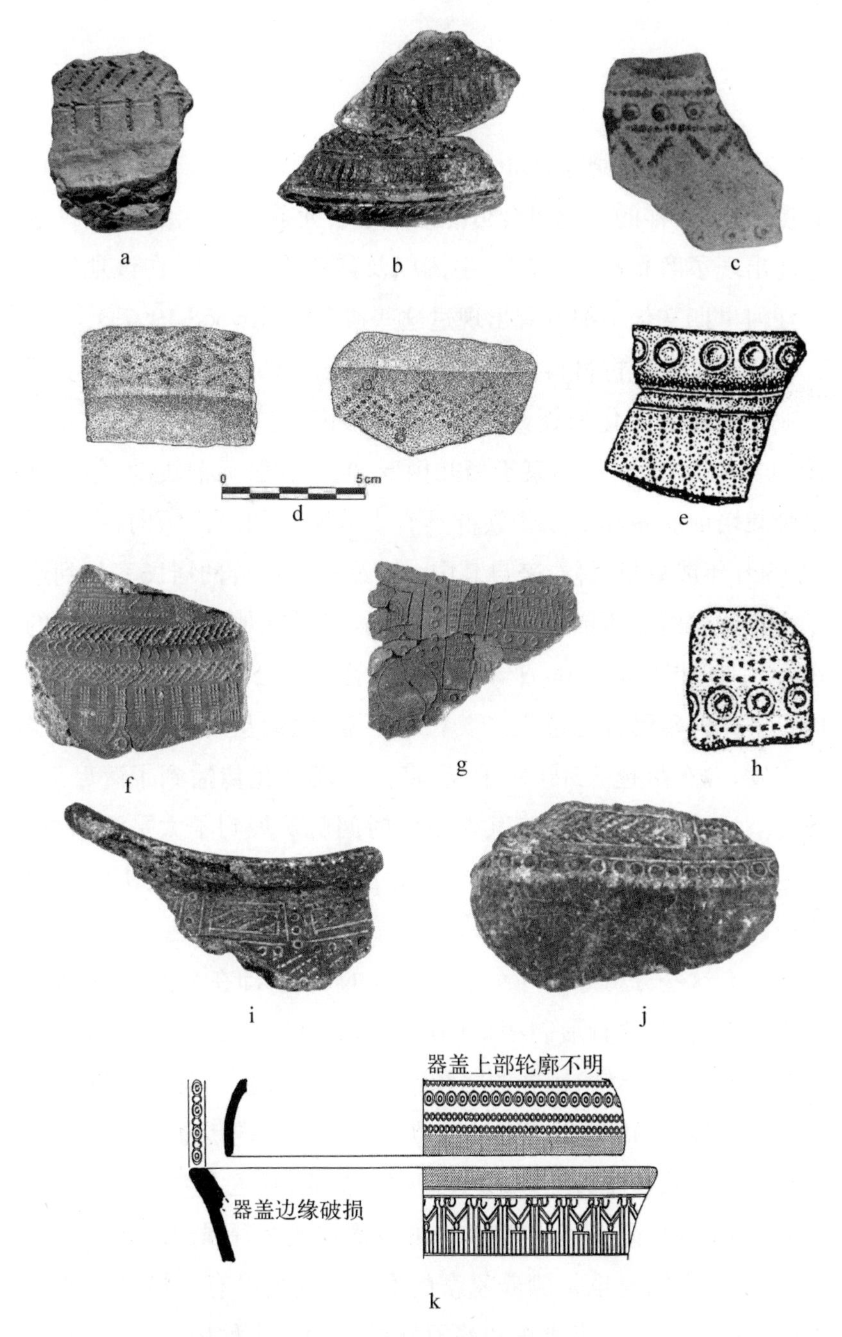

图 7.3　岛屿东南亚和美拉尼西亚的拉皮塔文化遗址(a 除外)出土的齿印纹陶器

(均为红衣陶,纹饰以石灰或白膏泥填充。出土地点：a. 中国广东沿海的咸头岭遗址[公元前 3000 年之前?];b. 吕宋岛卡加延河谷的马格皮特遗址[公元前 1000 年];c. 台北的圆山遗址[公元前 1000 年];d. 卡加延河谷的那格萨巴兰遗址[公元前 1500 年];e 和 h. 菲律宾中部巴斯巴特的巴通干洞(Batungan Cave)[公元前 800 年];f. 俾斯麦群岛阿尼尔岛(Anir Islands)的咖贡(Kamgot)遗址[拉皮塔时期—公元前 1300 年];g. 新喀里多尼亚岛的拉皮塔 13 号遗址[公元前 1000 年];i 和 j. 马里亚纳群岛塞班岛的阿奇加欧(Achugao)遗址[公元前 1500 年];k. 沙巴州的登柯拉克山遗址[公元前 1300 年])

（图 7.2）。在瓦塔姆迪（Uattamdi）和朗图窝（Leang Tuwo Mane'e）岩厦遗址，这样的文化组合可能形成于公元前 1300 年或更早。这里还出现了磨光石锛、蚌珠、手镯以及猪和狗的骨头，在该地区先前任何早期文化中都没有出现过这些遗存（Bellwood 1997a）。

所有这些考古材料意味着发生了一场与印度尼西亚前陶石器工业的明显的文化断裂，发生的范围很广，有可能开始于公元前 2000 年的菲律宾，而结束于新几内亚，时间在公元前 1400 年放弃水稻栽培前后。其中一些族群具有十分鲜明的海洋倾向，在公元前 1500 年或更早时候，来自其中一支或多支族群的居民率先到达了密克罗尼西亚西部的马里亚纳群岛，那里在他们菲律宾故乡的东方，中间相隔着 2 000 千米的浩瀚海洋。至公元前 1400 年，来自同一文化的殖民者还进入了美拉尼西亚，他们从阿德米勒尔蒂群岛出发，向东跨越 5 500 多千米，将拉皮塔文化传播到了萨摩亚。拉皮塔运动仅用了 500 年甚至更短时间就扩展到了太平洋中央，抵达了该文化分布范围的边界。这是史前殖民迁徙最快的纪录之一。

138/139

所有这些分析导出一个十分惊人的发现，即在公元前 2000—前 800 年间，包含有形制相似的红衣陶、拍印纹或刻划纹陶，以及贝壳人工制品、石锛、驯养的猪和狗（在大部分地区，这些动物均非当地原产）的文化组合在绵延一万千米的范围内传播开来。它们的分布范围从菲律宾开始，穿过印度尼西亚，到达了太平洋中央波利尼西亚的西部。驱动这次扩散的经济方式有着强烈的海洋性倾向，但这些人同时也是驯养家畜的农人。我们没有证据可以证明他们中的任何人在菲律宾和婆罗洲以外的地区种植过水稻，当人群向印度尼西亚东部迁移时，这种亚热带作物似乎逐渐从他们的经济清单中消失了。然而在西太平洋拉皮塔遗址中发现了充分的证据证明人们种植多种块茎类植物和水果。这些植物不属于本地品种，它们最初全都是在从马来西亚到美拉尼西亚的热带地区驯化的，包括甘薯、天南星科植物（特别是芋头）、椰子、面包果、香蕉、露兜（一种含淀粉的水果）、橄榄属坚果等（Kirch 1989；Lebot 1998）。在向南方和东方穿越这些岛屿的过程中，新石器时代人群驯化或者从土著人群那里获得了这些作物。

与此同时，应当注意的是，红衣陶并未出现在印度尼西亚西部，尽管目前对这里的新石器考古资料还知之甚少。婆罗洲西部和爪哇的早期陶器表面大都是绳纹或拍印纹，没有红衣。在婆罗洲，卡琳娜·阿里芬最近对东加里曼丹的基曼尼斯洞（Kimanis Cave）的研究表明，这种陶器的一些碎片中有稻谷的印痕（Karina Arifin，私人交流）。类似的稻谷印痕在沙捞越的尼亚洞（Niah）和古晋洞（Gua Sireh）出土陶器中也有发现，后者的陶片上还嵌着一颗真正的稻粒。通过 AMS 放射性碳测年测定，其年代为公元前 2300 年（Ipoi and Bellwood 1991；Bellwood et al. 1992；Beavitt et al. 1996；Doherty et al. 2000）。这些资料的确还不够充分，爪哇岛或苏门答腊岛也未发现类似的证据。我对这些资料的印象是，作为稻作普遍证据的拍印纹陶器从菲律宾群岛开始传播——在巴拉望也发现了同样的印纹陶——然后穿过婆罗洲，最后可能在公元前 2500 年之后进入了印度尼西亚西部。这次传播明显是独立发生的，不同于将红衣陶和非谷物经济带到太平洋的那一次，我们对其来源基本一无所知。不过也有线索，正如上文提到的，马来半岛的新石器时代文化源于泰国南部而非印度尼西亚。[8]

尚不清楚巽他古陆上的拍印陶文化与东边的红衣陶传统究竟有何种联系，但大约在公元前 2500—前 2000 年期间，这两种文化好像在台湾岛和菲律宾群岛有一个共同的起源地。我们似乎看到存在一个地理和经济上的分叉，西边的分支重视农耕和野生作物栽培，东边的分支则倾向于种植块茎类植物和水果（培植果树），并且拥有更多的海洋性成分。太平洋上的人们，如波利尼西亚人，显然十分适合继承后一种传统。但是，正如我们将会看到的，太平洋地区的早期农业远不止是来自东南亚的简单扩张。

太平洋地区的早期农人

140/141

关于人类在远太平洋地区的开拓，基本上有三波殖民活动。第一波被考古学家称为拉皮塔运动，红衣陶和拍印陶的制作者航行到了美拉尼西亚中部和东部，以及波利尼西亚西部，最东抵达萨摩亚，最终成为这些岛屿的居民（图 7.4）。这个过程进行非常迅速，发生在大约公元前 1350 年到前 800 年期间。公元前 800 年之后，迁徙运动在太平洋中部（斐济、汤加、萨摩亚）出现了明显的停顿。美拉尼西亚的所谓“核心”岛屿，不包括西部的马里亚纳群岛和帕劳群岛，似乎在距今 2 500—2 000 年前就已经有人定居，可能来自美拉尼西亚。最后一波迁徙运动发生在波利尼西亚东部列岛（包括新西兰），公元 600 年到 1250 年期间，一批没有陶器的人群来到这里定居（2000 年前，殖民者占据波利尼西亚西部不久就放弃了制陶术）。

殖民运动年表中这种明显的间歇可能与农业并没有直接的关系（Bellwood 2001e）。停顿本身是由于地理距离、海面状况（很多环礁在 3000 年前被海平面抬升所淹没）与航海技术等因素造成的。高效的大型独木舟不是能够马上发明出来的，只是随着人类扩张的东进浪潮，航海技术才逐渐得到改良（Anderson 2000）。迁徙运动体现出人们想要捕猎对人类尚无戒心的鸟类的愿望，以及导致裂变的社会性因素，毫无疑问还有很多其他动力，包括寻找外来物品新来源的兴趣。不过，农业是所有影响因素中的关键。没有农业，太平洋将不可能被长期殖民，至少密克罗尼西亚与波利尼西

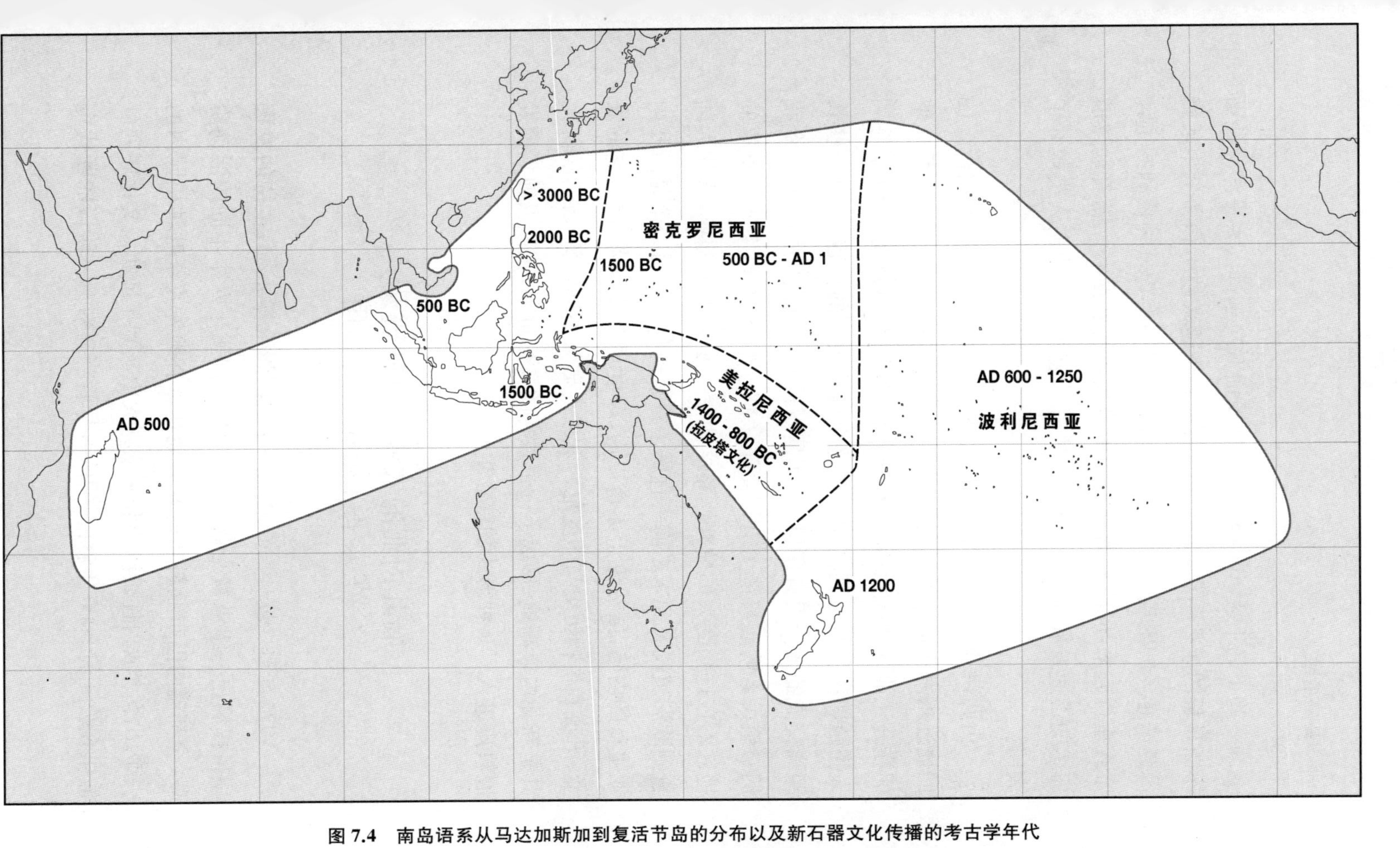

图 7.4　南岛语系从马达加斯加到复活节岛的分布以及新石器文化传播的考古学年代

（这个年表还追溯了人类在远太平洋地区的最初定居时间[见图 7.1 所绘]）

亚的一些小岛不会。早期移民不仅要面对向东进入太平洋深处而不断延长的航行距离，而且还要面对岛屿越来越小和岛上生活资源越来越少的困难。后者意味着农业经济会作为一种便利的生计方式盛行起来，同时对海洋资源的开发也势在必行。随着远洋航海术的迅速发展，除所罗门群岛之外的整个太平洋向人类敞开了大门。[9]

由此，我们看到大批农业人群从中国南方迁向新的地区。他们通过东南亚进入大洋洲群岛，整个过程大约经历了 5 000 年。他们在公元前 3500 年前后开始进入台湾岛，在约公元 1250 年毛利人拓殖新西兰时达到高潮。在这个岛屿殖民的过程中，有一些长距离交流的案例很有意思，尤其是石器原料方面(图 7.1)，它令我们对殖民者的航海能力有了真正了解。不过，有两个非常重要的地区不在这张庞大的航海网络之内。一个是澳大利亚，这片大陆直到欧洲殖民者到来之前一直属于狩猎采集者。另一个是新几内亚主岛的内陆，虽然位于赤道以南、印度尼西亚以东，但是它的农业、语言和生物历史与印度尼西亚诸岛迥然不同。新几内亚岛，尤其是新几内亚高地，形成了一个独特的文化世界，貌似以独立的发展轨迹进入了某种形式的粮食生产。

新几内亚的农业发展轨迹及其在太平洋殖民中的作用

141/142

1972 年到 1977 年间，杰克·高森(Jack Golson)主持的发掘项目揭露出一组纵横交错的排水沟，它们属于六个不同的活动阶段，全都流向巴布亚新几内亚高地瓦吉谷地库克茶叶种植园内的一个沼泽。[10]放射性碳测年和一系列火山灰测年证实该文化序列可能早在公元前 8000 年就已经开始，尽管当时对第一阶段的断代定在公元前5000年前后。第一阶段很多沟渠深达3米，勘探到的长度至少有500米。在这六个阶段沼泽断续使用，从史前时期一直延续到近代。在最晚的阶段，排水渠呈网格状排列，与民族志中新几内亚高地种植外来的美洲番薯所使用的方法一样。我们猜想，全新世早期这个海拔地带（海拔高度1 550米）所种植的主要作物有芋头、露兜、澳蕉（新几内亚当地的一种香蕉，蕉身是直的）、山药和甘蔗。现在，各种作物生长地带的海拔高度是，山药约1 700—2 000米，香蕉约2 000米，芋头约2 700米（Bayliss-Smith 1988）。据推测，在末次冰期时，这些植物完全不可能生长在高于1 300米的宽广肥沃的山谷高地，只能生长在低地地区以及高地四周的陡峭坡地。随着冰后期气温上升，人们可能随着植物生长的上限不断上升进入高海拔地区，当时那里和现在一样属于农业活动范围的边缘，因此，可能由于压力因素的刺激，他们不再单纯从事采集，而开始进行种植活动。

自从库克遗址的考古报告发表以来，出现了很多针对全新世早期库克沟渠农业状况的讨论（Spriggs 1996）。蒂姆·德纳姆等人（Tim Denham 2003）的最新研究已经回答了其中的部分问题。通过分析库克遗址土壤剖面中的花粉、植硅体和淀粉粒，包括史前沟渠内的填埋物，他们认为库克的部分地表在公元前4500年时曾被清理出来种植香蕉，部分香蕉当时还被有意种植在了靠近沼泽边缘的土丘上。轮耕的证据不足，虽然高森认为其年代可追溯到公元前8000年，但是德纳姆团队测定的第一个排水沟系统的年代只到公元前2000年。淀粉粒测试显示存在芋头的栽培，植硅体研究显示存在真蕉组香蕉的栽培，现代香蕉大多属于此类，而并非此前推测的澳蕉组香蕉，后者价值有限。如果这项研究得到证实，那么新几内亚而非东南亚岛屿将成为众多香蕉与芋头作物的重要发源地，从而标志着巴布亚园艺对南岛语族作物名单的重要贡献，因为南岛语族居民在公元前1400年前后是从印度尼西亚迁徙到了美拉尼西亚的。

142
143

这项研究非常有力地支持了这样一种观点，即全新世早期的新几内亚高地曾出现过某种形式的园艺经济，种植块茎和小型果树，充分利用肥沃的沼泽土地。虽然没有谷物和驯养动物，体系并不庞大，但它仍有资格被看作是真正的原始农业。没有证据表明印度尼西亚西部的热带地区在南岛语族农人到来之前也存在这种农业发展，因此，也许我们可以问一下，为什么农业在新几内亚高地的发展轨迹是特殊的，它又给人口增长与扩散带来了什么影响？

首先，新几内亚的独特之处在于，拥有近2 000千米长的连绵不断的山脊高地，这与婆罗洲以及爪哇等大型热带岛屿形成鲜明对比，后者的高地面积较小并且时有间断。新几内亚高地的山谷广阔，人口稠密，多数地区的海拔高度在1 300米到2 300米之间（海拔2 600米以上有霜冻）。因此在赤道低地的广阔区域内形成了一个非热带气候的大岛，至少在气温上如此，而且这片区域正好穿越岛屿东南亚一直延伸到西太平洋。这样一个特别的地区，理应会拥有一段特别的史前史。

其次，到公元前8500年时，新几内亚高地的晚冰期气候已经改善到现代水平，并且在很短的时间内，可能只有1 000年，林木线就上升了近2 000米，达到了现在海拔4 000米左右的高度（Swadling and Hope 1992; Haberle et al. 1991）。因此，这里形成了温暖的气候条件，降雨分布的季节性不强，这种气候适合以块茎和水果为主的新几内亚传统农业体系的发展。

第三，在整个农业发展过程中，新几内亚的技术变化似乎很小。我们没有发现新的艺术风格、陶器（主要高地未见制陶术）或新型石片石器的迅速传播，在最早的农业环境中也没有发现任何确凿无疑的收割工具。除了在全新世早期某个未知年代出现过磨制石斧，早期农业的考古遗存面貌显示，更新世晚期狩猎采集的大背景未发生过任何实际变化。这表明，在整个转型过程中，文化传统存在本质上的延续性，技术变革的节奏远不如西南亚、中国和中美洲等地区那么明显。

新几内亚的农业是否先在低地发展，然后传播到高地？我和保罗·戈雷茨基(Paul Gorecki 1986)一样，对此表示高度怀疑。西蒙·哈勃勒(Simon Haberle 1994)标记出了新几内亚早期遗址的高度位置，很显然，海拔 500 米到 1 300 米之间在任何时期都没有遗址出现。沿海遗址数量稀少，并且未显示出早期农业的迹象。在低地的赛皮克河流域东安遗址发现了公元前 4000 年左右的植物遗存(石栗、橄榄属、椰子、露兜，可能还有西米)，这些发现引人瞩目，但是它们可能全都是自体传播的树木而非人工种植的树木(Swadling et al. 1991)。与出现人为管理植物的可能性相反，在新几内亚低地，没有确凿的证据能证明在南岛语族到来之前的 3 000 年中确实存在过植物栽培。高地地带也最符合农业起源的“区域边缘”理论，西南亚和中国的情况正是如此(Bellwood 1996b)。

143/144

鉴于新几内亚高地在东南亚地域内的特殊环境，全新世早期的任何刺激因素，例如局部地区发生了前所未有的长期干旱(Brookfield 1989)，都会促使适宜地区在关键的海拔高度发生变革，即人们开始在沼泽边缘种植野生块茎和水果。末次冰期结束时不稳定的气候条件可能导致了食物来源的变化。在库克沼泽，向农业的过渡发生在特定区域内，其中很多栽培植物，例如芋头、香蕉和甘蔗都在向它们生长范围的海拔极限位置移动。不难想象，一旦人们开始在沼泽边缘进行种植活动，同时附近区域还有一定程度的刀耕火种(Bayliss-Smith 1988; Denham et al. 2003)，这些聚落就会投入更多精力来发展新的生产方式，如同杰克·高森与唐·加德纳在描述库克晚期阶段时提到的除草耕作和砍树耕作一样(Jack Golson and Don Gardner 1990)。

在农业传播方面,只能说新几内亚未表现出中东、中美洲和中国等地区的典型扩散趋势。考古学和语言学资料未显示出任何从新几内亚高地进入美拉尼西亚群岛的大规模殖民现象。特别令人惊讶的是,农业竟然完全没有扩散到澳洲,尽管在农业发展的初期,澳洲陆地可能还与新几内亚相连。虽然居住在新几内亚之外的太平洋人所种植的作物与新几内亚的类似,他们甚至可能还从新几内亚获得了一些作物品种,但是他们称呼作物的名词却源自菲律宾和印度尼西亚的南岛语,而非新几内亚岛的巴布亚语。这种不扩散状态的原因在一定程度上可能是由于高地边缘荒凉地带造成的阻隔,以及周围低地人口较多的地方都在饱受疟疾之苦。不过,语言学充分证实了农人最终还是从新几内亚的高地扩散到了低地,这点将在后文中介绍。

现有证据显示,新几内亚食物生产形式的转变可能与世界上其他地区一样久远,显然还很原始。如果我们认真考虑现在关于风险管理的诸多观点,把它们看作农业开始阶段的一项重要因素,新几内亚可能也存在相似的原因。从生产力的角度综合来看,新几内亚农业早期阶段没有驯养任何动物,直到公元前 1000 年以后,才从印度尼西亚引入了猪,之后可能还引入了鸡和狗。事实上,虽然新几内亚的农业人群及其语言没有大规模扩散到帝汶岛、哈马黑拉岛和所罗门群岛之外更远的地方,但他们对西太平洋的人类基因仍然有巨大的生物学贡献。虽然在岛屿东南亚和太平洋群岛,南岛语族的语言和农业体系大部分的确源自东南亚,甚至是中国南方,但生物基因方面却并非如此,至少从新几内亚到斐济范围内的情况并非如此。新几内亚在史前时期的西太平洋拥有十分重要的地位,因为它现在的人群,至少高地的居民,几乎可以肯定

144
145

是更新世晚期岛上居民的直系后代。新几内亚与它的邻居不同，它从未真正地被外来的农业人群殖民过。当然，澳洲也同样没有，但那似乎反映的是地理阻隔和环境因素，而非像新几内亚那样，具有农业独立起源的必要物质条件。

第八章　美洲早期农业

145
146

新大陆狩猎采集经济向农业转变的幅度在时间和空间上都不像旧大陆那样剧烈。原因之一是美洲没有驯化出家畜,古代农人们继续依靠狩猎获取肉食。当然也有例外,只不过发生在很有限的区域范围内,主要是玻利维亚和秘鲁境内安第斯山区的美洲驼(llamas)、羊驼(alpacas)和豚鼠(guinea pigs),曾经受到驯化。中美洲则驯养了火鸡,吃狗肉的也很多,特别是在玛雅地区,但以上这些动物都没有成为人们普遍享用的肉食来源。

美洲也缺乏旧大陆那样的高产粮食作物,只有玉米得到了广泛种植,而且时间晚到了公元前2000年之后。美洲最早的驯化作物主要是调味料、水果以及原料性植物,比如红辣椒、葫芦、鳄梨、棉花,甚至玉米可能也属于这类。休·伊尔迪斯(Hugh Iltis 2000:37)指出:

> 到目前为止,我们可以断定,新大陆的农业之所以比旧大陆出现的晚,是因为美洲没有任何大颗粒的大麦族植物(Hordeae)(包括小麦、大麦和黑麦)可供驯化,并且要驯化野生玉蜀黍(teosinte)也很不容易,这是美洲仅有的一年一熟的大种子草类植物,而且其农业潜力还是未知数。

关于野生玉蜀黍(玉米的野生亲缘植物)的问题我们将在后面讨论,但墨西哥以北地区确实没有可供驯化的高产植物资源可以与中美洲的玉米或美洲热带地区的薯类如木薯(manioc)和甘薯

(sweet potatos)相提并论。尽管密西西比河和俄亥俄河流域也驯化了一些种子作物，但与玉米相比，它们直到公元1500年仍是一种次要的食物来源。美国-加拿大边境，也就是五大湖区北部，是120天无霜期地带的最北界线，从这里向北大片区域都是寒冷干旱的山区或草原，不存在农业。北美洲和欧洲相接的地方，大概有一半（或许更多）的土地依然被狩猎采集者占据（图8.1），就连加利福尼亚以北的美国西北部很多适于发展农业的地区也未发现农业社群。

146/147

147/148

在殖民时期，美洲的农业经济技术仍然处于新石器时代的水平，尽管这时候已经广泛使用铜质装饰品（未见铁器），但他们没有畜力、犁耕或车辆，因此也缺乏旧大陆新石器时代、青铜时代和铁器时代那样强大的生产力来推动人口的增长。在旧大陆，如新石器时代的欧洲、铁器时代的非洲中部和南部，发达的农牧业食物生产体系全面占领了狩猎采集者的地盘，新大陆完全不存在这样明确的考古材料。

新大陆与旧大陆之间还有另一个重要差别，那就是新大陆早期的农业考古并没有发现一个相对“中心(centricity)”的区域。根据考古发现并结合动植物资料来看，旧大陆的新月沃地(Fertile Crescent)和中国中部被认为是农业起源的重要地区。关于美洲，尽管也有个别不同看法，很久以来大家还是推断中美洲和秘鲁是农业的起源地，因为这里考古发现最为丰富(Lathrap 1977)，但目前越来越清楚的是，后来文明发达的区域并不一定是最初农业的唯一发源地，无论这些地方在大型农业社会的兴起中发挥了多么重要的作用。

相反，现在美洲农业起源地需要到考古发现较少、地貌复杂的中美洲和南美洲西北部的热带低地以及中海拔地区去寻找，至少部分作物情况如此。这些地方地块分散，有季节性森林和宽阔的河流，

图 8.1　美洲早期农业的主要分布区以及早期作物的可能起源地

（安第斯山区、中美洲、美国西南部和东部林地，粗体时间信息是指玉米的扩散年代）

生物多样性环境保证了美洲农业植物群的集中生长，特别是玉米、豆类和南瓜(图 8.1)。这个图景目前越来越复杂，因为最近证实在密西西比河及其支流流域也存在独立的植物驯化活动。但是，像旧大陆的很多地区那样，我们在概念上需要将作为食物生产体系的农业起源地与具体作物种类的驯化起源地区分开来，后者的分布可能比前者更加广泛。尽管美洲并没有十分集中的作物驯化起源中心，但这并不意味着每个地区由野生到驯化的食物生产都是独立发生的。

背 景 概 况

目前所知美洲最早的居民来自西伯利亚，时间大约在公元前 11500 年(Lynch 1999；Fiedel 1999)。直到公元前 3000 年，所有的美洲人基本上都以狩猎采集为生，或许在热带地区存在有限的园艺种植活动，不过对此尚有争议。作为人类主粮(不是作为零食、调料和容器)的驯化植物，最早的遗存经过测年已经迟至公元前 4000 年，而且大部分遗存的年代还要晚(Smith 1995，2001；Benz 2001；Piperno and Flannery 2001)。事实上，除了厄瓜多尔南部和秘鲁北部少数地区存在“早熟(precocity)”的异常情况之外，整个美洲热带地区的文化发展序列，从最早农业定居村落到前古典晚期的城市，都发生在公元前 2000 年到公元前 300 年之间。这个时间周期真是很紧凑。旧大陆一些地区，从前陶新石器时代的耶利哥(Jericho)到原史时期的乌鲁克(Uruk)，或从裴李岗文化到商王朝，农业发展都经历了 5 000 年以上。人口众多的美洲热带地区文化发展序列确实有些狂飙突进——起步晚，进展快，竞争野蛮，创造力惊人。

148/149

到目前为止，还没有人找到类似西南亚那种复杂细致的环境因素来解释美洲早期农业的发展。关于西南亚，虽然也有争议，但人们通常认为该地区的农业过渡与更新世到全新世之交的环境变化以及新仙女木降温事件的影响有关。当然，和旧大陆一样，美洲更新世-全新世之交无疑也是一个气候快速波动的时期(Buckler et al. 1998)。因此，多洛莉丝·皮佩诺和黛博拉·皮尔索(Dolores Piperno and Deborah Pearsall 1998)赞同美洲农业起源的压力模式，动因包括新仙女木事件和全新世早期森林扩大造成的猎物减少。但是，能够证明环境变化与早期农业发生之间存在关系的证据依然不足。事实上，如果美洲农业生活方式迟至距今五六千年才出现的话，那么将更新世晚期到全新世早期环境变化作为它的直接促发因素肯定是站不住脚的。近来有人提出，秘鲁定居和农业的出现与全新世早期事件没什么关系，而与太平洋沿岸的降雨量增加有关，是距今 5 800 年厄尔尼诺现象频发造成(Sandweiss et al. 1999)。与此有关的讨论当前仍在进行中。

实际上，至今我们仍然不知道农业为何会在美洲不同的地区发生——这样的独立起源地可能多达四个。肯特·弗兰纳里(Kent Flannery 1986：16)就此提出了一些普遍的可能性，这些推断至今仍然很有价值。

> 我们的理论模式是这样的，更新世末期的气候剧变和全球人口增长共同发挥作用，在公元前 10000 年到公元前 5000 年间，引起了世界范围内人类文化行为的转变。迁徙和流动的重要性下降，应对本地可预见(季节)和不可预见(年度)变化的策略开始出现……在墨西哥，农业成为多种策略之一，以平衡不同年景因为水旱灾害造成的食物短缺。

在这一模式中，狩猎采集社会末期集聚程度日益提高的人群(罗伯特·卡内罗对此提出“界限说[circumscription]”，Carneiro 1970)，加之对减少动荡和风险的期望，成为农业起源的基本原因。

149/150

美洲农业起源非常适合以目前世界上流传最广的理论来解释，即农业是面对全新世早中期气候波动和环境变化将风险最小化的一种应对措施。这个理论在前几章研究黎凡特、东撒哈拉以及新几内亚高地案例的时候已经介绍过。美洲主要的问题在于缺乏准确的编年，促使农业出现的地理环境因素也不清楚。可以确定的是，新大陆农业的出现比旧大陆晚得多，所以我们得去寻找新仙女木事件之后直到公元前2000年之间的某些因素，但这实在是大海捞针。

还有一个普遍存在的共性特点值得讨论。在美洲早期农业区域范围内定居生活广泛发生之后，也就是在公元前2000年之后，我们发现出现了一种十分明显且前所未有的区域文化风格趋同现象。在形成期早中阶段，中美洲和安第斯山区（包括奥尔梅克文化和查文文化）已经存在一系列的早期农业生产活动。各地文化风格表现出一定程度的共性，如陶器形制及纹饰、塑像、图像主题和设计，甚至祭祀中心的建筑规划都很相似，对此人们应该作出解释。某些共同特征向外扩散，大约同时期美国东部林地的文化群体也出现了这些现象。它们是反映了对古印第安人（克洛维人）文化的传承，还是体现了形成期的文化传播或人群迁徙？在我看来，后者的可能性更大。长期以来，很多学者从不同方面探讨过这个问题，如詹姆斯·福特（James Ford 1969）、戈登·威利（Gordon Willey 1962）和唐纳德·拉斯洛普（Donald Lathrap 1973，1977）等。当然，在人类占据美洲万年之后的今天，我们已经无法证明到底是不是说着与后世同样语言的族群创造了与后世相同的农业文化并传播到各个地方，但是这种高度的相似性绝不会是历史的巧合。

早期农业地理环境及文化轨迹

美洲有四个地区与早期农业起源有关。第一个是南边的安第斯地区，包括厄瓜多尔南部沿海、秘鲁、玻利维亚以及智利北部，这一区域的地理景观复杂多变，从太平洋沿岸的沙漠，经安第斯山谷及山间盆地，向东过渡到亚马逊雨林。再向北，是第二个地区中美洲（Middle America），从哥伦比亚和巴拿马南部直到墨西哥中部，这也是一个地理环境高度多样性的地区，地理景观跨越了雨林、半荒漠和高山地带。专门词汇“中美洲（Mesoamerica）”是一个文化意义上的地理概念，区域范围从墨西哥中部一直延伸到洪都拉斯和萨尔瓦多，这里也是古典（Classic）及后古典（Postclassic）文明的统治区。从中美洲向北，穿过半干旱的墨西哥北部，到了第三个地区——美国西南部，包括亚利桑那、新墨西哥以及科罗拉多和犹他的一部分。最后，折而向东，穿过不适宜农业的大平原和得克萨斯南部，进入了肥沃的美国东部林地，这是第四个地区。该地区涵盖密西西比河及其主要支流（包括阿肯色、密苏里、田纳西和俄亥俄等河流）的广大流域，向北直到五大湖区和新英格兰。除了以上四个地区之外，其他地方再未发现早期农业起源的迹象。曾经有一种说法认为亚马逊流域可能出现了早期的薯类农业，但很不可靠。

150
151

综合考察考古资料，以上四个区域（图 8.2，8.3）的基本时空框架如下：

1. 安第斯山区。这里最早的陶器出现在公元前 3500 年到公元前 3000 年之间的厄瓜多尔瓦尔迪维亚（Valdivia）文化第一期，被认为与农业有关，但这个阶段没有发现玉米遗存。相邻的秘鲁北部同时期已经有了早期农业，考古发现的年代早于公元前 2000 年，没有发现陶器和玉米，但是出现了雄伟的纪念性建筑，年代在前陶时代晚期，早到公元前 3000 年。陶器和玉米同时大量出现是在秘鲁的初始期文化阶段（Initial Period）（公元前 1800—公元前 900 年），这时候科托什（Kotosh）文化的宗教传统及其礼仪建筑在中北部高地大部分地区广泛传播。在文化区

公元/公元前（AD/BC）（校准后）	秘鲁海岸	秘鲁/玻利维亚高地	哥伦比亚/厄瓜多尔海岸	亚马逊地区	巴拿马和中美洲西南部	玛雅地区	中美洲中西部	美国西南部	美国东部林地
AD 1500								普韦布洛村落	玉米 为主
AD 1000			圣奥古斯丁						
AD 1	查文文化 早期 （美洲驼）	查文文化 早期					拉文塔 奥尔梅克文化 圣洛伦索	编篮者文化II期	最早的玉米 霍普韦尔
1000 BC	赛罗谢钦 谢钦阿拓 初始期 ------	玉米 初始期 ------	玉米		形成期早期	形成期 早期 ------	圣何塞莫戈特 阿贾尔潘 埃尔伯里 形成期早期 ------	圣克鲁斯 河湾 玉米 ------	阿迪纳 波弗蒂角 早期种植
2000 BC	艾尔帕拉索 卡罗尔 前陶时代晚期	科托什 （美洲驼） 拉高达 前陶时代 晚期	洛马阿尔塔 瑞尔阿托	图卡因					美国东南部夹 炭陶 ------
3000 BC			瓦尔迪维亚I期 蚂蚁港		蒙纳瑞罗 ------	最早的 玉米 种植？	盖拉纳兹 玉米	古代采集者	
4000 BC			圣哈辛托I期 ------						
5000 BC					玉米？ 木薯？				
6000 BC				塔佩林哈 陶器 ------	早期 园艺？				

图 8.2　美洲早期农业区域年表

（虚线表示该区陶器出现的大致时间）

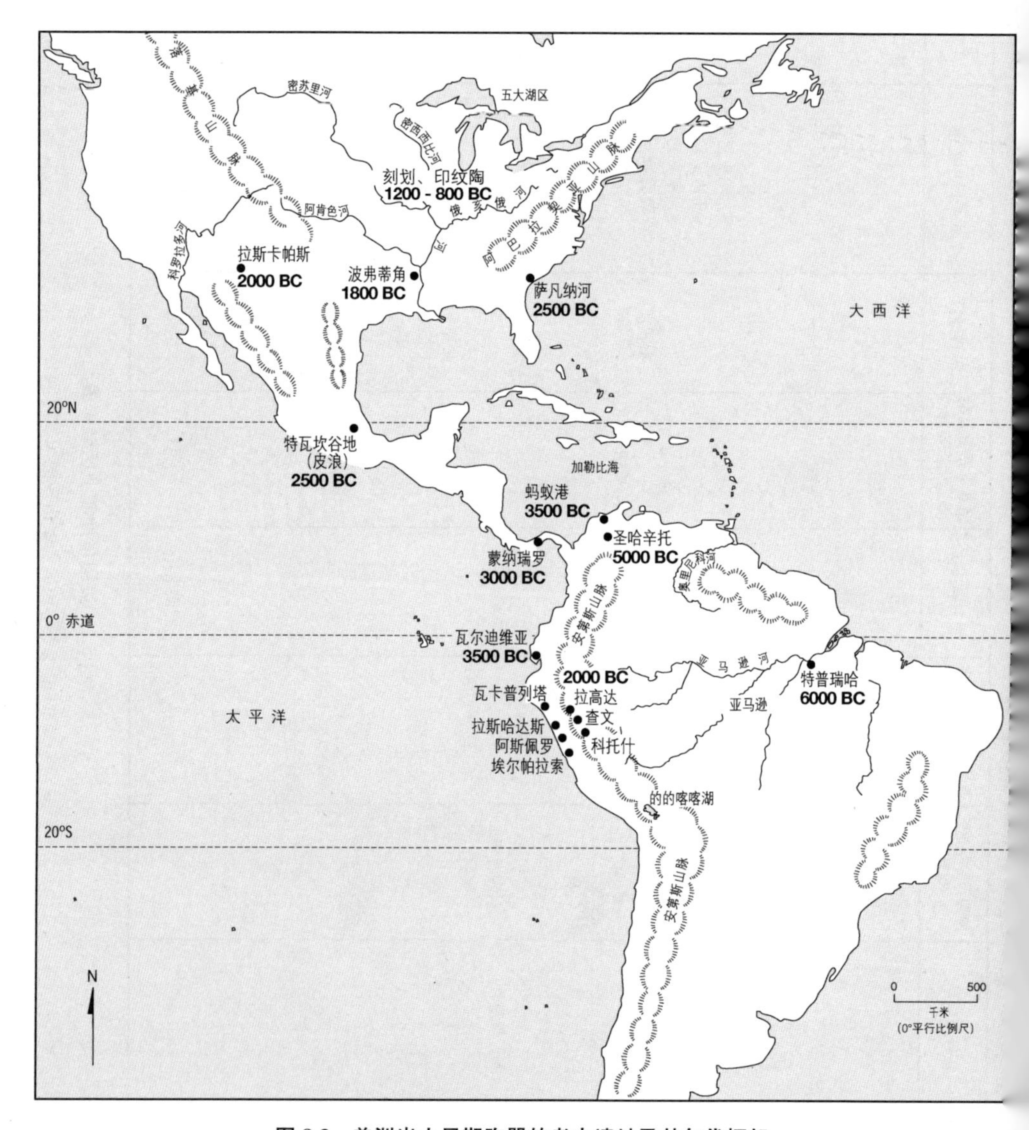

图 8.3　美洲出土早期陶器的考古遗址及其年代框架

(The Early Horizon)早期阶段(公元前900—前200年),发现了部落战争的大量证据。查文文化(Chavin)(公元前500—前200年)时期形成了一个紧密的互动网络,覆盖面很广。

2. 中美洲地区。这里陶器出现也很晚,已经到了公元前2000年,主要发现于恰帕斯(Chiapas)、瓦哈卡(Oaxaca)、墨西哥谷地、普埃布拉(Puebla)以及哥斯达黎加(Costa Rica)等地,据说在巴拿马和哥伦比亚北部还存在更早的陶器。大约从公元前4000年起,玉米驯化进入早期阶段,相关考古发现包括瓦哈卡的盖拉纳兹洞(Guila Naquitz Cave)、普埃布拉的特瓦坎(Tehuacan)谷地以及玛雅低地三个地方,年代都远在当地陶器出现之前。但是,中美洲许多礼仪中心出现的时间似乎晚于陶器,这一点与秘鲁北部的情况相反。到了公元前1000年,很多地区纳入奥尔梅克文化(Olmec)交流圈,这一现象与秘鲁的查文文化类似。

3. 美国西南部。玉米种植、窖藏和大型聚落出现在公元前2000年的亚利桑那南部(灌溉工程出现在公元前1500年)。陶器大约也出现在这个时候(Jonathan Mabry 2003,私人交流)。然而,这里的早期农业并不是原生的,而是来自中美洲。

4. 东部林地。公元前2000年(甚至公元前3000年),本地区已经独立开始种子植物的驯化(Bruce Smith 2003),主要集中在俄亥俄河、田纳西河流域以及密西西比河附近地区。又过了2 000年,玉米在这个地区出现,最终农业区的北界扩展到120天无霜期界线附近,正是五大湖区北部所处纬度。

151/152

关于美洲农业起源的主要观点

多洛莉斯・皮佩诺和黛博拉・皮尔索(Piperno and Pearsall 1988)提出,美洲农业最初是在中美洲和南美洲北部低地茂密的季节性森林中开始广泛传播的。早期农业刚刚开始的时候非常弱小，时间约在公元前8000年的全新世早期，只是狩猎采集经济的附属，限于小规模的园艺栽培，且是轮耕方式，没有伴生驯养动物。卡尔·索尔（Carl Sauer 1952）和唐纳德·拉斯洛普（Donald Lathrap 1970）以前曾经提出过热带低地在农业起源上的重要性，皮佩诺和皮尔索实际上是重申了他们的观点，但做了一些调整。

153/154

理查德·麦克尼什的研究结果不赞同她们的观点，而是从地理环境的视角认为，农业起源于墨西哥干旱的塔毛利帕斯（Tamaulipas）和特瓦坎（Tehuacan）地区（Bvers 1967；Macneish 1972，1992）。像皮佩诺和皮尔索一样，麦克尼什也认为农业和定居是一个逐渐适应的过程，但他认为起源环境应是中美洲半干旱的高地而不是湿润的低地。尽管麦克尼什直到2000年去世的时候都在坚持自己的观点（Macneish and Eubanks 2000），但现在植硅体证据已经表明，被普遍认为是玉米祖先的墨西哥野生玉蜀黍（teosinte），直到距今6 000年前才作为一种初级驯化植物在中美洲高地出现（Pipemo and Flannery 2001；Pohl et al. 1996；Buckler et al. 1998）。高地早期未见野生玉蜀黍，从侧面支持了玉米起源于低地的看法。

然而，也有人从另一个角度解读野生玉蜀黍在高地的缺席。比如休·伊尔迪斯（Hugh Iltis），就对此作出了一个很有意思的解释。他认为野生玉蜀黍驯化成玉米并非发生在所生长的低地，即墨西哥西部的巴尔萨斯河（Balsas）流域或其附近地区，而可能是在诸如特瓦坎那样的高原地区，一定是有人把巴尔萨斯野生玉蜀黍带到了那个地方。让事情更加复杂的是，植物学家玛丽·尤班克斯（Mary Eubanks）认为玉米根本不是由一年生的巴尔萨斯（Balsas）野生玉蜀黍发展来的，而是由多年生野生玉蜀黍和另一种草类植物鸭茅状摩擦禾（Tripsacum dactyloides）杂交而来，这种杂交可能发生在中美洲高地(MacNeish and Eubanks 2000)。松冈绫子等人根据基因研究的结果也赞成玉米驯化起源于高地(Matsuoka et al. 2002)。

植物学界之外的学者对这个问题也是众说纷纭。美洲农业到底起源于中美洲高地还是低地？现在仍不清楚。正如伊尔迪斯所说(Iltis 2000：37)，关于玉米驯化的故乡，“很明显，我们对此尚不了解，还需要在墨西哥大力开展相关考古工作”。事实的确如此。

驯 化 作 物

关于美洲的植物驯化，有两点需要特别强调。

第一点，部分驯化植物，比如辣椒、鳄梨、葫芦、西红柿和棉花，在人们的食谱中并非日常主食。我们推测或许是狩猎采集者觉得这种植物有用，故而在某些情况下挑选种子并种植，公元前8000年左右瓦哈卡的西葫芦(Cucurbita pepo)似乎就是此类案例(Smith 1997b)。人们最早开始利用野生玉蜀黍(早期玉米)可能是看中了它们甘甜的秸秆，就像甘蔗一样(Iltis 2000)。原始玉米在全新世早期作为一种为酒精饮料提供糖分的作物广泛传播，后来才在不止一个地方被驯化为谷类粮食作物(Smalley and Blake 2003)。最初它作为一种辅助性食物为人类利用，与系统性的农业起源并没有直接的关系，人们只是偶尔挑选出种子再次种植，换句话说，这其实就是狩猎采集者的资源管理行为。

然而另一些植物很明显是人们作为粮食开发的，以驯化成熟的玉米为例，玉米棒是主要的食用部分；另外还有其他种子植物，比如藜科(东部林地和安第斯山区的藜麦)，各种豆类，各类块茎，如土豆、甘薯和木薯。考古发现表明，这类粮食作物驯化的时间要晚于调味料和辅助性食物(snack food)。

154/155

第二点，许多植物不止在一个地区受到驯化（图 8.1）。对于棉花、红辣椒、利马豆等常见豆类、南瓜、木薯，甚至玉米来说，这种可能性更高。[1]对于自然界中分布非常广泛的一些物种来说，多地驯化是非常可能的，当然，我们不能仅仅因为这一点就夸大独立农业起源地的数量。但是，这种情况确实揭露了美洲农业过渡的整体特征。如果说美洲曾经真有类似西南亚“新月沃地（Fertile Crescent）”那样一块农业起源中心的话，那么它实在是隐藏的太深了，这种可能性微乎其微。

玉米

玉米是美洲史前晚期大多数农业文化的生存基础，生活在贫瘠的亚马逊地区的一些族群例外，他们的主要食物是诸如木薯和甘薯一类的块茎，殖民时代还有了香蕉。大部分植物学家认为玉米是由一种或数种一年生野生玉蜀黍（或者叫大刍草）驯化而来的，最重要的一种叫作“小颖大刍草亚种（Zea mays var. Parviglumis）”（Galinat 1985，1995），今天它们还生长在墨西哥西部米却肯州和格雷罗州的巴尔萨斯河流域。在哈利斯科州西部还生长着一种与它密切相关的作物菜豆（Phaseolus vulgaris），那里是菜豆的驯化地点之一。但玉米具体起源于何处，依然是一个有争议的问题，对此上文也有提及。[2]关于这个问题的研究依然在进行，但就像前文所述，目前还没有公认的结论。

纵观玉米的历史，它或许是美洲分布最广的粮食作物，种植范围从北纬 47 度到南纬 43 度，且海拔高达 4 000 米处都有。它早期穿过美国西南部传入北美的速度并不快，因为玉米是一种短日照植物，在向北的传播过程中它不得不适应越来越长的日照时间和越来越短的夏季。它进入美国西南部的时间大约是在公元前 2000 年左右，也就是高产玉米品种在墨西哥驯化几百年之后（Matson

2003)。但玉米直到公元前后方才传播到美国东部,公元 500 年才成为那里的主要食物。很明显,玉米在传播过程中也需要通过人类选择而不断进化。

在玉米驯化的前几百年中,玉米穗变大的速度很慢,因为它是通过风媒授粉(wind-pollinated)的(正如美洲粟),需要人类有意将它们种植在远离野生植株的地方,以巩固驯化成果(Iltis 2000)。到公元前 2000 年,就像肯特·弗兰纳里(Kent Flannery 1972)说的那样,玉米的尺寸和产量已经有了很大增长(玉米棒长约 6 厘米,每公顷产量 200—250 公斤),这促使了玉米的大量种植,导致中美洲、安第斯山脉和美国西南部在形成期人口剧增(Wilson 1985;Marcus and Flannery 1996:71)。

155/156

玉米一旦大量种植,就彻底改变了美洲很多地区印第安人的生活,特别是在中美洲和美国西南部。但在安第斯山区和美国东部,玉米的作用不如其他作物。玉米成熟很快,容易储存,这是一个极其重要的优势,并培育出很多高产品种。玉米的缺点是不含烟酸(niacin),而缺乏烟酸会导致糙皮病。为解决这个问题,在美国西南部和中美洲地区,人们用石灰水炊煮玉米,而在美国东部,人们将玉米粒与草木灰搅拌捣碎(Heiser 1990)。

玉米是何时驯化的呢?墨西哥最早的驯化玉米穗出土于一个古人临时居址盖拉纳兹洞(Guila Naquitz),其与野生玉蜀黍有明显区别,经 AMS(加速器质谱计)断代,大约为公元前 4250 年(Piperno and Flannery 2001)。普埃布拉州(Puebla)特瓦坎谷地圣马科斯洞(San Marcos)的考克斯卡特兰(Coxcatlan)文化层中发现的玉米穗,经 AMS 断代为公元前 3600 年左右(Long et al. 1989;Benz and Itis 1990)。通过对特瓦坎谷地考克斯卡特兰期文化层墓葬出土人骨的碳同位素分析来看,人们对谷物的依赖从公元前 3500 年开始越来越高,虽然这项技术并不能识别出农作物是否被驯化过(Farnsworth et al. 1985)。但本兹和朗(Benz and Long; 2000)认为,玉米在公元前3500年到公元前3000年之间的特瓦坎谷地文化时期发生了快速的形态改变。墨西哥东南部和塔巴科斯海湾低地出土的驯化玉米经断代约为公元前2500年,同时期的玛雅低地还发现了玉米孢粉以及森林砍伐的证据(Smith 1997a; Pope et al. 2001; Pohl et al. 1996)。

还有一种很流行的观点认为玉米起源于更早的时期(参见上文关于玉米秸秆的讨论),特别是在中美洲和南美洲,因为巴拿马和厄瓜多尔的许多地方在全新世早期沉积层中都发现了玉米的孢粉和植硅体,经断代至少在公元前6000年左右(Piperno and Pearsall 1998;Pearsall 1999;Piperno et al. 2000)。相反,布鲁斯·史密斯(Bruce Smith 1995: 159)不认可那些根据不可靠考古环境出土植硅石得出的玉米年代,认为厄瓜多尔的瓦尔迪维亚遗址出土的玉米穗年代(公元前2000年)才是可信的,而南美洲其他那些更早的年代都是可疑的。这方面的争论仍在继续,有时还很激烈。以属于瓦尔迪维亚文化晚期的拉埃莫伦西那(La Emerenciana)遗址为例,最近对于出土人骨的稳定同位素分析和对于来自牙结石和蚌器中残留物的植硅体分析表明,玉米在公元前2200年左右在厄瓜多尔海岸人群的食谱中日益增加,其用途或许是用来酿造"吉开(chicha)"那样的玉米酒。但在此之前,并没有充分的证据证明南美洲已经将玉米作为主食。事实上,很不幸的是,秘鲁北部几个前陶时代晚期(公元前2500—2000年)的大型农业遗址中都没有发现玉米遗存。[3]

针对早期玉米的年代问题,在谈到巴拿马这个案例时,约翰·胡普斯(John Hoopes 1996: 18)发表了自己的看法:

> 在巴拿马西部玉米农业的起源和强化问题上,现有观点的证据比较薄弱。根据对植物大遗存和微观遗存的研究成

156
157

果，玉米在公元前6000年到公元后500年之间广泛传播到了该区域的每个地方。关于玉米的来源有四种可能：(1) 对本地野生植物的改良；(2) 从哥斯达黎加向西传播到这一地区；(3) 从巴拿马中部和哥伦比亚向东传播到这一地区；(4) 以上情况都存在。孢粉与植硅体资料显示，巴拿马中部内陆岩厦出土的玉米年代约为公元前5100年左右。可是，巴拿马中部发现的最早的植物大遗存，主要是玉米穗和玉米粒碎片，年代都不超过公元前300年。希望今后严格按照考古年代学标准取样和检测，才能从根本上解决这个问题。

其他作物

在美洲史前时期，没有别的作物的地位可以和玉米相提并论，这里只列出一些相对重要的作物和一些小型驯养动物。南瓜在美洲有六个驯化品种，而且很明显经历了好几次驯化，存在几个可能各自独立发展的地区，包括美国东部林地、中美洲和南美洲(图8.1)(Whitaker 1983; King 1985; Sanjur et al. 2002)。在瓦哈卡盖瑞纳兹洞中发现的西葫芦种子经AMS断代距今约10 000年，这也增强了一种可能性，即同样在盖瑞纳兹洞发现的南瓜和葫芦事实上也在很早的时候就被人们开发利用了(Flannery 1986; Smith 1997b)。葫芦很可能被用作容器而不是食物。在开始系统栽培很久之前，这些植物的种子很容易被挑选出来再次种植，以培养人们中意的特性，并远距离从一个群体传播给另一个群体。

豆类也驯化出了很多有用的品种，而且是在很多地方独立驯化出来的。对豆类的直接断代结果表明其时代比玉米和南瓜晚得多，最早出现在公元前2500年后的秘鲁和厄瓜多尔前陶时代晚期遗址中(棉花也是如此)；墨西哥较晚，出现在公元前1000年左右的形成期早期(Smith 1995: 163, 2001)。[4]豆类在美国西南部的出现似乎晚于玉米，并且直到公元 1300 年才传播到美国东北部（Hart et all 2002）。

再来看一下其他作物。木薯和玉米一起出现在公元前 3000 年左右的伯利兹（Belize）低地，在公元前 5000 年左右的塔巴科斯海湾低地也有发现（Pohl et al. 1996; Pope et al. 2001）。伯利兹的奎罗（Cuello）遗址出土的一块炭化木薯经 AMS 断代约为公元前 600 年（Hather and Hammond 1994）。皮佩诺和皮尔索（Piperno and Pearsall 1998）指出，木薯至少公元前 2000 年左右就出现在了亚马逊，那里可能就是它的起源地。此前，唐纳德·拉斯洛普（Donald Lathrap）曾经强烈主张木薯是美洲整个农业文化发展的经济基础。奥尔森和沙尔（Olsen and Schaal 1999）不久以前运用基因标记方法将木薯的驯化起源地追踪到巴西的亚马逊西南部，靠近秘鲁和玻利维亚边境（图 8.1）。

157
158

其他粮食作物的可能起源地也见图 8.1，此图展现了美洲作物起源与传播的概况。到目前为止，有两个区域可能是本土动植物驯化的中心。一个是秘鲁中部到玻利维亚的安第斯高地，在朱宁湖（Lakes Junin）和的的喀喀湖（Titicaca）之间（Roosevelt 1999b; Shimada 1999）。对于这个区域，布鲁斯·史密斯（Smith 1995）提出了一个集群驯化（combined domestication）的观点，很有说服力。集群驯化可能开始于公元前 2000 年左右，主要对象包括白马铃薯（white potato）、藜科谷物昆诺阿藜麦（quinoa），还有羊驼和美洲驼，用以作为运输工具，并提供肉和毛，另外还有不太起眼的豚鼠。杜乔·博纳维亚（Duccio Bonavia 1999）认为，驼类动物和豚鼠可能是公元前 3500 年左右秘鲁高原人群选择性驯化的结果。在秘鲁北部南奇克峡谷（Nanchoc Valley）的人类居址中发现了昆诺阿藜麦的遗存，同时还出土南瓜和花生，年代早到公元前 4500 年，但是否属于驯化作物尚不确定。

粮食作物的另一个起源地是美国东部林地的中部，主要集中在密苏里、俄亥俄河流域和密西西比河中游，这个地区在公元前2000年后驯化了许多谷类和油料作物。这些可口的粮食包括藜属、蓼属、钟草（maygrass）和黄叶柳（marsh elder），另外还有更常见的葫芦、南瓜和向日葵。这个早期独立农业系统的发现，已经成为近年来美国考古研究的重要成果，后面我们会做更详细的讨论。事实上，这也提醒我们，史前时期的主要成就有时候并未得到科学的揭示，长期以来都是如此，而这些考古资料恰恰可以为探究全球模式提供有益的观察。

美洲的早期陶器

美洲出土陶器的早期遗址见图8.3。据说美洲最早的陶器发现于亚马逊河下游狩猎采集者遗存中，例如塔佩林哈（Taperinha）遗址，年代为公元前6000年左右，属于刻划纹夹砂陶（Roosevelt et al. 1991）。在哥伦比亚北部一些遗址，还发现一种特别的胎体羼和有机物的陶器，最早出现在内陆的圣哈辛托（San Jacinto）一期文化遗址，对一件纹饰精美的夹炭陶器断代，年代早至公元前5000年，出土背景包括很多填石块的灶坑和食物加工工具（石磨盘和磨棒）。圣哈辛托遗址的发掘者（Dyuela-cayceda 1994，1996）认为它的经济方式是对野生植物种实的利用，没有明确的农业证据，尽管也可能存在一定形式的过渡性农业。在哥伦比亚北部海岸的大型环形贝丘遗址中也出土过夹炭陶器（如，Puerto Hormiga；Hoopes 1994）。

其他一些地方也有类似的夹炭陶器和贝丘遗址，主要是美国东南部（南卡罗来纳、佐治亚和佛罗里达北部），年代大约在公元前2500年。另一种陶器，即蒙纳瑞罗（Monagrillo）夹砂陶，出现在巴拿马贝丘及岩厦遗址中,年代为公元前 3500 年之后不久。这些早期陶器的起源相互之间是否有关?关于这个问题有很多观点。约翰·胡普斯(Hoopes 1994)认为,美洲这些最早的陶器——包括亚马逊下游、哥伦比亚、厄瓜多尔、巴拿马和美国东南部的诸多发现——它们都是独立出现的,相互之间并没有关系。说实话,我们也不知道这个问题的答案。

158
159

早期使用陶器的人群都以农业为生吗?尽管皮佩诺和皮尔索坚信如此,根据是南美洲北部(巴拿马、厄瓜多尔、哥伦比亚)在公元前 5000 年可能已经普遍种植玉米和木薯,但证据依然不足。正如前文所说,很有可能当时狩猎采集者已经开始利用这些植物,特别是考虑到玉米秸秆可以酿酒。但即便事实真是如此的话,在考古遗址中也很难发现明确证据。

美洲的早期农人

在公元前 2500—公元前 1000 年之间,美洲的考古遗存发生了显著变化。一些社会已经有能力建造带有礼仪建筑的定居聚落,其中有些明确采纳了农业,这类社会广泛分布在安第斯北部、美洲中部、美国西南部和东部林地的广大地区。基于它们的共同之处,这些古代(Archaic)晚期和形成期早期的文化证实了考古学家所谓的"互动交流圈(interaction spheres)"确实大范围存在。对互动交流圈或者考古学上文化区(horizons)的诠释为美洲考古学提供了一些最有趣的研究课题。那么,人群迁徙和文化、语言同根这两种因素在其中又发挥了什么作用呢?

安第斯山区

安第斯山区的主要考古遗址分布情况见图 8.4。南美洲的形成

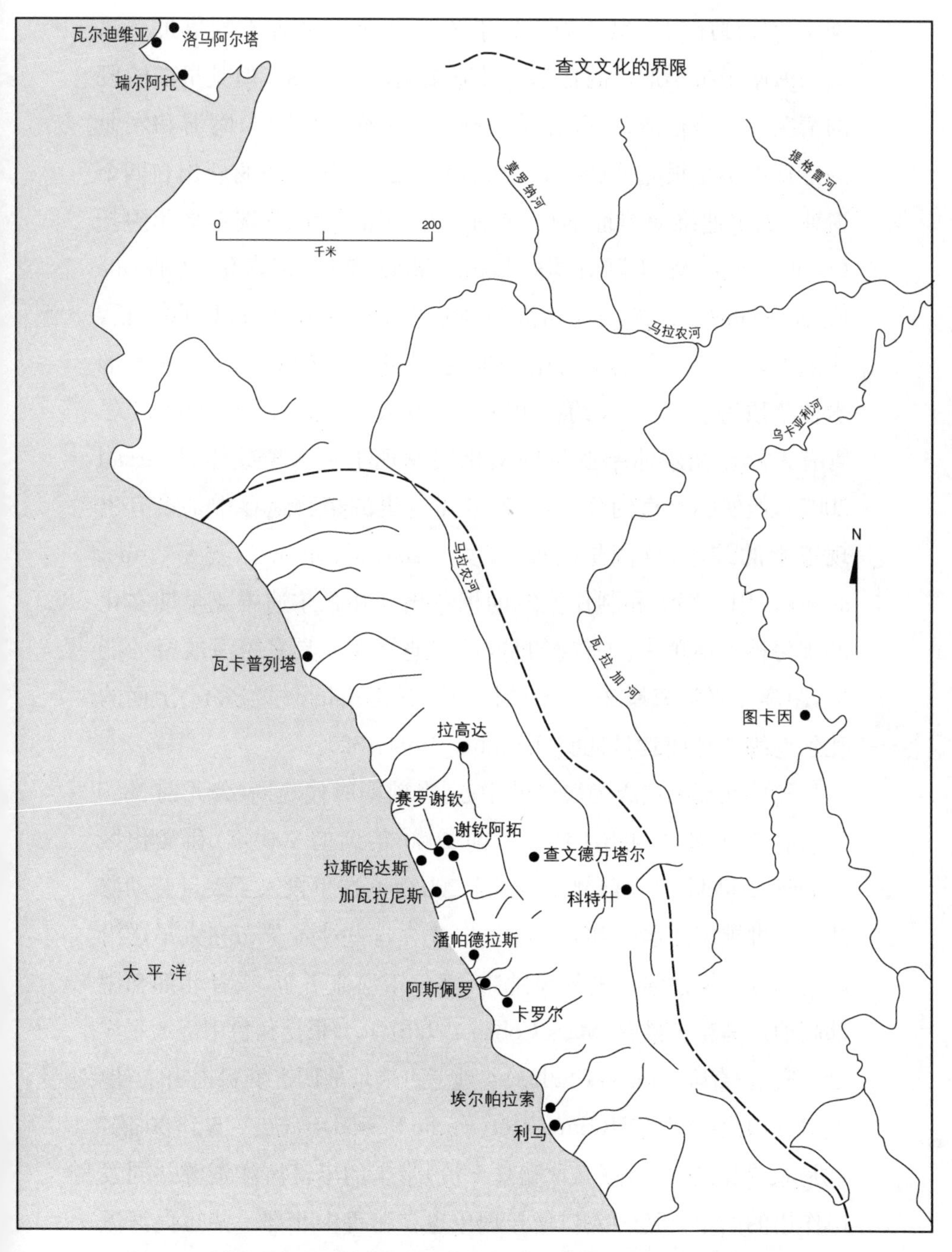

图 8.4　安第斯地区的前陶新石器时代晚期、新石器时代初期和文化区早期遗址

期文化发展序列一般认为开始于公元前4000年左右的厄瓜多尔南部海岸半干旱地带的瓦尔迪维亚文化(Valdivia),但其早期阶段的情况尚不是很清楚,公元前3000年以前存在定居、陶器和农业的证据也不是很充分(Staller 2001)。最重要的考古材料出自四个遗址:瓦尔迪维亚遗址本身,还有三个河畔遗址,分别是瑞尔阿托(Real Alto)、洛马阿尔塔(Loma Alta)和拉埃莫伦西那(La Emerenciana)。瑞尔阿托和洛马阿尔塔的聚落废墟是U形土丘,一侧开口向外。以瑞尔阿托为例,范围超过一公顷,有很多椭圆形木柱草顶房子,人口大约在150到200人(Damp 1984:582)。尽管有人说在瓦尔迪维亚早期文化层发现了玉米植硅体(Pearsall 2002),但实际上直到公元前2000年这里的植物遗存中都没有出现玉米的踪迹,反倒是南瓜、刀豆(canavalia beans)、姜芋(tuber achira)、用于编织和制作渔线的棉花出现在瓦尔迪维亚早期文化的驯化植物清单中。有趣的是,瓦尔迪维亚人具有跨海航行的能力,距离太平洋海岸23千米的拉普拉塔岛(Isla de la Plata)上面的瓦尔迪维亚神庙就是证明(Brunhes 1994:82)。

秘鲁北部现在成为舞台的中心,在前陶时代晚期(公元前3000年到前2000年)、初始期(公元前2000年到前900年)和文化区(Horizon)早期(公元前900年到前200年),这里投入了大量劳动修建了一批雄伟的居住和礼仪中心。现在这些遗址分布在太平洋沿岸流淌着常年性河流的沙漠地带,多位于河流下游,或者北部和中部高地。马克·科恩(Mark Cohen 1977b:164)根据秘鲁中部太平洋沿岸安贡-奇隆(Ancon-Chillon)谷地考古遗址的调查资料提出,当地人口在前陶时代晚期(Late Preceramic Period)增长了15到30倍,这是农业和洪堡寒流(又称秘鲁寒流)带来的丰富海洋资源共同发挥作用的结果。这种人口增长现象也在秘鲁中北部一些短促河流谷地的前陶晚期大型遗址体现出来,这些遗址主要有瓦卡普列塔

160/161

（Huaca Prieta）、阿斯佩罗（Aspero）、卡罗尔（Caral）、拉斯哈塔斯（Las Haldas）、瓦努亚（Huaynuna）、加瓦拉尼斯（Los Gavilanes）和埃尔帕拉索（El Paraiso），埃尔帕拉索遗址的面积超过58公顷。最近对苏佩（Supe）谷地卡罗尔遗址的调查发现了六个大型台地，高达18米，中间是一块长方形的空地（图8.5A），另外还有两个圆形的半地下广场，以及居住区，遗址总面积达65公顷（Shady Solis et al. 2001）。

该阶段最有意思的一个遗址是秘鲁北部内陆塔拉茶卡（Tablachaca）谷地的拉高达（La Galgada）（Grieder et al. 1988）。如今，拉高达依然位于险峻的半干旱山区，海拔在1 100米以上，看似很不适宜发展农业，但是在长约10千米的山谷底部却发现了至少11处前陶时代晚期农业遗址。像太平洋沿岸的埃尔帕拉伊索一样，拉高达人开凿水渠灌溉河边农田，大量种植棉花。19世纪80年代的发掘并未挖到生土，最底层的年代大约是公元前2700年，建筑风格是带“通风炉（ventilated hearths）”的小房子，还发现4个15米高的阶梯状金字塔，顶部呈椭圆形（图8.5B）。类似的房屋在距拉高达东南300千米的科托什遗址也有发现，有人称之为“叉手庙（Temple of the Crossed Hands）”，因为在墙下方壁龛里发

A

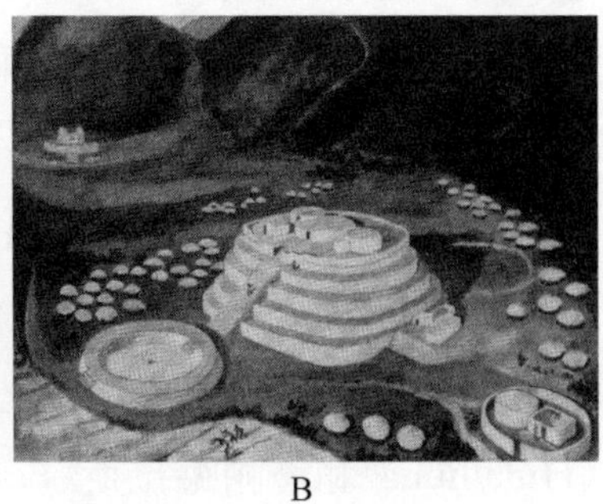

B

图8.5　公元前2500年左右前陶新石器时代晚期的礼仪中心

（A. 大约公元前2500年前陶新石器时代晚期的卡罗尔礼仪中心，有巨大的高台及居住区，位于一座边长600米的正方形广场。据Shady Solis et al. 2001；B. 公元前2500年左右前陶新石器时代晚期拉高达礼仪中心复原图。据Grieder et al. 1988）

现了两个叉着手的黏土人像(Izumi and Terada 1972)。

在拉高达遗址干燥的地层中发现的人工制品有两卷棉线、网、树皮布、绿松石、海贝和亚马逊鸟羽,其中有些东西证明当时存在广泛的贸易联系。我们还发现,这一时期秘鲁中北部高地以及太平洋沿岸在建筑和艺术风格上存在明显的共性。公元前2000年左右前陶时代晚期的这种区域文化一致性的现象具有重要意义,表现在祭祀用具上更是如此,托马斯·波多斯克(Thomas Pozorski 1996:350)评论说:

> 早期文化之间的高度相似性说明这一时期的交流和互动极其密切,特别是在宗教和礼仪方面。后来的差异显示出互动关系可能减弱了,至少在这个文化圈里是如此。

前陶时代晚期的秘鲁中北部,除了太平洋沿岸大量的海洋资源外,人们的生计还依靠灌溉农业种植的南瓜(包括墨西哥南瓜)、豆类、甘薯、土豆、姜芋、红辣椒和鳄梨(起源于墨西哥)。棉花种植广泛,但并没有发现玉米的迹象。迈克尔·莫斯利(Michael Moseley 1975)也列出了利马附近安贡(Ancon)地区前陶时代海岸遗址的一些作物,包括木薯,以及山地薯类如圆齿酢酱草(oca)和乌鲁库薯(ullucu)。这证明安第斯北部的高地和低地地区当时交流密切。这个结论并不令人惊讶,各地发现的棉织物样式和礼仪建筑风格在某些方面完全相同,也增强了这个结论的可靠性。比如上文提到的带有中央通风壁炉和地下通道的房子,在拉高达和科托什这些高地遗址中有发现,在卡斯马(Casma)谷地的瓦努亚(Huaynuna)和潘帕德拉斯(Pampa de las llamas-moxeke)这类低地遗址中也存在(Pozorski and Pozorski 1992; Pozorski 1996)。

161/162

公元前2000年之后,秘鲁北部和中部进入初始期(the Initial Period),陶器与编织物开始出现,玉米也是这时候出现的。在大约20个沿海遗址中发现了U形礼仪中心，这是在前陶时代晚期雏形的基础上形成的（Williams 1985）。就像前陶时代晚期一样，这时候的祭祀礼仪风格仍然保持广泛的一致性，说明各区域人群之间的联系十分密切。在卡斯马（Casma）谷地出现了一些大规模的政体，主要是谢钦阿托遗址（Sechin Alto）和潘帕德拉斯（Pampa de las llamas-moxeke）遗址，后者面积达220公顷。谢钦阿托遗址是当时新大陆最大的遗址之一，U形布局的居址长达1.5千米，中央高台高达44米。这些遗址装饰着模制泥塑，开启了著名的查文文化艺术风格的先河，后者在文化区（Horizon）时代早期流行于安第斯北部大部分地区。

由此，到了公元前2000年，安第斯北部兴起了多个上千人口的大型农业政体（Burger 1992：71－72）。在拉高达，很多房子现在转而用作墓穴，从保存较好的墓葬中我们可以知道，有一半人口的寿命超过40岁，4岁之前夭折的儿童占17.5％，对于当时的社会文化发展水平来说这是一个不错的数据。初始期遗址分布区向东延伸到马拉尼翁（Maranon）盆地，直抵亚马逊雨林。有趣的是，我们现在已经证实存在政体之间的战争，沿海的赛罗谢钦（Cerro Sechin）遗址中发现有武士和伤残战俘的图像，刻画在石台对面的墙壁上。这说明当时确实存在较大的人口压力。

在文化区早期阶段（公元前900年到前200年），秘鲁的玉米种植快速发展。里卡多·塞维利亚（Ricardo Sevilla 1994）认为，从公元前500年到公元1年玉米穗的平均长度增加了几乎一倍。理查德·布尔格和尼可拉斯·莫维（Richard Burger and Nikolaas van der Merwe 1990）根据对人骨的稳定碳同位素分析认为，玉米与本地驯化作物土豆、藜麦等比起来依然不是人们的日常食物，可能只是制作玉米酒（chicha）的原料。尽管如此，文化区时代早期很多时候社会压力仍然很大。迈克尔·莫利斯（Michael Moseley

1994)对公元前800年左右秘鲁海岸遗址大规模废弃的现象进行了分析,认为这很可能是环境恶化造成的。希利亚和托马斯·波多斯基(Pozorski 1987)也指出,秘鲁北部部分地区初始期的结束是由于外部入侵,战争造成了一定程度上的人口取代。这里并不打算详述后来的发展,但其结果就是查文文化的艺术风格和偶像崇拜传统在文化区时代早期影响了秘鲁中北部大部分地区。

163/164

查文遗址本身在庙宇的规划上保留了早期的U形布局,但也明显发展出一种复杂的新风格,这种令人瞩目的艺术风格在大约公元前500年左右迅速传播,影响距离几乎达到1 000千米(图8.4),以至于秘鲁实质上成为理查德·布格尔所说的一个"宗教群岛(religious archipelago)"(Burger 1992: 203)。各个社群被统一的偶像崇拜紧紧捆绑在一起,偶像主题包括人与兽。安第斯的查文文化当然是在农业起源很久之后发展起来的,但它构成了秘鲁文化演变的一个重要环节。秘鲁从文化广泛统一的阶段,发展到宗教信仰盛行的阶段,最终又回归当初(Burger 1992: 228)。

回顾安第斯山区早期农业的发展,表现出以下趋势:

1. 农业一旦出现,驯化作物的生产力会快速释放,人口就会迅速增长。图像和艺术风格的共同之处越来越明显,秘鲁北部尤其如此。参与这个发展过程的人群无疑多种多样,但从一开始,这个交流圈可能就在风格甚至语言上存在一定程度的共性。

2. 半干旱环境总是脆弱的,且极易被过度开发。到公元前1000年,经过初始期一千年的人口增长之后,环境和社会走向崩溃,特别是在太平洋沿岸,战争迹象和遗址废弃表明了这一点。

3. 由于以上原因,整个区域文化体系发生了重组,形成查文文化区域文化圈,典型因素包括偶像、艺术和贸易。

西南亚黎凡特地区从早期农业出现,经过前陶新石器时代B段、C段的衰落,进入到东南欧和美索不达米亚北部早期陶器文化的侵入时期，而整个秘鲁的文化发展序列恰似黎凡特的复制品。如果我的上述看法没错的话，那么我们就需要了解查文文化人群之间的交流到底有多么密切。事实上从语言同源和文化同源这两个方面来看，他们共同的祖先可以追溯到前陶时代晚期。整个区域物质文化的一致性表明，人群之间的关系非常密切。两千年之后的印加帝国时期情况更甚，尽管这时的秘鲁民族语言具有高度的多样性。自早期农业时代以来，多样性与日俱增，慢慢进入了一个我们所熟悉的趋势。我们将在第十章从语言的角度来探讨这一问题。

亚马逊地区

亚马逊地区的考古资料并没有安第斯山区丰富。亚马逊河和奥里诺科河流域的农业扩张可能与本地木薯的驯化有关，但尚不能完全确定。巴西特普瑞哈(Taperinha)遗址(图 8.3)最早的陶器似乎属于狩猎采集者。贝蒂·梅格斯(Betty Meggers 1987; Meggers and Evans 1983)认为，公元前 2000 年左右从西北传播到亚马逊地区的陶器主要有三种纹饰风格。第一种是"影线条带传统(zoned hachure tradition)"，最初出现在厄瓜多尔的瓦尔迪维亚、哥伦比亚的蚂蚁港(Puerto Hormiga)、初始期的秘鲁，以及秘鲁东部乌卡亚利河上游谷地的图卡因(Tutishcainyo)遗址(图 8.4)。第二种是"彩陶传统"(polychrome tradition)，可能起源于委内瑞拉西北部，并从距今 1 800 年开始沿着瓦尔泽亚(Varzea)冲积平原传播。第三种是相对较晚的"刻划戳印纹传统(incised and punctate tradition)"，它从距今 1 200 年开始在奥里诺科河流域传播。

164
165

梅格思的观点很明确，她认为农业和陶器传统是沿着亚马逊河从上游到下游传播的，传播始于它们的起源地，即南美洲西北部，特别是哥伦比亚和安第斯北部。朱利安·斯图尔特的观点也与此相近(Julian Steward 1997)，但他认为加勒比海沿岸的委内瑞拉和圭亚那更重要。相反,唐纳德·拉斯洛普(Donald Lathrap)认为,亚马逊河中游才是中美洲和南美洲所有早期农业社会的起源地。这个问题目前尚无定论,但是当我们从语言学材料(图 10.10)和木薯起源地两个方面来审视的时候,农业人群通过西部和西北部高海拔支流进入亚马逊的可能性更有说服力(Olsen and Schaal 1999)。初始期的秘鲁无疑是低地早期陶器社会的发源地,至少是"影线条带传统"陶器社会的起源地,典型遗址如科托什(Wairajirca 阶段)和特普瑞哈。

关于早期亚马逊人的农业经济,安娜·罗斯福(Anna Roosevelt 1980)认为,玉米出现在公元前 800 年左右的奥里诺科河中游,可能早于木薯的栽培。但普遍来看,在公元 1000 年以前,玉米在亚马逊地区似乎并不是主流作物(Roosevelt 1999b)。农业和陶器传播到西印度群岛似乎也是公元前 1000 年以后的事(Rouse 1992; Keegan 1994; Callaghan 2001)。亚马逊人是否真的从事过早期农业,真相仍然扑朔迷离。

中 美 洲

美洲中部早期的居住方式和农业文化与安第斯山区有些不同。与埃尔帕拉索和拉高达遗址相比,这里明显缺乏前陶阶段,未发现农业定居村落和纪念性建筑。特别是中美洲形成期早段(Early Formative)的文化,经断代没有一处确定早于公元前 2000 年。相当于秘鲁前陶时代晚期和初始期那样的大型纪念性建筑,最早修建在墨西哥海湾低地,年代已经晚到公元前 1000 年。当时形成了一个奥尔梅克互动交流圈(在形成期中段),分布范围大约 11 000 平方千米,从墨西哥西部直达洪都拉斯,横亘整个中美洲,与秘鲁的查文文化区年代接近,文化现象的外在表现也很相像。

165/166

中美洲形成期早段文化兴起于公元前1800年或前1600年甚至更晚(图8.6),分布很广。埃尔伯里(El Arbolillo)、塔拉克(Tlatilco)和科普西科(Coapexco)等遗址位于墨西哥谷地,科普西科可能有1 000人(Santley and Pool 1993;Tolstoy 1989; Grove 2000)。在瓦哈卡谷地,大约公元前1700年的埃斯普利登时期(Espiridion Phase),聚落规模在1—3公顷之间,房子为方形,木柱草顶,有袋状窖穴、陶器和人像。巴拉(Barra)、洛克纳(Locona)和奥科斯(Ocos)遗址位于恰帕斯(Chiapas)的索克努斯科(Soconusco)地区,该阶段的年代在公元前1800—前1200年左右,文化面貌类似。在洛克纳时期,礼仪中心包括2.5米高的椭圆形土台,建在阿曼达山口(Paso de la Amada)(Lesure 1997)。

再向东,陶器于公元前1500年出现在萨尔瓦多的查丘瓦帕(Chalchuapa)遗址,这个时候中美洲太平洋沿岸有可能是从同时期的厄瓜多尔学来了陶器技术。洪都拉斯加勒比海岸的波多埃斯孔迪多(Puerto Escondido)的陶器年代大约在公元前1600—前1400年,与巴拉奥纳(Barahona)时期陶器有着非常密切的关系。公元前2000年后不久,哥斯达黎加内陆的塔都维亚(Tronadora Vieia)出现了弧形拍印纹(rocker-stamped)陶器和玉米农业,同样与恰帕斯有着文化关联(Joyce and Henderson 2001; Sharer 1978; Sheets 1984, 2000; Hoopes 1991, 1993)。

所有这些资料说明,至少在公元前1500年左右的中美洲大部分地区,农业生活已经非常稳定,广泛流行同样风格的彩陶和刻划纹、拍印纹陶器。这与人口的迅速增长有关,也和礼仪中心的建造有关,而礼仪中心的兴起意味着权力威望的集中和战争的日益频繁(Flannery and Marcus 2003)。有一项覆盖了危地马拉谷地600平方千米的形成期早段聚落研究,推测该时期人口密度每250年到300年翻一番,而且都靠玉米维持生计。主持这项研究的学

166/167

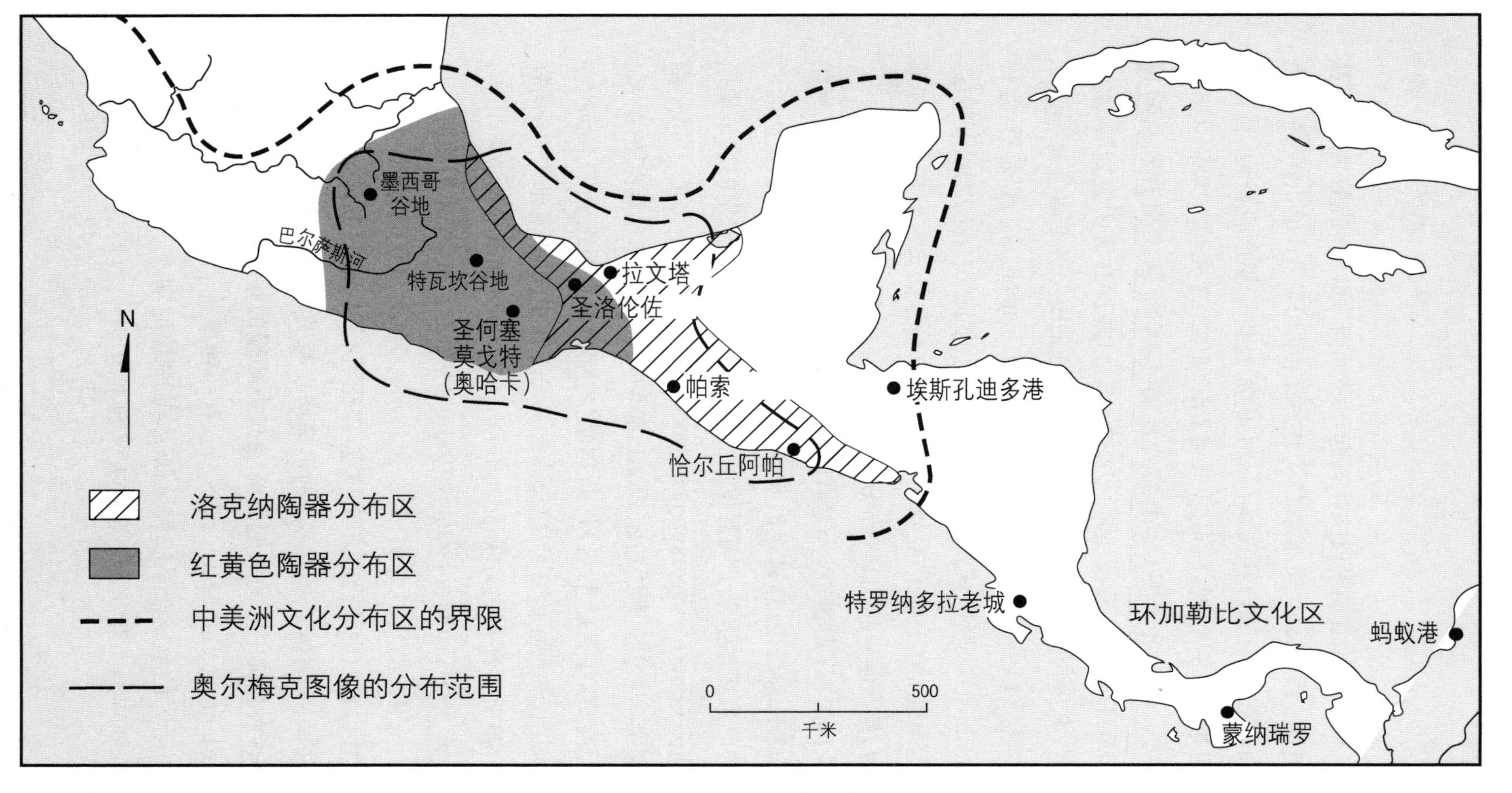

图 8.6 中美洲主要考古遗址

（本图显示了奥尔梅克文化区的范围，公元前 1600—前 1000 年左右形成期早段红黄色［red-on-buff］陶器和洛克纳［Locona］陶器传统的分布范围。据 Clark 1991）

者(Sanders and Murdy 1982：58)指出，“人口增长，聚落增多，以及人群扩张，是农业先驱们的一大特点，他们需要占据更多的土地”。乔伊斯·马库斯和肯特·弗兰纳里(Joyce Marcus and Kent Flannery 1986：84)认为瓦哈卡谷地的人口在形成期早段增长了5—10倍，其中圣何塞莫戈特(San Jose Mogote)大型聚落在公元前1200年左右达到了20公顷，加上周边的小村落，覆盖范围达到了70公顷。骨骼分析也表明这些早期的瓦哈卡农人的健康水平一直都比较好(Flannery ed. 1976；Whalen 1981；Hodges 1989；Flannery and Marcus 1983，2000；Christensen 1998)。

根据区域风格的不同，约翰·克拉克(John Clark 1991)将公元前1500年左右(形成期早段)的中美洲分为两个文化交流圈。第一个文化圈囊括了墨西哥中部大部分地区，从墨西哥湾直达太平洋沿岸，典型特征是红黄色陶器(red-on-buff pottery)。第二个文化圈也称为洛克纳(Locona)风格分布区，典型陶器是器表有凹槽和刻划纹的双色球形罐(bichrome tecomates)，范围包括特万特佩克地峡(Isthmus of Tehuantepec)、恰帕斯北部和危地马拉(图8.6)。肯特·弗兰纳里和乔伊斯·马库斯(Flannery and Marcus 2000)最近指出，这两个文化圈或者说文化区的边界划分大约等同于奥托曼吉语系(Otomanguean)和米塞索克-玛雅语系(mixe-zoque and Mayan)的分界，前者在西，后者在东。这个问题将在第十章深入讨论。第一个文化区的西部边界不太清晰，第二个文化区的东界在公元前1000年左右远达中美洲东部的洪都拉斯和萨尔瓦多(Sheets 2000：418)，与玛雅语的东部界限相当一致。

在中美洲地区，农业传播和互动交流的范围越来越广，在形成期中段达到顶峰，形成了著名的奥尔梅克文化区(约在公元前1200—前500年)(Clark and Pye 2000)。关于奥尔梅克文化的起源有多种观点，一些人认为它起源于墨西哥湾沿岸，另一些人认为它起源于恰帕斯和危地马拉(Bernal 1969; Coe 1989;Lowe 1989; Graham 1989)。我认为,奥尔梅克文化很可能像查文文化那样,根本就没有一个特定的起源中心(Flannery and Marcus 2000)。与其说它是征服和改造的结果,更有可能它像查文文化一样,各个族群本来就有语言上的联系,现在是对既有共同祖先信仰和意识形态的进一步强化。

奥尔梅克文化风格的器物和石雕在中美洲分布很广,如海湾地区、墨西哥谷地、格雷罗(Guerrero)、普埃布拉(Puebla)、莫雷洛斯(Morelos)、瓦哈卡、恰帕斯、危地马拉,直到萨尔瓦多和洪都拉斯。然而,很有意思的是,从民族语言学来看,奥尔梅克文化的分布范围并不包括玛雅低地(Hammond 2000)。大卫·格罗夫(David Grove 1989)指出,大部分奥尔梅克文化器物都是当地生产,而不是交换而来的,而且就像查文文化一样,各个阶层都在使用这些器物,并非是精英阶层的专享(Pve and Demarest 1991)。典型的奥尔梅克陶器包括:豆盘、葫芦瓶、球形罐(tecomates,与同时期秘鲁的陶器相似)、平底盘,代表性纹饰有填线和凹槽。诸如拉文塔(La Venta)这样的海湾低地礼仪中心依靠玉米维持生计,玉米是种植在堤坝上的(Rust and Leyden 1994; Pope et al. 2001)。墨西哥中部、普埃布拉和危地马拉出产黑曜石,并广泛流通到各地。

167/168

今天,大部分学者认为奥尔梅克文化现象是广大范围内社群密切交流的结果。或许事实确实如此,但是我认为,这种交流就像秘鲁的查文文化一样,是将民族历史语言底色本就相近的各类人群凝聚了起来,农业体系形成发展导致的人群扩散发挥了重要作用。对于中美洲而言,这种说法已经不是新观点。

1969年,詹姆斯·福特关于美洲形成期研究的巨著在他去世后出版。今天这本书的引用率不高,部分原因是福特做了一个假设,认为美洲所有的早期制陶技术都起源于厄瓜多尔的瓦尔迪维亚。今天这个假设可能已经被推翻了(Hoopes 1994)。但福特1969年著作的意义不止于此,因为这是第一次有人付出了巨大的努力去研究形成期美洲物质文化的高度相似性,研究范围从秘鲁直到美国东部林地,主要研究对象包括土丘、石叶技术(blade technologies)、树皮布打棒(barkcloth beaters)、刻槽斧(grooved axes)、磨盘、磨棒、石珠、耳坠、耳塞、陶质神像、圆柱和纽扣形印章、烟管,以及大量的陶容器和装饰品,如球形罐(tecomates)、折腹罐(carinated pots)、圈足和三足罐、提梁流陶壶(stirrup spouts)、磨光红陶和条带磨光红陶、影线条带纹陶器、刻槽陶器等。公元前1500—前500年间这个广大区域内的密切关系可用22个大型图表来表示。

福特提出了一个重要问题,并以之作为其著作的副标题,即区域相似性体现的是"文化传播还是心理认同?"福特本人认为是文化传播,这与早期学者斯平登和克罗伯的观点一致。我们在这里只关心福特所谓"殖民形成期(Colonial Formative)"之后开始传播的文化特征。根据目前的年表,这一时期在公元前2500—前1000年之间。他还强调一种观点,认为这里早期具有统一性,后来随着文化分化,差异性越来越大。今天我们知道,那个时代,即中美洲的形成期早段、秘鲁的前陶时代晚期和初始期,实际上是一个十分辉煌的时代,可谓盛况空前。中美洲文化和语言的扩张,可与一万年前古印第安人对美洲的殖民开拓媲美,也可以与三千年后欧洲文化的侵入相提并论。

美国西南部

美国西南部包括内华达、犹他、亚利桑那、科罗拉多西部以及新墨西哥西部，这个区域并不是农业起源中心，但它是北美农业社会发展最重要的区域之一，20 世纪初对阿纳萨齐（Anasazi）、莫戈隆（Mogollon）和霍霍坎（Hohokam）等大型遗址的发掘揭示出非常清晰完整的考古资料（图 8.7）。这些古代农人的后裔包括霍皮人、祖尼人和格兰德人，他们今天仍生活在亚利桑那北部和新墨西哥的普韦布洛村落中。

然而，美国西南部不只是兴起了拥有石器和土坯房的普韦布洛定居社会，还有另外一些情况。比如，根据民族志记载，墨西哥西北部索诺拉的塔拉乌马拉人（Tarahumara）和奇瓦瓦（Chihuahua）人就没有建立普韦布洛村落，而是采用了流动性较高的生活方式（Hard and Merrill 1992；Graham 1994）。内华达和犹他的大盆地、科罗拉多高原北部都生活着流动采集狩猎人群。科罗拉多高原南部原来是阿纳萨齐人居住，后来说阿萨巴斯语的纳瓦霍人（Navaio）和阿帕奇人（Apache）南迁占领了这里，这些狩猎采集人群的迁徙发生在公元 1400 年以后（Matson 2003），阿纳萨齐人留下的大量的普韦布洛聚落废墟就是确凿无疑的证据。

从史前农业的视角来看，公元前 2000 年以后的美国西南部可以看作中美洲地区的向北延伸。事实上，保罗・希基霍夫（Paul Kirchhoff 1954）使用了“大西南（Greater Southwest）”这一概念将北回归线以北的墨西哥地区纳入进来。这一区域的地理环境主要包括半沙漠、草原和高山森林，同时也散布着一些富饶的河流冲积区。除了海拔很高的地方之外，其他大部分地方都可以灌溉，农业只能局限在夏季的几个月进行，很多山区冬天有霜冻和冰雪。史前晚期的主要农作物起源于中美洲，尤其是玉米、南瓜、豆类和棉花，这些作物在大约公元 1300 年传播范围达到极盛，最北到了犹他州的弗蒙特文化区。这里也会在炊煮前将玉米放入石灰水中浸泡，以及制作墨西哥薄饼，这些方法都是起源于中美洲。

图 8.7　美国西南部公元前 1000 年早期玉米遗址及后继文化区

（资料据 Coe et al. 1989；Mabry 1998；Archaeology Southwest13，No.1，pp.8－9，1999）

公元1300年以后，美国西南部美洲印第安人的农业活动急剧衰落。有些人将之归因于气候变得干旱，也有人说这是人口过多、农耕过度和生态环境脆弱共同作用的结果。我倾向于第二种解释，也可能两种原因兼而有之，但这并不是我们讨论的主题，因为在这里我们主要关注农业的起源而不是终结。关于弗蒙特文化和大盆地不再做过多讨论，它们将在第十章与纽米克语族群的起源问题一起探讨。

美国西南地区考古资料极其丰富，尽管公元前400年以前的早期农业时代资料比较薄弱。这个薄弱环节最近得到了一些补充，但关于公元前2000年到前400年之间是否真正存在农业生活方式依然证据不足，只是零星发现了一点玉米遗存。这导致绝大多数美国西南考古研究者普遍认为，这些玉米种植者实际上是古代期晚段的觅食者，他们到处种植玉米是为了提高经济安全和规避风险（Ford 1985；Wills 1988；Jennings 1989；Minnis 1992；Upham 1994；papers in Roth ed. 1996；Plog 1997；Cordell 1997）。这也说明西南部人群缺乏流动性，从而可以解释本地从古代期到普韦布洛衰落期的文化连续性。在公元前1000年，古代期晚段的狩猎采集者仍然保持了一定的流动性，只是以种植作为副业。直到公元前400年，他们才逐渐定居下来，居址形式是“编篮者二期文化（Basketmaker II）”那样的地穴，并开始从事灌溉农业。

但是，认为美国西南地区的农业转型是本土狩猎采集者长时段适应的结果这种观点一直饱受批评，有些不同看法与之针锋相对。比如，斯宾塞和詹宁斯（Spencer and Jennings 1977：253）提出：“我们只能说，最早的霍霍坎人其实就是一群迁徙而来的墨西哥印第安人，他们用技术手段开拓了吉拉河流域和盐河流域的荒漠，建立了一个北方定居点，也就是现在亚利桑那州的菲克尼斯。”有意思的是杰西·詹宁斯（Jennings 1989）后来改变了看法，认为

170/171

流行的说法是对的，并不存在农业人群迁徙。另一位西南考古学泰斗埃米尔·豪里（Emil Haury 1986）赞同玉米和陶器是公元前300年墨西哥人迁徙时带到亚利桑那北部的，然而豪里像大多数研究西南考古的学者一样，坚信高海拔地区的莫戈隆和阿那萨齐的农业是狩猎采集者适应的结果。不得不说的是，最近的研究也支持这一解释（Matson 2003）。

农业引进的时间早于"编篮者二期文化"，迈克尔·贝尔（Michael Berr 1985：304）认为这一点意义重大：

> 玉米种植的引进是其他文化人群入侵的结果，而非是狩猎采集者接受农业传播的产物……一支成功适应狩猎采集生活的文化，没有理由自愿去接受农业生活方式，因为这会严重限制他们的流动性，作物管理与收获的季节性也会与众多野生资源的季节性相冲突。渐进主义模式的错误在于没有认识到玉米农业要么全有要么全无（all-or-nothing）的特点。如果不是全力以赴年复一年地投入种植、照料和收获，只是简单照顾一下，那么这种已经失去自我繁殖能力很久的植物是无法存活的。一切证据都指向一小群农业殖民者，他们的文化之根最终将追溯到中美洲，即使可能并非直接来自中美洲。

在广泛考察了西南地区早期农业的所有研究成果之后，对于农业起源出于人群迁徙还是本地适应，马特森（R. G. Matson 1991）不得不采取了模棱两可的（on the fence）态度，当时这样做也许是对的。尽管他没有表明立场，但他指出，公元前1000年间，在亚利桑那南部和科罗拉多高原，出现了对玉米的依赖、地穴居住方式和一种名叫圣佩德罗矛（San Pedro Point）的凹边矛头。现在在亚利桑那南部已经发现了与这一段时期的农业直接有关的考古遗存，完全推翻了过去的观点。

高速公路和管道建设带来的考古发现

如果没有抢救性考古工作，北美考古主要发展阶段的面貌将仍然笼罩在迷雾中，农业起源的情况也会像台湾岛那样搞不清楚（见第七章）。多年以来我们已经知道，早在公元前1000年以前，美国西南部就在广泛食用玉米（图8.7），山洞中储藏的玉米棒很好地说明了这一点。但其中有些遗址仍给人以狩猎采集文化的感觉，因此很久以来不敢确定洞中所见早期玉米究竟意味着什么（Simmons 1986；Matson 1991）。

171
172

20世纪90年代，亚利桑那南部吉拉河支流冲积区和河旁台地考古遗址的抢救性发掘改写了一切。1993年，配合排污管线工程建设，考古工作者对图森盆地的米拉格罗（Milagro）遗址进行了发掘，发现了一处聚落，房子为椭圆形地穴，还有袋状地窖，黏土烧制的人像、矛头和玉米穗，玉米穗经碳十四断代为公元前1200—前1000年。有些灰坑很大，如果储存玉米，足够四口之家吃上四个月。这些遗址仅上层出土陶器，测年约为公元100年（Huckell et al. 1995）。米格拉罗的重要发现使得玉米的来源从高地传播论转变为低地传播论。过去认为玉米是从墨西哥高地传播到美国西南部的，现在则认为是从墨西哥低地沿着河流来到这里的。

其他地穴房屋聚落遗址的考古发现也体现出玉米至少公元前800年之前在图森地区已经发挥重要作用。对奇瓦瓦北部塞罗朱安奇那（Cerro Juanaquena）一处面积达4公顷的遗址的发掘使人们深切认识到玉米传播速度之快和规模之大，遗址中发现的玉米经AMS断代再次被认定属于公元前1500—前1000年。玉米可能种植在遗址周边的石砌梯田上，梯田总长达8千米（起初把梯田的石阶错误判断为房址或防御工事）。[5]罗伯特·哈德和约翰·罗尼（Robert Hard and John Roney 1998，1999）认为当时这里并不一定把玉米作为主食，当地人也种植藜麦和苋菜，并继续狩猎和采集。然而，在同时期的索诺拉的拉普拉亚（La Playa）遗址，发掘者注意到玉米“无处不在（ubiquitous）”，食用者“十分健康”（Carpenter et al. 1999）。

最重要的遗存是在圣克鲁斯河（Santa Cruz River）流域进行高速公路建设时候发现的。圣克鲁斯河是吉拉河的一条支流，流向图森的北部。在一个叫“圣克鲁斯河湾（Santa Cruz Bend）”的遗址，揭露面积达 1.2 公顷，发现遗迹 730 处，大部分是房址（共 183 个）和窖穴，年代分别属于圣佩德罗（San Pedro）时期（公元前 1200—前 800 年）、色内瓦（Cienega）时期（公元前 800—公元 150 年）和阿瓜卡连特（Agua Caliente）时期（公元 150—550 年）。很可能这次发掘面积只占遗址总面积的 15%，因为一般来说这类早期农业村落的面积多在 7 到 8 公顷。房子为木骨泥墙圆形结构，其中最大的一个房子直径约为 8.5 米，可能是某种公共建筑。玉米、南瓜、烟草和棉花遗存意味着当时的经济已经是农业性质；大型猎物逐渐减少，显示出人口增长对环境的压力逐步增加。在圣克鲁斯河湾遗址，色内瓦时期出现了粗陶，之后在阿瓜卡连特时期发展为磨光球形罐，这是当时墨西哥北部最典型的陶器。有意思的是，圣克鲁斯河湾遗址的最早陶器似乎并不用于炊煮，而是用于储藏。

最新的重大发现来自拉斯卡帕斯（Las Capas）遗址，这是圣克鲁斯河流域另一处因为高速公路建设而进行抢救性发掘的遗址，该发掘由乔森纳·马布里主持（Muro 1998 - 9; Mabry 1999）。至少在公元前 1200 年的圣佩德罗时期（图 8.8），这个遗址就已经是很兴盛的聚落，发现有圆形房址、灌溉沟渠和常见的袋状窖穴（也流行于同时代的中美洲形成期早段）。拉斯卡帕斯遗址的陶器最早出现在公元前 900 年左右。典型器物还有圣佩德罗凹边矛头，

172/173

应该是装在投枪上的，这种矛头似乎打断了当地古代期矛头类型的发展序列。拉斯恰帕斯遗址最早的玉米年代约在公元前1500年，另一处名为洛斯波索斯（Los Pozos）的遗址，出土玉米的年代则为公元前1700年（Stevens 1999）。

图8.8 拉斯卡帕斯遗址各时期复原图

（展示了房屋、灌溉沟渠和袋状玉米窖。授权人：迈克尔·A·汉普希尔［Michael A Hampshire，本图经授权重新制作］）

美国西南部农人来自中美洲？

在研究圣克鲁斯河湾遗址的时候观察到一个重要现象——在公元前1700年左右，遗址周边的冲积层增加速度明显加快。布鲁斯·赫尔克（Bruce Huckell 1998：64）将之归因为气候因素，并提出在本地区其他河流流域同时期也出现了这种现象。但是这里要问的是，既然世界上其他地方的人类因为从事早期农业生产清除植被影响到土壤沉积，这里的早期农人是不是也与此事有关？如果答案是肯定的，那么玉米农业在公元前2000年后不久传入美国西南部这一说法便有了很大的可能性，近来的碳十四测年也有力地说明了这一点。

最近在一篇会议论文中，约翰·卡朋特、乔纳森·马布里和桑切斯·卡朋特（John Carpenter, Jonathan Mabry, Sanchez de Carpenter 2002）指出，从科塔罗（Cortaro）和吉普瑟姆（Gypsum）遗址出土的矛头来看，玉米至少在公元前2000年便从中美洲传播到了图森盆地。这些矛头在中美洲也有发现，比如特瓦坎谷地的考克斯卡特兰洞穴（Coxcatlan Cave）和墨西哥谷地的特拉提（Tlatilco）遗址。它们是最佳的证据，证明了玉米农业最初传播到亚利桑那的背后实际上是人群的迁徙。然而，我刚写完这章初稿没多久，就收到乔森纳·马布里的电子邮件，告诉我图森地区与玉米和陶器一同发现的还有一种叫作阿米尤（Armijo）的矛头，似乎是亚利桑那的本土器物。这说明玉米种植在古代期狩猎采集者中的传播也非常早。

173/174

我个人推测农业的引进实源于墨西哥的人群迁徙，这个论断得到乌托-阿兹特克语言历史研究新成果的支持，我们将在第十章对此进行深入讨论。但这个结论是否适用于整个美国西南部，或者有些区域的农业是否就是狩猎者自己所为，都还需要进一步探究。很多遗址既有玉米，也有狩猎采集者的痕迹，这种情况在本区域广有发现，尤其是在距离河流冲积区较远的贫瘠地带（Whalen 1994; Roth 1996; Gilman1997）。最近梅森（R. G. Matson 2003）对这一问题做了阐述，他认为玉米农业进入到亚利桑那存在传播主线，这是农人从墨西哥北部迁徙而来的结果。他提出迁徙的速度可能非常快，玉米从墨西哥西部格雷罗的巴尔萨斯盆地传入亚利桑那只用了500年。

梅森还研究过科罗拉多高原东部高海拔地区莫戈隆“编篮者二期文化”的农业状况，相关资料包括篮筐和草鞋（在干燥的洞穴中经常发现这类东西)、人骨,以及现代普韦布洛语(有些不属于乌托-阿兹特克语系)。根据这些证据,他认为这个地区古代期的狩猎采集者进行过农业活动。史蒂芬·勒布朗(Steven Leblanc 2003)也持相同观点。综合美国西南地区的考古材料,我们有理由认为玉米农业来自墨西哥,时间在公元前2000年之前,其途径以低地人群的迁徙为主,同时生活在高海拔地区的土著狩猎采集者也不同程度地开展过农业活动。

美国东部林地农业的独立起源

由于发现俄亥俄、坎伯兰、田纳西等河流流域和密西西比河中游地区在公元前2000年甚至更早时期一直存在种子植物的驯化活动,这使得美国东部早期农业考古像西南部那样发生了范式转型。尽管这一发现1936年就被预见到了,但一直以来,美国多数考古学家仍然先入为主将该地区的林地土墩早中期文化(公元前1000—公元500年)视为狩猎采集者的遗存,玉米系在此之后公元1千纪中晚期才得到广泛种植。事实上,美国东部的玉米遗存年代最早也只到公元前200年左右,是在伊利诺伊州的霍尔丁(Holding)遗址发现的,可能经由加勒比海而来(Riley et al. 1991; Riley et al. 1994)。很明显,玉米在公元650年以前尚未传入新英格兰(Hart et al. 2003)。

174
175

尽管有了以上新认识,但仍有几点让人困惑。一方面,玉米出现之前,本土驯化作物在美国广阔的东南沿海地区明显不存在,而是都集中于东部林地中心地带和北纬34度左右的区域(图10.13)。令人不解的是,一些大型祭祀土墩遗址位于早期驯化农业区之外,例如路易斯安那州的波弗蒂角(Poverty Point)基本没有农业迹象,尽管从其规模判断这里应该存在粮食生产。而且,在公元前500年以前，农业在这一区域基本上无足轻重，这说明东部林地就像南美洲北部一样，狩猎采集者最初只是在富裕的非农业经济边缘地带随意种植作物，仅仅是应对匮乏时期的权宜之计。总的来说，东部林区的农业进程给人一种慢热的感觉，或许其他森林地区的情况也是如此，比如新几内亚高地和亚马逊地区，这与中东、中国、中美洲、美国西南部和安第斯山区所呈现出的迅猛发展状态截然相反。

首先，我们来看一下作物本身。和中美洲一样，这里最早驯化的作物很可能也不是用作粮食，比如南瓜（Cucurbita pepo）和葫芦，后者被当作容器使用。它们最终得以驯化无疑是人们长期选择并在居住地附近种植的结果。一年生粮食作物也得以驯化，其中包括淀粉类种子作物伯兰德氏藜（Chenopodium Berlandieri）（依照叶子的形状也称之为鹅掌菜）、油料作物向日葵（太阳花）以及艾瓦黄花（Iva annua）（又称沼泽草或黄叶柳）。这些植物明显都受到过驯化，可以看出它们的种子逐渐变大，种皮越来越薄（图8.9）。可能所有作物都是东部林地的本土植物，除了向日葵之外。向日葵可能起源于墨西哥或美国西南部，后来传播到这里。其他一年生淀粉种子植物还有五月草、小型大麦（little barley）和结草，它们在某些遗址中发现很多，但并没有明显的驯化迹象。除了南瓜和向日葵外，上面提到的所有作物今天都已经不再种植了。

在这些作物中，藜麦似乎是最重要的。盖尔·弗里茨（Gayle Fritz 1993）提到，在俄亥俄灰洞（Ash Cave）遗址公元前1000年的堆积层中，有一个窖穴储藏了900万颗藜麦种子。直到2000年前，结草和小型大麦都不是很常见，而这时候玉米已经出现了。公元1000年以后，和玉米一同起源于中美洲的普通菜豆（Phaseolis vulgaris）才传入东部林地。

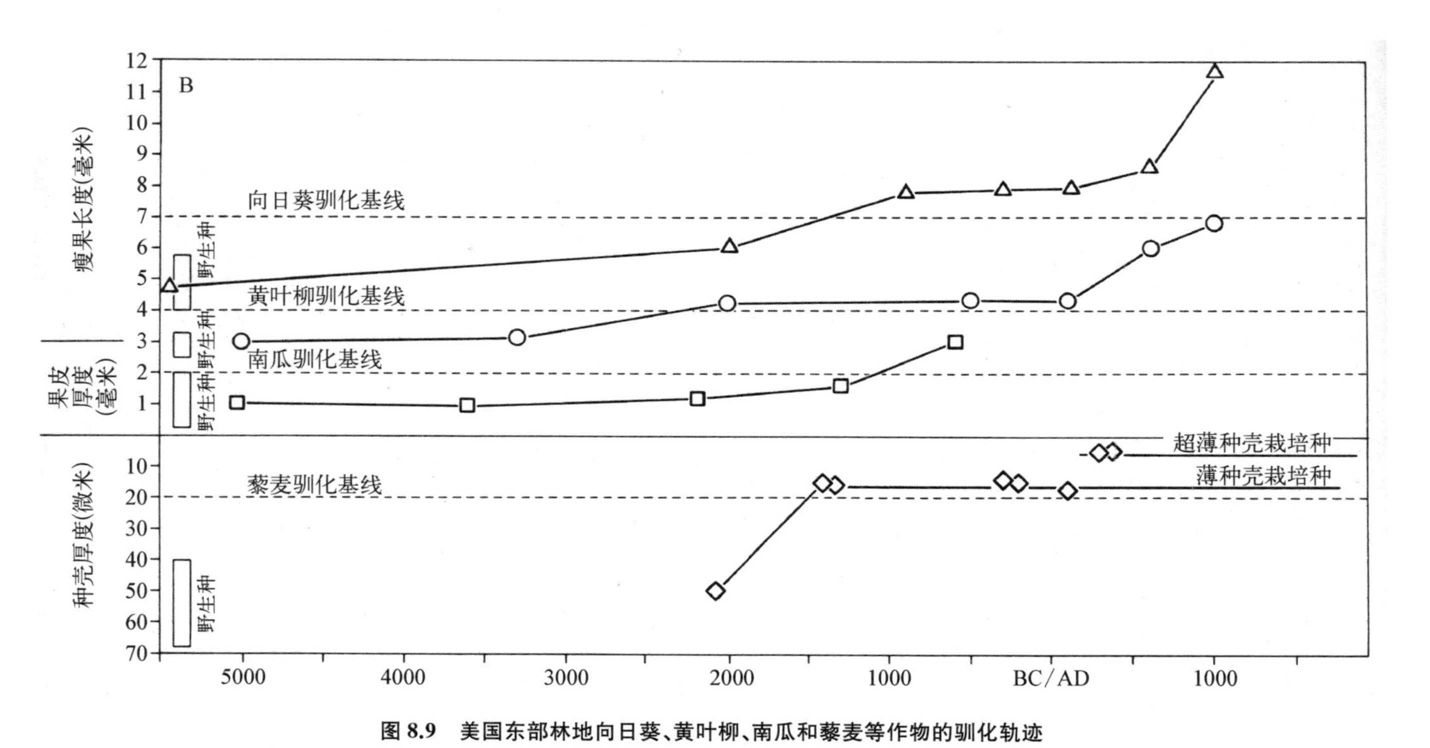

图 8.9　美国东部林地向日葵、黄叶柳、南瓜和藜麦等作物的驯化轨迹

（据 Smith 1992b。在最近一次私人交流中[2003]，布鲁斯·史密斯告知我作物驯化开始时间的一些最新数据，根据图中基线所示，南瓜的驯化约在公元前 3000 年，向日葵的驯化约在公元前 2000 年）

布鲁斯·史密斯认为，以上这些驯化作物构成了真正的农业经济，而不再仅仅是狩猎采集生产方式的附属品（Bruce Smith 1987，1992a，1992b，1995）。他还指出，对冲积平原上草类的驯化人为干扰了大河的冲积活动，加快了中更新世以来沉积层的沉积速度。沉积速度的加快经常有人用气候因素解释，但根据上文对图森盆地的讨论，部分原因是人类清除杂草而起。换句话说，通过清除杂草开辟农田可能会加快河流沉积速度。

175/176

东部林地的这些本土驯化作物在食谱上究竟有多重要？史密斯（Smith 1992b：208）认为，这些作物有着"丰富的营养价值和可观的丰收潜力"。理查德·亚内尔（Richard A. Yarnell 1993：17，1994）根据洞穴遗物浮选结果和古人类排泄物样本估算，在公元前650—前250年肯塔基地区人类摄入的食物比例中，40％是含油类种子作物（比如向日葵、南瓜和沼泽草），36％是淀粉类种子作物（藜麦、五月草和苋菜），20％是坚果，还有少量蔬菜和水果。从这个统计中我们可以看出，至少75％的食物来自驯化的园艺作物。很明显，区域差异会导致各种作物在不同地方的占比差别很大，正如布鲁斯·史密斯所说，藜麦在田纳西东部是主要作物，但在伊利诺伊中西部却只是次要作物。史密斯（Smith 1992b：200）还说，一块70米见方的土地，如果种植黄叶柳和藜麦，便可以为一个十口之家提供半年中所需热量的一半。

因此，到了公元前2000年，东部林地中心地带的社群对农作物的依赖急剧增长。公元前后的伍德兰中期文化霍普韦尔（Hopewell）阶段早期，前玉米时代的农业体系已经遍布伊利诺伊、田纳西、肯塔基和俄亥俄，并越过密西西比到达密苏里和堪萨斯（Adair 1988；O'Brien and Wood 1998）。目前已发现这个时期的大量考古遗存，聚落由圆形小房子组成，规模较小，多在两公顷以下，坐落在冲积平原边缘，散布着土墩墓和"礼仪中心"建筑（Smith 1992b）。

与墨西哥、秘鲁、中东或中国不同，这里的聚落集中程度不高。直到公元1000年之后，玉米成为密西西比社会的经济基础，聚落才高度集中。但是伍德兰早中期的一些土墩却十分庞大。俄亥俄州阿迪纳（Adena）公元前1000年的土墩墓高达20米，顶部有圆形建筑留下的柱洞，中心是木椁墓穴。这种土丘有时被多道复杂的围墙围住，面积可达10公顷（Brose et al. 1985；Webb and Snow 1988；Mainfort and Sullivan 1998）。雄伟的土墩和堤坝建筑，包括动物形土丘，以及联结美国东部大多数地方的庞大贸易网，是公元后一千年里霍普韦尔文化阶段的特色（图10.13）（Brown 1994）。

根据人骨资料和生育率估算，伍德兰早中期也是一个人口增长较快的时期，增长趋势一直延续到伍德兰晚期和密西西比时期（Buikstra et al. 1986）。然而，关于这个早期农业社会，仍然有很多问题不清楚。陶器技术与伍德兰文化图景是什么关系？农耕区之外的广阔地区，也有人建造巨大的土墩，他们的经济方式是什么样的？真的没有农业吗？伍德兰农业遗址的人群与之前古代期的人群之间是什么关系？在向农业过渡的过程中有没有发生人群的重组或取代？在很多时候，这里的考古资料比位于农业起源中心地带的中美洲和秘鲁北部还难以解读。这可能是保存状况不佳所致，但更反映出东部林地是一个农业和觅食相结合的地区，而不是一个因素单一的文明起源区。农业似乎呈现出比较分散和微弱的景象，直到公元900年进入到玉米占统治地位的时代。

陶器方面，在东部林地的农业遗址中从未发现过类似美国东南部和南美的早期夹炭陶。早期夹炭陶器最早发现于公元前2500年左右的佐治亚和佛罗里达北部，而且似乎在任何地方都比农业出现要早（Peterson 1980；Adair 1988；Walthall 1990；Milanich 1996）。公元前1200—前600年之间，出现许多拍印、压印和刻划纹陶器，绝大多数都不夹炭，分布范围到了密西西比州东部，直至纽约州都有出土(Jenkins et al. 1986)。这些伍德兰早期陶器到底是像福特(Ford 1969)说的起源于本地更早的夹炭陶,还是像韦伯和斯诺(Webb and Snow 1988)说的,技术和风格来自中美洲,都难以说清。从语言的角度来看,不可能存在公元前1000年左右中美洲大批移民占领美国东部大部分地区并取代了当地土著这种事情。由此而言,伍德兰早期人群一定是当地古代期先民的后裔。

177/178

但是,在讨论区域史前史时,不能一叶障目不见森林。伍德兰早期陶器广泛流行的时候,也是早期农业出现,以及土墩等大型建筑开始建造的时候。就算陶器、农业和土墩的分布范围并不完全重合,情况也是如此。因此,可以认为农业和陶器之间是有一定联系的。而且,一些南部遗址如路易斯安那的波弗蒂角(Poverty Point)出土的球形罐,与中美洲同期陶器类似,表明了东部林地与中美洲之间存在联系。在公元前600年以前,一些南部的陶器也有刻划纹和印压纹纹饰,与同时代中美洲陶器风格很相似(Ford 1969;Jenkins et al. 1986)。

所以,美国东部林地的早期文化图景真正告诉我们的是什么?我认为土墩建筑、陶器制作和农业经济的发展之间有密切的关联。自公元前3000年以来的伍德兰早期,至少在密西西比河中游及其主要支流流域的情况正是如此。考古资料显示,这里确曾发生过农业起源活动,有力的证据就是在文化面貌上与中美洲存在一定程度的相似性,但并非一开始就照搬了中美洲的农业,因为玉米显然需要几个世纪的时间才能适应纬度的北移。

但是,如果继续向南,到了似乎超出伍德兰农业区范围的地方,又是什么情形?例如路易斯安那的波弗蒂角遗址,面积达60公顷,六个巨大的半圆形土墩向心排列,有一座鸟形土墩呈现出奥尔梅克文化风格,还有雕塑、陶器,600座房屋,可居住5 000人,至少80个时代相同、文化相近的遗址共同构成了一处文化景观。整个文化的年代是在公元前第 2 千纪，而波弗蒂角遗址本身的时代一般认为在公元前 1750—前 1350 年。这个区域可能还存在年代更为古老的土墩，早到公元前 4000 年(Gibson 1998)。然而波弗蒂角至今都没有出土驯化作物或农业种植的直接证据(webb 1977; byrd 1991; gibson 1996, 1998)。这是不是因为农业遗存难以保存下来？在农业之前，是否有个驯化前种植(pre-domestication cultivation)阶段？波弗蒂角的居民们是否仍然是纯粹的古代期狩猎采集者？他们的食物是从被统治者那里获得的吗？对于这些问题，我们不得而知，但很难想象一个大型遗址只靠自身狩猎采集经济能够维持这么久。

关于距今两千年以前伍德兰后期的玉米农业传播问题，我们将在第十章进行讨论。我们还会根据苏族人(Siouans)、易洛魁人(Iroquoians)和卡多人(Caddoans)的迁徙来梳理该地区民族语言的史前史。尽管本土作物的驯化过程为这些语系部分奠定了民族语言的发展基础，但很明显，关键性的变化和人口重组发生在公元第 1 千纪和第 2 千纪初期。这一时间段的后期，农业社群跨越密西西比来到大平原，迁徙浪潮达到了前所未有的程度，玉米种植呈现出快速发展的景象，农业人群的扩张向北一直到达了安大略。

178/179

第九章　如何通过语言研究人类史前史？

所有方言都保留有来自古老语言中的某些词汇，这种古老语言曾经是一种通用语，后来逐渐分化为千差万别的众多分支语言。

约翰·雷因霍尔德·福斯特(Johann Reinhold Forster 1778[1])

比较历史语言学的核心任务是识别有遗传关系的语言群体，重建它们的祖先语言，并追溯其中每一种分支语言的发展过程。

考夫曼(Kaufman 1990a：15)

本书的前八章详细介绍了亚洲、非洲和美洲的一些农业起源地对外传播的早期历史。农作物、家畜和各种新技术在广大地区扩散开来，人口爆炸性增长，居住方式从流动性季节营地变为定居性村庄和城镇，祖先、公共墓地、神庙以及血统世系在公共事务中的作用不断强化。社会结构和生产经济的基础终于建立起来，开始了早期文明的艰难旅程。

这一切对于人类来说意味着什么？这些早期农人是谁？如果说他们是现代人的祖先，他们在文化、语言和生物学意义上与现代人有何联系？在这一点上，我们必须把来自不同学科的资料所能反映的意义严格区分开来。考古材料处理的是古代生活的物质方面，而不是语言或生物学属性。比较历史语言学资料揭示了语言是如何发展和传播的，虽然它与农业和人类基因的发展过程并不是绝对一致的对应关系。

在本章和下一章，我们的关注点并非那些具体的单个族群（如凯尔特人或汉族人），而是一整个语言家族，比如印欧语系、汉藏语系等。在整个语系的宏观层面上，我们能够基本辨认出发生在遥远过去的扩张形态，从而与考古学中的农业扩散资料进行比较研究，这将受益匪浅。

语系及其研究方法

180/181

语系或语族是非常令人瞩目的现象。最大的几个语系主要分布在旧大陆，它们将散布于大陆和大洋的几百个，有时甚至是几千个语言和族群联系在一起。它们远远超越了单个族群的概念。除了语言学家，有多少说英语的人晓得他们的语言居然和孟加拉语有着共同的起源？即使知道恐怕对此中缘由也一无所知。语系存在的时间也远远超过了文字记载的范围，英语和孟加拉语的祖先语言在公元前1500年甚至更早时候就已经分别在西北欧和印度北部使用了，远早于西欧和印度的历史记载或帝国的存在。

如果我们仔细剖析一个语系，例如东南亚和太平洋的南岛语系，我们会发现它们在词汇、语法和音韵形式方面的共同之处非常普遍（表9.1）。只有用共同祖先的概念才能解释这一现象，即它们都发源于同一个语言母体。语音方面的研究清楚表明，这些形式中的绝大多数并不是外来词——它们直接源自语言母体，并且随着时间的推移，与该语言中的其他词汇一起经历了相同的发音变化。

表 9.1　各地常见南岛语同源词词汇表

(空白栏意味着当地没有相应词汇,PAN＝原始南岛语,鲁凯语[Rukai]是台湾岛语言,他加禄语[Tagalog]是菲律宾国语,拉帕努伊语[Rapanui]是复活节岛语言。感谢马尔科姆·罗斯[Malcolm Ross]提供此表)

	原始南岛语	鲁凯语	他加禄语	爪哇语	斐济语	萨摩亚语	拉帕努伊语
二	★DuSa	dosa	dalawa	lo-ro	rua	lua	rua
四	★Sepat	sepate	āpat	pat	vā	fā	hā
五	★limaH	lima	lima	limo	lima	lima	rima
六	★ʔenem	eneme	ānim	enem	ono	ono	ono
鸟	★manuk		manok	manuʔ	manumanu	manu	manu
头虱	★KuCuH	koco	kūto	kutu	kutu	ʔutu	kutu
眼睛	★maCa	maca	maa	moto	mata	mata	mata
耳朵	★Caliŋa	caliŋa	tēŋa		daliŋa	taliŋa	tariŋa
肝脏	★qaCey	aθay	atay	ati	yate	ate	ʔate
路	★Zalan	ka-dalan-ane	daan	dalan	sala	ala	ara
露兜树	★paŋuDaN	paŋodale	pandan	pandan	vadra	fala	
椰子	★niuR		niyog	nior	niu	niu	
甘蔗	★tebuS	cubusu	tubo	tebu	dovu	tolo	toa
雨	★quZaN	odale	ulan	udan	uca	ua	ʔua
天空	★laŋiC		lāŋit	laŋit	laŋi	laŋi	raŋi
独木舟	★awaŋ	avaŋe	baŋka		waga	vaʔa	vaka
吃	★kaʔen	kane	kāʔin	ma-ŋan	kan-ia	ʔai	kai

共同祖先,用科学术语表述即系统发生学关系,是一个非常有力的概念。这是因为语系像动物物种一样,若最初起源不一致就无法形成同一种属,像日耳曼语和汉语就分属不同语系,就像马和犀牛分属不同科那样,它们不能归为一个单一的遗传分类单元,而在单元内所有单位都必然有一个共同的祖先。诚然,一些关系密切的动物物种可以通过杂交产生后代,但大多数后代都没有生育

181/182

能力。那些拥有紧密遗传关系的语言，如果分化轻微，也可以通过一定程度的“单向趋同”走向统一（Renfrew 2001a）。此外，在不正常的社会状况下，例如奴隶贩卖、劳工移民，说不同语言的人有时会被强制集聚在一起，被迫创造出混杂语言。但是，在语言历史上，这种混杂语言的例子非常罕见，因为关于整个语系相关语言起源的解释涉及的地理分布范围极其广大，混杂形成语系的可信度不高。正如热里特·丁门达（Gerrit Dimmendaal 1995：358）所说：“历史语言学中的非遗传或多基因发展的概念并不恰当。”一个语系很有可能来自一个混杂的原始语言，但混合因素并不是一个语系分化出后来众多分支的主要原因。一旦支系开始分离，它们通常会持续分离下去，所以，在语系起源问题上，认为语系主要是通过语言混杂趋同而成的观点是不可信的。

既然趋同说不能解释语系的形成，那么什么才是合理的解释呢？答案是来自起源地的对外扩张，一个底层“语言”（可能以方言的形式存在），以某种方式从某个发源地向外传播，随着时间的推移逐渐分化为不同的子语言。传播因素当然是至关重要的——没有传播，语系就没有了语言发生基础，无论在什么情况下，传播最终都会造成语言的分化。

语言一旦开始传播，分化的状况就会千差万别。当族群扩张时，人们有可能保持联系，也有可能各奔东西；族群也可能因为受到其他语种人群的侵略而瓦解。语言可以被其他语种借用，也可能孤立隐藏起来。有些族群放弃了他们原有的语言而采用了其他语言（语言转换），这使得重建其历史的任务变得十分困难。但是，一个基本的结论是，一个语系的祖先语言一定是以某种方式从一个起源地传播出来，之后才逐渐分化的。这是探讨人类文化起源过程中最为重要的发现之一。语系的形成显然是一种发散现象，而不是趋同现象。[2]

那么随之而来的问题显然就是，语言是如何远距离传播的？是此语种人群迁入新区域所致吗？如果是这样，我们必须解释族群能够成功扩张的原因，也需要解释是什么驱使或者诱使他们离开家园奔向新的乌托邦。另一方面，语言的传播是不是传入地土著人群通过语言转换集体采用了外来语，而实际上真正的外来语人口其实数量很少？如果是这样，那么我们必须解释为什么人们放弃了他们的母语，这种情况往往与文化规范有关。

很多考古学家以及不少语言学家对语言转换现象很不重视，只是把它视为一种简单的常见行为。事实并非如此，语言学家玛丽安·米森（Marianne Mithun 1999：2）描述了美洲土著语言的消亡：

182/183

> 这些语言的使用者及其后裔已经清楚地意识到失去母语意味着什么。当一种语言消失时，文化中最密切的部分也将随之消逝，如实践经验中总结出来的概念、沟通彼此的观念、人群的互动方式，这些基本途径都不存在了。具有独特风格的语言艺术也会消失，包括传统仪式、口头艺术、神话、传说，甚至幽默。讲述者通常会说到，当他们讲另外一种语言时，好像在说着另外一种东西，甚至连想法都和以前不一样。语言的丧失，明确代表了人与传统的分离。

不可否认，这段话描述的是在外力压迫下语言突然死亡的情形。但即使在互动较为温和的条件下，也很难想象因为转换而导致原有语言的消亡会成为两种社会碰撞下土著人能够欣然接受的一个正面结果，即使这个转换过程经历了几代人的时间。当然，在下一章讨论的大型语系规模的层次上不存在这个问题。对于现代社会来说，多语言共存比一种语言独霸天下更有吸引力。

其他解释语言传播的社会机制都与人口迁徙和语言转换有

关，或者涉及其中之一，或者二者兼而有之，包括：贸易及其对通用语言的需要、“精英统治”（外来上层统治者在土著人群中推广其语言）、奴隶及强迫移民、疾病和战争导致的人口取代（参见 Renfrew 1989，1992a，1992b；Nettle 1998，1999）。在我看来，这些机制可以分别解释某些情况，但并不适用于所有的情况，没有一种机制可以用来解释世界上所有大语系的分布状况。

与史前史密切相关的主要问题包括：

能否确定一个大语系的起源地？

比较语言学重建的“语系树”能否揭示出原始语言自起源地开始的传播过程？

能否复原与“原始语言”或祖先语言相关的史前文化及其生活方式？

能否确定某个大语系原始语言的年代？以及分化后的各个区域原始语言的年代？

重建的语言文化与考古学文化在时间和空间上能否对应起来？

语系发生及其网络

语言学家以及那些对比较历史语言学感兴趣的历史学家、考古学家和人类学家，都倾向于认为语系的历史有两种类型：一个是从母语言到子语言的系统发育过程（即“语系树”模式），另一个是共同进化模式，强调相邻语言之间的互动作用（即“语言区”模式）。语言学家鲍勃·迪克森（Bob Dixon 1997）认为，语系的存在是由于语言短期内间断性扩张所致。语系表现出共同的区域语言特征，这则是长期持续互动和借用过程的结果。正如他所说：“每种语言都有可能与其他语言有两个相似之处：第一个是基因的相

183/184

似性，它们出自同一种原始语言；第二个是地域的相似性，这是因为各语言在地理上相邻，相互借用造成的”（Dixon 1997：15）。还有第三个可能，即巧合导致的相似，但这一条对于我们的讨论无关紧要。

在印欧语和南岛语这样的大语系中，以上两个过程造成的结果非常显著。相距动辄成千上万千米的一些语言，却具有显而易见的种系亲缘关系。例如，英语和孟加拉语，马来语和塔希提语，纳瓦霍语和加拿大的阿萨巴斯语。另一方面，在一些特定区域，不同语系表现出共同的区域特征。语言学家讨论较多的这类“语言区”包括印度次大陆、中美洲、巴尔干半岛和亚马逊盆地。然而，需要强调的是——这些区域内的语言，尽管存在互动，但一直保持它们自身的种系关系。比如，我们并没有在印度次大陆发现存在结构和词汇上混合了印欧语、达罗毗荼语、藏缅语和南亚语而无法分类的语言。另一个研究很充分的案例是亚马逊的沃佩斯（Vaupes）地区，那里的一些群体甚至实行异语外婚制（即人们必须和来自其他语言族群的人通婚），然而，尽管本地语系存在结构趋同和普遍的多语现象，但类似阿拉瓦语和图卡诺语这样的语系在种系上仍然保持内在的一致性（Sorensen 1982；Aikhenvald 1996，1996）。

另一个重要的基本概念是新语系的最初形成。按照迪克森的看法，新语系的形成相当之快。由于内部（遗传因素）和外部（地理因素）两个方面的原因，语言一直处于持续变化中。比较一下盎格鲁-撒克森英语、乔叟的英语直到 E.M.福斯特的英语，或者将现代罗曼语（Romance）诸语言与其共同的祖先拉丁语相比较，就明确无误地证明了这一点。因为这个理由，可以推断，那些分布范围广大的语系，例如印欧语系和南岛语系，应该是在距今很近的年代就达到了目前的地理范围，它们当今所有的语言分支仍然表现出拥有共同的源头就是证明。有些语言学家推算，语言可以追踪到的时间上限在距今 7 000 年到 10 000 年，早于这个时间，文化中常用的基本词汇表中的共有同源词百分比不会超过 5%—10%。因此说，如果早期印欧语系人群从起源地传播到遥远的冰岛和孟加拉所用的时间超过了 1 万年，那么印欧语系的存在状态不可能像今天这样还可以被语言学家清晰地辨认出来。以上的表达似乎有点不好理解，但它确实表明，今天属于农业族群的各大语系确实是全新世而非更新世发生的现象，它们的历史完全处在以农业方式从事食物生产的时间范围之内。

语系的识别与种系关系

184/185

以下几节尝试考察一下语言种系发育中的一些真实案例，研究对象包括东南亚和太平洋的南岛语，以及其他语系如印欧语。南岛语系包括大约 1000 多种语言，分布范围横贯半个地球，从马达加斯加直到复活节岛（图 7.4）（Bellwood 1991, 1997a; Blust 1995a; Pawley and Ross 1993; Pawley 2003）。南岛语的使用者大约有 3.5 亿人，大部分在东南亚，特别是印度尼西亚和菲律宾。南岛语系中各语言的使用者人数不一，从几百人（如西太平洋土语）到超过 6 000 万人之众（爪哇语）。南岛语族群大多数是亚洲人种，但西太平洋上的美拉尼西亚人很多也说南岛语，就像菲律宾的尼格利陀人一样。在西方殖民时代之前，这里区域文化的发展差异巨大，从印度教和伊斯兰国家到森林狩猎采集游群各种形态均有。然而，根据前文所述可以推知，南岛语族各实体的这种时空分布状态并不是毫无来由的。尽管南岛语族分布十分广大，而且有一些其他族群特别是西美拉尼西亚人是后来学会的南岛语，但它们在语言和文化上有一个共同的核心地区，所有语言都是由此发散出来的。

再来看一些相关概念。语系（language family），是指一组语言，具有一套同样的语言特征，主要是从语言发展的早期阶段保留下来的。某些重要特征确实来自语言肇始期（原语言阶段）的发明，当然如果没有其他外部语言作为佐证，这一点还无法确认。这个问题还引出了另一个争议很大的概念“超大语系（macrofamilies）”，后面我们再加以讨论。语系或语族由关系亲密的语支（subgroup）构成，语支的共同特点是有创新（而不是对原来特点的保留），类似于生物分类学上的派生或自形特征。有一个很好的案例可以说明这个问题，白乐思（Robert Blust）对南岛语系中原始马来-波利尼西亚语支（Proto-Malayo-Polynesian subgroup）的重建，其研究结果涵盖了所有的南岛语言，除了台湾岛土著语之外。其内容包括：第二人称单数代词以前接形式*-mu 表示，前辅音和后缀 s 丧失，以及动词前缀使用* ma-和* pa-。这些特征在台湾岛土著语中没有发现，白乐思从音韵学方面解释了原因。他说这反映了原始马来-波利尼西亚语的创新，而不是台湾岛土著语丢失了什么内容（Blust 1995b：620－621）。这类创新显然是在语言脱离母语成为语支之前发生的，可以追溯至语系树中的上一级发育分支。如果创新发生在母语最后一次发育分支之前，那么很可能它们就会出现在后来不止一个语支里面。

不可否认，对同源词的识别复杂而困难，在理论上这会影响历史解释的准确性。例如，如果一个语支所有的语言在分化不久都开始借用，那么借词通常就会模仿同源词。但在这种情况下，这些早期借词与真正的同源词（一般是继承而来）一样，因产生于类似的地理环境而内在含义相近。此外，如果出自祖先语言中的保留词只是保存在一个语支而非在周边语支均有，经常会被误以为是创新词，这样传播较远的真正的同源词就会被忽略而得不到记录。在这些情况下，语言研究的样本密度显然非常重要。人们必须搞

185/186

清楚，其他语言是真的没有这些词，还是没有被记录下来。

语系树建构起来之后，从中可以发现语言的某些特征。所有语言都有一个可重建的祖型——原始语言(proto-language)(或者是一组多层次的原始语言)，表现出一套可复原的特征。对于试图重建古代文化的史前学家来说，最重要的特征词汇是传达了最原始含义的古代事物。[3]如果复原出的事物词汇其现代含义宽泛而且与其他词汇含义交叠，那么价值就比较有限，但一般来说，这类原始词汇是非常有用的文化信息来源。例如，原始语言的重建证实，下文讨论的很多重要语系确实植根于农业人群而非狩猎采集者。语言分析有时也能揭示出一种特定的文化特征是来自原始语言最初出现的时候，还是后来才引入的。因此，西太平洋地区许多与农业、航海、渔业和制陶有关的物质文化看起来可以连续不断地回溯到原始海洋语阶段(Proto-Oceanic stage)，即太平洋地区所有南岛语言的最初发展阶段，大约距今 3 500 年(Pawley 1981)。类似的情况，根据白乐思(Robert Blust 2000a)的说法，密克罗尼西亚马里亚纳群岛查莫罗语(Chamorro)里的大量词汇，是在大约距今 4 000 年前直接来自原始马来-波利尼西亚语，而不是更晚时候通过借用来到这些岛屿的。

然而，人们一定会问，如何确定所重建原始语言的地理范围？它只在某个村子使用，还是在一个大的方言区广泛流行？很久以前，戈登·柴尔德(Gordon Childe 1926：12)曾经评论原始印欧语："雅利安语(原始印欧语)起源的摇篮在地理上必定是一个统一的整体；单是语言资料就体现出存在一组方言体系，在特定区域或大致相同的统一地理环境中构成了一个语言连续体。"莱曼(Lehmann 1993：15)的观点与之类似："很显然存在一个社群，不管其规模大小和内部一致性如何，它们在一段时间内都说着后来名之为原始印欧语的相对统一的语言，而且这个社群还具有自己独特的文化。"但这并不意味着语言一定发源于某一个单一族群，比如说来自一处村落。正如迪克森（Dixon 1997：98）所指出的那样，一个特定语系"可能并非来自单一语言，而是来自某个小区域内一组结构和形式类似的不同语言"。但是，一个原始语言不能在多个不相关的语言方向上走得太远，否则会破坏其内涵的统一性。

另一个方面，不同语系树可能有强弱之分，或者语系树在其不同发展阶段有强有弱。强语系树的形状就像真正的树那样，具有明显的根和发散出的枝（图 9.1A）。举一个例子，波利尼西亚语在其早期分化过程中形成了完整的树状结构，其中包括一种现在研究很透彻的原始语言——原波利尼西亚语。根据安德鲁·帕利（Andrew Pawley 1996）的研究，该语言有大量创新内容，包括多达 1392 个事物名词（其中也有一些可能是同源词，但在波利尼西亚之外尚未发现）、14 项形态特征和 8 项语法特征。所有这些都是在

186/187

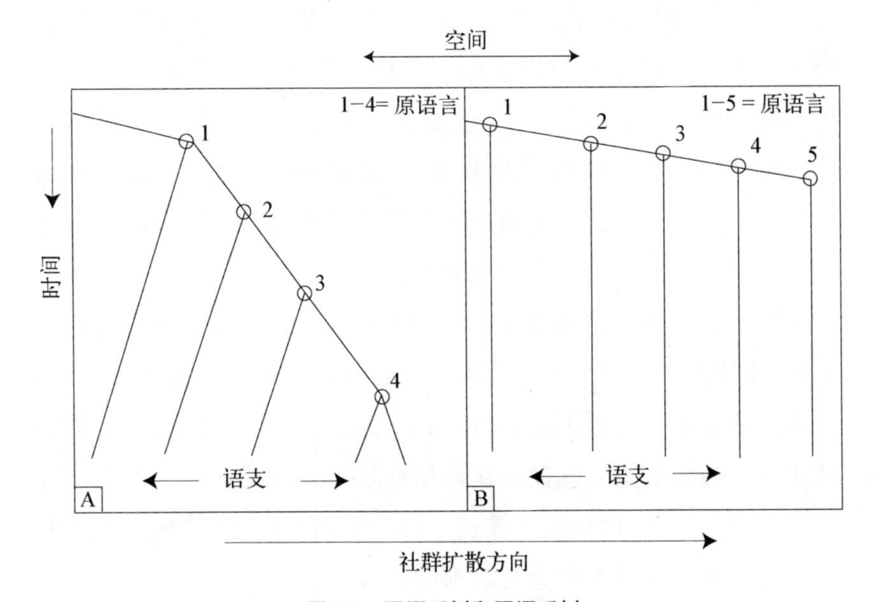

图 9.1　强语系树和弱语系树

（A. 图中的分支是自身创新型［强］，特征明显，系因为地理和年代原因而分离。B. 图中所有分支是关联创新型［弱］，来自快速的耙形扩散，各个分支之间差异不大。）

一个边界清晰且统一的起源地创造出来的，地理位置在大约公元前1000年到公元500年的西波利尼西亚，特别是汤加和萨摩亚群岛(Kirch and Green 2001)。这意味着存在一段漫长的发展停滞期，就相关考古材料来看，停滞了1 000多年，在此期间，本地区人群之间保持交流联系，共同经历了大量而广泛的语言变化，但这些变化从未传播到周边其他地区，如斐济或瓦努阿图。因此，波利尼西亚是创新型语支的一个典型案例。[4]

发育较弱的语系树结构呈耙状，拥有同等独立的众多语支，没有一个共同的根(图9.1B)。白乐思(图10.9小图)重建了菲律宾、东印度尼西亚和西太平洋南岛语系马来-波利尼西亚语支原始词汇表，其中的基本词汇相当统一(Blust 1993; Pawley 1999)。在安德鲁·帕利和马尔科姆·罗斯的术语系统中，它们实际上属于创新型语支(Andrew Pawley and Malcolm Ross 1993, 1995)。这表明，语支分化来自一条分布非常广泛的方言链，这个方言链中的任何区域并没有很显著的语言创新。在以上情况中，基础方言传播的速度很快，可能不到500年就覆盖了极其广大的地区，可说是非常迅速，而且中间没有产生积累独特创新的语言孤岛(Pawley 1999)。事实上，考古学为南岛语系早期快速传播的这一段历史语言复原提供了准确的证据(Bellwood 2000c)。毫无疑问，今天北美和澳大利亚的英语将来也会产生类似的“耙形”语支，活像新石器时代(文明之前的时代)的部落社会又回来一样，它们将统治世界未来的两千年。这是因为，在这两个大陆上，英语的传播速度是如此之快，如此无差异，既没有在最初登陆的人口密集之地形成语言孤岛，下一步的传播也没有被迫选择一定的方向，这种状态在后来的语言种系分化形态中会有清晰的表现。

187/188

语系树理论告诉我们，一旦语言的使用者四散开来，语言就会不可逆转地分裂。但是在现实中，古代的殖民者们很少会进入和其他语言毫无交流的完全孤立状态。绝对孤立的情况可能会发生在一些与世隔绝的地方，比如复活节岛，因为到达那里的难度很大，但总的来说，只要有可能，四散传播的子语言之间会一直保持交流。正如帕利和罗斯（Pawley and Ross 1995：20）指出的那样，新西兰和马达加斯加的大批南岛语族移民后裔“经常流动，在广大群岛范围内保持着一个相当紧密的方言网络，长达 1 000 年上下”。这种广泛的网络使人们想起世界上许多地方最早的新石器时代文化，其遗存特征也具有很强的一致性，同样构成了一个广泛的网络。因此，语言扩散并不意味马上导致孤立，尽管如果群体与其他语种人群密集接触将加剧语言多样化的程度。这种情况见于距今 3 500年后定居在西美拉尼西亚巴布亚语言区的南岛语族人群。他们的词汇分化程度很大，因此在 20 世纪 60 年代导致产生了一种错误的观点，即根据词汇统计的结果，南岛语的发源地是在美拉尼西亚（Dyen 1965；Murdock 1968）。

一般来说，语系的发源地，就像古生物学那样，最可能的地方是语支最早分离的地方，或者说语系树开始分叉的地方。但是，请记住，要想确定这一点，我们必须要有一个强语系树。如果是一个呈“耙形”结构的弱语系树，那就不太可能确定语言的准确起源地。幸运的是，许多语系都同时包含了耙形和树状两种分支结构。例如，印欧语系的大多数语支是耙形结构，但是古代安纳托利亚语有足够的特征说明印欧语系可能起源于土耳其的某个地方（Drews 2001）。同样，如上所述，马来-波利尼西亚语支也是耙形结构，但是，在南岛语系里，台湾土著语不属于马来-波利尼西亚语支，而是形成了几个第一层语支，非常有力地证明了台湾岛是南岛语言的发源地。另一点需要注意的是，语系并不总是起源于当前分布范围的中心。中心区域起源的推断显然不适用于类似南岛语和贝努埃-刚果语（包括班图语）这样的语系，这些语系早期基本上是从发

188/189

源地单向向外传播的。

相关语系

即使不考虑欧洲殖民时期的语言，我们面前的世界各地语言地图也不是一幅均匀渐变的画面，并非公元1500年以前的所有语言都与所有邻近语言相同，没有明显的边界。如果真如后者，人类史前史就不需要什么解释了——所有的社会可能都是原地进化的，与他们的邻居携手并进；一些群体的语言能力较强，会率先在世界上传播，但也只是进行了局部的重构。

事实上，世界语言地图显示出一些非常清晰的分化模式，不仅在多样性上呈现梯度分布，而且在语系的地理边界上，大多数都界限分明，用语言学术语来说，它们都是彼此独立、不可分割的实体。尽管在这方面存在着"问题"语言，尤其是类似克利奥尔语(Creoles，美国路易斯安那州法国移民后裔的语言——译者注)、洋泾浜英语等这类很难进行遗传分类的混合语言，但从比较语言学资料来看，世界上各大语系的划分还是泾渭分明的，它们并非只是不顾语言多样性虚构出的假象。正如艾肯瓦尔德和迪克森(Aikhenvald and Dixon 2001：6)指出的那样："证明一组语言构成了一个遗传单元(语系)，比在一个语系中确认次级遗传单元(语支)要容易得多。"

因为组成这些公认语系的各支语言有着共同的遗传祖先，而且由于很多语系在史前时期就以早期形式达到了目前的地理分布范围，我们不得不假设它们早在国家征服、文明扩张、世界宗教、教育和语言霸权的兴起之前已经存在了。换句话说，它们仍然保持着"史前"、"前文明"和"前国家"时期的本色。史前时期的这些语系确实分布范围极其广大，包括印欧语系、达罗毗荼语系、"阿尔泰语系”（这是一个有争议的超大语系，可能包括突厥语、蒙古语，甚至日语）、乌拉尔语系、亚非语系、贝努埃-刚果语系（包括班图语）、南亚语系、南岛语系、汉藏语系，以及美洲的许多大语系如乌托-阿兹特克语系（Uto-Aztecan）、阿尔冈琴语系和阿拉瓦语系（图 1.1 和 1.2）。当然，在历史时期，许多语系如日耳曼语、汉语和马来语也经历了大规模的扩张，但这并不抹杀一个基本判断，即以上各大语系早在有文字记载的历史之前皆已兴起，并全部或部分到达了目前的地理范围。

189/190

另一方面，其他一些语系如非洲的科伊桑语和尼罗-撒哈拉语、澳大利亚北部大部分语系、新几内亚和北美西北的部分语系，以及世界上散落的一些语言孤岛（如巴斯克语），除了语言竞争导致的收缩之外，在很长的历史时期内一直保持静止状态，未见明显的扩张。科林·伦福儒（Colin Renfrew 1992a，1992b）认为，在现代人类殖民全球的历史上，这些语言群体形成极早。

如果如上所述，世界上所有大语系都是人类扩张的结果，那么我们就得出了一个极其重要的认识，即在距今很近的史前时期，少数大语系已经扩展到极广大的地域范围，特别是在旧大陆。为了认识这一意义，特别是与考古学和遗传学有关的意义，我们需要了解语言和语系是如何在实际使用者的头脑和口头随着时间和空间发生变化的。我们无法仅仅通过复原原始语言及其语支的关系来确定这一点，因为它们告诉我们的只是语言本身的情况，而不是语言使用者的情况，正如考古材料告诉我们的其实是物质文化的情况，而不是物质文化创造者的情况。我们需要一种世界性的比较观点，这个观点必须源于从古至今语言传播和取代过程的现存历史记载和人类学资料，以及社会语言学的资料（社会语言学是关于语言与社会关系的研究）。

这样的比较研究使我们能够认真思考一些对于解释古代语言

历史很重要的问题，尽管我们得出的是各种可能性，而不是真凭实据。语言是如何传播的？它们的历时变化速度有多快？语言是如何相互竞争和取代的？不同语种的人相互交流的时候会发生什么？在不同社会经济情况下这些问题的答案有何不同？孤立的前文明新石器时代部落和文明时代多民族中央集权帝国所经历的语言历史绝对不可能相同。

语言和语系是怎样传播的？

对于印欧语系各语言在历史时期之初就在如此广大的范围内非常相似的原因，唯一可能的解释是，它们都源自同一种史前方言，这种史前语言是通过移民迁徙从一个较小区域传播到其他各个地方的。

——弗里德里希（Friedrich 1966）

语言传播的同时却没有发生大规模人群迁徙，这种情况在北美基本上不存在。

——福斯特（Foster 1996：67）

语言学家一般假设，一个真实存在的语系，一个可以通过对共享创新的比较研究得以证明的语系，其内部结构系由遗传构建而成，包括人群扩张过程中形成的多层次的可复原的原始语言。从比较的角度来看，这是唯一有意义的解释。历史资料表明，如果语言单独传播，没有伴随本语种人群的迁徙或者扩散，那么永远不可能产生我们所讨论的这种跨大洲级别的基因相似的语言群。人们只需要考察一下过去许多大帝国的多种多样的语言历史——亚述、阿契曼尼德、希腊、罗马、蒙古、阿兹特克，甚至西班牙和英

190/191

国——就会意识到这一点。如果征服者没有进行大规模永久性移民，单靠帝国征服本身，那么长期来看，当地很少会去使用外来语。

贸易在大规模语言传播过程中的作用也不大。在注重贸易的巴布亚新几内亚，语言的多样性在民族志时代达到了创纪录的水平（新几内亚当时有大约760种语言），现在这里普遍使用巴布亚皮钦语（一种混合语言——译者注）和英语，在很大程度上这是现代力量如国家、文化、电视和族外婚等造成的社会巨变的结果（Kulick 1992）。然而，即使存在所有这些诱因，巴布亚皮钦语的统治地位仍然只是整个太平洋范围内的一个局部现象，而且规模和遥远的史前时期相比完全不可同日而语。由此可见，征服、贸易和文化扩散可以传播语言，但除非得到另一个因素——语言使用者自身移民活动的支持，单靠传播永远不会达到跨洲大语系的规模。

这里我不再过多引用其他历史文献，重点以公元7世纪阿拉伯人征服世界为例，来证明上文所说语言传播必须有其使用者参与方能成功的观点。我们首先看一下阿拉伯语本身的传播情况（Khoury和Kostiner 1990；Goldschmidt 1996；Levtzion 1979；Pentz 1992；Petry 1998）。在约旦和叙利亚的部分地区，早在7世纪前已经有大量阿拉伯语人群从阿拉伯半岛北迁至此，所以穆斯林征服这里的时候并未发生多少语言取代。将阿拉伯语引入伊拉克和埃及则需要进行征服活动，途径是通过驻防此地的阿拉伯士兵（如开罗附近的福斯塔特驻有大约40 000人）及其家庭传播开来。因此，此地阿拉伯语的出现毫无疑问是通过移民和士兵之口开始的，不管后来此地（例如整个北非）有多少人学会了这种语言。

然而，阿拉伯的征服行动并没有延伸到南亚或东南亚，甚至没有直接进入伊朗和巴基斯坦。结果，今天世界上绝大多数（也许是80%）的穆斯林（其中印度尼西亚的人数远远超过其他任何国家）不会说除《古兰经》之外的阿拉伯语（外来词除外）。在念诵《古兰经》时，他们实际上使用的也是7世纪的阿拉伯语而不是现代阿拉伯语。正如曼斯菲尔德(Mansfield 1985：40)所说："尽管阿拉伯语言和文化在伊斯兰世界中占有特殊和优越的地位，但只有约五分之一或六分之一的穆斯林说阿拉伯语。"这给了我们一个典型的反面例证——没有人口迁徙就没有语言传播，和宗教状况没有什么关系。

191/192

伊斯兰教在印度尼西亚的传播重复了一个1 000多年前曾经发生的故事。一千多年前，来自印度的印度教和佛教也在这里传播过，但同样也没有大量人口迁入东南亚，除了少数商人和宗教人士。尽管印度的宗教和王权制度对印尼有着深刻的社会文化影响，马来语和爪哇语借用了数百个梵语、帕拉克里语和泰米尔语词汇(Gonda 1973)，然而，印尼人从来没有转而使用印度语。除了偶尔学习一下之外，印度尼西亚语和印度语甚至没有因为相互联系而产生任何明显的形态上的相似性。正如科林·马西卡(Colin Masica 1976：184)所指出的那样，仅靠宗教和政治的力量并不足以促进语言融合，而是需要人群之间"打破结构地亲密交往"。

所有这一切说明，阿拉伯语基本上只在中东和北非被征服地区的阿拉伯移民者口中传播，而且在早期，似乎其他非阿拉伯人很少转向使用该语言。毫无疑问，整个过程是由阿拉伯语与《古兰经》的联系所推动的，但这显然不是阿拉伯语传播的重要驱动因素。当然，在后来的几个世纪里，许多非阿拉伯血统的中东人和北非人肯定采用了阿拉伯语，但这有点离题，我们这里关注的是最初的传播及其因果关系，这显然不是语言转换带来的传播，而是母语使用者迁徙造成的。

如果像阿拉伯语这样的世界性语言哪怕在具有巨大语言影响力的《古兰经》帮助下都很难传播到非阿拉伯人定居区——可能梵语和《摩诃婆罗多》的情形也是一样，那么我们怎能希望新石器时代的语言通过这样的方式广泛传播并建立语系？拉丁语的情况和阿拉伯语类似。在罗马帝国末期，拉丁语只是一种沿用了很久的方言，作为后来罗曼语系的母语，当时只在帝国疆域内密集居住的人群中使用，包括伊比利亚、法国南部、罗马尼亚这些被图拉真武力征服的地区以及意大利本土（Krantz 1988；Brosnahan 1963）。随着希腊的衰落，希腊语在除希腊和小亚细亚以外的地方消失了，尽管亚历山大大帝及其追随者们也曾经对外殖民，但和周围土著居民相比，他们的人数实在太少了。

相反，由于人口源源不断地从英国大量迁徙到美洲和澳大利亚，英语也因此传播到了这两个地区。然而在被英国人征服和控制的另外一些地区，比如南亚、非洲大部和马来西亚，密集的土著人口外加热带疾病使得殖民进程陷于困境，阿尔弗雷德·克罗斯比（Alfred Crosby 1986）曾经对此做过精辟的描述。如今，非洲、印度和马来西亚的英语主要是精英阶层在使用，并没有显示出取代印度语、泰米尔语或马来语等主流语言的迹象。根据布雷顿（Breton 1997）的调查数据，1981 年的人口普查显示，印度尽管有 1 100 万人将英语作为第二语言（印度总人口为 11 亿），但母语为英语的人只有 20.2 万，大部分是英裔印度人。而今天在印度尼西亚，荷兰语基本上已经灭绝，原因在于尽管荷兰在这一地区殖民统治了 300 年，但其间没有发生任何较大规模的从荷兰到印尼的人口迁徙。

192/193

基本上，就本书的主旨来说，最核心的一点就是观察到，如果用比较方法识别出某语言是具有来自共同祖先语言（或一系列相关方言）历史的一个遗传单元，那么该语言必定是通过母语使用者的迁徙传播来的，而不可能仅仅通过语言转换来传播。考虑到这里所研究的语言关系万年以内的证据已经很难明确找到，以上观察对于从整体上认识现代人类的历史至关重要。既然世界上大部分地区和人群都可以划入少数几个大语系，那么现代人类的史前史很可能就是由大规模的洲际人群迁徙造成的。

但是，我认为最重要的一个前提是，不应该假定说母语的迁徙人群全部来自语系最初产生地区的土著居民。很多情况下，人群的生物特征和其语言并不完全对应，这种情况需要进一步解释。举例来说，西欧和南亚的人种有着明显的生物学差异，但他们的语言同属一个语系。在生物学特征上，美拉尼西亚人和说南岛语的菲律宾人更为接近，但他们的语言完全不是同一个语系。语言转变和接触导致的语言变化在今天显而易见，在人类整个历史上也同样如此。我们必须小心谨慎，不要让它们之间的关联程度超出它们的实际情况，对此我们将在下文更详细地加以论述。

语言如何随着时间而改变？

现在有必要问一下，语言分析是否能够在考古资料之外独立提供年代信息？答案有点模棱两可。语言学家重建语系的历史，一般最早只能追溯到作为系统发育基础的原始语言所处的年代。原始语言的传播代表了一种突变，抹杀了此前所有的语言模式，尽管以前语言模式的痕迹有时还能在飞地或所谓的“语言孤岛”中保存下来。如果超越原始语言的语系层次，进入到超大语系的层次，由于资料的缺乏和内在的模糊性，年代研究会引发更多的争论。

事实上，语言分析并不容易测算时间深度，从最近一部有关这一主题的论文集中可以知晓这一点（Renfrew et al. 2000）。世界范围内的古代语言记录资料太少而且太晚，对于本书研究的时间范围鞭长莫及。有些材料可以推断出语言变化的速度，比如通过比较科普特语和古埃及语、罗曼语和古拉丁语、现代汉语和古汉语，可以得出一些经验规律。如果是一座岛屿，我们还可以使用考

193/194

古资料十分准确地判断年代，因为我们可以确定只有一群人以及他们的祖先一直居住在这里。据此可知，瓦努阿图语有大约3 000年的历史，因为瓦努阿图人在岛上居住了大约3 000年。毛利语则有近800年的历史，因为毛利人是约800年前到达新西兰的。然而，这种年代计算对于开展比较研究的意义并不是很大，除非语言变化的速度是恒定的，语言词汇依照这个速度发生历时改变。

不少语言学家提出，语言变化的速度是很有规律的，特别是核心词汇。核心词汇是指语言中的常见词和通用词，而非某些文化特有的词。最著名的研究方法是20世纪50年代莫里斯·斯瓦迪斯（Morris Swadesh）创立的语言年代计算公式，该公式假设任意一种语言的核心词汇替换率为每1 000年19.5％（该数据来自对罗曼语200核心词汇表的研究）。这里没有必要深究语言年代学的计算根据，大多数语言学家，至少那些不完全拒绝它的人，认为这个方法在距今500—2 500年之间最有用。这有些像放射性碳年代测定法，时代越早，可用来分析的对象数量越少。一些语言学家使用了语言年代学方法，并认为相当准确，比如埃雷特对非洲语系的研究（Ehret 1998, 2000, 2003），考夫曼对美洲语系的研究（Kaufman 1990a）。尼科尔斯提出，这个方法对于距今6 000年以后的语言历史研究普遍非常有效（Nichols 1998b）。正如考夫曼（Kaufman 1990a：27－28）所述：

> 事实表明，如果正确运用语言年代学方法，那么其结果与运用其他方法，例如基于共享特殊创新的分支模型或者纪年建筑显示的绝对年代，所得出的结论惊人地吻合。

并非所有语言学家都赞同如此乐观的观点。观察表明，语言变化的速度并不相同。有些是通过记忆，有些是通过创新，从一开始变化速度就不一样。一些语言学家指出，在许多部落社会中，有一种普遍而有趣的习惯被称为“禁忌词”，如果日常用词和死者名字发音相同，那么以后在日常生活中就不能再说这个词了。这样，日常用词不得不持续改变，从而导致词汇整体上很快发生变化，至少在理论上是如此（例如，Kahler 1978；Chowning 1985）。马尔科姆指出词汇变化还有一个路径（Malcolm Ross 1991；也见 Blust 1991），即在扩散的状况下，起源地保留的语言比外迁语言更加保守，因为后者会受到社会紊乱和创始效应的影响；相比留在起源地的庞大稳定的人口群体，外迁的小群体更容易放弃和改变原有的语言资源。

对南岛语的语言年代学研究最强烈的批评来自白乐思（Robert Blust 2000b），他将南岛语系中大量的现代马来-波利尼西亚语与复原后的祖先语言原始马来-波利尼西亚语（PMP）进行了比较研究。从逻辑上讲，如果所有语言都以统一的速度改变其基本词汇，那么同一祖先派生的所有子语言都应该与该祖先具有相同的差异，前提是它们各自从该祖先派生出来的时间是相同的。白乐思使用了一个 200 字的词汇表，证明一些马来-波利尼西亚语言，特别是某些波利尼西亚语和马来语保留了大量的 PMP 同源词，因此具有遗传性。其他语言大多分布在西美拉尼西亚，只遗传了很少的 PMP 同源词，因此具有创新性。如果把语言年代学方法应用到这些创新语言中，就会得出一个错误的结论，即整个南岛语系起源于美拉尼西亚，这一结论与比较语言学得出的台湾岛是南岛语系发源地的主流观点完全背道而驰。

194/195

这一现象令人费解，其主要原因似乎是，西美拉尼西亚语的南岛语社会形成了一个个小型族群，语言差异成为社会标志，许多族群与全然不同的巴布亚语族群接触密切，并不断从巴布亚语借用词汇（Capell 1969；Dutton 1994，1995；Dutton and Tryon 1994；Ross 2001）。波利尼西亚语和马来语存在于语言差异较小的环境中，由规模更大、更具凝聚力的群体使用。所有这一切的含义是，词汇统计数据记录的是词汇记忆率的差异，而不是语言系统发育的真实状况。

那么，语言年代学该如何运用？显然，那些发展历史类似于罗曼语的语言可能其变化率也是类似的，波利尼西亚语和马来语的情况似乎就是如此。而美拉尼西亚语就没有这样的历史，就像多米诺骨牌，一旦有一个倒下来，其他骨牌也会随之倒下。对于遥远的史前社会，我们很难了解其语言环境的真实情况，所以永远无法真正知道我们推算出的语言年代是对还是错。但在下一章中，我将在某些情况下使用语言年代学推算出的数据，因为它们总体上与考古研究确定的农业起源年代有一致之处，至少一些关乎农业族群原始语言的主要语系情况是如此（Bellwood 2000c）。

语言年代学方法在任何情况下可能都无法达到准确，但可以反映出一种趋势。在这个意义上，亚非语系、汉藏语系和乌托-阿兹特克语系就是众多案例中很有典型性的三个，其语言年代深度与语言发源地农业发展的年代深度相当一致。我们稍后再详细讨论。

超大语系，以及关于时间因素的进一步讨论

尽管语言学家认为语系是遗传性语言群体，但要重建由几个语系组成的更高层次的遗传性语言群体是非常困难的，即使所使用的比较语言学原理无论在针对单个还是多个语言时候都是有效的（Hegedüs 1989；Michalove 等人 1998）。语系的这一根本特征，即表面有异但内在一致，支持了语言间断性快速起源扩散并抹杀前期语言景观的观点（Dixon 1997；Aikhenvald 和 Dixon 2001：9）。此外，语系不仅是离散分布的，而且如上所述，时间深度似乎有限。根据约翰娜·尼科尔斯（Johanna Nichols 1998b）的研究，语

195/196

系最多只能保留距今大约 6 000 到 1 万年的语言遗传基因。但我想问的是，这实际上只是一个统计极限，还是真正反映了历史事实？确实，出于某种原因，几乎所有的主要语系都是在这段时间内爆发性传播的，而在此之前，这样的传播极少发生。超大语系层面的重建导致了如此之多毫无结果的激烈争论，如果语系的进化确实一直是均匀有序的，那么在逻辑上不应该如此，所以，这实际上是支持了近来语系自起源地向外星爆（starburst）传播的观点。在这种情况下，任何可能存在于不同语系之间的发生关系都将是耙形的，而且总是模糊不清的。

要解决超大语系重建问题上语言学家们的分歧，单靠语言学是不够的。通过多学科视野，特别是考古资料的研究，可能会提供一些重要帮助。例如，科林·伦福儒和我在十多年前曾经提出，许多语系是从全新世初期产生农业的少数特定地区开始起源和扩散的（Bellwood 1989；Renfrew 1991）。这是因为，农业是比狩猎和采集更为有效的驱动力，可以造成当地人口和语系扩散。当然，如果其他人群的人口数量大幅度下降，狩猎者也能很快扩散到很远的地方。这些农业语系，从地理上来看，可能都来自同一个起源地，具有超大语系的性质，即使这一点很难得到确切的证明。

因此，语系之间的关系，即使只是反映了借用关系和起源地相邻关系，而不是真正的同源关系，也有历史事件作为坚实的基础。然而，在试图重建这些事件之前，有必要在时间和空间上详细地考察语言相互取代和影响的具体过程。

语言的竞争：语言转换

从族群整体层面来看，特别是在国家出现之前的时代，语言以方言形式远距离传播和长期存在的根本因素是以人口迁徙为目的的大规模人群流动。一些短期性语言，如贸易语言和统治者语言，一旦组织结构不存在它们也会随之消失，所以这里对它们的讨论没有太大历史价值。通过对关键历史进程的分析，我们可以认识到人口迁徙的重要意义。

语言很少跨越无人居住的地带传播，除非是在人群新开辟了一块殖民地的情况下。土著居民有时会采用由外来人群引入的语言，因为后者代表着更繁荣、更强大、更先进的文化，尽管并非所有案例都是如此。事实上，如果殖民者或征服者没有长期的人口优势，比如像诺曼人在英国、英国人在马来西亚、荷兰人在印尼，甚至希腊人在中亚的情况，那么当地土著也很少会采用这些强大的外来者的语言。但是，语言的转换是很重要的，在解释人种与其语言分布大范围不一致的状态时，这是一个必不可少的因素。

196/197

在语言多样性很高的地区，外来语对于当地土著具有天然的吸引力——他们据此可以扩大对外联系并获取资源，否则只能通过多种语言转译的艰难过程才能做到。因此，它们可以成为通用语——至少在一段时间内，成功会催生出更多成功，通用语会很受欢迎。正如库珀所说（Cooper 1982：17）："没有任何东西能比一种具有竞争力的通用语言的已然存在更能阻止另一种通用语言的传播。"但在农业扩散的早期，土著已有的通用语无疑是少之又少。很可能南岛语系早期向美拉尼西亚的传播得益于此，因为原始海洋语（俾斯麦群岛以外南岛殖民时期的重建原语言）的统一性达到了较高程度，可以作为一种通用语流行于高度多样化的海岸巴布亚语网络中。

如果我们要使用比较语言学方法透视过去，就需要了解一下为什么会发生语言转换。一些语言学家提出，语言是通过转换自发传播的，目标语言（即被转换使用的语言）的原使用者完全没有迁徙（Nichols 1997b）。我不知道是否有任何历史学、人类学或语言学的资料可以证明这种看法可信，但至少本书考察的大范围语系图景不支持这种观点。语言的转换不是一件容易的事情，任何学习过外语的人都了解这一点（都遇到过“外地口音”问题）。最重要的因素是“语言忠诚”（Haugen 1988），意味着人们通常不会轻易放弃自己的母语，除非人们已经使用了包括原来语言和目标语言在内的双语，语言转换最终才会发生。即使如此，多种语言也可以持久稳定共存。最终的转变要有来自目标语言所在文化的深刻影响，这种影响通常需要在异语言的土著人口中已经存在大量的目标语言使用者（Nettle 1998，1999）。

语言转换肯定也有别的原因。例如菲律宾的阿格塔尼格利陀（Agta Negrito）狩猎采集者，他们很久以前就采用了南岛语，这种转变的原因很可能是由于他们希望开展贸易活动，以及提供田间劳动换取农产品，再加上南岛语农人们使得阿格塔人的活动范围越来越小。根据劳伦斯·里德（Lawrence Reid 1994a，1994b）的说法，最初的转变似乎是一个语言混合的过程，随着土著活动范围的缩小，然后是一个消除混合语的过程，最后南岛语的影响越来越大。

如果人们意识到自己的语言可能被转换，也有可能会努力抵197/198制其发生。希思和拉普拉德（Heath and Laprade 1982：137）描述了16世纪安第斯山脉的印第安人，他们不愿意学习西班牙语，更愿意采用盖丘亚语（Quechaua）和阿拉瓦语（Aymara）这些通行的印第安语言，西班牙殖民者还曾经用后者翻译圣经：

> 西班牙语并没有在大多数印第安人的日常生活中普及开来，它只是一种在行政和司法事务中才会使用的语言，是学习过混合语的人才会使用的一种语言，使用范围主要限于城市，在农村则只限于教堂和政府机构。对大多数印第安农民来说，西班牙语只用于宗教仪式、宗教经文，以及与统治者的联

系中。在某些情况下，"高贵"的西班牙语被印第安人用在"低贱"的场合和活动中，甚至学习西班牙语的人都在贬低它，例如，印第安男人喝醉时候开始说西班牙语。从殖民政策的角度来看，西班牙语传播的实际效果与期望值之间差距实在太大了。

所以，有趣的是，现在仍有数百万美洲印第安人说着他们的土著语言——并不是所有人都简单地转向使用西班牙语或葡萄牙语。另一个例子是，约瑟夫·埃灵顿(Joseph Errington 1998)描述了印尼人拒绝将爪哇语作为国语和通用语，尽管事实上它是印尼上层统治者爪哇人的母语。相反，1947 年印尼独立后，领导人选择了马来语作为国语，这是一种自伊斯兰时代以来在印尼广泛使用的贸易语言，因此也是一种与种族或殖民统治无关的中立语言。按照埃灵顿的说法，马来语(即印尼语)的传播，可以说是不可思议和独一无二的，任何一个旅行者，即使到印尼最偏远的角落都会发现它的存在。但是，即使如此，印尼语在爪哇本岛也没能取代爪哇语，而是形成了一种稳定的双语，两种语言相互影响。

所有这些案例说明，语言的转换并不是不同语种人群之间交流的自然结果，哪怕其中一种语言比另一种语言更有"声望"。语言转换也不是双语或多语人群语言发展不可避免的最终结果。这是一个重要的过程，但是要用它来解释新石器时代农人带来的大范围语系传播完全没有说服力。

语言竞争：接触引起转变

正如上文所说，当两种不同语言人群因为其中一个迁徙而来而聚集在一起时，其中一种语言将自然囊括和取代另一种语言并不是必然的结果。现实中常见的情况是多种语言共存，因为大多数人要么使用双语，要么使用多语。在这种情况下，小群体语言往往会通过语言学家马尔科姆·罗斯(Malcolm Ross 1997,2001)提出的一种称为“转借(metatypy)”的方式向大群体的语言模式“单向学习”。“转借”是接触引发语言转换(contact-induced language change)这个大问题的一部分,其过程是通过“转借”借用少量部分词汇逐步介入,最终达到语言转换的结果。在这个过程中,采用新语言的人群也会纳入他们过去语言的部分内容,从而对新语言形成修改。这样的修改往往不仅带来了“外地口音(foreign accent)”,有时还会造成语言结构的很大改变,现代世界各地土著居民所说的英语就是这种情况。[5]然而,这种由接触引起的语言变化,很多最终并没有真正达到语言取代。

198/199

只有当两种或两种以上语言的使用者使用双语或多语时,双方接触除了导致表面借用之外,才会诱发真正的深层变化。玛丽安·米森(Marianne Mithun 1999: 314)指出:“语言特征的传播当然比文化特征的传播难得多,语言特征的传播需要密切接触,并且在许多情况下需要存在双语。”如上所述,双语本身不会促使语言转变,但在健康兴旺的人群中,长期使用双语可能会导致接触性语言转变。这是一个网格化(reticulation)的过程,在两波短期扩散之间存在长时期的区域渗透。在极端情况下,如果网格化持续进行数千年,那么就会导致整个结构的崩溃。迪克森(Dixon 1997)声称许多澳大利亚语言的情况就是如此,乔治·格雷斯(George Grace 1990)认为新喀里多尼亚的南岛语是一个典型例子,那里的语言丧失了独立形式而从分布广泛的相邻语言中借用形式,借用力度很大,以至于以前那些各自独立的语言都不复存在了。

然而,格雷斯也指出,这种情况相当极端。其他大多数地方的南岛语还是使用比较方法来研究更为适宜。似乎这种极端区域扩散的情况主要存在于政治整合程度有限的小型平等社会中,特别是那些血统关系不严格的族群社会(Foley 1986)。[6]土地共有的血缘社群，特别是后来的酋邦和国家，由于其更大的交流和控制网络，通常流行更广泛和统一的语言（如达林等学者对玛雅低地的研究，Dahlin et al. 1987）。区域互动的极端情况与语言传播的关系不大，或者说与我们最感兴趣的农业人口扩散事件关系不大。

我们现在已经考察了重建语言史前史需要考虑的语言学资料的大部分特征，这些比较观察对于指导研究是非常有用的，而且正如前文所说，不能视任何一种假设为定论。但有了这些知识背景，就能使得关于语系传播的推断更有说服力。单就语系层面上的语言传播而言，人群迁徙作为语言远距离传播的动力似乎比人群接触等其他网格化的方式更为令人信服。

第十章　农业传播：考古学与语言学的比较研究

199/200

本章从比较语言学的角度考察主要农业语系的起源和扩散模式，核心问题是语系/语支的底层与新石器时代/美洲形成期的农业经济和物质文化是否共同传播。

首先，如第三章至第八章所述，图 1.3 概括了当前对于主要农业体系及其文化起源和传播方面考古资料的所有认识。没有必要进一步证明这些结论的合理性，尽管我并不认为这些结论是一成不变的。新的资料可能会带来新的认识，但我的感觉是，我们已经拥有足够丰富的全球性考古资料，新发现不可能从根本上颠覆现有结论。

图 1.1 和图 1.2 描绘了公元 1500 年前后主要农业语言的分布状况，以及主要狩猎采集者群体的分布状况。如果图 1.3 所示农业体系和技术的起源地与传播方向确实与主要农业语系的起源地和传播方向一致，那么我们可以断定它们具有一定的关联。相关语系的可能起源地应该位于或邻近农业的起源地；它们应该在地理上与农业起源地重合或交叉；它们最早的扩散应该始于农业起源地，然后距离起源地越远年代也越晚。

为了了解是否存在这样的关联，我们研究了主要农业语系本身的历史（这些语系覆盖了农业区所在纬度的几乎所有地理环境），并且重建了其原始语言关于农业的术语，包括农作物和家畜

200/201

的名称。就这些目标语系而言，语言重建有三个非常重要的领域，

它们是：起源地的确认、早期文化词汇的辨别（尤其是与农业有关的词汇），以及主要语支扩张和传播的历史。个别语系归属于哪个超大语系的问题也随之出现。

欧亚大陆西部和中部，以及北非

该地区的主要语系是印欧语系、亚非语系和达罗毗荼语系。今天的印欧语系和亚非语系在史前时期所分布的区域，大部分是由来自西南亚的农牧人群所占据，达罗毗荼语系可能也起源于这个地区。印欧语系和非洲语系分布区的南部和东部，分别是非洲季风气候区和东亚季风气候区，降雨季节和作物种类各不相同，北部则位于新石器时代农人的活动范围之外。一些尚有争议的观点认为，这三种语言属于同一个名为“泛欧亚大陆语系（Nostratic）”的超大语系，后面我们还会讨论这个概念。

印 欧 语 系

我们的讨论从印欧语系开始（印欧语系-图 10.1），因为这是迄今为止世界上研究最为深入的语系，关于该语系的研究推动了语言发展深层次动因的大讨论。要探讨印欧语系，就必然提及威廉·琼斯爵士。1786 年，威廉·琼斯爵士评论了梵语、希腊语、拉丁语、哥特语、凯尔特语和波斯语之间的相似之处，并说了一句名言：它们一定“来自某个共同的源头，这个源头或许已经不复存在了”（Pachori 1993：175；Johann Reinhold Forster 对南岛语系的类似评论比琼斯还早大约十年）。1890 年，冯·布拉德克（von Bradtke）根据单词“一百（one hundred）”的发音变化将印欧语言分成两组：一类是颚音（centum）组，包括希腊语、意大利语、日耳曼语和凯尔

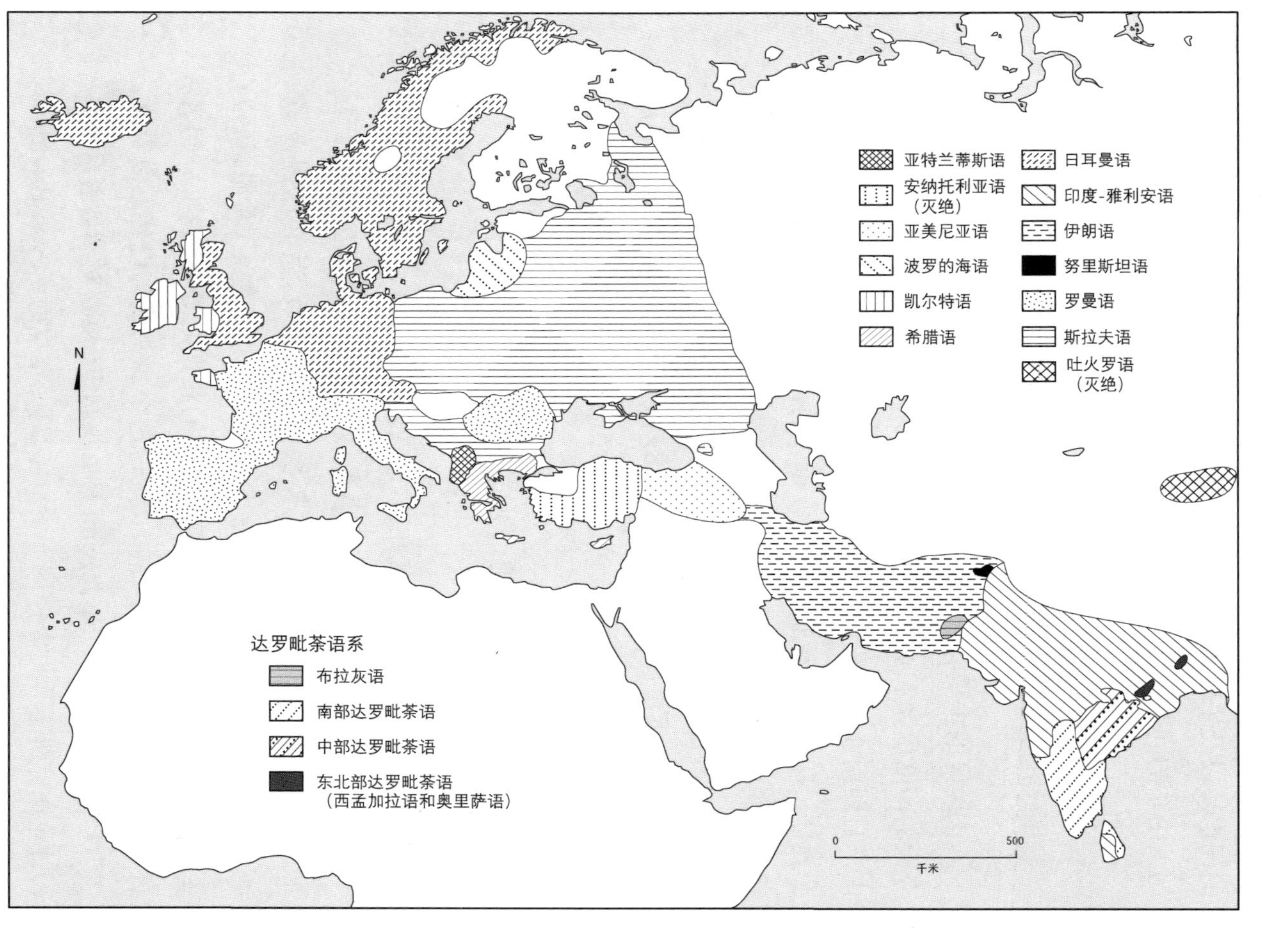

图 10.1　印欧语系和达罗毗荼语系主要语言分支的分布

特语(以及后来的吐火罗语和安纳托利亚语)；一类是咝音(satem)组，包括波罗的海语、斯拉夫语、阿尔巴尼亚语、亚美尼亚语和印度-伊朗语。粗看起来，这个分组的地理分布很奇怪，但下文提供了解释。

印欧语系来自东欧大草原？

在考古学家和语言学家的共同努力下，关于印欧语系起源的第一个长期占据统治地位的“全球性理论”在20世纪中后期发展起来，这就是“东欧大草原理论(Pontic steppes theory)”。按此观点，印欧语系起源地位于乌克兰和俄罗斯南部，黑海和里海以北，语言扩散与新石器时代晚期和铜石并用时代/青铜时代早期游牧民族的征服有关，他们掌握骑马和轮车的技术知识。没能建立起语言树的印欧语系确实需要一个类似“东欧大草原”这样的起源地理论来解释，后文我们再回到语言分支问题本身。“东欧大草原理论”基本上是由一系列与语言分支本身无关的假设支撑起来的，主要内容如下：

201/202

1. 语言学的复原把轮车的出现推到了印欧语系的较早阶段，这支持了东欧大草原是印欧语系起源地的观点，此地考古发现的车辆年代早到大约公元前3000年(Anthony 1995; Bakker et al. 1999)。

2. 对原始印欧语系社会的复原在某些方面体现出父系社会和游牧业的特征，后者再次指向干旱的东欧大草原地带，尽管没有特别具体的资料依据。

3. 一些语言学家根据语言年代学断言，印欧语系的年代不超过5 000年或6 000年。对应到考古年代，应该在新石器时代晚期或青铜器时代早期，不会早到新石器时代早期或中石器时代。

4. 许多历史学家和语言学家认为安纳托利亚语(下文将进一步

讨论)并非安纳托利亚土著语言,因此与印欧语系的起源问题无关。

1926年,戈登·柴尔德根据考古资料(被认为是最有力的证据)明确提出印欧语系起源于东欧大草原的假说,后来马利加·金伯塔在多篇论著中也加以论述(Marija Gimbutas 1985,1991)。在金伯塔的理论中,早期的印欧语系人群是公元前4500年到公元前2500年之间由东欧大草原上的骑马游牧民族迁徙而来,连续有四波移民浪潮。这些人建造了土墩墓“库尔干(kurgans)”,并形成了一个精英统治集团,他们把自己的印欧语言强加给了一个信仰母神的新石器时代族群(非印欧语系),该族群是母系社会而非父系社会。金伯塔(Gimbutas 1985: 185)在论述安纳托利亚新石器文化时曾经说:“安纳托利亚地区辉煌的新石器时代文化与原始印欧语文化的基本特征完全不符。”

印欧语系的东欧大草原起源说得到了很多学者的赞同,相关阐述与金伯塔大同小异,这里不再一一介绍。这个理论最坚定的支持者之一是考古学家大卫·安东尼(David Anthony 1991,1995; Anthony and Brown 2000),他考察了考古学和语言学两方面的资料,以寻找欧亚大草原早期骑马和轮车的证据。在安东尼的最新论述中,骑马早在公元前3500年已经见于黑海以北地区,原始印欧语人群可能就是携带着马匹、轮车和完整的农牧业经济从东欧大草原进入了欧洲,时间在公元前3000年左右。

当然,所有这些重构都需要“精英统治”的过程,以便原始印欧语族群(Proto-Indo-Europenan,简称PIE)把他们的语言强加给遍布欧洲的广大新石器时代人群。在我看来,这些过程更多是基于猜测,而不是社会语言发展的历史事实。实际上,上述四个方面的假设都是建立在假说的基础上,现在受到多方面的质疑。

203/204

例如,吉姆·马洛里(Mallory 1997),曾是东欧大草原起源说最坚定的支持者之一,明确表示不再相信从原始印欧语中可以复原出家马和轮车(野马是另外一个问题)。语言学家詹姆斯·克拉克森(Clackson 2000)、罗伯特·科尔曼(Coleman 1988：450)、卡尔弗特·沃特金斯(Watkins 1985)和历史学家伊戈尔·迪亚科诺夫(Diakonov 1985)也持类似观点。在原始印欧语系重建词汇表[1]中,游牧业并非是唯一性的,东欧大草原上的考古发现也表明当时的经济方式并非只有游牧业(Mallory 1997；Anthony and Brown 2000)。最近考古学家玛莎·莱文(Marsha Levine et al. 1999)对家马的研究结果表明,骑马现象出现的年代比过去认为的要晚得多,已经到了公元前第2千纪后期,因此与原始印欧语系人群扩散无关。许多语言学家现在倾向原始印欧语系历史超过5 000年的观点,而且认为"安纳托利亚语言不是土著语言因此并非原始印欧语系源头"的观点没有很强的事实根据。科林·伦福儒(Colin Renfrew 1987)提出了强有力的质疑——如果说以"库尔干"土墩墓为代表的新石器时代晚期和青铜时代游牧民族征服了欧洲大部分地区,为何欧洲完全没有发现相关的考古遗存?伦福儒的质疑等于给埋葬印欧语系东欧大草原起源说的棺材敲下了最后一颗钉子。

原始印欧语的真正起源地在哪里?我们能够了解多少?

为了确定原始印欧语系的真正起源地,我们必须了解其主要语支的系统发育情况。然而,许多语言学家指出,原始印欧语系的语言树并非分层结构,而是连续分叉,有一个明确的根部。除了安纳托利亚语之外,印欧语系的其他所有语族都呈现下降的耙状形态,与一支分布非常广泛的基础性祖先语言平行。一些语言分支,如罗曼语、斯拉夫语、日耳曼语和印度-伊朗语,在原始印欧语系之后传播非常广泛,但这些情况并未破坏耙形基本结构,仅仅只在耙齿末端增添了"灌木"而已。在原始印欧语系多样化的历史上,现有语支很早就相互分离了，因此依据语系树的形状很难找到语系的起源地。

根据约翰娜·尼科尔斯(Johanna Nichols 1998a，1998b)和卡尔维特·沃特金斯(Calvert Watkins 1998)的研究，印欧语系的这种耙形系统发育说明早期印欧语系的扩散非常广泛，在各个语言完全分离互不相通之前，不同扩散方向的语言保持相互联系达一千年之久(如重叠的同语线所示)。然而，有一个语言分支(是在20世纪初翻译公元前第2千纪的赫梯语时发现的)，在其他几种古代安纳托利亚语言(吕底亚语、利西亚语、帕利亚语和卢维安语)中也有发现，这个发现使得印欧语系的语言树不再完全是耙形结构。

今天，越来越多的语言学家将安纳托利亚语视为印欧语系的一个单独分支，与包含其他所有语言的第二个分支相提并论。如果这个观点是正确的，那么安纳托利亚语必定与印欧语系的起源地有关。此外，一些俄罗斯语言学家声称，原始印欧语系与原始闪米特语(可能位于黎凡特北部)以及高加索地区三个语族之一的原始卡特维利语(Proto-Kartvelian)有共同的借词(Gamkrelidze and Ivanov 1985、1995；Gamkrelidze 1989；Dolgopolsky 1987；Klimov 1991)。基于借词所在的地理位置，一些学者把印欧语系的起源地放在安纳托利亚，特别是其东部。这些看法尚未被所有语言学家所接受，如约翰娜·尼科尔斯(Johanna Nichols，1997a)，她根据卡特维利语(Kartvelian)的借词认为印欧语系的起源地靠近乌拉尔山脉，但尼科尔斯的这一观点也未得到太多赞同。

204/205

甘克里雷泽和伊万诺夫(Gamkrelidze and Ivanov 1995)强烈支持安纳托利亚东部是原始印欧语系的起源地，但仍然接受东欧大草原假说中的某些观点，即轮式车辆以及关于金属的一般知识，在原始印欧语系中都可以发现。这使得他们把原始印欧语系扩散的年代定在铜石并用时代或青铜时代，迁徙路线是从安纳托利亚向西进入希腊和巴尔干半岛，向东北经高加索再向西进入黑海以北的欧洲地区。在1995年出版的著作中，他们提出美索不达米亚北部和土耳其东南部铜石并用时代的哈拉夫文化（Halafian）（约公元前5500—前5000年）可能是印欧语系文化，特点是大量制作窑烧的彩陶。但是他们这一观点的考古证据并不令人信服。

因此，安纳托利亚作为原始印欧语系最有可能的发源地，至少在现代语言学界是一个虽不绝对但很合理的共识。越来越多的人认为，包括希腊语、塔里木盆地的吐火罗语、意大利语和凯尔特语在内所组成的语支，其祖先语言传播最早（可能出自安纳托利亚）。以上这些语言，另外加上日耳曼语，构成了颚音组的主要部分（Ringe et al. 1998；Drews Ed. 2001；Gray and Atkinson 2003）。也有人提出，某些现在了解不多的欧洲古代语言，如米诺斯语（Minoan）和伊特鲁里亚语（Etruscan），过去因为缺少材料被认为并非属于印欧语系，但实际上它们应该是很早以前从印欧语系（或印度-赫梯语）迁移而来的语支（Renfrew 1998，1999）。

原始印欧语系重建词汇表确实没有排除安纳托利亚是其起源地，而且在某种程度上支持这个观点，特别是如果我们接受甘克里雷泽和伊万诺夫的说法，里面有一个词是“山（mountain）”，这倒是把东欧大草原给排除掉了。其他一些更具文化性质的事物也可以在原始印欧语中复原出来，包括西南亚的家畜和马，后者可能是野马，一种不知其详的谷物（可能是小麦或大麦），犁（是一种简单的犁，而不是翻土的铧犁），使用羊毛纺织。这张清单足以证明原始印欧语可能属于早期农业社会，而绝对不是狩猎采集社会。然而，如果印欧语系的系统发育情况没有得到充分的认识，那么其词汇表的性质总是有点不确定。例如，如果根据印欧语系的语言树，安纳托利亚语支确实是其他所有语支的源头，那么只有证实确实属于安纳托利亚文化的事物才能纳入原始印欧语系词汇表。

至于原始印欧语系的年代,大多数语言学家认为是在公元前3500年到公元前7000年。鲁塞尔·格雷和昆汀·阿特金森(Russell Gray and Quentin Atkinson 2003)使用了进化生物学的计算方法,建立了生成现有印欧语系词汇所需进化改变最少的语言树,根据历史记录语言的变化进行时间校准,得到了一个接近公元前7000年的原始印欧语年代,之后是安纳托利亚语、吐火罗语和希腊/亚美尼亚语的逐次分化,其他语支分化更晚一些,且它们之间的关系更接近耙形。彼得·福斯特和阿尔弗雷德·托斯针对原始印欧语也做了一个类似的分析(Peter Forster and Alfred Toth 2003),他们使用进化生物学的系统发育网络方法,得到了一个相差不多的年代,为公元前8100±1900年。这些都是重要的学术贡献,为印欧语系的安纳托利亚起源和新石器时代初期扩散理论提供了强有力的支持。

205/206

科林·伦福儒对印欧语系研究的贡献

1987年,一部名为《考古和语言》(Archaeology and Language)的著作将关于印欧语系起源地和扩散年代的讨论推向了新的高潮。在这本书中,英国考古学家科林·伦福儒详细阐述了他关于原始印欧语与新石器时代最早农人从安纳托利亚扩散到欧洲的假说。该书出版之后引起了热烈的讨论,一些敏锐的学者如安德鲁·谢拉特和苏珊·谢拉特1988年提出(Andrew and Susan Sherratt 1988),其他语系可能也会走与印欧语系同样的道路,从而导致语言从农业心脏地带向外辐射。《考古与语言》一书出版16年后,伦福儒(Renfrew 2003)仍然坚持其关于农业扩散与语系传播之间关系的基本立场。他关于印欧语系的最新论述认为其起源地在安纳托利亚中南部,大约在公元前7000—前6500年,此地的农人开始迁徙进入希腊(Renfrew 1999, 2001a)。这一波最初的传播继续向欧洲进发，导致了意大利语和凯尔特语语支的兴起；吐火罗语分裂出去也相当早(可能为公元前 5000 年?)，并向黑海以北传播，穿过大草原进入中亚。这一早期迁徙似乎普遍催生了颚音类语言，而东欧的咝音类语言(波罗的海语、斯拉夫语和阿尔巴尼亚语)则保持着"单向趋同(advergence)"状态，其特点是创新有共同之处，都属于巴尔干语言联盟(sprachbunde)。关于后者体现出的很多社会特征，马利加·金伯塔最早提出与印欧语系的底层有关。有趣的是，印度-伊朗语也与东欧的咝音类语言关系非常密切，从而为印度次大陆印欧语的最终起源提供了线索。

伦福儒的基本复原显然倾向于认为印欧语系是"分层"系统发育的，这与语言学家通常认为的耙形模式略有不同，但最近由多种数学方法建立起来的一个模式较为接近伦福儒的看法(Warnow 1997; Ringe et al. 1998; Gary and Atkinson 2003)。伦福儒对印欧语系最初向欧洲扩散的复原见图 10.2。从考古资料来看，整个传播过程发生在大约公元前 7000 年(传入希腊)和公元前 4000 年(传入英国)之间。在这 3 000 年期间，外来农人和中石器时代的土著，尤其是北欧人，无疑存在着大规模的基因交流，尽管在语言学材料中并没有发现"混合化(creolization)"的任何证据。有些对语言底层的研究涉及植物名称、河流名称和其他地理术语，但可能并非出自印欧语系(Markey 1989; Polome 1990; Schmidt 1990; Vennemann 1994; Kitson 1996; Dolgopolsky 1993)。诺伯特·斯特雷德(Norbert Strade 1998)还指出，日耳曼语通过一个较彻底的语言转换过程在乌拉尔语底层基础上传播。除了乌拉尔语，在罗马时期，欧洲的沿海边缘地区当然也存在许多其他可能不属于印欧语系的语言，比利牛斯山脉的巴斯克语是其中最著名的一个(Zvelebil and Zvelebil 1988; Sverdrup and Guardans 1999，以上这些语言被称为"古欧洲语言")。但是，我们必须明白，当前对许多古代语言所知

206/207

甚少，而且对这些语言到底是否属于印欧语系也无法确定，特别是类似皮克特语（Pictish）和伊特鲁里亚语（Etruscan）这样的语言。我们能观察到的只是，印欧语系在波罗的海以南欧洲大部分地区的传播状况似乎与由接触引起的语言转变应有的巨大规模并不相符，后者那种类型我们在美拉尼西亚的一些南岛语言中曾经看到过。这表明印欧语系的传播是与人口扩张的过程相伴发生的。[2]

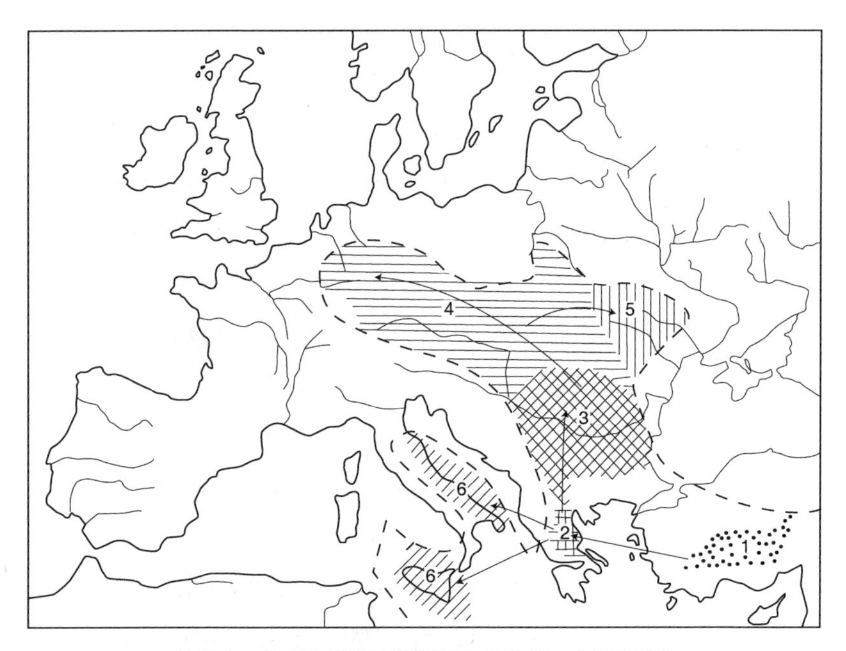

图 10.2　伦福儒对安纳托利亚中部印欧语系起源地和印欧语系最初向欧洲传播的复原图

（据 Renfrew 1999）

亚 非 语 系

亚非语系（The Afroasiatic language family，简称 AA）（图 10.3）包括六个语言分支，大多数语言学家赞成其中的古埃及语（或历史

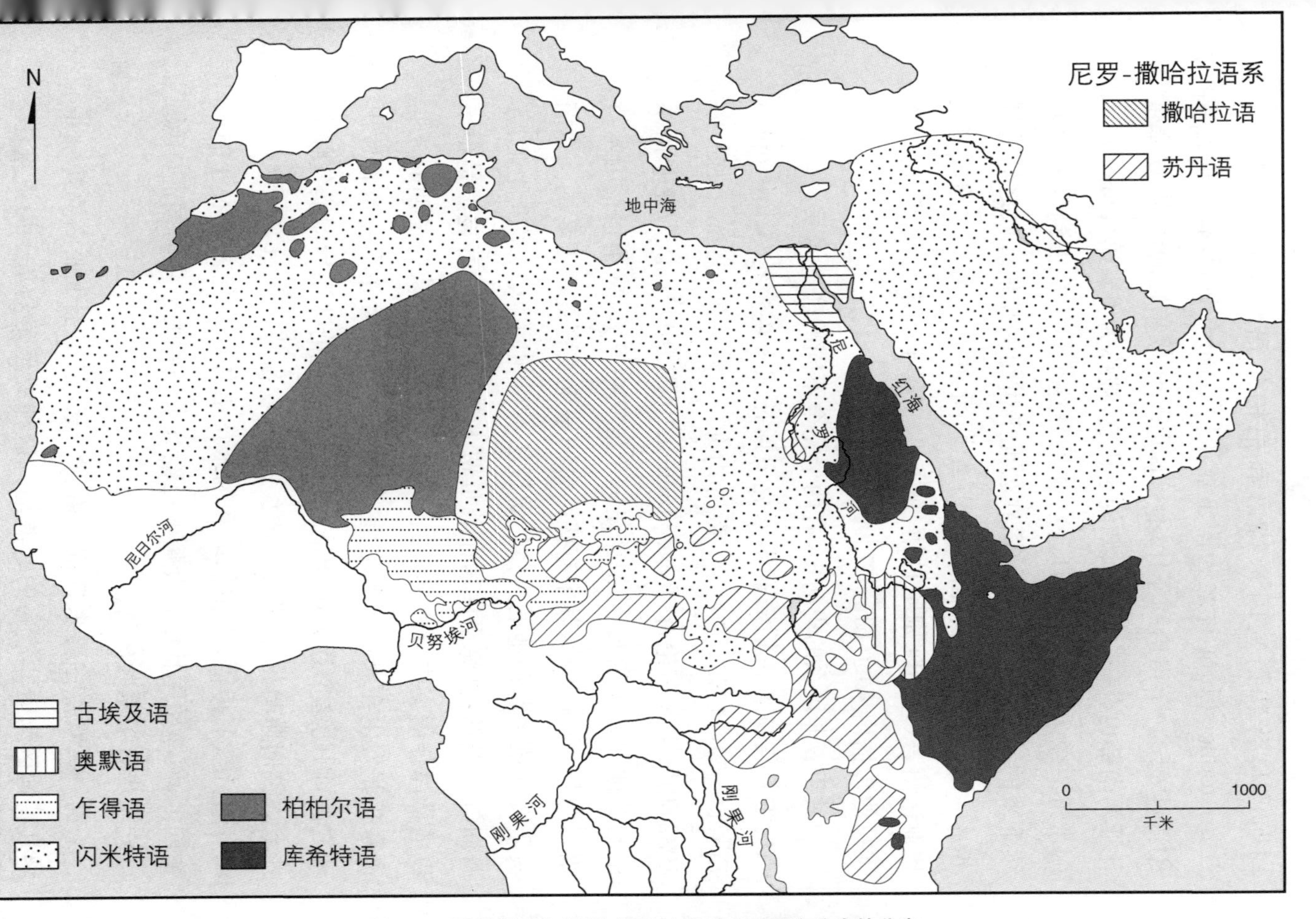

图 10.3　亚非语系和尼罗-撒哈拉语系主要语言分支的分布

(据 Ruhlen 1987)

时期的科普特语)、闪米特语和柏柏尔语构成独立的一支(Christopher Ehret 称之为博雷亚语[Boreafrasian],有几项音系创新,1995)。乍得语和库什语(Cushitic)构成单独的语支,埃塞俄比亚西南部也有一个鲜为人知的小语支,被称为奥默语(Omotic)。[3]闪米特语今天在北非分布广泛,并不是这个语族从古到今一直延续下来的结果,因为阿拉伯语在公元7世纪阿拉伯征服之后传播非常广泛;并且早在公元前第2千纪期间,更为复杂多样的埃塞俄比亚诸语言(包括阿姆哈拉语)的祖先亦属于闪米特语支,也是从阿拉伯传播出来的(Ehret 2000)。

208/209

关于亚非语系的史前史,有两个完全不同的理论体系。一派观点的主要支持者包括语言学家克里斯托弗·埃雷特(Christopher Ehret 1979, 1995, 2003)、莱昂内尔·本德尔(Lionel Bender 1982)和罗杰·布伦奇(Roger Blench 1993, 1999),认为亚非语系的起源地在非洲东北部,根据是六个语支中有五个(不包括闪米特语)都只出现在非洲,其中有些语言的系统发育是最古老的。他们关于亚非语系起源地的具体位置说法不尽相同,从埃塞俄比亚、苏丹向红海摆动,红海沿岸居住着贝贾人(Beja),其语言显然是很早以前从库什语支中分离出来的。语言学家倾向于认为早期的亚非语系扩张发生在农业出现之前,尽管埃雷特认为并不在畜牧业出现之前,因此这个迁徙可能是大约10 000年前冰期后湿润气候条件下人群向撒哈拉东部的扩散。例如,埃雷特(Ehret 2003年)指出,库什语、乍得语、柏柏尔语和闪米特语各自都有来自农业的原生词汇,但原始库什语在瓦解时已经有了一些关于牛的词汇,因此可能初步有了畜牧经济。

另一派观点主要来自俄国语言学家,强烈主张西南亚特别是黎凡特地区为亚非语系的起源地。这种观点完全基于词汇重建,而不是像“非洲东北部起源派”那样的“重心(center-of-gravity)”假设。除了一个相对离奇的主张提出亚非语系是在距今 3 万年前的奥瑞纳时期（Aurignacian）从黎凡特向外扩张（McCall 1998）之外，“黎凡特起源派”的核心观点如下。

1. 以语言年代学方法对古埃及语和闪米特语资料进行计算（Greenberg 1990：12），得出原始亚非语年代可能略早于原始印欧语，约在公元前 10000 年至前 7000 年之间。

2. 原始亚非语重建词汇表不包含任何具体的农业同源词，但确实包括许多来自亚洲而非非洲的动植物的名称（如绵羊、山羊、大麦、鹰嘴豆，相关研究例如：Blazek 1999；Militarev 2000，2003）。米利塔列夫（Militarev）认为当时存在早期农业。

3. 原始闪米特语毫无疑问起源于黎凡特，并且可以复原出一个完整的农牧业词汇表（Dolgopolsky 1993；Diakonoff 1998）。

以上看法并不能构成整个亚非语系起源于黎凡特的确凿证据，其立论基础甚不可靠。我和科林·伦福儒（Renfrew 1991）都怀疑原始亚非语系确实起源于黎凡特而非非洲东北部，但我也不得不承认，黎凡特起源说主要是基于对全新世早期人口迁徙资料的认识，而不是根据语言系统发育的任何绝对标记。公元前 5500 年左右或者更早，新石器时代文化从黎凡特传入埃及，加之在全新世早期湿润条件下，前陶新石器时代牧羊人群沿阿拉伯半岛西侧迁徙而来，这说明早期农人和牧人是分头进入非洲的，携带而来的还有绵羊、山羊、小麦和大麦。两条路线分别是：

209
210

1. 从黎凡特南部进入埃及，最终导致早期柏柏尔语和山羊畜牧业进一步传播到撒哈拉北部。

2. 另一波独立的迁徙运动，主要是牧羊业人群而非农业人群，通过阿拉伯半岛西部，横穿东非，产生了库什语、乍得语，可能还有奥默语。

考虑到语言学和考古学证据，穿越阿拉伯的迁徙运动有可能是最早发生的，比进入埃及的运动要早一千年或更多。从语言上讲，这也可以解释为什么许多语言学家相信库什语、奥默语和乍得语在系统发育意义上比其他语言更为底层（除非发生了大量的接触性转变，如同南岛语系中的西美拉尼西亚语那样）。这也解释了为什么目前所见的埃及新石器时代始于前陶新石器时代 B 段（PPNB）之后的有陶新石器时代。

亚非语系的黎凡特起源说细致考察了考古资料、原始词汇重建以及全新世早期人口迁徙等证据，而与其对立的非洲起源说主要基于语言分组资料，缺乏考古材料的支持，只有个别学者推测亚非语系的扩散与全新世早期撒哈拉气候暖湿化有关。但非洲起源说显然无法解释闪米特语，因为闪米特语完全没有非洲起源的任何痕迹，而且也与早期尼罗-撒哈拉语人群很可能是全新世早期撒哈拉牧牛人这一受到普遍认可的观点相矛盾。就目前的认识水平，亚非语系黎凡特起源说比非洲起源说更符合总体情况。这一假说的检验要依靠未来的工作，例如埃塞俄比亚的考古发现，以及对目前所知甚少的奥默语支的语言学研究。

埃兰语和达罗毗荼语，以及印度-雅利安语

南亚地区的语言分属于四个独立的语系——印欧语系（具体来说就是印度-雅利安语支，也称为印度-伊朗语支）、达罗毗荼语系、蒙达语系（发源于东南亚的南亚大语系的一个组成部分）和藏缅语系（图 10.1、10.4、10.6、10.7a）。今天，印度-雅利安语在北方占统治地位，人们常常认为它们是通过消灭其他语族取得了这种优势。事情并不是那么简单，这一点下面还要解释。印度-雅利安语在印度北部和巴基斯坦取代了其他语言很清楚，但取代的到底是达罗毗荼语还是蒙达语，并不知道。

210
211

常被作为印度-雅利安语民族从西北入侵证据提出的历史文献之一是由颂歌和哀歌编纂而成的《梨俱吠陀》，口头创作于公元前第二千年的中晚期，在公元前第一千年的晚期被记录下来。《梨俱吠陀》的部分内容描述了在旁遮普地区的城邦发生的侵略战争，许多早期权威学者将此文献视为征服的记录——外来的印度-雅利安语游牧民族征服了衰落中的达罗毗荼语哈拉帕文明。在摩亨佐达罗遗址发现的明显的屠杀现象似乎支持这一观点，但最近的碳十四测年表明，印度河文明成熟期（Mature Indus Phase）结束于公元前 1900 年，远早于《梨俱吠陀》中所发生的事件。相反，现代学者认为《梨俱吠陀》所记载的事件发生时旁遮普已经属于印度-雅利安人，并且早已如此（Erdosy 1989，1995；Witzel 1995）。我们不能再把哈拉帕文明的衰落归罪到因陀罗（Indra）的信徒头上。

为了将南亚置于“后梨俱吠陀”的语言学视野中，我们首先需要回顾一下现代语言学家对相关语言历史的描述。先来看一下达罗毗荼语。1974 年，语言学家戴维·迈阿尔平（David McAlpin 1974，1981）提出存在一个超大语系，他称之为埃兰-达罗毗荼语系（Elamo Dravidian），这是基于南亚达罗毗荼语与在伊朗西南部波斯波利斯的阿契美尼德王朝（公元前 6 世纪末至 5 世纪）宫殿中发现的埃兰语（Elamite）文本之间的比较得出的结论（另见 Blazek 1999）。古埃兰语的使用年代是从公元前第三千年晚期到阿契美尼德王朝时期，最早发现于伊朗胡齐斯坦省苏萨的巨大城丘废墟出土的楔形文字文书中（Potts 1999）。从伊朗高原的苏萨到伊朗东部的沙赫里索克塔，在一些遗址中还发现了年代更早的象形文字和数字文书，年代大约在公元前 2800 年左右，被称为“原始埃兰语（Proto-Elamite）”，但这些文字至今仍未被破译，也无法证明它们与一千年后真正的埃兰语是否确有联系。埃兰文明是城市文明，与苏美尔文明和阿卡德文明关系密切，在公元前第一千年的印欧语系米底人(Medes)和波斯人之前统治着伊朗的大片地区。

达罗毗荼语本身,除了印度河流域的布拉灰人(Brahui)之外,如今仅限于印度中部和南部还在使用(图10.1)。考察该语系在印度的各支语言可知,其原始词汇和分组结构内部的重建已经进行了相当长的时间,因此我们大体上可以推测其发源地在南亚的北部。但是迈阿尔平的埃兰-达罗毗荼超大语系年代过晚,与语言证据不符,尽管很多"达罗毗荼主义者"如卡米尔·兹韦勒比尔(Kamil Zvelebil 1985)都很推崇这个理论。印度西北部有大量的印度-雅利安语言叠压在一起,抹去了前期的语言痕迹,使得埃兰-达罗毗荼超大语系的问题更加难以说清。布拉灰语可能是印度河流域曾经广泛存在的达罗毗荼语的孑遗,但这种语言没有得到很好的记录,历史内涵不清楚(Coningham 2002: 86 引用了 Elfenbein 的观点,认为它也可能是中世纪来自南方的移民语言)。

211
212

目前,大多数语言学家似乎都赞同印度南部和中部的达罗毗荼语系各语言(布拉灰语尚不确定)在公元前2500年左右有一个共同的祖先,一份农业重建词汇表至少包含了牛、椰枣和犁等词语(Southworth 1975、1990、1992、1995; Gardner 1980)。傅稻镰(Dorian Fuller 2003)认为,一些表达印度南部本地作物(如绿豆和马豆)的词语在达罗毗荼语中可以追溯到非常早的阶段,他还认为整个达罗毗荼语系就是起源于前农业时期的印度南部。如果他是对的,那么迈阿尔平关于达罗毗荼语与埃兰语关系的说法就不可信了。不幸的是,语言资料似乎还不足以夯实傅稻镰的观点。如果迈阿尔平是正确的,而且达罗毗荼语的语言年代学计算结果可信(这个年代数值与印度南部农业传播的考古学年代正好契合),那么埃兰语与达罗毗荼语之间的遗传关系一定远远早于公元前2500年。

在深入探讨埃兰-达罗毗荼语系难题之前,有必要再回到印度-雅利安语系。根据语言学界的主流观点，印度-伊朗语与印欧语系其他语言的分离在印欧语系发展历史上是一个相对较晚的过程。许多学者认为印度-伊朗语的起源地是在黑海以北的草原地带，这个族群向东奔向里海，在公元前2000年前后向伊朗和印度迁徙(Anthony 1991; Parpola 1988, 1999; Mallory 1989; Masica 1991; Kuzmina 2001)。印度-伊朗语属于咝音类语言，它们最亲近的语言分支是亚美尼亚语、斯拉夫语、阿尔巴尼亚语和波罗的海语。在公元前第二千年期间，以游牧为主的安德罗诺沃青铜文化从里海北部出发，向兴都库什地区散布，许多人相信这是印度-雅利安移民语言最有可能的来源。在经过今天的土库曼斯坦和乌兹别克斯坦时它们又分裂出伊朗语和印度语两个分支。依此观点，印度-雅利安人到达印度河流域的时间大约在哈拉帕文化成熟期的衰落阶段或更晚一些。毋庸讳言，这一重建部分取决于早期印度-雅利安人主要成分是游牧民族的正确性，但这一点在南亚次大陆考古中并没有得到明确的证实，在《梨俱吠陀》和印欧语系语言树中也没有发现相关证据。[4]

对于这一流行观点，我们有不同看法。科林·伦福儒(Colin Renfrew 1987: 208)推测印度-伊朗语可能起源于梅赫尔格尔(Mehrgarh)新石器文化，后者是从安纳托利亚的印欧语系起源地传播而来。但是，印度-雅利安语在印欧语系中的语言学位置似乎并不支持公元前6000年这样一个古老的年代，即使考虑到阿富汗兴都库什地区努里斯坦语族(Nuristani)(卡菲尔语或达尔德语[Kafiri or Dardic])高度的多样性。近来C.C.兰贝-卡洛夫斯基提出了另一个观点，反对将早期印度-伊朗语族群与安德罗诺沃文化或阿姆河和锡尔河流域同时代的其他文化(常被称为巴克特里亚·马尔贾纳考古学文化[Bactrian Margiana Archaeological Complex])画等号(C.C.Lamberg-Karlovsky 2002)。这就是说人们根本不能把考古学文化等同于语言。这样的阐述代表了一个巨大的挑战。

212
213

多学科视野下的南亚史前史

首先，我想指出一个以前我曾经不相信的重要观点。印度-雅利安语的分布范围，即使在今天，也与德干高原西北部和恒河-亚穆纳河流域（但不包括斯里兰卡）的铜石并用文化非常一致。这些文化都是以使用铜和彩陶为特征，彩陶常为红地黑彩，包括拉贾斯坦邦（Rajasthan）和马哈拉施特拉邦（Maharashtra）的阿哈尔（Ahar）、马尔瓦（Malwa）和乔威（Jorwe）文化，以及恒河流域的赭陶、黑陶和红陶诸文化。当然，也包括成熟期哈拉帕文化和后哈拉帕文化。如第 4 章所述，在恒河流域，从考古学的角度来看，从公元前 3000 年到历史时期（佛教和印度教时期）的文化发展有很强的连续性（Liversage 1992）。因此，也应该认真考虑印度-雅利安人在此时间范围内的文化连续性。

今天的达罗毗荼语覆盖了印度南部的新石器文化分布区，这里的新石器时代村庄修建圆形房屋，养牛，种植一些南印度特有的驯化谷物和豆类。尽管有显著迹象表明南部这些遗址与德干高原西北部有联系，但它们明显具有自己的特点。印度南部的文化同样也是从新石器时代连续发展到历史时期早期，只有一个显著的例外——在历史时期早期印度-雅利安语以僧伽罗语的形式传播到了斯里兰卡。

考虑到上述细节，并结合当前流行的众多学术观点，我将南亚的历史图景描绘如下（图 10.4）。

1. 从公元前 7000 年到哈拉帕文化早期，在新石器时代的伊朗和俾路支，一个埃兰-达罗毗荼语言统一体（据迈阿尔平的观点）从胡齐斯坦传播到印度河流域甚至更远的地方。早期的印度-伊朗

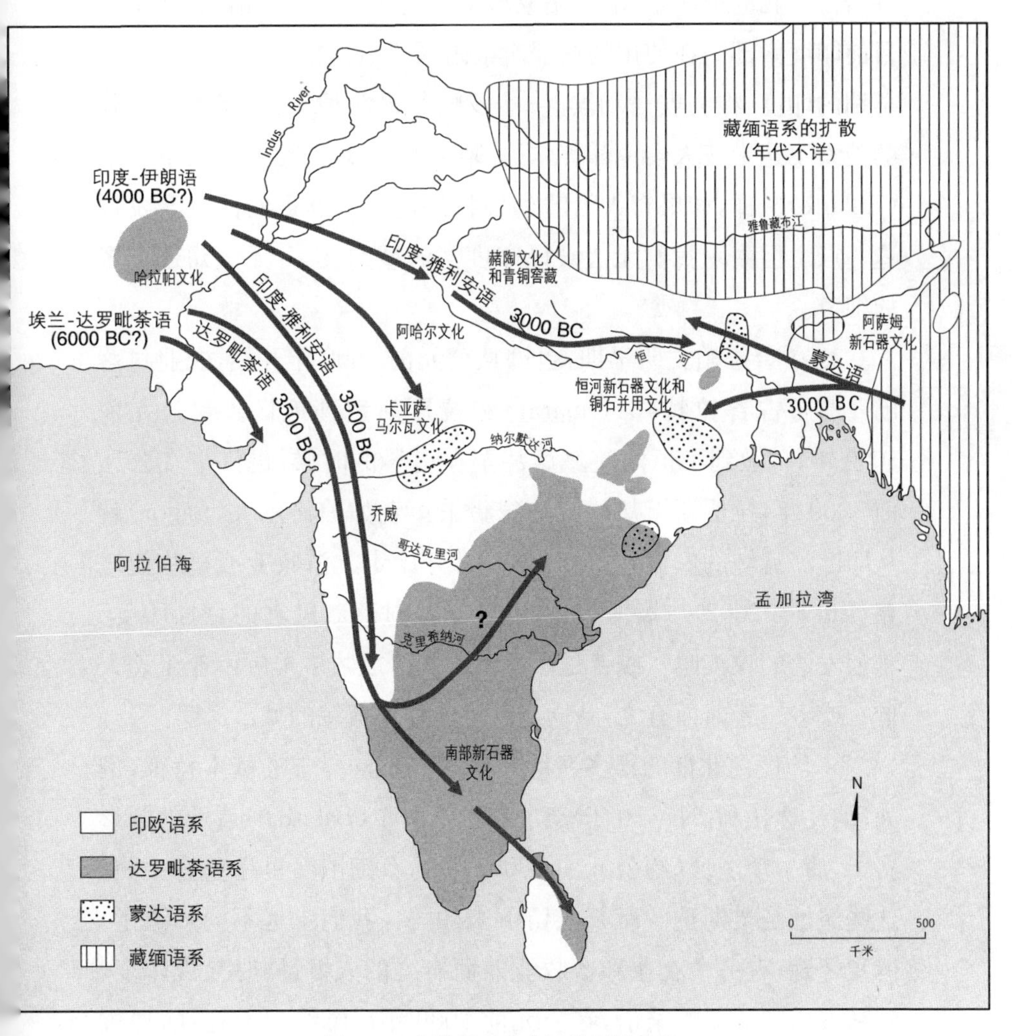

图 10.4　相关语系在南亚地区的传播

语族群在新石器时代从草原地带向北迁入伊朗，具体年代尚不确定。

2. 哈拉帕文明本身，就像美索不达米亚文明一样，肯定存在多种语言。我的推测是，哈拉帕象形文字应该属于埃兰语系，而不是目前印度南部尚在使用的达罗毗荼语系。哈拉帕人应该普遍会说早期的印度-雅利安语和埃兰-达罗毗荼语两种语言，就像同时代的美索不达米亚人会说苏美尔语、阿卡德语、埃兰语甚至埃卜拉语(Eblaite)一样，如果有人沿着幼发拉底河上溯够远的话就会发现这一点。但由于我们无法破译印度河流域的文字，无法知道更多的细节。

3. 在哈拉帕文明早期，也许从公元前3500年开始，农业村落已经遍布古吉拉特邦(Gujarat)和拉贾斯坦邦地区。到公元前3000年，扩散到了恒河流域。甚至在更早的时候，也许早在公元前5000年，拉贾斯坦邦的流动狩猎采集者如伯格尔人(Bagor)就从印度河流域的农业村落获得牛羊，开始走上游牧业或畜牧业之路(Lukacs 2002)。根据上述论据，这些村落居民真的是操印度-雅利安语的农人吗？或者是操达罗毗荼语放牧牛羊的南亚土著人群？或者二者兼而有之，共同造就了印度河流域的城市文明？

213/214

4. 印度西北部的很多遗址具有一些不同寻常的基本特征，例如，纳瓦达托利(Navdatoli)遗址和巴拉萨尔(Balathal)遗址的圆形房子，后一个遗址(约公元前2800年)的石砌围墙里还填有牛粪。这些遗址是早期达罗毗荼人留下来的吗？我们永远不会知道了。但我怀疑，有一个农业和畜牧业兼而有之的人群，同时会说印度-雅利安语和达罗毗荼语，在公元前3000年后继续向南迁徙，通过马哈拉施特拉邦到达了卡纳塔克邦。农业村落的农耕和养牛业都在走向专门化，但两种经济方式大致共存。如果村落居民真的是印度-雅利安人，他们可能只会待在马哈拉施特拉邦及以北地区，

214/215

因为只有在那里他们的西南亚冬季谷物才能继续生长，尽管有时需要灌溉。在这个图景中，达罗毗荼语牧民继续推进到德干高原、卡纳塔克和印度南部，发展出具有自身风格的粟作农业和养牛业。

5. 很可能达罗毗荼人没有进入恒河流域，恒河流域铜石并用时代赭陶阶段的农人是这里最早的农业居民，他们大概是印度-雅利安语族群（其年代和早期蒙达人至少是同时的，后面对此还会进一步讨论）。

以上复原让印度-雅利安人和达罗毗荼人共同承担了对狩猎采集时代印度进行农牧业殖民的角色，其中达罗毗荼人的游牧生活方式流动性更强一些，他们继续向南进入卡纳塔克邦和德干高原南部，但没有到达恒河平原。恒河平原现在广泛流行印地语（Hindi），其中大约30%的农业名词来源既不是印度-雅利安语，也不是达罗毗荼语，也不是蒙达语，而是一种神秘的语言（Masica 1979）。瓦尔特·费尔塞维斯和富兰克林·索斯沃斯（Walter Fairservis and Franklin Southworth 1989）将此来源称为“X 语言（language X）”。因此，印地语在恒河流域的存在变相表明这里有一个达罗毗荼语底层。“X 语言”是否属于恒河流域农业之前的史前人群？在没有任何明确的语言遗存的情况下，这很难被人接受，但也许以后会有新的进展。

印度西北部属于印欧语系的拉特语（Gujerati）和马拉地语（Marathi）确实有一些达罗毗荼语借词，因此说这里以前曾经有过达罗毗荼语并不成问题。是不是早期达罗毗荼语主要集中在印度河流域的南部，并延伸到古吉拉特邦、马哈拉施特拉邦，也许还有拉贾斯坦邦？是不是早期印度-雅利安语最初局限在印度河流域北部，后来才向南部（和东部）迁移，并最终取代古吉拉特邦和马斯哈拉斯特拉邦的达罗毗荼语，但未能取代卡纳塔克邦或印度南部的达罗毗荼语（图 10.4）？纳瓦达托利（Navdatoli）和巴拉萨尔

(Balathal)遗址的文化内涵为这个看法提供了一些微弱的支持。

在印度东北部的半岛地区,还有另外一个族群,最终与印度-雅利安人和达罗毗荼人融合在一起。这些人是蒙达人,属于南亚语系人群,而南亚语系的最初发源地在大陆东南亚(图 10.6)。对早期蒙达语的重建表明,水稻、小米和豆类都是同源词,所以毫无疑问,正是该族群将水稻种植引入到了印度东北部,时间可能在公元前 3000 年左右(Zide and Zide 1976; Southworth 1988; Higham 2003)。有趣的是,根据 F.B.J.柯伊柏(Kuiper 1948)的语言学分析,在印度-雅利安语出现于印度东部之前,达罗毗荼语和蒙达语即已存在联系,交集区域可能是在安得拉邦、奥里萨邦和比哈尔邦南部的某个地方,今天这一带两个语系仍然交织在一起。这表明达罗毗荼人于公元前 3000 年左右在德干高原定居之后,发展相当迅速。然而,目前尚不清楚蒙达语当初在恒河流域传播了多远,富兰克林·索斯沃斯(Franklin Southworth 1988)认为它们的最大范围并不会比今天大多少,这可能是由于来自印度-雅利安语和达罗毗荼语的竞争所致。这表明,三大相关语系几乎是在同一时间传播到了印度次大陆,这是一个相当大的历史巧合,其结果在今天的印度民族语言学景观中仍然可见。

215/216

印欧语系,亚非语系,埃兰-达罗毗荼语系,以及泛欧亚大陆语系

我们已经提出了众多语系是否可以归类为超大语系的问题,一些语言学家毫不迟疑地否定了这个想法,理由是方法论不完善,即使观察到语系之间存在相似性可能也是出于偶然(Dixon 1997)。我不打算卷入语言学家们关于方法论的争论,但是像科林·伦福儒(Renfrew 1991)一样,十多年以来我一直对这个问题

很有兴趣,因为某些超大语系假说反映了史前考古的重要进展,特别是与农业人群走出农业起源地向外辐射扩散有密切关系。[5]

自20世纪60年代以来,俄罗斯比较语言学家特别推崇的最重要的超大语系之一是"泛欧亚大陆语系(Nostratic)"。其基本构成包括印欧语系、亚非语系、南高加索的卡特维利语(Kartvelian)、乌拉尔语、阿尔泰语和达罗毗荼语系,据说所有这些语言要么有某种程度的共同源头,要么早期历史有一定联系。[6]最近,约瑟夫·格林伯格(Joseph Greenberg 2000)另起炉灶提出了一个假说,他的欧亚超大语系包括了印欧语系、乌拉尔语、西伯利亚的优卡基尔语(Yukaghir)、阿尔泰语系(包括朝鲜语和日语)、北海道的阿伊努语(Ainu)、吉利亚克语(Gilyak)、楚科奇语(Chukotian)和爱斯基摩-阿留申语。

超大语系的名单如此包罗万象,也难怪有些语言学家对此强烈质疑。考古学家也发现这个论点很难处理。显然,就格林伯格"欧亚超大语系"的概念而言,所有这些各种各样的人群与农业人群辐射扩散并没有什么关系,这个概念即使真的成立,可能也只是反映了现代人类在北纬地区的早期殖民活动,毕竟人类距今15 000年前已经到达美洲,所以即使里面残存一些古代语言也并不令人意外。

但"泛欧亚大陆超大语系"可能是另一回事,因为它的许多语系成员可能与农业人群从中东向欧洲、北非和亚洲的辐射扩散密切相关。相关语言包括印欧语系、亚非语系和达罗毗荼语系。卡特维利语,作为保留在偏远的高加索山区的一支语言,在地理上也符合这个模式,尽管高加索地区确实还存在另外两支不属于"泛欧亚大陆超大语系"的语言。后者中的一个——纳克达吉斯坦语(Nakh Dagestanian),显然是一支原始农业语言的后裔,根据约翰娜·尼科尔斯(Johanna Nichols)的语言年代学计算结果,大约距今6 000年(见Wuethrich 2000),但人们对卡特维利语的历史知之甚少。

泛欧亚超大语系的另外两名成员——乌拉尔语和阿尔泰语,体现出另外的意义。乌拉尔语系包括芬兰语和匈牙利语,二者现在当然都属于农业语言。但是乌拉尔语最初来自狩猎采集者,冰后期才传播到北欧和亚洲,这是基本的共识。卡列维·维克(Kalevi Wiik 2000)最近发表了对乌拉尔语语言历史的复原结果,发现其中许多人最早来自冰后期北欧的狩猎采集者,后又受到外来印欧语系农人的影响。其他语言学家指出,原始乌拉尔语体现出与印欧语系尤其是伊朗语之间的密切联系,但这种联系是否反映了在大约公元前500年突厥语传播而来之前它们有共同的语言祖先?或者后来在伊朗语统治草原期间发生了借用?我不能说自己知道答案,但很清楚,乌拉尔语系并非是来自西南亚的农业语言。

216/217

阿尔泰语系提出了另一个问题,几乎所有语言学家都认为其主要语支(突厥语、蒙古语和通古斯语)最有可能的起源地在蒙古和中国东北。虽远在东方,但与泛欧亚大陆超大语系其他成员有着密切联系。这个靠近西南亚的语系却最不可能从西南亚起源,我们稍后再回到阿尔泰语问题。

这样,现在只留下了开始时所讨论的三种语系,即印欧语系、亚非语系和埃兰-达罗毗荼语系,代表了西南亚农人扩散的结果。可能有人会说,除非人们完全接受泛欧亚大陆超大语系的观点,否则根本就不应该承认它。这样的断语无疑会让许多语言学家感到高兴。我不知道应该对一位持怀疑态度的语言学家说什么,但对考古学家,我会阐明,将西南亚农业对外传播的史前史与三大语系扩散模型联系起来非常有吸引力。原始泛欧亚大陆超大语系完全不是一个疯狂的想法。

事实上，一些语言学家已经开始探索原始泛欧亚大陆超大语系的文化词汇、地域和年代。阿兰·邦哈德(Alan Bomhard 1996)认为其发源地大致在更新世末期高加索南部的某个地方。阿哈龙·多尔戈波尔斯基(Aharon Dolgopolsky 1998)认为，原始泛欧亚大陆超大语系难以明确重建出农业，但确实有大麦、牛、绵羊和山羊等词汇，再次有利于在农业产生之前的西南亚寻找其起源地(尽管多尔戈波尔斯基自己并未寻找)。纳图夫文化及其同时代文化在泛欧亚大陆超大语系图景中占据着中心位置，但很清楚，原始泛欧亚大陆超大语系的确切文化前身可能永远都是不解之谜。

撒哈拉和撒哈拉以南的非洲：尼罗-撒哈拉语系和尼日尔-刚果语系

尼罗-撒哈拉语系

现在我们将目光转向撒哈拉以南的非洲，考察一下尼罗-撒哈拉语系，该语系可能是过去几千年来统治北非的亚非语系尤其是闪米特语的前身之一。尼罗-撒哈拉语系非常多样化，以至于一些语言学家拒绝承认它是真正的语系。它的分布相当零散，延伸很长，似乎显示出后来被闪米特语和尼日尔-刚果语系覆盖的明显证据(图 10.3)。

217/218

在二十多年前撰写的一篇论文中，尼古拉斯·戴维(Nicholas David 1982)认为，尼罗-撒哈拉语系中苏丹语支的传播代表了高粱种植业和牛羊放牧业的发展。现代考古学并不否认驯化高粱出现这么早，但是这里栽培的可能只是野生高粱。对尼罗-撒哈拉语系最深入的研究来自克里斯托弗·埃雷特(Ehret 1993, 1997, 2000, 2003)，他认为原始尼罗-撒哈拉语系起源于更新世末期的尼罗河中游，随着冰后期环境的改善，这里的狩猎采集者开始了他们第一阶段的扩张。根据埃雷特的说法,尼罗-撒哈拉语系北部苏丹语支人群在公元前9000年左右学会了养牛以及制陶技术。种植和养羊出现稍晚,大约在公元前7000年左右,这时候中部苏丹语人群已经率先掌握了种植技术。公元前5000年之后,这一支与尼罗-撒哈拉语系和库什特语(Cushitic,属于亚非语系)都有关系的撒哈拉农牧业集团随着撒哈拉日益干旱开始向南迁徙,最终在公元前3000年到达肯尼亚的图尔卡纳湖。属于尼罗-撒哈拉语系的尼罗语人群在东非进一步扩张,在埃雷特看来,扩张的动力来自一种好战的意识形态,一直延续到最近几个世纪(Ehret 2003: 171)。

埃雷特的年代推断得到撒哈拉地区全新世早期养牛和制陶考古发现的支持(见第5章),但全新世早期高粱或谷类驯化的考古证据则没有发现。最有趣的问题是尼罗-撒哈拉语系在亚非语系和尼日尔-刚果语入侵之前的古老程度。尼罗-撒哈拉语曾经覆盖整个撒哈拉吗?或者只是在今天该语系分布区的东部?如果是后者,撒哈拉西部地区曾经是什么语言?是尼日尔-刚果语吗?这些问题我们没有答案。但是,重要的是要反思一下尼罗-撒哈拉语,或者至少是它的苏丹语支,到底是不是农业或畜牧语言族群扩散的另一个例子,尽管它的面貌不甚清晰。

尼日尔-刚果语,班图语

据说尼日尔-刚果语系是世界上最大的语系,包括1 436种语言,可能有3亿使用者(Williamson and Blench 2000)。整个语系,尤其是班图语,覆盖了撒哈拉以南非洲的广大地区,几乎没有发现语言底层和语言孤岛的存在,除了遥远的非洲西南部的科伊桑语(Khoisan)和坦桑尼亚的哈扎语(Hadza)、桑达威(Sandawe)语和南库什特(South Cushitic)语。特别是班图语,由于其传播的迅速和显著,可以清晰地划分为几个不同分支。

218
219

尼日尔-刚果语系语言多样性最复杂的区域是西非(图 10.5)，这显然是整个语系最早发展起来的地方。在本节中，我们将主要关注班图语，因为班图语的分布范围非常广，西部其他语支在年代上更早一些。罗杰·布伦奇(Roger Blench 1993，1999)认为原始尼日尔-刚果语的词汇可能是农业时代以前的词汇，因此该语系最初可能属于全新世早期分布在西部的狩猎采集语言联盟中的一员。根据语言年代学大致估算，这个阶段应该早于公元前 5000 年，早在考古资料中出现农业迹象之前。因此，从根本上说尼日尔-刚果语系并不是一个农业语系，尽管它在尼日尔河以东地区的巨大扩张毫无疑问是由农业驱动的。

219
220

大多数语言学家认为，农业驱动尼日尔-刚果语系各语支的传播主要发生在过去 5 000 年内。其中最重要的是班图语。例如，刚果的原始贝努埃-刚果语(Proto-Benue-Congo)重建出一个农业词汇表。稍晚一些的原始班图语(Proto-Bantu)，根据考古资料来看年代为距今 3 000—4 000 年，词汇中有油棕、山药、豆类、花生、狗、山羊、陶器和猪(根据 Vansina 1990，可能是野猪)。在这个时期，班图语起源地尚没有铁器、牛、谷物，或东南亚作物如香蕉和芋头。但很清楚，这些极其重要的技术和经济方式后来得以引进，极大地帮助了班图人的最终扩张，这些东西都是班图人在东非获得的，恰在公元前 1 千纪班图人向东扩张的最快阶段之前。

班图语族群起源于喀麦隆，最初可能生活在热带雨林以北的草原地区(有关考古资料参阅本书第 107 页)。在公元前 1000 年之前，班图人似乎分裂为东西两支，这在克莱尔·霍尔登(Clare Holden 2002)构建的类班图语和班图语语系树中可以看到。东部班图人沿着热带雨林的北部边缘向东迁徙，大约在公元前 1000 年到达维多利亚湖。大约同时，西部班图人带着陶器、油棕和山药，向南进入西非雨林，最终出现在安哥拉的热带草原。亚洲香蕉在公

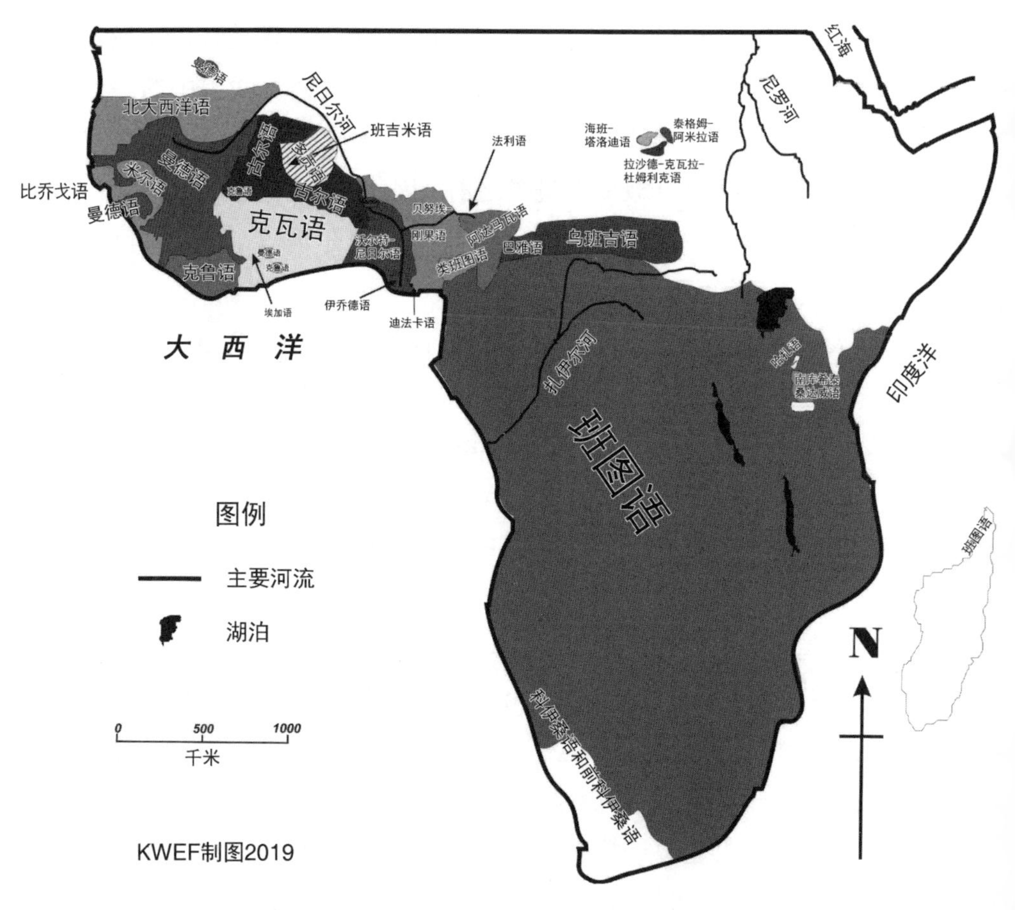

图 10.5　尼日尔-刚果语系主要语言分支的分布

（感谢罗杰·布伦奇［Roger Blench］提供）

元前 1000 年的到来可能刺激了这一移民运动，西部班图农人在公元 500—1000 年密集定居在雨林地区。宛斯纳（Jan Vansina 1990：257）提出了一个西部班图人扩散机制，与我为南岛语系提出的“创始者地位提升（founder rank enhancement）”模式颇为接近，意思是说，“选择移民比待在人口过剩的家乡永无出头之日更为可取”（Bellwood 1996d）。

克里斯托弗·埃雷特（Ehret 1997，1998，2000）最近提出了一个非常详细的语言学评价工具，用以分析东部班图人的扩散。东部班图人大约在距今 3 000 年前进入东非大裂谷，遇见了说库什特语和尼罗-撒哈拉语的牧牛人和粟作农人，还有讲科伊桑语（Khoisan）的狩猎采集者，他们的后代哈扎人（Hadza）和桑达威人（Sandawe）至今仍然居住在维多利亚湖东南部的小块区域。从前者那里他们学会了种植高粱和珍珠粟，之前他们的主要驯化作物是块茎。他们还获得了冶金术，在不久之后的公元前 1 千纪之初，他们又增加了牛、羊和驴，以及东南亚农作物和亚洲家鸡。其结果是这个过程成为世界历史上最迅速的农业传播事件之一。　220/221

班图人在向外扩散时到底辐射出多少“支流”，这个问题在第 5 章从考古学的角度曾经提出过。语言学家中，克里斯托弗·埃雷特认为存在两支方言统一体，在东部班图语系中并排向南扩张，沿着大裂谷而下穿过东非。他称之为卡斯卡西（Kaskazi）方言统一体和库西（Kusi）方言统一体，认为它们在公元前 700 年至公元前 200 年间向南传播到了赞比西河流域。最终，这些方言的使用者及其后代在不到一千年的时间里，从肯尼亚到莫桑比克旅行了超过 3 000 千米。宛斯纳（Jan Vansina 1995）似乎倾向于较复杂的传播模式，认为它更像是相关社群不断扩展、前后相接的一个网络，而非一个流程。

这场辩论可能只是反映了传播规模的差异。从当地村落的规模来看，宛斯纳的重建是可以接受的，因为十多年的移动距离不可能很远。但是，科莱特（Collett 1982）早期做的一项计算机模拟人口研究，基于传播距离之远和传播时间之短，表明大规模的人口群体有时候会呈现跳跃式的远距离迁移。克莱尔·霍尔登（Clare Holden 2002）的最简语言树计算研究，使用了75种类班图语和班图语中的95个基本词汇，表明东部班图语有一个单一的共同祖先（西部班图语显然没有），并且这一共同祖先在相邻的地理区域内持续传播，一旦迁徙到位，它们之间就很少发生借用。换言之，东部班图语的语言树代表了自最初定居以来的原位分化，各区域之间交叉影响很小。

总体而言，班图语的扩散是世界历史上语言或农业传播最经典的案例之一，其考古学资料和语言学资料之间有着高度的一致性。

东亚和东南亚，以及太平洋地区

中国和大陆东南亚的语系

黄河和长江流域最早的新石器时代文化不仅是中国人的祖先，新石器时代的中国也孕育了包括东亚和东南亚以及太平洋许多人群的共同根源。仰韶文化毫无疑问代表了汉族的祖先，同时代福建和台湾岛的新石器文化则是南岛语族的祖先，华南新石器文化是南亚语族和侗台语族的祖先。然而，这些极其古老的新石器时代文化存在时间远在有明确界定的现代民族语言学特征形成之前。这一点有时很难让现代读者接受，当告诉他们东南亚很多文化是在大约7 000年前起源于中国南部的时候，他们会感到不可思议。人们很难想象过去的“中国”是什么样子，人们的印象中中国大概就是现在这样——几乎所有人都说汉语，长相就是“华人”，而且经常被看作“汉族”。

222
223

对于中国民族面貌的这种静态理解是完全错误的。大量的历史记载告诉我们，在过去的 2 500 年中，随着东周和秦的军事征服，汉族人群已经扩散到今天长江以南的大部分地区。占统治地位族群的语言抹去了之前的语言景观，即使它们都属于同一个语系——这种情况在全世界都是很常见的，有时候使得民族语言历史的真实过程很难搞清楚（Diamond and Bellwood 2003）。希腊语和土耳其语先后取代了安纳托利亚语，同样对重建印欧语系的起源地造成了困扰，在西半球很多地方，英语和西班牙语取代许多土著语言也产生了类似的问题。

在中国和东南亚，有三个语系似乎代表了历史上农业人群向之前主要由狩猎采集者占据区域的扩散，它们分别是汉藏语系、南亚语系和南岛语系。此外，日语明显是在公元前 300 年左右由朝鲜传入日本的，弥生时代来自朝鲜的稻农取代了绳文时代的狩猎采集者（Hudson 1999, 2003）。即使朝鲜语自身，也是新石器时代自外界传播而来的，稍后我们会探讨日语、朝鲜语与“阿尔泰语系”之间的关系。南亚语系和汉藏语系今天的分布情况见图 10.6 和图 10.7，南岛语系的分布情况参见前文的图 7.4。

在大陆东南亚和印度东部，南亚语系是地理分布最广、最分散的语系，包括大约 150 种语言，分为两大语支：东南亚的孟-高棉语（Mon-Khmer）和印度东北部的蒙达语。孟-高棉语支最大，包括孟语、高棉语和越南语，以及阿萨姆邦的卡西语（Khasi）、马来西亚半岛的阿斯利安语（Aslian）和尼科巴语（Nicobarese）（Parkin 1991）。前文在讨论南亚地区时，已经考察了比哈尔邦、奥里萨邦和西孟加拉邦的蒙达语。南亚语系今天的分布非常不连贯，这表明它代表了东南亚地区可识别的最古老的语言扩散，后来许多文明覆盖了它，包括缅甸语和克伦语（两个都是藏缅语系）、侗台语、马来语、高棉语和越南语（最后两个都属于南亚语系）。

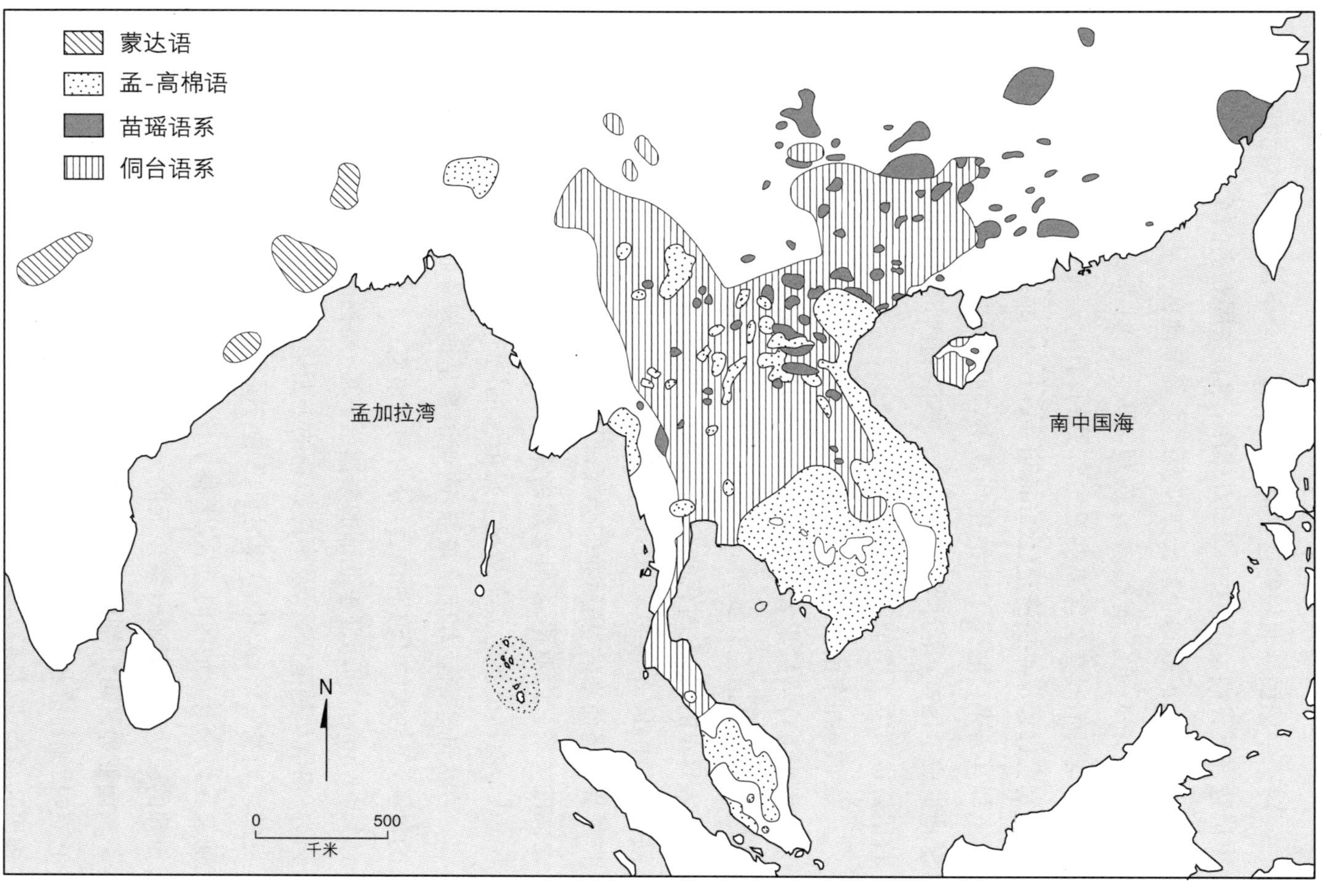

图 10.6　南亚语系(蒙达语和孟-高棉语)、苗瑶语系、侗台语系及其主要语言分支的分布

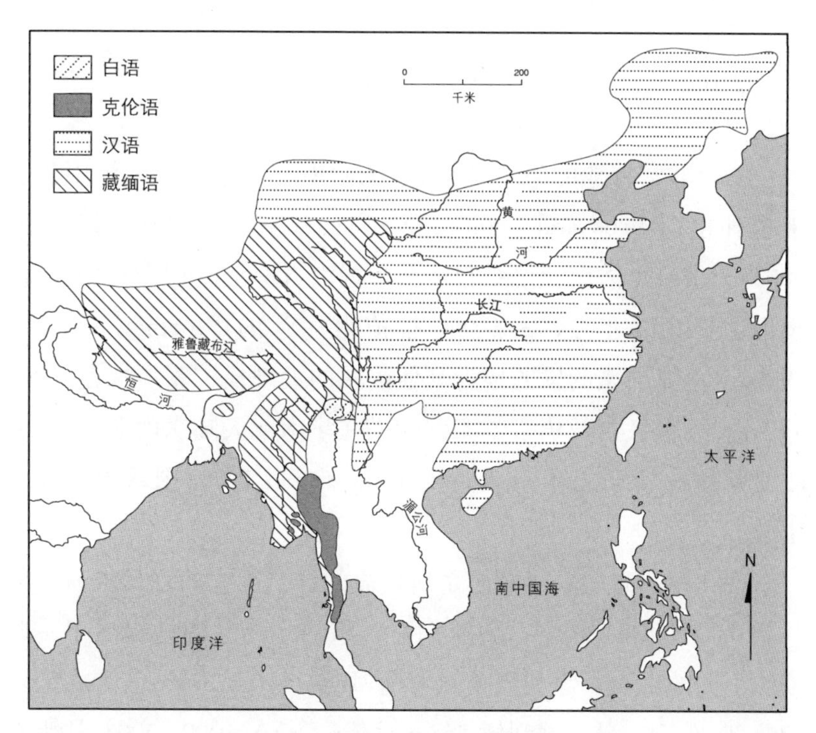

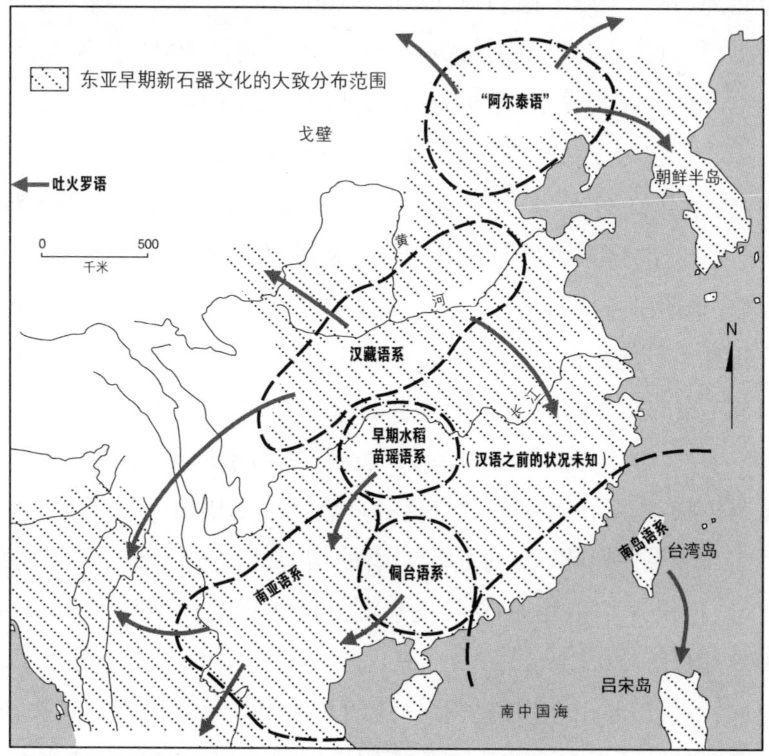

图 10.7　汉藏语系主要语言分支的分布和中国、东南亚主要语系的可能起源地

（上. 汉藏语系主要语言分支分布图[据 Ruhlen 1987]；下. 中国和东南亚主要语系的可能起源地）

一个非常有趣的研究结果是，原始南亚语系复原词汇中包含水稻种植（Pejros and Schnirelman 1998；Mahdi 1998；Higham 2003）。很有可能南亚语系曾经在中国南方广泛流行，所含地名甚至远达长江以北，这一点也是很值得注意的（Norman and Mei 1976）。南亚语系的发源地为其他语系的大规模扩张所覆盖，所以并不清晰，但大多数语言学家认为是在华南或大陆东南亚的北部。帕亚罗和施奈德曼（Pejros and Schnierlman 1998）则认为在长江中游。

225/226

现在我们看一看汉藏语系所代表的这个巨大的现代人口群体（图10.7）。近年来，语言学家们对汉藏语系的起源地提出了一些截然不同的观点。伊利亚·佩罗斯（Ilya Peiros 1998）认为在南亚的北部，乔治·冯·德利姆（George van Driem 1999，2003）认为在四川，詹姆斯·马提索夫（James Matisoff 1991，2000）认为在喜马拉雅山区。在我看来，杨胡宁（Juha Janhunen 1996：222）认为早期汉藏语系起源于黄河流域新石器时代（仰韶文化）这个假说最有可能，虽然其部分是基于考古推理。杰里·诺曼（Jerry Norman 1989：17）说起源地尚不可知，但他提到，在向黄河流域传播的过程中，早期汉藏语言借用了早期苗瑶语言和早期南亚语言，这意味着起源地可能靠南。这是很有可能的，因为原始汉藏语系的重建发现有丰富的稻作内容（Pejros and Schnirelman 1998；Sagart 2003）。

显然，学术界的观点差别很大。汉藏语系的分支结构呈耙形而非树状，指示出这是一种快速和广泛的早期辐射扩散模式，类似于南岛语系中马来-波利尼西亚语的情况。正如已经注意到的那样，这种快速辐射增加了寻找起源地的难度，德利姆（van Driem 2003）用"落叶（fallen leaves）"来比喻汉藏语系的分支情况。考虑到这一点，以及由于汉语扩张导致的其他很多早期语言的消失，我倾向于直接根据农业或语言传播假说进行推理。这会将汉藏语系的发源地置于中国中部的农业核心地区，这是杨胡宁的选择，一定程度上也是德利姆的选择（四川位于新石器时代文化核心区域的西部，但它在长江中上游的交界处）。这种建立在考古资料基础上的推理可能注定不会被接受，但中国核心地区从新石器时代到历史时期一直保持着文化延续性，令人印象深刻，在这方面，汉藏语系的其他分布区无法与之匹敌。

在大陆东南亚的其他亚洲语系中，苗瑶语系最有可能起源于靠近长江中游早期稻作核心区的地方，尽管这一群体扩散到东南亚成为山地部落的年代较晚，而且部分是因为受到了中原王朝的压力。佩罗斯（Peiros 1998：160）认为，根据语言年代学计算，南亚语系和苗瑶语系分开的时间约在 8 000 年之前，但南亚语系和苗瑶语系是否真的在基因上相关，语言学界尚不确定——但至少前景很有趣，因为这种基因关系天然表明它们的起源地很近。苗瑶语系还可能为长江中游楚国的语言提供了语言底层，年代在公元前 1 千纪的后期（Ballard 1985）。

根据佩罗斯（Peiros 1998；Ostapirat 2005）的观点，侗台语作为一个语系并不是很古老，分化出来的历史不超过 4 000 年。起源地可能在中国南方的贵州、广西和广东，后者今天已经成为汉语分布区。侗台语后来向泰国和老挝的扩散可能反映了来自中国的人口和军事压力，主要发生在过去 1 000 年内。劳伦特·沙加尔（Laurent Sagart 2005）认为，侗台语最初分裂出来，发生在与南岛语系中马来-波利尼西亚语接触的时候。这是一个有趣的看法，可把侗台语的最初起源追踪到中国南部沿海和越南北部的新石器时代。

226
227

就这四个语系而言，我们或许可以根据语言资料提出假设，在大约公元前 6000 年，苗瑶语系的祖先语言位于长江中游的正南方，早期南亚语系更靠近西南，早期侗台语系则位于东南（图 10.7b）。

起初，只有南亚语系和汉藏语系进行了扩张，后来苗瑶语系和侗台语系也在上述扩张的挤压下进行了一定程度的传播。

南岛语系

南岛语系是世界上传播范围最广的语言，其传播是人类历史上最著名的殖民和扩散活动之一(Blust 1995a; Bellwood 1991, 1997a; Pawley 2003)。除了新几内亚及其周边的巴布亚语言区之外，在马达加斯加、台湾岛、越南南部、马来西亚、菲律宾和印度尼西亚全境，现在都使用南岛语言(图 7.4)。南岛语系穿越太平洋，向东直达复活节岛，横跨经度大约 210°，覆盖距离达半个赤道。学界对南岛语系进行了大量的比较研究，因而可以纯粹使用语言学证据对某些重要问题得出一些非常可靠的结论，包括语系发源地、传播方向以及早期原始语言中的重要词汇，特别是原始南岛语及其最重要的分支原始马来-波利尼西亚语。马来-波利尼西亚语不包括台湾土著语，但包含了从马达加斯加到复活节岛的所有其他语言。

白乐思对整个南岛语系史前史的重建当前最受认可，并与其他独立来源的众多证据最为吻合(Robert Blust 1995a, 1999)。从本质上讲，这一重建主张从台湾岛开始的地理扩张，即原始东南亚语及其大多数语支(白乐思认为至少十分之九)的起源地都在台湾岛。之后马来-波利尼西亚语扩散到菲律宾、婆罗洲和苏拉威西，最后分为两支继续传播，一支向西到爪哇、苏门答腊和马来半岛(西马来-波利尼西亚语)，另一支向东进入大洋洲(图 10.8，小图)。

源于台湾岛的原始南岛语词汇表明，这是一种非常适合热带边缘地区的经济类型，种植水稻、粟和甘蔗，养狗、猪可能还有水牛，会纺织和使用独木舟(这个阶段是否有帆不太确定)。原始马来-波利尼西亚语可能起源于菲律宾北部，其词汇表中增加了一些体现热带经济的内容。由于台湾岛部分地区位于热带以外，在原

227
228

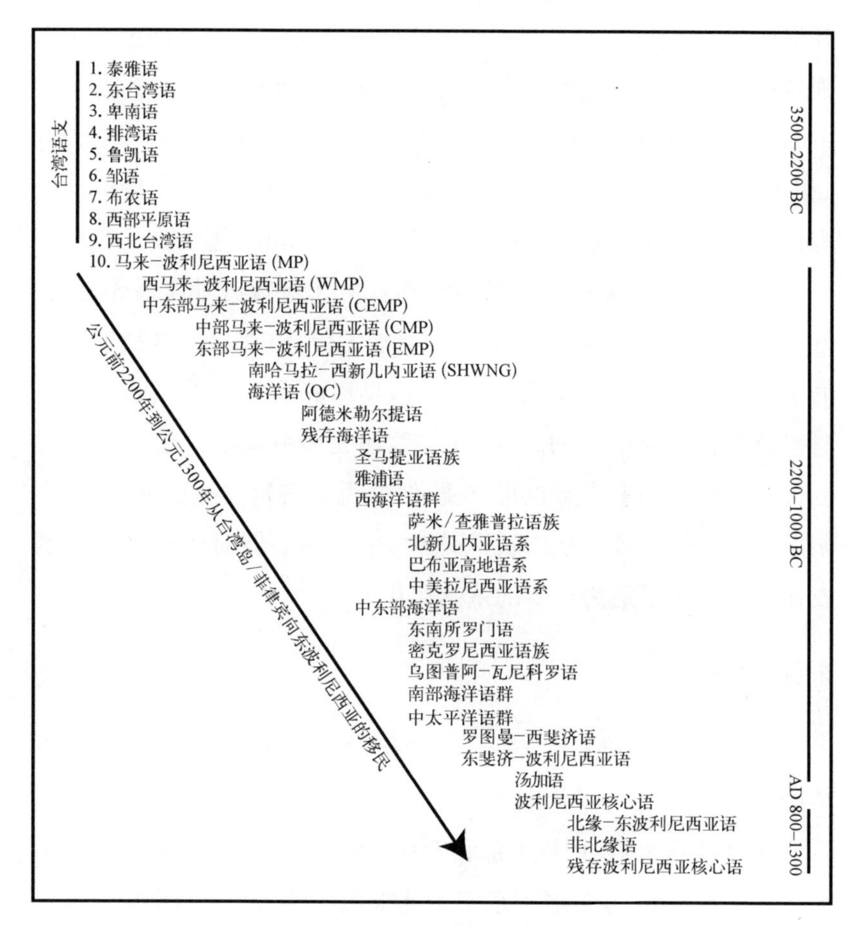

图 10.8 南岛语系的部分语言分支

始南岛语较早阶段这些内容没有充分表现出来。这些词汇包括芋头、面包果、香蕉、山药、西米和椰子，它们的出现反映了食物来源从水稻向热带块茎和水果的转变（Zorc 1994；Pawley 和 Pawley 1994；Dewar 2003）。

正如白乐思（Blust 1993）和波利（Pawley 1999，2003）所说，早期马来-波利尼西亚语在语言分化之前传播得非常快。例如，太平洋西部最早的马来-波利尼西亚语（原始海洋语[Proto-Oceania]，可能位于俾斯麦群岛）与 5 000 千米之外菲律宾北部的原始马来-波利尼西亚语有近 90%的基本词汇相同。语支之间的这种耙形关系强烈指示出基础扩散速度非常之快，至少从菲律宾北部到太平洋中部的传播是如此。拉塞尔·格雷和菲奥娜·乔丹(Russell Gray and Fiona Jordan 2000)得出的南岛语系简要词汇表也支持南岛语言自台湾岛快速扩散的“特快列车(express train)”模式。

当然，南岛语系的很多扩散活动发生在新石器时代很久之后。例如，南岛语向越南南部和马达加斯加的传播，都已经是铁器时代的事情。但远达太平洋的传播主流，是以农业生活方式和新石器时代航海技术为根本的。其他因素，如无天敌动物群的存在和对创始者地位的渴望当然也很重要，但这无关宏旨。从根本上说，在南岛语系扩散的各层次“动因”之中，中国新石器时代和台湾岛的农业发展发挥了最为重要的基础作用。

东亚概观

对东亚地区进行比较语言学和考古学的研究可得出如下结论。

1. 从语言来看，中国中部和南部产生了一系列以农业和家畜词汇为基础的语系，并扩展到东南亚北部边缘和台湾岛(图 10.7 下)。其中的三个语系——南亚语系、汉藏语系和南岛语系，在史前时期就进行了大规模的扩张。对南岛语系系统发育的深入研究表明，它是从台湾岛向南传播到印度尼西亚和太平洋的。对这些语系的基础性原始语言进行年代推算，虽然不尽准确，但大致知道在距今7 000年至距今 4 000 年之间——在狩猎采集时代之后，铁器时代之前。

大量的语言学研究表明，这些语系有着基本的相同之处，这意味着它们的发源地在空间上非常接近。[7]然而，我并不会不明智地认为它们都是同一个祖先的后代，早期借用的情况也很多。这里要说的是，主要语系，包括汉藏语系、南亚语系、苗瑶语系、南岛语系和侗台语系，早期曾经一度相距很近，在某种程度上它们属于共同遗产。鉴于近年来在山东和台湾岛都发现了粟和拔除上门齿的习俗，劳伦特·沙加尔(laurent Sagart)提出汉藏语系和南岛语系存在联系，新石器时代山东的大汶口文化(大约公元前4000年)就是一个中间环节，这一点很有意思。[8]

229
230

2. 从考古学角度来看，中国中部的稻作和粟作比东南亚早了大约3 000年。公元前3000年以后，新石器时代文化在大陆东南亚和岛屿东南亚广泛传播，根据碳十四测年，从马来西亚到岛屿东南亚和太平洋岛屿，越向南年代越晚。北方的文化种植水稻，而岛屿东南亚赤道附近地区则依靠水果和块茎。相关的陶器和其他人工制品表明，这些文化综合体的最初起源地在中国南方的台湾岛，在印度尼西亚和西太平洋地区又增加了一些其他本地作物。就南岛语而言，在新石器时代进一步传播到菲律宾之前，在台湾岛停顿了约1 000年时间，这一点在考古学和语言学资料中都有体现。

以上这些模式合情合理，很难令人质疑。关于早期农业经济和底层语系同步传播的观点，在讨论亚太地区的情况时是非常强大有力的(Bellwood 1991，1996b，2001a，2001b，2003)。

“阿尔泰语系”谜团

在新石器时代东亚核心区及其延伸地带(东南亚和太平洋)之外，还有两个文化和语言轨迹截然不同的区域，解释起来都有点困难。第一个是蒙古和中国东北。东北亚的主要语系被称为阿尔泰语系(Altaic)，它有三个重要分支，分别是突厥语、蒙古语(包括蒙古语、大汗语——元朝统治者的语言)和通古斯语(包括满语——1644—1911年清朝统治者的语言)。一些语言学家认为朝鲜语、日本语(现在都是独立语言)，以及北海道的阿伊努语，都属于阿尔泰语系(Ruhlen 1987：127)。

关于阿尔泰语系有两个难题。一个问题是，它是否如一些语言学家所说属于泛欧亚超大语系。但观察该语系的内部结构，特别是从蒙古和中国东北最底层的分支语言来看，它不可能起源于西南亚。另一个问题是，一些语言学家认为阿尔泰语并不是一个真正的语系，而不过是由地域和借用关系联结起来的几个独立语系和语言孤岛。[9]此外，目前来看阿尔泰语系的扩散并不是在新石器时代发生的。它可能是很晚的时候农牧业人群扩散形成的，特别是日本语和蒙古语的例子说明了这一点。

230/231

杨胡宁认为(Juha Janhunen 1996)，阿尔泰语言最初是在中国东北和内蒙古发展起来的，在距今 2 500 年前明确分裂为突厥语、蒙古语、通古斯语和日本语等语支。在此之前的语言关系很难重建，但在中国东北繁荣的新石器时代文化中可能可以找到整个语系的最终根源。公元前 6000 年，在肥沃的东北平原南部，出现了许多大型农业村落，种植小米，制作陶器，文化传统与黄河流域的早期农人有明显区别。这些先驱者早期的农业扩散，除了进入朝鲜之外，其他方向皆受到阻碍——西方(蒙古)降雨很少，北方(西伯利亚)气候寒冷，南方已经有其他农业人群占领(早期汉藏语系族群)。然而，在公元前 1 千纪，突厥语开始通过骑马和放牧的族群迁徙方式向西传播，从蒙古走向中亚，取代了亚洲草原上的印度-伊朗语系，最终在公元 11 世纪随着塞尔柱人入侵到达土耳其(Parpola 1999；Nichols 2000：643)。

关于日本语，杨胡宁和哈德森(Janhunen and Hudson 1999，2003)都认为起源于青铜时代早期的朝鲜，约在公元前 1 千纪后期的弥生时代，稻作农人带着这种语言到达了九州北部。弥生时代移民与绳文时代最后一批居民——部分是日本群岛上的狩猎采集者——相融合，形成了今天日本居民和语言的根源。现代日本语与现代朝鲜语看不出有什么关系，但其历史演变过程是清晰而明显的。哈德森根据语言学研究提出，日本语是从高句丽语演变而来，在历史时期高句丽语为新罗语所湮没，后者则构成了现代朝鲜语的基础。然而，从这个角度来看，大约2 500年前来自朝鲜的弥生时代稻作语言在日本的传播可以被视为农业人群侵入狩猎采集者地盘的一个例子，尽管这个事件并不发生在新石器时代(弥生时代有铜器和铁器)。就此而论，弥生农人向日本的扩散和非洲掌握铁器的班图人的扩散非常类似。

跨新几内亚语系

新几内亚公认是世界上语言多样性最高的地区，从内部发展的总体时间长度来看这可能是真的，一直没有来自外部的语言取代这里的本土语言。除了3 000年前南岛人的祖先来到巴布亚岛沿岸带来的南岛语之外，新几内亚的语言可以分为几个巴布亚"语系(phyla)"，这是20世纪70年代语言学家所使用的术语。在20世纪70年代的十年间，语言学家们认识到许多高地语言之间都是远亲，并主要根据代词将它们归为一类，称之为"跨新几内亚语系(Trans New Guinea Phylum，简写为TNGP)"。

语言学家斯蒂芬·沃尔姆(Stephen Wurm 1982, 1983)在他的文化-历史调查中，构建了一个跨新几内亚语系传播的假说。该语系首先在6 000多年前从西到东穿过新几内亚高地，然后再从马卡姆谷地附近回头从东向西传播，后一个传播主要发生在过去3 500年内。沃尔姆之所以选择距今3 500年之内这个时间段，是因为这其间出现了许多南岛语借词，特别是东部跨新几内亚语系中出现了"猪"和"狗"这样的词汇。最终，跨新几内亚语系占领了新几内亚大岛的大部分地方，除了塞皮克河(Sepik)流域中北部和鸟头半岛(Bird's Head)西端。沃尔姆辨认出的740种巴布亚语言

231/232

中,有 500 种属于跨新几内亚语系。该语言还扩展到帝汶岛内陆,以及东努沙登加拉的一些小岛如阿洛尔(Alor)和潘塔尔(Pantar)。

20 世纪 80 年代初期之后,跨新几内亚语系的概念被遗忘了很多年。威廉·佛利(William Foley 1986)在他对巴布亚语的详细调查中都没有发现它的存在。他注意到,这些语言普遍发生了太多借用而无法形成语系树。最近语言学家安德鲁·波利(Andrew Pawley 2005)和马尔科姆·罗斯(Malcolm Ross)提到,使用代词词组可以很好地定义跨新几内亚语系,但在内部很难细分语言分支。虽然可以划分为大约 50 个语支,可是每个语支的历史都很短,这表明人口迁移发生的时间很晚。该语系似乎起源于新几内亚高地,可能是东部而非西部,而且年代早于南岛语系。波利还简略提到,跨新几内亚语系的早期传播可能与高地农业的传播有关,根据考古资料来看这一传播发生的时间至少在距今 6 000 年前。毫无疑问,新几内亚高地本土农业发展很早,又维持了一套土著语言成功抵制了南岛语入侵,这二者之间并非巧合。印尼诸岛的情况就不是这样,在那里南岛语已经成为通用语言。关于跨新几内亚语系在全新世早期扩散的动力,刀耕火种的农业技术似乎是一个值得考虑的选项。

美洲——南部和中部

在美洲,农业扩张受到的地理阻碍比旧大陆大得多,特别是在明显缺乏远洋船只的情况下。中美洲是一个相对狭窄的地峡,整个美洲呈南北走向(Diamond 1994)。因为高海拔和高纬度地区范围很大,北美和南美的很多地方完全未发现史前农业。与旧大陆的农业语系相比,美洲的农业语系平均覆盖面积有限。由于欧洲语言在过去几个世纪的传播,在许多地区完全抹去了土著语言的痕迹，仅剩下的一些语言其地理分布也支离破碎。然而，我们并没有理由放弃这方面的研究——在考古学上美洲早期农业有太多诱人的秘密静待发掘。

大多数语言学家认可的美洲语系如图 1.2 所示。使用语言学方法估算，其中大多数农业语言的历史约在 6 000 年至 3 500 年之间。因此，这个时间范围显然并不是美洲最早有人居住的时间，而是农业社会发展和扩散的时间。最近，我考察了语言学家对一些美洲大语系的年代计算结果，得出每个语系的平均年代如下(Bellwood 2000c)[10]：

232/233

奥托曼吉语(Otomanguean)	4000 BC
杰语(Je)	3400 BC
乌托-阿兹特克语(Uto-Aztecan)	3300 BC
奇布查语(Chibchan)	3000 BC
图皮语(Tupian)	2750 BC
帕诺语(Panoan)	2600 BC
克丘亚-阿马拉语系(Quechua and Aymara)	2500 BC
阿拉瓦语(Arawak)	2375 BC
玛雅语(Mayan)	2200 BC
易洛魁语(Iroquoian)	2000 BC
米塞-索克语(Mixe-Zoquean)	1500 BC
阿尔冈琴语(Algonquian)	1200 BC
卡多语(Caddoan)	AD 1

就像旧大陆一样，新大陆的语言也被各种令人费解的方式划分为一些超大语系。最著名的分类是约瑟夫·格林伯格(Joseph Greenberg 1987)提出的，他认为除了来自西伯利亚的全新世狩猎采集者移民带来的纳丁语(Na-Dene)(包括阿萨巴斯语[Athabaskan])

和爱斯基摩-阿留申语之外，美洲所有语言都属于一个美洲印第安超大语系（Amerind macrofamily）。关于美洲超大语系的观点很热闹，但在我看来，它只不过是反映了自公元前11500年美洲最初有人定居以来残存语言的共同之处罢了。

南美洲

1915年，赫伯特·斯宾登（Herbert Spinden 1915：275）提出："南美洲大部分地区的农业人群迁徙路线可以通过对现存各种语言的分类体现出来。"只要我们能知道这些语言分支的发生过程，那么这个问题就会迎刃而解。但很不幸，许多语言学家和民族学家认为南美洲特别是亚马逊地区现代语言的分布状况反映的只是殖民时代扰乱以后的情况，而并非欧洲殖民者到来之前的"原始"状态（Wüst 1998；Dixon and Aikhenvald 1999）。特伦斯·考夫曼（Terence Kaufman）估计，自从16世纪西班牙人到来之后，有50％的南美洲语言今天已经灭绝，从目前极其零碎和分散的语言分布中辨别起源地和传播过程会非常艰难。

亚马逊地区的人类学和民族史资料清楚地表明近代的人群迁徙有多么广泛。拿破仑·查冈（Napoleon Chagnon 1992）写了一本关于生活在亚马逊河源头奥里诺科河的雅诺马马人（Yanomama）的著作，描述了一个生活在大型村落中的农业族群，由于一系列社会纠纷，不时发生暴力事件，这些村庄经常分裂。直到最近，雅诺马马人才扩张到原始低地雨林地区，查冈明确表示这种情况与前几个世纪的农业扩张十分类似。雅诺马马人迁徙的社会原因包括一夫多妻制情况下的换妻行为，以及人口增长过快造成的压力。雅诺马马村落一般有40至250名居民，每3—5年迁移一次，50岁以下的妇女平均生育8.2个孩子（Merriwether et al. 2000）。园圃通常只种植三年，然后长期抛荒休耕，这一因素显然会持续导致对

233/234

新土地的需求，造成对周边其他人群的侵略。尽管婴儿和成年男性死亡率很高（后者是战争造成的），但雅诺马马的人口现在增长很快，这可能部分反映了自与西班牙人接触以后获得钢斧和亚洲香蕉带来的进步。

尚不清楚雅诺马马的扩张模式能追溯到史前时期多早，那时他们的祖先要么是狩猎采集者，要么是部分依靠耕作的农人。然而，这里最有趣的是，在极强的社会限制下，不断"突破（bursting out）"进入新地域的情况。欧内斯特·米利亚扎（Ernest Migliazza 1985）指出，雅诺马马人的扩张得益于阿拉瓦人和加勒比人的退却，后者在大约 1 800 年前还拥有雅诺马马地区的大部分的土地。[11] 到底为何退却现在尚不清楚，但战争和猎头可能发挥了主要作用。

当我们查看整个南美洲北部安第斯山脉以东的民族语言地图时，就会清晰地发现雅诺马马人快速分裂和迁徙的普遍性。1944 年，柯特·尼蒙达朱（Curt Nimundaju）绘制了一幅民族语言地图（巴西政府 1980 年重印，因为太大和复杂，这里没有复制），该地图全面揭示了亚马逊及其周边地区令人难以置信的"马赛克"一般的语言分布形态（Mapa 1980）。例如，图皮语已经遍布巴西东南部的高地，包围了之前的杰语狩猎采集者。亚马逊河流域广泛分布着阿拉瓦语、加勒比语、图皮语、帕诺语和图加诺语。孤立的极小语言群体比比皆是。按照语言学家亚历山德拉·艾肯瓦尔德（Alexandra Aikhenvald 2002：2）的说法，亚马逊语系：

> 所有主要语言的分布都是断断续续的。例如，阿拉瓦语在亚马逊河以北的 10 多个地区和亚马逊河以南的 10 多个地区使用。亚马逊河流域的语言地图类似于一个拼布被面，十几种颜色似乎随机分布。频繁的迁徙和语言接触造成了广泛的借用和语法变化……这就产生了一种不同于世界上大多数

地方的语言状况，从而给分辨语言的相似性到底来自自身传承还是区域扩散带来了很大困难。

234/235

显然，这种语言状况，对于开展农业/语言传播研究不太有利，不是说这里在历史上从来没有发生过农业语言的传播，而是因为追踪过去存在着巨大的困难。目前尚不清楚如何去解释亚马逊河流域语言分布背后的历史，但依托零散的语言资料可做一些探索。

第一个观察是，许多语系的原始词汇中有农业术语，尤其是玉米，经常还有木薯。根据埃斯特·马特森等人的研究（Esther Matteson 1972），这类语系包括奇布查语（Chibchan）、图卡诺语（Tucanoan）和阿拉瓦语（Arawakan）。他们复原出一个通用词汇，表示玉米类作物，其形式为“* iSi-ki/ˀim”，在原始阿拉瓦语、原始玛雅语、原始奥托曼吉语和原始帕诺语中都有。佩恩（Payne 1991）还提出阿拉瓦语中有大量同源词，如玉米、甘薯、木薯和陶器。这些观察结果如果得到证实（有人质疑其研究方法），说明亚马逊地区的一些重要语系是在获得农业后开始传播的。

这些语系起源地的分布相当分散。我们相信除了安第斯山区之外，其他地方没有人讲过早期克丘亚语和阿拉瓦语，所以可以推测，早期克丘亚语和阿拉瓦语可能就是大约5 000年前秘鲁和玻利维亚某些农人的语言。但是，克丘亚语在印加和西班牙时代的扩张无疑抹杀了许多其他较小语言，故而也搞不清楚印加文明之前那些文化——如查文（Chavin）、莫奇卡（Mochica）、纳斯卡（Nazica）、瓦里（Huari）、提瓦纳库（Tiahuanaco[Tiwanaku]）和奇穆（Chimu）——之间的语言关系。也有一些相当有趣的重建。如早期克丘亚语起源地位于秘鲁中部高地，大致从阿亚库乔向北到卡贾马卡南部地区；阿马拉语的起源地则在秘鲁南部和玻利维亚（Bird et al. 1983－84）。作者认为，在瓦里（Wari）时期，克丘亚文化携带某种玉米向南传播到库斯科，时间大概在公元 600 年左右，在那里克丘亚语取代了阿拉瓦语。在秘鲁南部的传播结果是克丘亚语产生了一系列受阿拉瓦语影响的方言，后来印加人将它传播得更加广泛，遍及整个南美洲安第斯山区。玻利维亚的提瓦纳库人（约公元 800 年）说的就是阿拉瓦语或普奎纳语（Puquina，现已灭绝）（Kolata 1993：34），而在印加帝国之前位于北部沿海的奇穆王国可能用的是与克丘亚语无关的语言，也已灭绝。

关于亚马逊地区，迪克森和艾肯瓦尔德（Dixon and Aikhenvald 1999：17）注意到，阿拉瓦语、加勒比语和图皮语在基因上明显是相关的，这足以表明它们有共同的起源地。艾肯瓦尔德（Aikhenvald 1999：75）认为阿拉瓦语的起源地位于亚马逊河上游，在黑河（Rio Negro）和奥里诺科河之间。罗德里格斯（Rodriguez 1999：108）认为图皮语的起源地在朗多尼亚（Rondonia），靠近玻利维亚东部边界。这两个地方都接近安第斯山区。另一位语言学家，欧内斯特·米利亚扎（Ernest Migliazza 1982），根据语言年代学，对于图皮语、加勒比语、阿拉瓦语和帕诺-塔卡纳语的起源地也提出了看法。他认为帕诺语、图皮语和阿拉瓦语的起源地并不靠近安第斯山脉的东段，如图 10.9 所示。诺布尔（Nobel 1965）对原始阿拉瓦语起源地的研究也得出了同样的结论。

236/237

上述所有学者似乎都赞同各个语系（除了加勒比语）起源于亚马逊上游而非下游，虽然艾肯瓦尔德和米利亚扎关于早期阿拉瓦语起源地的确切位置观点不同。加勒比语的扩散可能与木薯的栽培有关，当然，目前只限于猜测。加勒比语的传播似乎比亚马逊河上游诸语系要晚，直到历史时期它才传播到加勒比群岛，之前这里是阿拉瓦语，是由泰诺文化（Taino）延续下来的（Villalon 1991）。欧文·劳斯（Irving Rouse 1992）认为阿拉瓦语进入西印度群岛的年代在公元前第一千年的后期。

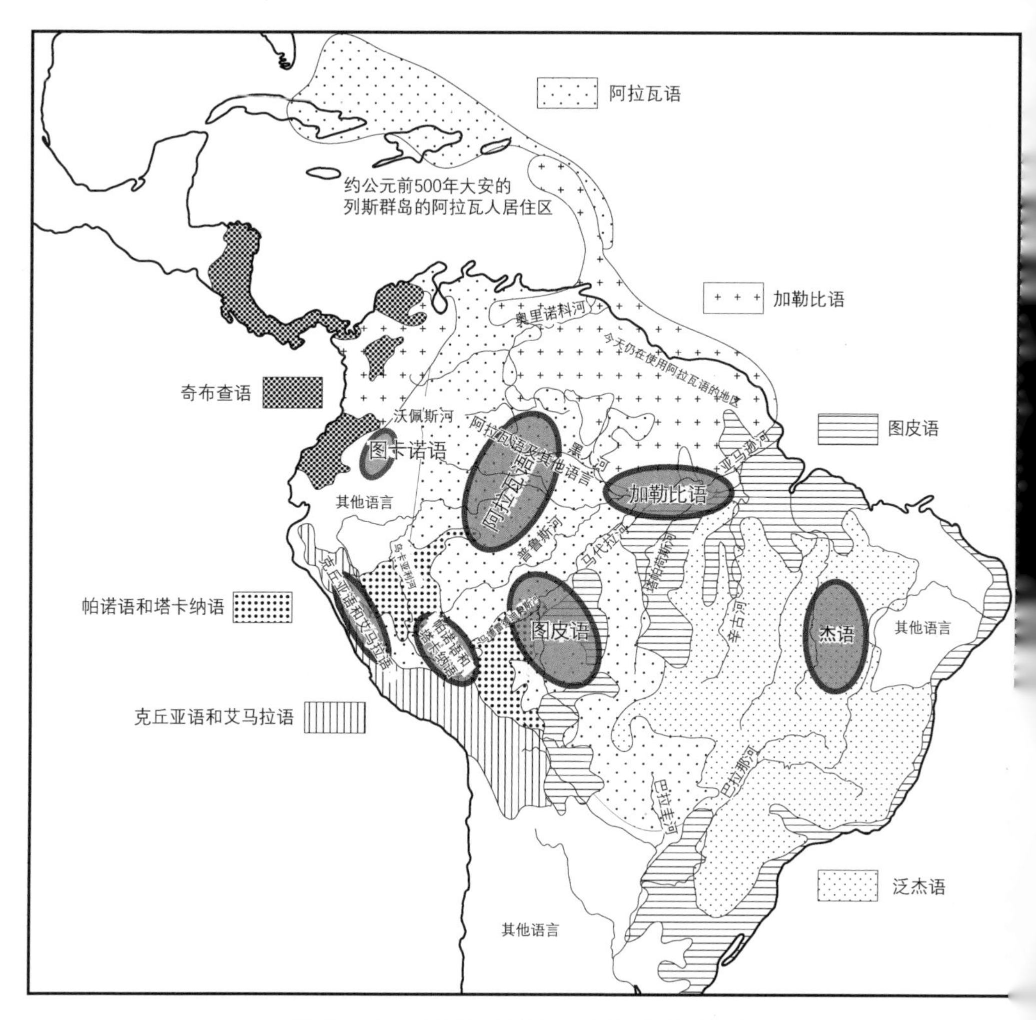

图 10.9　南美洲 8 种主要语言及其可能的起源地

要对南美洲的情况做出总结十分困难，但在我看来，随着公元前2000年前安第斯山区东部农业发生，阿拉瓦语、帕诺语和图皮语都开始向下游传播，这个假设是很有力的。1970年，戈登·拉斯洛普(Gordon Lathrap)提出了不同的观点，他认为大多数人来自亚马逊中游，他们的殖民活动是自下而上而非自上而下。但过去30年的考古学和语言学研究成果并不支持这一观点。除此之外，关于南美洲的研究并未取得任何进展，只是认识到克丘亚语和阿拉瓦语是安第斯农业语系起源地的留守(stay-at-home)语言而已。

中美洲和美国西南部

中美洲的情况比南美洲容易梳理，部分原因是范围小，而且相关原始语言的农业性质很明确。只有四个语系需要我们关注，分别是奥托曼吉语系(一个包括了瓦哈卡谷地的扎波特语[Zapotec]和米斯特克语[Mixtec]的大语系)；恰帕斯、危地马拉和尤卡坦半岛的玛雅语；特万特佩克(Tehuntepec)地峡的米塞-索克语；以及著名的乌托-阿兹特克语，是美洲农业扩张最清晰的案例之一。有人可能还会加上中美洲东部的奇布查语；莱尔·坎贝尔(Lyle Campbell 1997)指出，原始奇布查语中有玉米和木薯这样的词汇，表明其起源地位于大约3 000年前的哥斯达黎加或巴拿马。

我们的研究从奥托曼吉语开始。伦斯(Rensch 1976)对原始奥托曼吉语的词汇进行了重建，复原出玉米和玉米饼、辣椒、南瓜、葫芦、甘薯、棉花、烟草、火鸡、陶器和纺织等词语。特伦斯·考夫曼(Terence Kaufman 1990b)所做的语义重建与伦斯类似(尽管在原始形式上存在一些差异)，并将奥托曼吉语的起源地定在墨西哥和瓦哈卡谷地之间，年代在公元前4000年左右。肯特·弗兰纳里和乔伊斯·马库斯(Kent Flannery and Joyce Marcus 1983)认为，考克斯卡特兰期(Coxcatlan)(约公元前3500年)之后,特瓦坎(Tehuacan)普韦布拉谷地拥有早期驯化玉米的扎波特语和米斯特克语分为两支。约瑟兰等人(Josserand et al. 1984)也指出过特瓦坎语起源地的具体地点。

237
238

不管早期奥托曼吉语起源于何处,都很难否认该语系随着玉米农业的兴起在墨西哥中部传播的观点。但是,在这一传播过程中,奥托曼吉人并不孤单。周边不同语言的早期农人邻居们也开始了自己的扩张,并迅速将他们包围。东边紧挨着的米塞-索克语人群,从长远来看受到的压制更大,这群人似乎与后来中美洲形成期的奥尔梅克文化有密切的传承关系。坎贝尔和考夫曼(Campbell and Kaufman 1976)根据语言年代学计算,认为原始米塞-索克语分裂的时间为公元前1500年,远迟于原始奥托曼吉语。这也许反映出在一个受局限的区域保持了相对较长时间的语言统一性,因为从考古资料来看,我们显然不能说米塞-索克语人群的农业发生晚于奥托曼吉语人群。索伦·魏克曼(Soeren Wichmann 1998)重建了原始米塞-索克语的大量农业词汇,其中包括木薯、南瓜、甘薯和豆类。

魏克曼观察到一个有趣的现象,米塞-索克语和乌托-阿兹特克语可能在基因上相关。如果这不是反映出二者都继承了古印第安语或其他古语言的底层,那就是说明它们在很早以前曾经相邻,大概在墨西哥中部的某个地方。图10.10显示出某些迹象。

根据考夫曼(Kaufman 1976)和坎贝尔(Campbell 1997)的说法,玛雅语约在公元前2000年起源于恰帕斯或危地马拉的高地,语言中有大量农业词汇,包括玉米、木薯、甘薯、大豆、辣椒和南瓜。这些词是遗传来的还是从其他语言借用而来?多年来,中美洲语言学研究领域一直盛行关于深层次关系的讨论。例如,米塞-索克语和玛雅语的关系,或米塞-索克语和乌托-阿兹特克语的关系。

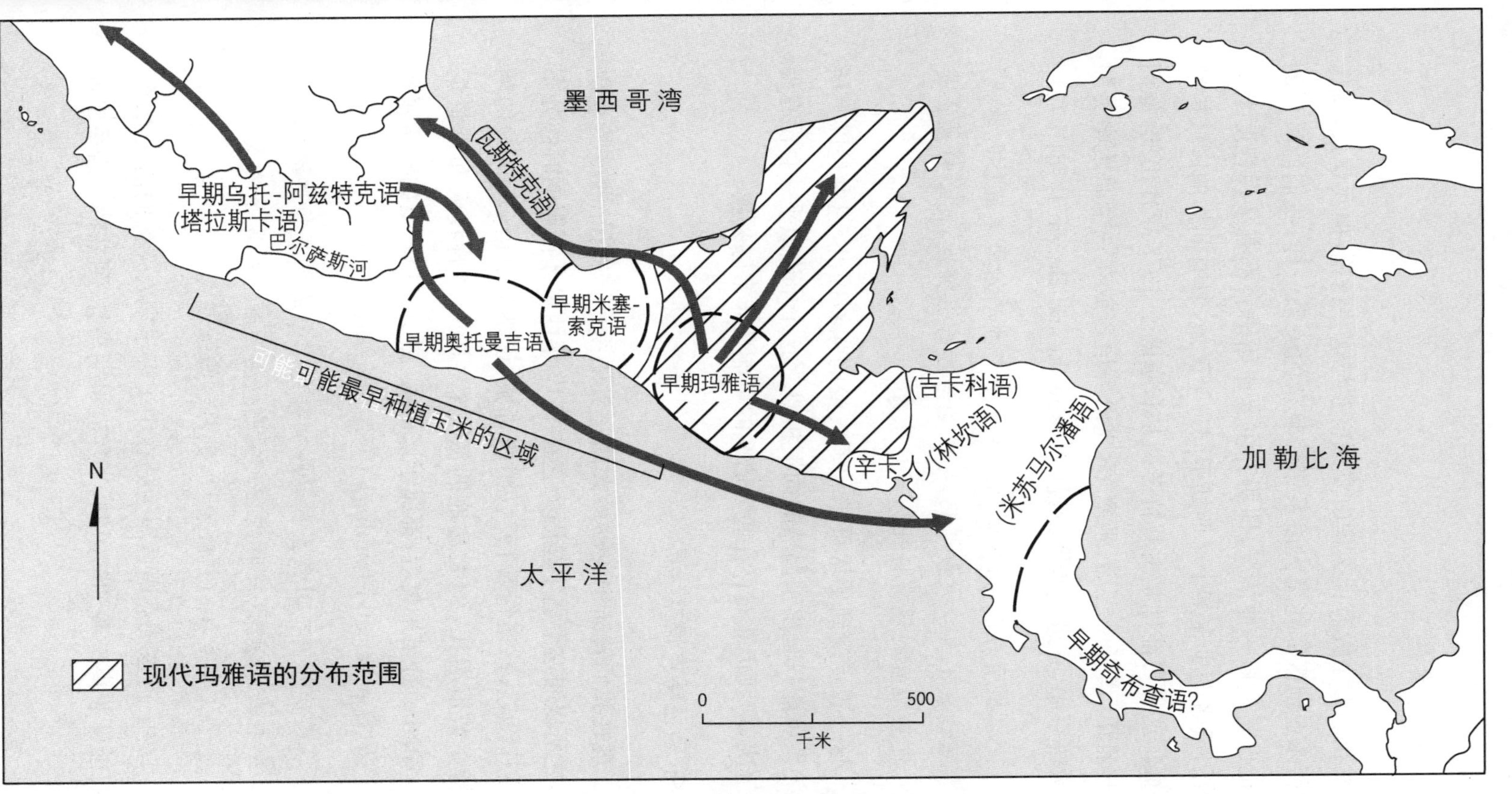

图 10.10　中美洲各语言的可能起源地

（带括号的语言是孤立语言，不属于中美洲任何语系，如米苏马尔潘语[Misumalpan]可能属于奇布查语系。本图表示出早期乌托-阿兹特克语[UA]是怎样通过人群扩散与早期米塞-索克语[MZ]发生联系的。[也见图 8.6]）

虽然我们似乎没有什么理由要深度参与这些讨论，但我建议，就像看待东亚地区那些超大语系错综复杂的关系一样，我们所看到的可能也是这样一种情况，即所有主要原始语言都有某种程度上的联系，或者至少在某个时期处于同一个区域，具有同样的区域扩散特征。这种可能性是由威特考斯基和布朗于1978年提出的，他们把玛雅语、奥托曼吉语、米塞-索克语等语言放在一个原始中美洲超大语系中，并进一步评论说（Witkowski and Brown 1978：942）：

> 很有可能，植物驯化开始于中美洲原始语言流行的时代，它造成了人口大量增长，导致了语言的多样性，而多样性正是这些语言的现有特征。

这一观点遭到了坎贝尔和考夫曼的强烈抨击，理由是以上所谓关系可能只是出于偶然的词汇相似。[12]这个争论似乎一直没有得到解决，但我仍然对存在超大语系的可能性非常感兴趣。

239/240

乌托-阿兹特克语系

现在我们转向中美洲最大的一支语系——乌托-阿兹特克语系，之所以叫这个名字是因为它在1519年西班牙征服的时候分布非常广泛，从特诺奇蒂特兰（墨西哥城）说纳胡亚语（Nahua）的阿兹特克城市居民，到大盆地的派尤特（Paiute）游牧人和肖肖尼（Shoshone）狩猎采集者，都属于该语系（图10.11）。正如斯宾塞和詹宁斯（Spencer and Jennings 1977：Xvi）所说：

> 前哥伦布时代墨西哥阿兹特克国家的军事和政治发展水平令人震惊，同一时代在大盆地也生活着一批印第安人，仍然处于文化发展的初级阶段，但两者的语言大致是一样的。

乌托-阿兹特克语系因为处在中美洲早期农业区的西北边缘，所以能够脱离中美洲的限制。最终，早期乌托-阿兹特克语系出现

240/241

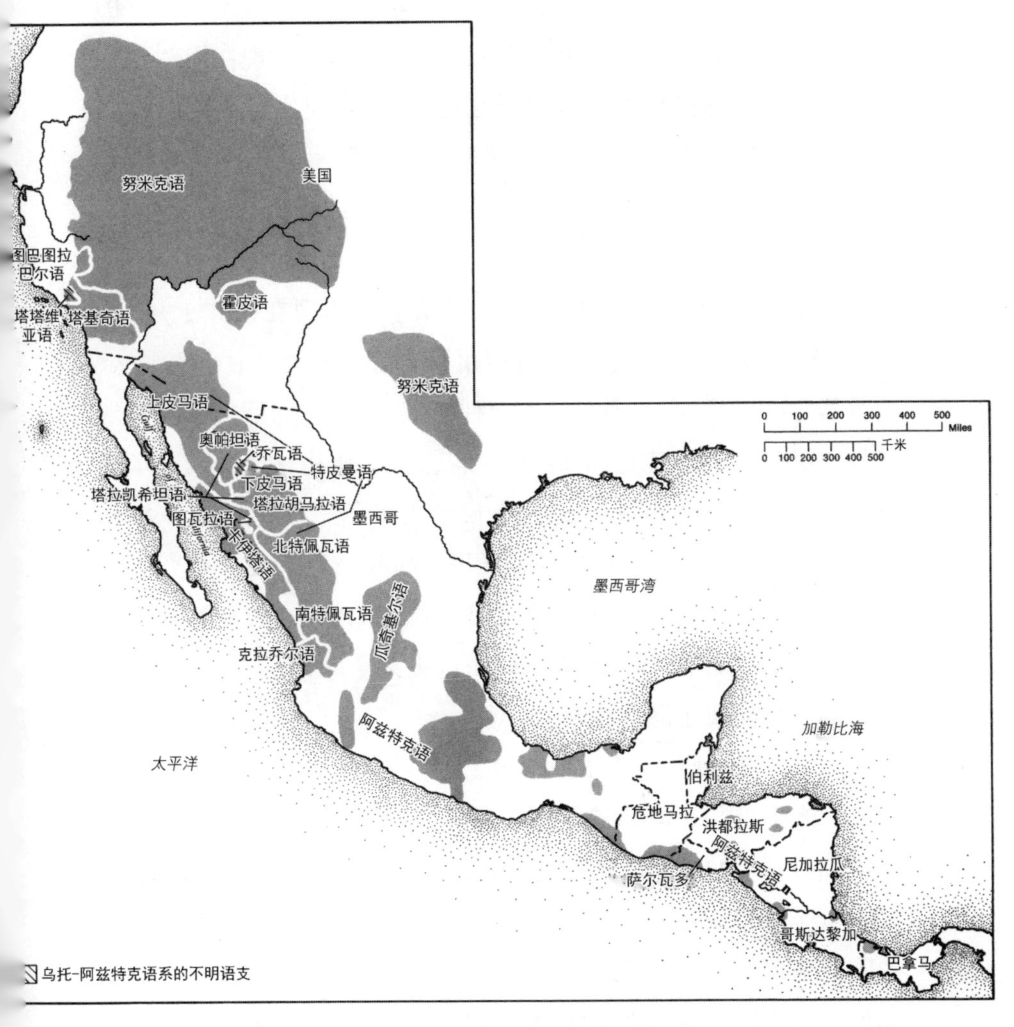

图 10.11　乌托-阿兹特克语系的分布

（据 Miller 1983）

在美国西南部，成为霍霍坎（Hohokam）、莫戈隆（Mogollon）和阿纳萨齐（Anasazi）等普韦布洛文化传统的最初源头（图 8.7）。

乌托-阿兹特克语系各农业族群之间存在非常深入和广泛的文化联系。特别是亚利桑那北部的霍皮人（Hopi），现在因为纳瓦霍人（Navajo）的扩张而与其他语言近亲隔绝，但实际上它与许多墨西哥族群关系密切，如纳亚里特的科拉人和惠克尔人（the Cora and Huichol of Nayarit），以及墨西哥中部的纳瓦语族群（Nahua，属于阿兹特克人）（Hedrick et al. 1974；Kelley 1974；Kelley and Kelley 1975；Bohrer 1994）。文化联系主要体现在仪式上，包括“瓦拉多（volador）”仪式、世界有四角而聚落处于世界中心的观念、雨神居住在世界四角、逆时针方向种植玉米、水蛇神话、火神、玉米母神、蛇崇拜、圆形基瓦（kiva）式寺庙、医术、葬礼、祈祷棒、玉米穗崇拜、吸烟的朝向、沙画、土地所有权模式和真正的织布机（只在北美西南部发现）等。正如埃利斯（Ellis 1968：85）所说：“惠克尔人和普韦布洛人在宗教特征上的相似之处是如此明显，如果说他们没有直接联系那是不可想象的……过去某个时候，这些讲阿兹特克语的人可能属于同一族群……”

今天乌托-阿兹特克语系形成了许多语支。1984 年，语言学家威克·米勒（Wick Miller）根据语言年代学方法辨认出南乌托-阿兹特克语系，包括墨西哥中北部的一些语言，使用者为索诺伦人（Sonoran）和阿兹特克人，包括科拉语、惠克尔语和纳瓦语；然后是美国西南部的三个同类语支：1）亚利桑那北部的霍皮语；2）加利福尼亚东南部的塔基奇语（Takic）；3）加利福尼亚东南部的图巴图拉巴尔语（Tubatulabal），加上大盆地的努米克语族（Numic）（包括派伊特语［Paiute］和肖肖尼语［Shoshone］）（图 10.11）。后两个语言群体是传统的狩猎采集者，而南乌托-阿兹特克语系和霍皮语族群则是种植玉米的农人。米勒指出这四个语支具有一致性，因此引起其他语言学家对此问题的关注，研究结果是乌托-阿兹特克语系树明显呈耙形，没有显著的根(Lamb 1958; Fowler 1994; Foster 1996: 91; Hill 2001)。这种情况使得该语系的起源地更难分辨，而且由于后来阿萨巴斯语(Athabaskan)族群和尤曼语(Yuman)族群侵入了乌托-阿兹特克语地区而使得这个问题更加复杂化，入侵造成了乌托-阿兹特克语在亚利桑那大部分地区地理分布上的不连续，并使霍皮人孤立起来，既远离北部同伴，也脱离了种植玉米的南乌托-阿兹特克语系同伴。结果，乌托-阿兹特克语系的原始分布形态现在已经很难分辨出来了。

直到最近，在考古学家的鼎力相助之下，大多数语言学家认为早期乌托-阿兹特克人是生活在加利福尼亚东部或大盆地某个地方的食物采集者，他们本来就是美国土著而非来自墨西哥(Hopkins 1965; Nichols 1983 - 84; Lathrap and Troike 1983 - 84; Miller 1984; Foster 1996)。根据民族志和语言学资料，纳瓦语阿兹特克人应该是在公元 500 年后迁徙到墨西哥谷地的(Fowler 1989; Kaufman 2001; Beekman and Christensen 2003)。米勒根据语言年代学的计算结果，认为乌托-阿兹特克语系起源于加利福尼亚东部，塔基奇语(Takic)今天还存在于这个地方。根据米勒的说法，向南迁入中美洲的这群人接着学会了种植玉米，后来又把玉米农业传回美国西南部，但由于尤曼语人群的扩张造成阻碍，玉米技术没能传播给亚利桑那北部的霍皮人。因此，在米勒看来，霍皮人的玉米农业是独立发明的，而非来自墨西哥的乌托-阿兹特克语系同伴。

241
242

认为乌托-阿兹特克人起源于食物采集者，这种观点即使没有明确的反对意见，自身根据也不充分。早在 1957 年，金博尔·罗姆尼(Kimball Romney)就提出，早期乌托-阿兹特克人与玉米农业一起来自墨西哥的西拉马德雷山区(Sierra Madre)北部。这些人有些南迁到中美洲，有些人北迁到大盆地。后来大盆地的努米克语人群最终又从农业返回狩猎采集经济。回头再看，罗姆尼的观点非常有洞察力。其他许多语言学家和考古学家提出的早期乌托-阿兹特克语起源地与罗姆尼所述大致在同一个区域，认为在索诺拉（Sonora）的学者最多（Goss 1968；Hale and Harris 1979；Fowler 1983）。但是，除了罗姆尼，直到现在都没有人注意到其中农业起源与狩猎采集的逆向发展关系。

在过去几年里，乌托-阿兹特克语系起源研究发生了革命性的变化。对我来说，它开始于1992年我在加州大学伯克利分校人类学系的一个学术假期。在这里，我得到了阅读美洲文献的绝佳机会，以了解我关于旧大陆农业/语言传播的想法是否适用于新大陆。乌托-阿兹特克语系作为这方面最适合的一个研究对象吸引了我，部分原因是它在中美洲分布极其广泛（Bellwood 1997c）。1999年，我受邀访问了位于图森市的亚利桑那大学，比尔·朗格瑞（Bill Longacre）和乔纳森·马布里（Jonathan Mabry）带我去参观了拉斯卡帕斯（Las Capas）考古遗址，这个遗址发现了早期的玉米遗存和灌溉水渠（图8.8）。我还在亚利桑那大学举办了一个研讨会，题目为“南岛史前史和乌托-阿兹特克史前史：它们的发展道路相同吗？”亚利桑那大学的语言学家简·希尔（Jane Hill）坐在听众席上，显然她对我的看法很感兴趣。

以上所述已经不再是我思考的重点，但我强调，就像南岛人一样，乌托-阿兹特克人似乎拥有来自墨西哥玉米农业族群的所有特质。2001年，简·希尔利用亚利桑那北部霍皮语的词汇新资料发表了一篇重要论文，对早期乌托-阿兹特克语提出了七个重要观点：

1. 原始阿兹特克语的词汇重建结果不排除它们起源于中美洲的可能性。

2. 乌托-阿兹特克语系的语言树呈耙形，有五个主要语支，包括北乌托-阿兹特克语（含霍皮语、努米克语、图巴图拉巴语和塔基奇语）、特皮曼语（Tepiman）、塔拉凯希蒂语（Taracahitan）、图巴语（Tubar）和克拉乔尔-阿兹特克语（Corachol-Aztecan）（图10.11）。这些语支的共同之处在于有同样的创新词，与米勒使用词汇统计法得出的研究结果不一样。

3. 在乌托-阿兹特克语系中重构出一个与玉米密切相关的词汇表，有6个极有可能存在的词汇和3个较有可能存在的词汇，包括玉米穗、爆米花、玉米饼和煎锅。原始乌托-阿兹特克语中未发现豆类词汇。

4. 原始乌托-阿兹特克语中农业栽培的词汇并不是从其他语系如米塞-索克语中借用的，而是自身原创。

242
243

5. 原始乌托-阿兹特克语的起源地在中美洲，起源年代大概在公元前2500年到前1500年之间，也许和中美洲古典时期墨西哥谷地伟大的特诺奇蒂特兰城（约公元前1600年）距离不是很远，铭文研究的新成果表明当时那里已经在使用该语言（Dakin and Wichmann 2000）。[13]如果乌托-阿兹特克语的起源地真的在这附近，那它可能非常接近同时期奥托曼吉语和米塞-索克语的起源地，早期纳瓦语中有很多借词明确来自后者（Kaufman 2001）。

6. 西南地区的考古资料表明，大约4 000年前中美洲的玉米种植就传播到这里了，大豆和南瓜稍晚一些（见第8章）。

7. 根据语言学重建，在民族志中被记录为狩猎采集者的北乌托-阿兹特克人很可能在史前某个时期已经从农业完全返回了狩猎采集状态。

在后来的一篇论文中，希尔（Hill 2003）进一步讨论了北乌托-阿兹特克语族群的“退化（devolution）”现象，指出东加利福尼亚州欧文斯谷地和大盆地的一些觅食者存在栽培野生植物的活动。这一点在第二章曾经讨论过。她认为，这些努米克人可能是由弗蒙特的玉米种植者和觅食者演化而来，他们居住在东部大盆地和科罗拉多高原之间的水源充足地带（图 8.8），12—13 世纪的干旱（或是人类过度开发?）造成了西南部大部分地区普韦布洛社群的衰落。也许，努米克人的祖先正是弗蒙特的觅食者，在环境恶化时他们仍然坚守此地，而那些农人群体却离开了。[14]随着这一转变，努米克人将他们的觅食方式成功辐射到大盆地更干燥的地区，最终进入爱达荷和怀俄明，那里本来不是说乌托-阿兹特克语的地方。

希尔（Hill 2002）还指出，西南部其他一些小语系，特别是尤曼语和基奥瓦-塔诺语（Kiowa-Tanoan），可能随着采纳玉米农业而传播，在这种情况下它们也会从奥托-阿兹特克语中借用一些词汇。另外一些种植玉米的农人，如新墨西哥州普韦布洛文化的祖尼人（Zuni）和克瑞斯人（Keres）显然扩张有限，因为它们的语言是孤立的——也许他们很早以前就已经被其他玉米种植者包围，从而很难扩散。当然，阿帕奇人（Apache）和纳瓦霍人讲阿萨巴斯语，他们的狩猎采集者祖先在该地区的普韦布洛文化衰落后迁移到这里，因此他们与早期玉米农业完全无关。

关于北乌托-阿兹特克语系中的努米克语，简·希尔认为是大盆地东南部环境恶化导致这些人从农业转向觅食，这个看法与考古学家们的主流观点不一致，考古学家认为努米克人自古以来就是觅食者，一直生活在大盆地或附近地区，例如加利福尼亚东南部。这种观点最著名的表述来自贝廷格和鲍姆霍夫（Bettinger and Baumhoff 1982; Young and Bettinger 1992），他们认为努米克人在距今 1 000 年到 650 年之前从加利福尼亚东南部迁移到大盆地，采取了与种子利用有关的经济适应方式，也是一个竞争成功的结果。

243/244

然而，在我看来，希尔认为努米克人脱胎于之前的乌托-阿兹特克玉米农人然后扩散到整个大盆地，这种“退化”观点最符合这群狩猎采集者起源研究的多学科证据。其历史发展轨迹可能如下：

1. 在距今 2 500 年到 2 000 年前，乌托-阿兹特克语玉米农人自南方而来进入犹他，在相对适宜的气候阶段[15]创造了弗蒙特文化，经济基础是玉米种植与狩猎采集相结合。

2. 到距今 650 年前，弗蒙特文化的玉米农业衰落，大盆地从此只能养活觅食者。正如希尔所说，努米克人来自之前弗蒙特和阿纳萨齐北部的农人/觅食者，他们只是留在了原地，没有迁移到水源充足的地带。最终，他们摇身一变成为成功的流动觅食者和植物管理者，活动区域如图 10.11 所示。

北美东部

史前时期美洲另一块农业区是美国中西部的东部高草平原(the tall grass plains)和东部林地(Eastern Woodlands)。这是一块大致呈方形的区域，中间流淌着密西西比河，支流有密苏里河、俄亥俄河、阿肯色河和田纳西河。该区域的北部边界一直延伸到五大湖所在纬度。在这个方块区域之外，大平原地区(the Great Plains)和加拿大大部分地区要么过于干旱，要么过于寒冷，都无法发展史前农业，史前农业从未到达北美的西海岸。

尤其是东部林地，由于欧洲人的移民，大量土著语言灭绝，但还可以辨认出有五支语系，最早以各种农业形式进行了扩散活动。它们是卡多语(Caddoan)、苏语(Siouan)和易洛魁语(Iroquoian)(某些语言学家认为这些语言的相同点历史悠久)，还有阿尔冈琴语和马斯科吉语(Muskogean)(语言学家们同样认为它们之间关系久远)(图 1.2)。根据语言年代学的估算，所有这些语系在过去的 4 000 年中似乎都在扩张，苏语和易洛魁语的多样化程度是最高的。

由于语言丧失率高，这五支语系的确切起源地和扩张过程不易重建。但很显然，如图 10.12 所示，易洛魁语、苏语和阿尔冈琴语在地理上是交叠的，这里应该是公元前第二千年后期河滨平原种植的种子作物的起源地。诚然，易洛魁语在该地区比较靠东的位置，但该语系现在的分布是被打碎后的状态，切罗基语（Cherokee，南部易洛魁语）在地理上与北部易洛魁语的主要分布区脱离。同样，在南卡罗来纳，苏语与卡托巴语（Catawba）在地理分布上也完全隔绝。尽管如此，这三者很可能曾在图 10.12 中的圆形区域内一度相交，并各自辐射出去。这个看法至少在原则上是可信的，尽管今天仅靠语言资源来证明显然已经不可能。

244/245

阿尔冈琴语和马斯科吉语

不幸的是，关于阿尔冈琴和马斯科吉这两个语系的资料很少，无法断定它们是否符合北美东部早期农业扩散假说。根据玛丽·哈斯（Mary Haas 1969：62）的说法，这两个语系在大约 5 000 年前有一个共同祖先，虽然并不是所有语言学家都赞同这一观点。即使这个观点成立，那么肯定也是发生在农业产生之前。这两个语系内部多样性程度都不高，阿尔冈琴语的分化历史大约有 3 500—3 000 年，马斯科吉语更短一些，可能只有 2 000 年。

245/246

研究阿尔冈琴语起源地的大多数语言学家把注意力集中在五大湖区。弗兰克·希伯特（Frank Siebert 1967）认为在安大略湖和休伦湖之间，年代大约在公元前 1200 年，依据是对大约 50 种原始阿尔冈琴语自然历史的重建。原始阿尔冈琴语中未复原出玉米、豆类和南瓜这些词汇，艾夫斯·戈达德（Ives Goddad 1979）和迈克尔·福斯特（Michael Foster 1996：99）都认为阿尔冈琴语系“树”呈耙形结构，其中 9 或 10 个语支都独立于原始阿尔冈琴语。

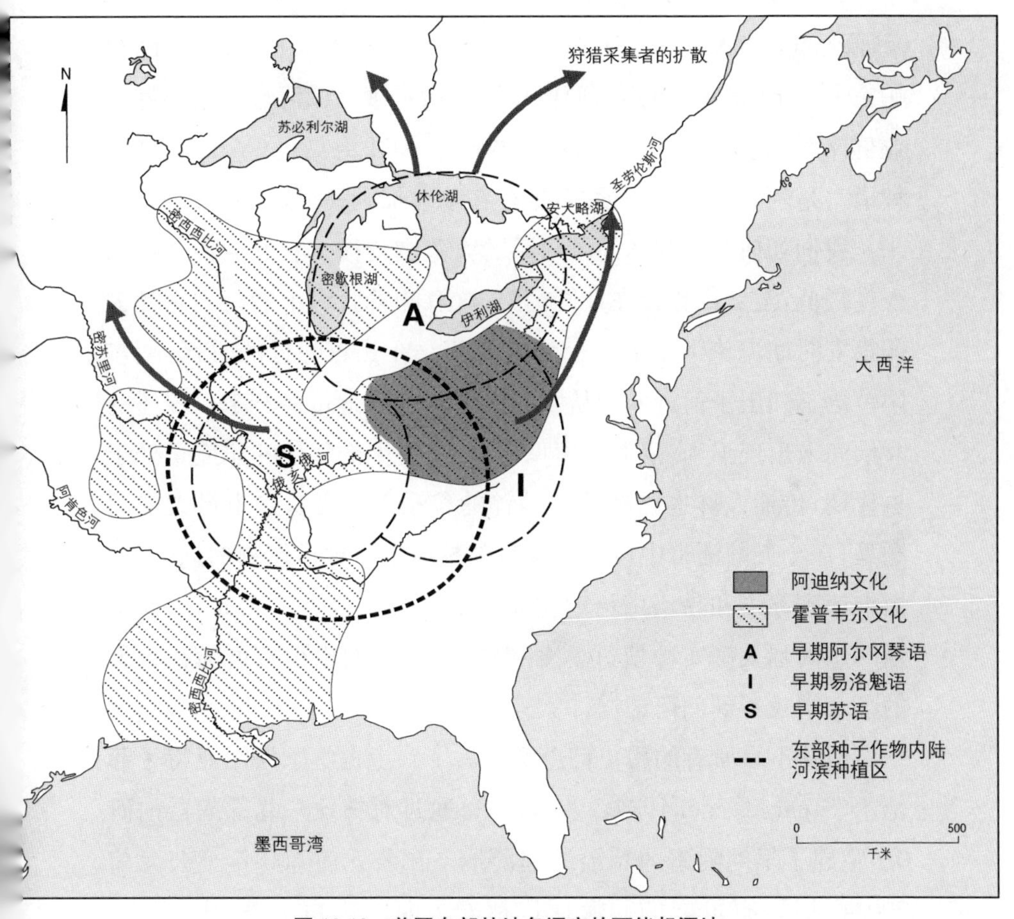

图 10.12　美国东部林地各语言的可能起源地

（本图标识出内陆河滨早期种子作物种植区，据 Scarry 1993；Cordell and Smith 1996，阿迪纳文化[Adena]和霍普韦尔文化[Hopewellian]墓葬和礼仪中心分布区，据 Coe et al. 1989。所标识出的语系起源地皆属推测，详见文中讨论）

然而，似乎没有一个语言学家提出理论来解释阿尔冈琴语系的广泛传播。从民族学角度来看，该语系的分布从遍布加拿大中东部的狩猎采集者——克里人（Cree）、奥吉布瓦人（Ojibwa）、蒙塔格奈-纳斯卡皮人（Montagnais-Naskapi）以及众多其他族群，直到大平原北部的猎人——黑脚人（Blackfoot）、夏延人（Cheyenne）、阿拉帕霍人（Arapaho），再到密西西比河中游和俄亥俄河流域的小型农业群体和觅食人群。韦约特语（Wiyot）和尤洛克语（Yurok）这两种语言是阿尔冈琴语的远亲，也存在于北加利福尼亚海岸。

我们如何解释阿尔冈琴语系的大范围传播？它的遗传多样性程度很低，至少广泛存在共同词汇，这意味着我们不能认为它是古印第安时期流传下来的一个语言联盟。在比较晚近的时代，阿尔冈琴语不知出于何种原因从大湖区某个起源地传播开来。传播的时候尚未出现玉米、豆类和南瓜，但传播发生的年代并非完全处于古代期，传播人群也已经不是纯粹的狩猎采集者。这里最大的问题是，在今天的语言中没有发现东部林地本土种子作物的词汇，后面在谈到苏语和易洛魁语时也是遇到了类似问题。因此，即使早期阿尔冈琴人确实种植过藜麦和黄叶柳，我们也很有可能在今天的语言中找不到任何证据。

但并不是所有的历史信息都丢失了。考古学家斯图亚特·菲德尔（Stuart Fiedel 1987，1990，1991）通过对林地东北部陶器的研究，重建了早期阿尔冈琴语的起源地。在公元前 600 年至公元前 200 年前后，有可能的起源地包括安大略的尖角半岛（the Point Peninsula）和俄亥俄河流域的阿迪纳。菲德尔认为当时种植葫芦和南瓜，但没有玉米，后者在考古中没有发现。菲德尔根据语言年代学计算，到了公元前 200 年，阿尔冈琴语已经传播到新英格兰，但阿尔冈琴语在公元后第一千年才传播到东部地区，仅仅在北方的易洛魁人到来之前（公元 700 年之后）。

作为一个有可能的推测，我自己的看法是，中部和东部的阿尔冈琴语系（不包括遗传关系疏远的大平原诸语言和加利福尼亚北部语言）可能在密西西比河和俄亥俄河流域开始种植本土种子作物后，在古代晚期和伍德兰早期进行了一定程度的扩张。后来采纳玉米农业可能进一步激励了其扩张行为，侵略范围更大，但此时来自其他群体（如易洛魁人和苏族人）的领土竞争也日益激烈。

246/247

从这一角度来看，加拿大的阿尔冈琴语系猎人，如克里人（Cree）和奥吉布瓦人（Ojibwa），反映出居住在农业区北部边缘的原始阿尔冈琴语族群的另一种专业化方式。这些猎人是否取代了加拿大的其他人群我不能确定[16]，但我还是倾向于认为他们类似于婆罗洲的普南人（Punan），像他们的农人表亲一样具有语言传播能力，动因来自定居农业社会和他们交换毛皮和其他野生资源的要求。

因此，最基本的结论是，阿尔冈琴语系的传播可能部分反映了农业扩散，但肯定不是全部。然而，当我们开始研究马斯科吉语系时，这幅图景（也许并不是历史的真实）似乎更简单一些。马斯科吉语系分布在美国东南部密西西比河下游以东地区，范围比阿尔冈琴语系更为有限，语言多样化程度不高。根据词汇比较，原始马斯科吉语似乎只有2 000年的历史。在它的西边，存在着一些现已灭绝的孤立语言，如纳齐兹语（Natchez）、图尼卡语（Tunica）、奇蒂马查语（Chitimacha）、通卡瓦语（Tonkawa）和阿塔卡帕语（Atakapa），这表明马斯科吉语本身的传播在一定程度上局限于今天的密西西比州、亚拉巴马州和佐治亚州范围内。福斯特（Foster 1996）认为马斯科吉语与密西西比文化（公元1000—1500年）有关，可能代表了后者当时向东南方向的侵略。马斯科吉语可能也存在更早的传播活动，在公元200年之后，玉米农业和梯田技术已经扩散到美国东南部（Riley 1987）。马斯科吉语的年代似乎太晚了，无法与东部林地的本土种子作物驯化区建立早期联系，而且其主要分布范围在该区域以外，这一点也至关重要。因此，对于马斯科吉语来说，它与伍德兰晚期和密西西比文化阶段的玉米农业是否有关？我认为答案应该是肯定的。

易洛魁语、苏语和卡多语

易洛魁语，特别是苏语，有着清晰的传播历史，它们很可能源于东部林地从事种子作物农业的早期文化。这两种语言的原始词汇中都未见到玉米，但在多样性较低且年代更晚的卡多语中发现有玉米词汇（Rankin n.d.；Mithun 1984）。

从体质人类学以及史前晚期的考古资料来看，分布在美国东北部各州（包括纽约部分地区、宾夕法尼亚和俄亥俄）以及加拿大安大略南部、魁北克的易洛魁人是集约型农业族群，种植玉米、豆类和南瓜，生活在围栏长木屋村落中。他们的政治结构复杂，有部落议事会、部落联盟，以及母系排名财产继承制（Snow 1994）。大多数考古学家和语言学家认为易洛魁人的扩张开始于向东侵入阿尔冈琴人的地盘，根据费德尔的说法始于大约公元 700 年（Fiedel 1991），但福斯特（Foster 1996：99－101）的观点相反，认为是阿尔冈琴人的迁徙包围了易洛魁人的这块突出地。

247/248

与东部林地其他语系一样，对易洛魁语的重建也没有发现早期玉米种植。玛丽安·米森（Marianne Mithun 1984）将原始易洛魁语系的年代定在公元前 2000 年左右，并将阿巴拉契亚南部切罗基语的分离视为第一个可确定的系统发育分支。由于存在难以逾越的地理障碍，切罗基语和北易洛魁语之间在语言上缺乏共同之处，因而，易洛魁语是否曾经完整地占据过这么大一个疆域存在疑问。米森提出，原始易洛魁语中没有发现农业，但这就引出了上面谈到过的问题，即在现代易洛魁语和苏语中不存在本土种子作物词汇，因此我们也无法从中找到关于农业的语言证据。农业词汇如玉米、田地、种植和陶器只发现于原始北易洛魁语中，米森认为这个分支语言是在距今 2 000 年前开始扩张的。

一些考古学家试图到史前时期寻找北易洛魁文化的标志——玉米和长屋。大型围栏长屋聚落最早可以追溯到奥瓦斯科阶段（Owasco phase），在纽约和宾夕法尼亚有明确发现，年代大约在公元 1300 年。再向上追溯就变得非常困难，往往只能基于文化发展的连续性提出一些看法。有些学者，例如威利（Willey 1958）和斯诺（Snow 1984），认为北易洛魁人在公元前第一千年起源于纽约和宾夕法尼亚的伍德兰早期文化。但在最近的论文中，迪安・斯诺（Snow 1994，1995，1996）提出北易洛魁语的扩张相当晚，大约在公元 600 年，起源于宾夕法尼亚中部的克莱姆森岛（Clemson's Island）文化，在公元 1150 年左右才随着奥瓦斯科文化及其后裔进入纽约，取代了这里之前据说属于阿尔冈琴语系的尖角半岛（Point Peninsula）文化传统。

加里・沃里克（Warrick 2000）认为安大略省公主角（Princess Point）文化期的考古遗存貌似属于易洛魁人，年代在公元 500 年后。公主角人种植玉米，后来的乌伦（Uren）文化期在大约公元 1300 年迎来了爆炸性的人口增长，沃里克认为其人口密度达到了欧洲殖民时代之前的最高水平，和当时墨西哥谷地的人口状况相当。在过去 20 年里，仅在安大略省就发掘了 50 个史前晚期易洛魁村落（Warrick 2000：420）。到 1534 年，美国东北部的易洛魁人估计达到了 10 万之众。

迪恩・斯诺关于易洛魁玉米农人向北迁徙发生相对较晚的观点显然很符合农业扩散假说，尽管许多考古学家仍然认为易洛魁人从未迁徙过，其祖先从伍德兰早期甚至古代期以来一直在本地生活（Wright 1984；Clermont 1996；Warrick 2000；Hart and

Brumbach 2003)。这一记录表明,公元前 2000 年以后,随着种子作物种植的发展发生了一些最初的扩张,导致了易洛魁语南北两支的分离,很久以后,北易洛魁人掌握了玉米农业,再度扩张。

现在来看一下苏语系,我们发现它的情况与易洛魁语系非常相似。该语系的分布也不连续,大多数苏语都在密西西比河以西,其他还有卡罗来纳孤立的卡塔瓦语,以及俄亥俄河流域的图泰洛语(Tutelo)、奥菲语(Ofo)和比洛克西语(Biloxi)(这三种语言都已经灭绝)。从语言学材料来看,苏语的起源地位于今天分布范围的东部,可能介于两个主要分布区之间(Rankin N.D.; Foster 1996)。兰金和福斯特都赞同原始苏语的分裂时间大约在公元前 2000 年。兰金认为四个主要分布区域(密苏里河、曼丹河、密西西比河和俄亥俄河流域)的语言分支是在公元前 500 年形成的。[17]他还指出,原始苏语中未发现任何农业词汇。所以,与玉米有关的词汇当是在苏语跨过原始阶段之后出现的。

248/249

从考古资料来看,似乎早期苏语如同早期易洛魁语和阿尔冈琴语一样,皆起源于东部林地种植种子作物的地区。到公元前 500 年,苏语某些分支已经穿越密西西比河进入密苏里河流域。据考古报告,在内布拉斯加和堪萨斯发现有东部伍德兰期文化的特有作物(藜麦、苋菜、南瓜和黄叶柳),年代最早距今 2 000 年(堪萨斯城霍普韦尔文化遗址,伍德兰中期。Adair 1988、1994;Snow 1996:166)。该地区最早的玉米遗存发现于堪萨斯城附近的特罗布里奇(Trowbridge)遗址,年代为公元 200 年,同时出土的还有南瓜和黄叶柳,但这些作物直到公元第一千年的晚期才普遍种植。事实上,许多资料表明,东部平原直到公元 700 年至公元 1000 年间才开始大规模种植玉米,并出现大型村落。

如果仅仅根据考古发现,确实很难判断苏族人到底是在公元前 500 年还是公元 1000 年迁徙到密西西比河以西的。韦德尔

(Wedel 1983)认为，就东部平原的情况而言，后一个年代才是正确的，但这并不排除密西西比河沿岸可能会更早一些。奥布莱恩和伍德(O'Brien and Wood 1998：345)提出，苏族人进入密苏里的年代大约是公元900年，在奥诺塔文化阶段(Oneota Phase)。这个较晚的年代得到对苏族人玉米种植的民族学观察的支持。苏族人大多种植玉米，也有一些族群，如西部矮草平原上的乌鸦印第安人(the Crow)，在19世纪从农业转向骑马狩猎野牛。特别是达科他的曼丹人(Mandan)，在史前晚期建造了巨大的围栏村庄，种植玉米、豆类、南瓜、向日葵和烟草等作物为生。

但是这么晚的年代无法支持公元前500年苏语系各主要语支业已形成的观点。诚然，根据语言推算出的年代很不精确，但我的意思是说，苏族人最初的扩张发生在伍德兰时期，建立在本地种子作物经济的基础上，而很久之后的再次扩张，特别是向西方的扩张，可能是公元1000年后采用玉米农业的结果。因此，苏族人扩张的第一阶段可以在阿迪纳和霍普韦尔文化阶段某些普遍共有的象征物上表现出来，而后来与玉米相关的传播可以反映在林达·科德尔和布鲁斯·史密斯(Linda Cordell and Bruce Smith 1996：259)注意到的公元400年至公元800年之间伍德兰晚期阶段物质文化的"相同或一致"之中。

我们最后要讨论的语系是卡多语(Caddoan)。尽管福斯特(Foster 1996)认为原始卡多语的年代早到公元前1500—前1300年，但卡多语似乎和马斯科吉语一样，只有大约2 000年的历史(Campbell 1997)。卡多语系族群，包括阿里卡拉人(Arikara)、帕尼人(Pawnee)和威奇托人(Wichita)都是农业人群。珀图拉(Perttula 1996)认为具备卡多文化特征的考古遗存最早出现在大约公元800年，包括土墩和玉米种植。在没有任何关于史前卡多语有价值讨论的情况下，我只能说它可能代表了史前很晚时期一

249/250

支玉米农业文化的传播，就像马斯科吉语的情况一样。

我们已经回顾了东部林地所有语系的基本状况，现在可以对其进行一个全面的评价（图 10.12）。该地区并没有明确的证据证明发生过类似世界其他地方发生的农业扩散，部分原因是语言遗存的碎片化，还有部分原因是与本土种子作物相关的词汇没有保留下来。阿尔冈琴语系、易洛魁语系和苏语系保留了一些模糊的证据，证明语系产生和传播最早发生在公元前第一千年阿迪纳-霍普韦尔文化传统所代表的人口增长阶段，传播可能得益于对本土作物种植的日渐依赖。从地域分布来看，苏语比阿尔冈琴语和易洛魁语更有可能起源于阿迪纳-霍普韦尔文化，但鉴于这些语系的分布不连贯，这只能是推测。玉米农业的到来引发了进一步的扩张，尤其是北部的易洛魁人和西部的苏族人，也许导致了马斯科吉人和卡多人的最终扩张。在建立东部林地的农业扩散假说方面，我们力所能及的也许只有这些了。但我还要补充的是，与中美洲、中东、中国或西非一样，东部林地语系起源地和农业起源地基本重合的理论确实也是成立的。未来将会证明这个观点的正确性。

最早的农人传播他们的语言吗？

本章总结了一些主要农业语系的发展史，这些巨量资料可能看起来相当令人困惑，而且往往十分模糊，充满争议。这些资料是否支持本章开头提出的农业与语系起源地之间三个方面的联系？这三个方面的联系是：语系的起源地可能位于或邻近农业的起源地；语系起源地与农业起源地在地理分布范围上重合或交叉；语系有扩散的历史过程，开始的年代在农业起源时间范围内，距离起源地越远，语言的年龄越轻。

我现在的感觉是，语系和早期农业体系从农业起源地的辐射扩散可以追溯的程度远远超出了我们的预期。印欧语系、亚非语系和埃兰-达罗毗荼语系自西南亚早期农业区向外辐射，同样，汉藏语系、南亚语系、南岛语系，更不用说还有侗台语、苗瑶语和阿尔泰语，都发轫于中国，尽管并非都发生在新石器时代。新几内亚地区有跨新几内亚语系，而西非则孕育了尼日尔-刚果语系。在美洲，我们刚刚考察了一些相对还比较薄弱的证据，证明克丘亚语、阿拉瓦语、帕诺语（图皮语起源地不止一处）都是在秘鲁安第斯山区或附近地区发展起来的。玛雅语、奇布查语、米塞-索克语、奥托曼吉语和乌托-阿兹特克语起源于中美洲。阿尔冈琴语、易洛魁语和苏语可能与东部林地早期种子作物的发展有关。

250/251

这些农业语系和早期农业的辐射起源和传播形态并不是在世界各地随处可见。例如，欧洲、中亚、南非、亚马逊河下游或密西西比河下游地区，就没有发现。据我所知，从来没有人声称英国讲过原始印欧语，稻作开始于苏拉威西，玉米农业开始于纽约，或许有类似著作，但我没有看到。我无法证明这种相关性只能用我提倡的方式来解释，但农业/语言扩散假说确实有确凿充分的时空关系可以证明它的价值，它应该得到比目前多得多的关注。

第十一章　遗传学、体质人类学和人类生理特征

251
252

早期农业扩散假说常常会遇到一些直截了当的批评：不要再提语言和考古了，谈一谈人类本身好不好？语言和农业生活方式是通过文化传播(cultural diffusion)(如采纳、借用和文化适应)在土著狩猎采集者人群中扩散的？还是通过拥有相关语言和农业生活方式的人口迁徙(demic diffusion)带来的？世界上有些地区的生物学资料过少，无法就这些问题提供直接有效的信息。还有些地区，如欧亚大陆西部和东南亚/太平洋，争论相当激烈，涌现出各种观点和流派。当然，从逻辑上讲，这两种运动都是可能发生的，并且都可以雄辩地证明其存在，即使无法找到可以一锤定音的生物学证据。

本章所述人群扩散现象是指人口迁徙(demic diffusion)，采用的是考古学家阿尔伯特・安默曼和遗传学家路卡・卡瓦利-斯福尔扎(Albert Ammerman and Luca Cavalli-Sforza 1984：6)在对欧洲新石器时代的经典研究中使用的术语。至少在欧亚大陆环境理想的情况下，史前文化会发生人口迁徙，呈波浪式前进(a wave of advance)，在边界限制宽松的情况下，人口持续增长促使族群以渐进或跳跃的方式向外扩展分布范围。如果人群前进浪潮的幅度过大，超过了地域人口密度的最佳规模，那么就会呈现回退迁徙。安默曼和卡瓦利-斯福尔扎利用碳十四考古年代学方法计算出欧洲中石器时代从东南到西北的前进浪潮平均速度为每年约 1 千米

(另见 Fort 和 Mendez 1999;以及 Fort 2003,对太平洋地区的类似计算)。他们还指出,因为环境障碍和承载能力的差异,实际传播速度差别很大。

252/253

安默曼和卡瓦利-斯福尔扎最强调的并不是说新石器时代农人们把欧洲中石器时代所有觅食者一股脑儿赶尽杀绝——对迁徙浪潮模式的批评有时毫无道理地跳到这个成见上。相反,他们主张随着迁徙浪潮的推进,这两个群体的基因持续混合(Albert Ammerman and Luca Cavalli-Sforza 1984：128－130)。"中东"人群最终的文化和语言后裔,从100%的"农人"基因开始,在抵达大西洋时,发现自己的基因居然换成了几乎100%的"土著觅食者",至少在理论上会如此(krantz 1988：93；cavalli sforza 2003)。这样一个过程形成了遗传学家所说的"人种渐变(demic cline)"——因为地理改变,随着一个或多个新基因加入,原始基因逐渐偏离最初形态。事情的本质是,一个基因结构在不断扩大的同时也在持续衰减,由于不可避免地源源不断输入各种土著基因,离开其原始基因形态越来越远(Renfrew 2001C, 2003)。新石器时代的农人不可能像19世纪欧洲殖民者移居北美和澳大拉西亚(Australasia,包括澳大利亚、新西兰及太平洋西南岛屿)那样,装满数千人的船队不断源源而来,这一点毋庸强调。新石器时代的扩张更多是一种持续不断的渐进,并偶尔发生跃迁,而不是压倒性的爆发事件。

我们稍后讨论基因和渐变问题。首先需要指出的是,本章内容并非是关于族群遗传学、生物化学和数学计算等方面的专业探讨,这里关注的是古人类学家和遗传学家对古代人类群体的历史观察,而不是对遗传资料本身的分析和计算。考古学家在追寻人类历史时,至少应该尝试了解一下语言学家和生物学家的历史推理过程,反过来也是如此。

人类生物学特征与语系之间是否相关？

1774年，在库克船队探索南方大陆的第二次航行中，约翰·莱因霍尔德·福斯特曾经深思："是什么缘由，使得奥-塔希提人(O-Taheitee)与马利科莱塞人(Mallicolese)有如此大的区别？"(Thomas et al. 1996：175)。他注意到，波利尼西亚的塔希提和瓦努阿图(属于美拉尼西亚)的马勒库兰(Malekulans)两地的语言(现在被视为南岛语)有许多共同词汇，但人们的外貌非常不同。南岛语各个族群的身体特征差异很大，亚非语系人群(如阿拉伯人和埃塞俄比亚人)、印欧语系人群(如孟加拉人和挪威人)和阿尔泰语系人群(如土耳其人和蒙古人)也是如此。这些语言的使用者似乎不太可能全都是在几千年内从同一个生物种群祖先进化而来，至少在我们目前对人类生物变化率的认识上是如此。但是，以上形态是反映了稳定且高度分化群体之间的语言传播，还是反映了造成外来者和土著两者融合的人口扩散？

253/254

我们可以先问一下，当今世界范围内语言形态和生物多样性的地理分布是否明确相关？如果是的话，那么有理由认为这种相关性可能是由过去的人口扩散事件引起的，扩散人群同时携带了基因和语言。1988年和1994年，卡瓦利-斯福尔扎团队从全球视野研究了这个问题，他们根据120个不同的典型基因标记，对42个现代人群进行了遗传距离分析。他们声称，依此分析结果建构的族群树与按语系分类的族群树非常相似，丹尼尔·内特尔和刘易斯·哈里斯(Daniel Nettle and Louise Harris 2003)最近利用同样的基因频率资料也得出了类似结论(但附加了一些限制条件)。基本上，在欧洲、东亚和中亚，遗传距离和语言之间的关联非常紧密，但在西非、西南亚和东南亚，这种关联则不太明显。内特尔和哈里斯正确指出，较强的相关性是由过去人口迁徙造成的，而较弱的相关性则可能是人种混合的成分更多一些。此外，通过控制纯地理因素在其分析中的影响，他们驳斥了这种相关性反映的仅仅是地理邻近而非遗传和语言起源因素的论调。[1]

基因记录了历史？

路卡·卡瓦利-斯福尔扎问道："根据今天的基因状况可以重建人类的历史吗？"(Cavalli-Sforza and Cavalli-Sforza 1995：106)。既然从人骨鉴定古代DNA是一项尚处于起步阶段的技术，对于本书研究的问题至今没有提供重要佐证，人们难免对此质疑(Pääbo 1999)。从现代样本人群的血液、头发或唾液中提取的基因数据是否可以用作几千年前全人类历史的直接证据是一个非常根本的问题，下述关于新石器时代人口增长状况的一个思考模式将很快表明这是为什么。

如果从一个最早的新石器时代人群开始，依靠农业为生，保持正常的人口增长率，那么在每一代人中，人群中的一些成员就会拖家带口去寻找新的土地，迁徙地点有时靠近故土，有时远一些，这取决于地理和环境状况、社会竞争和对创始者地位的渴望。如果条件允许的话，例如早期农人周围都是狩猎采集者，而不是其他同类，那么扩散的浪潮将会持续逐步推进。在理论上也会与周边狩猎采集者婚媾，根据民族志来看，可能主要通过狩猎者女性和农人男性通婚来融合。随着迁徙距离起源地越来越远，农人的原初基因也越来越被稀释。

254
255

但是现在我们所面对的基因大厦，是几千年来农业扩散的结果，连续不断加入了基因突变、自然选择和遗传漂变因素。此外，这座大厦在形成过程中还加入了很多文化和自然事件，如入侵、屠杀、流行病和自然灾害，我们需要了解源基因结构是如何一直保留下来的，这样才能从早期追溯到现在。这种追踪完全是可行的，部分原因在于，遗传学家一方面对多个遗传标记的地理渐变做了综合研究（例如，Ammerman and Cavalli-Sforza 1984），另一方面对非重组线粒体 DNA 和 Y 染色体世系的空间传播和历时变异做了系统发育分析。[2]

目前，遗传学家们对他们数据的历史含义做了大量的讨论，特别是在核心和非重组遗传系统中经常可见的跨大陆渐变方面。为了认识这些渐变的起源，还必须了解自然选择（尤其是通过气候和疾病）的作用，以及可能对世系延续产生重大影响的生殖策略中的机会因素。

例如，罗南·洛夫图斯和帕特里克·坎宁安（Ronan Loftus and Patrick Cunningham 2000）研究了非洲牧牛人的线粒体 DNA：

> 在女性平均每一代都留下一个女儿的人群中，任何一个母亲将她的线粒体 DNA 留给 100 代以后的机会都只有 2%。

因此，一些代表来源人群特征的线粒体世系会因为遗传漂变而消失，最终被其他变异或通过通婚而融合的世系所取代。这类血统已经无法追踪核心人口的来源。血统保留的机会在一些小群体中会有所提高，例如在与外界长期隔绝的小岛或山地。

事实上，由于涉及整个人类的历史，而非仅仅研究血统本身，所以在处理线粒体 DNA 世系分布和突变年代时必须非常谨慎。分子钟断代方式，即根据核苷酸序列突变的设定速率来判断线粒体 DNA 和 Y 染色体世系的突变时间，尤其具有争议性。这个问题太复杂，在这里无法深入讨论，但许多遗传学家质疑这种断代方法的准确性（例如，Bradley and Loftus 2000：248；Cavalli-Sforza 2003：85）。艾莉卡·哈格尔贝格（Erika Hagelberg 2000：5－6）近来表示，基因数据“无法提供历史事件的确切证据……我们不要以为仅靠研究所谓土著民族的 DNA 就能重建过去”。她这种观点毫不令人惊讶。

尽管如此，目前遗传学家对人类族群的历史，包括那些与语系相关的族群，仍然提出了许多了不起的看法，因而我们在关注早期农业状况时，基因或人骨资料可以有效区分出人口迁徙与文化传播之间的差别。我们的研究重点是欧洲新石器时代和南岛语系，因为这些领域的讨论和研究成果最为丰硕。

255/256

西南亚和欧洲

西南亚和欧洲是关于农业扩散的文化传播模式与人口迁徙模式的经典讨论领域。安默曼和卡瓦利-斯福尔扎提出的人口迁徙扩散模式，表示在扩张边界有显著的人口增长，以平均每年 1 千米的速度从东南到西北横穿欧洲，并吞并沿途的土著狩猎采集人口。对遗传数据的主要成分分析表明，这一运动（根据资料确定的三个主要移民运动之一）占了现代欧洲人群遗传变异的大约 30%。

在过去 20 年里，这个模式引起了巨大的争论，甚至直到 1990 年代中期线粒体 DNA 分析技术横空出世之后，很多问题仍然无法解决。阿兰·费克斯（Alan Fix 1999）最近提出，卡瓦利-斯福尔扎团队根据 HLA 基因确定的东南至西北的基因渐变现象反映了农业经济本身造成的影响。例如，家畜饲养造成的疾病（人畜都有的传染病）传播，或人口稠密的新石器时代聚落中疟疾的传播（甚至到了温带地区也不能幸免）。他不否认人口迁徙对于欧洲新石器时代基础基因发挥了重要作用，但认为遗传数据并不能真正表现出人口迁徙的实际过程。与之相反，卡瓦利-斯福尔扎本人在意大利遗传学家吉多·巴布贾尼（Guido Barbujani）和其他同行的大力支持下，认为所观察到的遗传渐变是如此复杂，所以在一定程度上必定来自人口迁徙而非纯粹的自然选择(Cavalli-Sforza and Cavalli-Sforza 1995：149；Barbujani et al. 1998)。然而，其他批评者指出，渐变本身发生的准确年代无法确定，其源头可能属于旧石器时代也可能是新石器时代。

近年来，随着对线粒体 DNA 单倍体标记和 Y 染色体分析的日益重视，争论更加激烈。对资料的解释变得极其复杂多样，但两派历史阐释观点的分歧似乎越来越大。一派观点系基于线粒体 DNA 和 Y 染色体世系系统发育分析进行历史复原，认为大多数现代欧洲人的祖先是旧石器时代本地土著，在新石器时代又输入了西南亚基因，除此之外并未有其他来源。这派观点倾向于文化传播而不是人口迁徙，最新的总结来自马丁·理查兹(Martin Richards 2003)。另一派观点使用了非重组系统和细胞核 DNA 方法，认为现代欧洲人基因库是旧石器时代欧洲人和新石器时代西南亚人混合形成的结果，故而赞成人口迁徙，强烈反对文化传播的观点。

为了全面了解这一争论，下面我按时间顺序回顾一下自 1984 年安默曼和卡瓦利-斯福尔扎的经典研究之后出现的一些最重要的观点。1991 年，索卡尔(Sokal)、奥登(Oden)和威尔逊(Wilson)对 26 个多态性遗传系统进行了遗传距离分析，结果表明："我们得出的结论是，欧洲农业扩散不仅是一个文化传播的案例，而且与新来农人的繁衍密切相关，这些外来者可能来自近东地区。"他们的研究成果充分支持了新石器时代农人和印欧语系在欧洲传播的相关理论，并关照到了"新石器时代农人和中石器时代人群之间的基因交流"问题。

256/257

尽管索卡尔团队随后一年修改了其结论(Sokal et al. 1992)，但巴布贾尼等人(Guido Barbujani 1994)通过空间自动相关分析方法研究欧亚人群之间遗传和语言的相似性，很快为新石器文化和印欧语系的人口迁徙模式提供了新的证据。阿尔贝托·皮亚扎等人(Alberto Piazza 1995)后来使用基因合成图得出了与路卡·卡瓦利-斯福尔扎类似的结论,认为新石器时代从西南亚传播到欧洲的基因数量占现代基因总数的26%。1995年,索卡尔与巴布贾尼合作,重新研究人口迁徙问题。他们对欧洲人群的五种微进化模型进行计算机模拟,得出结论:"现代印欧语系人群的遗传结构在很大程度上反映了新石器时代的扩张……印欧语系人群的等位基因频率梯度的形成有两种可能,要么是由于迁徙农人(可能说印欧语)与原有狩猎采集者的不完全混合(也就是传统上的人口迁徙假说),要么就是由于农人扩散期间的创始者效应"(Barbujani et al. 1995: 109)。人口迁徙扩散模型由此很好地建立起来。

事实上,到1996年,一个公正的观察者可能会得出这样的结论——至少对新石器时代欧洲来说,人口迁徙说赢得了胜利。然而,文化传播说显然不会善罢甘休。马丁·理查兹等人基于线粒体DNA世系的分子钟计算和内部系统发育多样性形态得出结论:"整个欧洲的线粒体DNA世系主要范围早于新石器时代的扩张……农业传播实质上是一项本土发展,只含有很少量的来自中东地区的同时代农人成分。"(Richards et al. 1996: 185)

围绕这篇论文的辩论自然接踵而来,战火不断(Cavalli-Sforza and Minch 1997;Richards et al. 1997;Barbujani et al. 1998)。理查兹团队重申了系统地理学方法在研究线粒体DNA世系分子年代中的作用,而巴布贾尼团队则反驳(Barbujani et al. 1998: 489)说:"我们不认为一组线粒体DNA单倍体的年代可以机械地等同于它们来源人群的年代,特别是如果这些单倍体在其他地方也有发现的话……对人类历史的推断,必须基于人种之间遗传多样性的计算,而不是对分子之间遗传多样性的计算。"

1998年,安东尼奥·托罗尼等人站在文化传播论一方加入辩论，他们认为欧洲大多数线粒体DNA世系都是冰川晚期的逃难人群（特别是来自伊比利亚）传播而来的。他们还声称西南亚线粒体DNA单倍体H型占西欧线粒体DNA世系的40%到60%，但其年代距今超过25 000年，因此不在新石器时代的范围之内。

258/259

1999年，布莱恩·赛克斯（Bryan Sykes 1999a）重申，西南亚对欧洲线粒体DNA基因库的贡献仅在20%到30%之间，并且进一步提出欧洲线粒体DNA基因库的70%起源于冰期后再度繁衍的人类，年代在距今14 000年到11 000年之间，他的研究使得文化传播（而非人口迁徙）说死灰复燃。随后，马丁·理查德等人（Martin Richards 2000）利用他们所谓的"创始者分析（founder analysis）"方法重申了来自旧石器时代的遗产，再次强调大多数欧洲线粒体DNA世系是在末次冰期后延续而来的，现代欧洲线粒体DNA基因库中只有不到25%的成分来自新石器时代。然而，他们对这些问题仍然持开放的态度，并同意："必须记住，这些观点的价值在于表明了史前每一次扩张对当今线粒体DNA基因库的组成可能做出的贡献。想从这些信息中推断出迁徙人群的具体情况很难，尽管考古过程重建对此非常需要，但不太可能直截了当得出其中的细节。"（Richards et al. 2000：1272）

2000年，奥内拉·塞米诺（Ornella Semino）等人将Y染色体研究带入了这场争论中，提出欧洲约78%的Y染色体种类与旧石器时代来自伊比利亚和乌克兰的冰期移民有关。他们将其余22%归因于四个单倍体类型，认为它们是在新石器时代从黎凡特传播而来，因此支持了理查兹和赛克斯基于线粒体DNA的研究认为新石器时代基因贡献率较低的观点。

因此，在1996年至2000年间，文化传播论正强劲地卷土重来，每派学者关于新石器时代对整个欧洲基因库的实际贡献率看法大致相当，通常在20%到30%之间。但是，人口迁徙论阵营的回应并不迟缓。卢内斯·奇基等人(Lounès Chikhi 1998a,1998b)在欧洲的分子DNA标记中发现了一个渐变,与卡瓦利-斯福尔扎和皮亚扎当初提出的典型蛋白质标记的渐变相似。他们的分子钟计算把导致基因渐变的人口扩张放在了新石器时代,而认为过去把线粒体DNA世系的年代定在旧石器时代是过早了。

之后,佐伊·罗瑟等人(Zoë Rosser 2000)指出,有两组Y染色体单倍群呈现渐变,占今天欧洲基因总数的45%。他们认为这些渐变是新石器时代西南亚农人大规模迁徙的一个有力证据,但因为地理原因,这些渐变表现得并不是非常显著。罗瑟认为,欧洲的许多遗传形态可能是随着印欧语系的传播而发展起来的(另见:Simoni et al. 2000)。

到2001年,Y染色体数据已经十分详尽,足以使彼得·安德希尔等人(Peter Underhill 2001a; Underhill 2003)用以总结全球模式。根据Y染色体单倍群,他们认为欧洲和西亚/中亚人群关系密切,特别是与撒哈拉以南非洲和东亚人群比起来更是如此。相关Y染色体单倍群中的两个,即III和VI的一部分,可能通过新石器时代人群迁徙扩散到欧洲,并且Y染色体数据支持人种混合迁徙模型,从东南到西北穿过新石器时代的欧洲。

259
260

2002年,卢内斯·奇基等人分析了Y染色体上的22个二元标记,以模拟人种混合的状况,其结果是发现了两个"理想(ideal)"人群之间的遗传漂变。一个人群符合现代近东样本,代表了"新石器时代"人种形态,另一个人群符合巴斯克和撒丁岛样本,代表"旧石器时代"人种形态。这里的一个基本假设前提条件是,10 000年前近东和西欧的真实遗传形态已经不存在了,因此只有通过这类建模过程才会得出实际结果。作者认为,新石器人群对现代欧洲Y染色体的贡献率平均应该在50%左右,远高于卡瓦利-斯福尔扎的估算,也高于马丁·理查兹线粒体DNA方法的研究结果,他们得出的数值都在30%以下。然而也存在地理分布上的不均衡,在东南欧有85%—100%的近东成分,但在法国只有15%—30%的近东成分。

到2002年,文化传播论和人口迁徙论的支持者们都密集发表了很多论文,争论还远未结束。2003年,在我最后完成这一章初稿的时候,剑桥大学麦克唐纳考古研究所刚刚出版了一部关于欧洲人类遗传研究的论文集,作为对农业/语言扩散假说全球性研究的一部分成果(Bellwood and Renfrew 2003)。其中,吉多·巴布贾尼、伊莎贝尔·杜帕鲁普(Isabelle Dupanloup)、路卡·卡瓦利-斯福尔扎和卢内斯·奇基重申了西南亚新石器人口向欧洲大量迁徙的观点。巴布贾尼和杜帕鲁普注意到,农人和觅食者之间混血的结果会随着历史过程中双方通婚重要性的提高而变化;换句话说,觅食者越早与迁徙而来的农业小群体通婚,在基因上的影响越大,如果他们早早保持孤立状态,只在后来数代人以后农人数量大幅增长后他们才不得不面对,那基因影响就小得多。由此他们得出结论:"目前,我们认为有充分的理由支持卡瓦利-斯福尔扎团队早期的研究结果(Ammerman and Cavalli-Sforza 1984),而非后期的研究结果(Semino et al. 2000)。他们还坚持欧洲基因库的大部分内容并不是源于欧洲祖先,而是来自黎凡特的新石器时代农人(Barbujani and Dupanlou 2003: 430)。

在上述论文集中,马丁·理查兹等人立足文化传播论的观点,重申欧洲只有很低比例的近东基因,可能只有20%左右,但他们也指出,这一小群来自近东的农人在迁徙时,走得又快又远。他们的结论是(Richards et al. 2003: 464):"农业扩散模式在解释语言传播时确实有用,但是,采用一揽子方式解释人口迁徙浪潮,认为农业、语言和基因是一起扩散的,应该过时了。"对此我非常赞同,也从这个阐述中感觉到一种寻求中间立场的愿望。

260
261

也许真的能够找到中间立场，如果我们更加细致地考虑到这一显而易见的事实——从旧石器时代过渡到新石器时代，整个欧洲的进程并非整齐划一。无论新石器时代农民带到欧洲的基因占多大比例，但在欧洲各个地方，农人和觅食者混血的程度肯定各不相同。欧洲南部和东部来自西南亚的成分最大，而西部和北部最小。罗伊·金和彼得·安德希尔(Roy King and Peter Underhill 2002)的一篇论文深入讨论了这一点，他们提出，在黎凡特、安纳托利亚和东南欧，新石器彩陶和人形雕像的出土分布与一种特殊的Y染色体单倍群(称为Eu9)的分布密切相关。这种相关性支持了人口迁徙假说——至少是男性人口的迁徙——路线是从西南亚向西直达法国南部。此外，对法国和德国新石器文化(LBK)出土人骨的分析表明，存在源自西南亚的线粒体DNA世系，这是新石器时代至少也有部分女性迁徙而来的直接证据(Jones 2001：161)。

正如剑桥大学麦克唐纳考古研究所此前编著的《考古遗传学》(Archaeogenetics)(Renfrew and Boyle 2000)一书所述，关于欧洲新石器时代人口迁徙与文化传播的争论仍然非常激烈，尘埃尚未落定，整个欧洲也没有建立起能将所有材料纳入其中的完整的基因框架。倘若基因研究无法真正解决问题，我们能从人骨分析和生物遗存研究结果中汲取到有价值的信息吗?

后者最明显的例子是头发和眼睛颜色的渐变，即从黎凡特和地中海沿岸的相对较黑到北欧和波罗的海以及斯堪的纳维亚半岛的浅色(金发碧眼)(Sidrys 1996)。乍一看，这可能表明北欧人相对孤立，未受到来自黎凡特或地中海的任何影响，但实际情况并不那么简单。6 000年来，以下因素——通过维生素D合成自然选择淡色色素沉着，在寒冷的气候条件下人类常年着衣，以及同型婚配——在理论上也会发生明显的渐变。

关于古代人骨的研究也有贡献。让-皮埃尔·博克特·阿佩尔近来对欧洲新石器时代墓地出土人骨的死亡年龄做了分析(Jean-Pierre Bocquet Appel 2002),他认为,在欧洲采纳或推广农业后,出生率迅速上升,一段时期后死亡率也上升。最早的农人显然生育力很强,博克特·阿佩尔得出结论:“根据现有资料,这种‘泛欧中石器时代到新石器时代(pan-European Mesolithic to Neolithic)’转变的特点是,在大约500年的时间里,完全打破了过去觅食者的那种稳定状态。”然而,农人的强大生育力并不意味着农业居民必然扩散,因为觅食者也可以采纳农业从而缩短自己的生育周期。博克特·阿佩尔的研究结果只是说明了早期农业人口快速增长的事实。

人骨研究结果的另一个来源是对古代墓地等处考古出土的颅骨进行计量和形态分析,以确定人群之间的亲缘关系。斯洛文米尔·文茨(Slovimil Vencl 1986)分析了中欧的人骨资料,认为从中石器时代到新石器时代人口数量增加了十倍,过渡完成之后,以往的人口被完全取代,狩猎采集者只生存于不太适宜农业的地区。平哈西和普鲁希尼克最近对土耳其、黎凡特,以及东南欧和欧洲地中海地区的颅骨数据进行了多变量分析,得出了三个结论(Pinhasi and Pluciennik, 2004):

261/262

1. 黎凡特和安纳托利亚前陶新石器时代的人种特征差异很大。

2. 东南欧新石器时代以卡塔尔胡尤克(Çatalhöyük)墓葬为代表的人群可能来自安纳托利亚中部地区。

3. 欧洲地中海地区人群中石器时代-新石器时代混血的程度高于欧洲东南部。

正如作者所指出的,与遗传分析相比,这些研究结论在地理上更为准确，前者“分辨地理分布的能力不足”。他们的结论与玛尔塔·拉尔等人(Marta Lahr 2000)根据人口形态和考古资料得出的结论非常相似。这与卡瓦利-斯福尔扎所说的基因构成相近，表现出从安纳托利亚，经过希腊和巴尔干半岛到中欧，再到地中海和西欧的渐变。最近对莱茵兰新石器(LBK)考古遗址出土的女性骨骼进行锶同位素分析，结果可能透露了这种渐变的起源过程。莱茵兰的案例是通过与外地(可能是中石器人群)女子通婚或虏获她们获得了其生物学特征，这些女子是在高山地区长大的，距离适于农业耕作的河流平原很远(Bentley et al. 2003)。

由于欧洲地区资料非常丰富，故而我有意进行了深入的探索。很明显，尽管存在很多不同看法，但这些迹象始终指向一种“常识性(common sense)”情景，即新石器时代人群来自西南方向，随着向西北方向的波浪式迁移，其西南亚基因含量逐渐“消失”。学术观点的分歧与迁徙浪潮的力度有关，但对它的存在是没有争议的。我和遗传学家如卢内斯·奇基和吉多·巴布贾尼一样相信，农业人群迁徙的力度是相当大的，欧洲中石器人口虽然也明显以渐进方式贡献了基因，但从欧洲考古和语言存在形态来看贡献不大。当然也有例外情况，例如在相对孤立的环境中暂时保留了下来。关于世界上其他地区我们没有如此丰富的材料，但也会进行一些讨论。

南亚

与欧洲相比，关于南亚地区的学术争论才刚刚开始。1996年，朱泽佩·帕萨里诺等人(Giuseppe Passarino et al. 1996)发表了证据，证明来自西亚的白种人在印度北部留下了一种“稀释(dilution)”了的古代线粒体DNA标记，从而证实了印欧人向印度的族群迁徙。2001年，穆契等人(Lluis Quintana Murci et al. 2001)对染色体进行了进一步的分析，提出存在两次来自西北部的

262
263

移民活动。第一次，以Y染色体单倍群9为代表，在西南亚世系中占30%—60%，在巴基斯坦和印度北部世系中占不到20%。这个单倍群被认为是来自伊朗的埃兰-达罗毗荼语系移民。第二次以Y染色体单倍群3为代表，在中亚和印度北部很常见，据说代表了印欧语系族群的迁徙。单倍群9的传播发生在距今6 000到4 000年之间，单倍群3的传播发生在距今4 500到3 500年之间。作者的结论是："亚洲西南部单倍群9和单倍群3染色体的地理分布、渐变趋势和年代范围都支持人口迁徙模式，其中早期农人来自伊朗西南部，游牧民族来自西亚和中亚，他们给印度带来了外来基因和文化（包括语言）。"（Quintana Murci et al. 2001：541）

然而，该地区并不缺乏能够支持文化传播模式的证据。2003年，托马斯·吉维希尔德等人（Toomas Kivisild 2003）声称，印度北部Y染色体世系群可能比穆契等人认为的更加古老，实际上远早于新石器时代。他们估计南亚"新石器时代"的染色体世系只占不到8%，因此，西方迁徙而来的早期农人和印度雅利安人数量非常之少。

以上的简略评论表明，在基因研究方面关于亚洲的结论并不比关于欧洲的结论更可靠。除此之外，我们从体质人类学研究中也能得到一些信息吗？布莱恩·亨菲尔等人（Brian Hemphill 1991）总结了哈拉帕及相关文化的大量人骨资料之后指出，自新石器时代早期以来牙齿的健康状况逐渐下降，根据公元前6000年到前4500年间牙齿的非量测型（non-metric）特征判断可能存在新来人种。他们还注意到，在哈拉帕文化时期，居住在摩亨佐达罗的人群在形态上与其他哈拉帕人群不同。从总体上看，哈拉帕人的颅骨形态与伊朗人相似，而迈赫加尔邦的早期新石器时代人类与马哈拉施特拉邦铜石并用时代的伊南冈（Inamgaon）人相似。目前尚不清楚这些研究对于解决印度雅利安人和埃兰-达罗毗荼人的起源问题是否有价值，但可以确定的是，旧石器时代之后的南亚次大陆绝对不是一个与外界族群没有交流的孤岛。

非洲

1987 年，劳伦特·艾克菲尔(Laurent Exoffier)等人注意到非洲主要语系人群与恒河猴(Rhesus)血型系统、蛋白质系统和 DNA 分子的遗传在地理分布上密切相关。班图语系人群的遗传特征比较一致，与亚非语系人群很不相同。证据显示南部班图语人群曾经与科伊桑人混血。1996 年，希尔拉·苏迪尔(Hirnla Soodyall)等人提出存在一种独特的线粒体 DNA9 碱基对缺失(这种缺失与在许多东亚人群中发现的类似缺失来源不同)，在班图人扩张期间广泛传播，因为与俾格米人通婚故而在后者之中也有发现。然而，在西非其他尼日尔-刚果语系人群中则没有出现这种缺失现象，所以很可能是源于班图人的扩张。

263/264

因此，基因证据强有力地支持了部分班图人曾经发生过族群迁徙活动。1996 年，伊丽莎白·沃森(Elizabeth Watson)等人分析了非洲的线粒体 DNA 序列，表明狩猎采集人群的核苷酸序列多样性远高于农牧人群。研究结果说明，农牧人群(包括班图人)后来人口规模增加，而狩猎采集人群的人口规模相对稳定。1997 年，艾斯特拉·博洛尼(Estella Poloni)等人发现，非洲和欧亚大陆 Y 染色体世系的多样性与语系的分布密切相关。她们使用 Y 染色体分子钟计算出，尼日尔-刚果语系人群大约在距今 4 000 年前开始扩散，而亚非语系人群大约在距今 8 900 年前开始扩散，印欧语系人群大约在距今 7 400 年前开始扩散。

博洛尼等人还表示，埃塞俄比亚的亚非语系人群与南亚人群的 Y 染色体单倍型相同，但其线粒体 DNA 世系大致是本地的。南部的一些科伊桑人虽然混合了尼日尔-刚果语系人群的 Y 染色体世系，但拥有科伊桑线粒体 DNA。这两个案例都表明了一个趋势，即男性比女性更容易扩散，从而产生更广泛的遗传影响。这一观点在 2001 年得到了进一步的证实，彼得・安德希尔等人（Peter Underhill 2001a）指出，班图人迁徙的显著标志是 Y 染色体单倍群第 3 组的分布，但班图线粒体 DNA 单倍群更具土著性。

因此，非洲的遗传资料似乎充分证明了班图语系人群的扩张。但关于其他人群，包括亚非语系人群，遗传资料并不清楚（Barbujaniet al. 1994），今后的研究还有很长的路要走。

东亚

路卡・卡瓦利-斯福尔扎和马库斯・费尔德曼（Luca Cavalli-Sforza and Marcus Feldman 2003）于 2003 年发表了关于世界人口树的著作，在对 1 915 个人群的 120 个蛋白质系统进行多态分析的基础上，将东南亚人群与太平洋岛民（不包括新几内亚）分为一组，然后在更高的层次上将新几内亚人和澳大利亚土著人群分为一组。还有一个完全独立的非洲外组（extra-African），包括了非洲以外的其他人类，如东北亚人、美洲印第安人和欧洲人。如此宏观的分组并不能很好地解释我们正在讨论的问题，这个分组可能主要还是反映了现代人类更新世迁徙存在两条路径，分别向东亚的北部和南部进发。后来的农业人群扩散基本上都没有超出这两个区域范围，唯一的例外可能是史前时期藏缅语系人群向东南亚的扩张。当然，这在很大程度上取决于如何确定东亚北部和南部的分界——据分析，它可能是在中国中部，南亚语系、侗台语系、苗瑶语系、南岛语系各族群的扩散都是在分界线的南方发生的（图 10.7b）。塔蒂亚娜・卡拉菲特等人（Tatiana Karafet 2001）还强调了东北亚和东南亚人群在 Y 染色体单倍群上的区别，认为中亚突厥人和藏缅语系人群与东北亚人有关。[3]

264/265

与以上观点相反，彼得·安德希尔等人（Peter Underhill 2001a）根据Y染色体世系第7组的传播提出东亚的南方和北方存在更为亲密的关系，他们认为Y染色体世系第7组可能起源于中国北方，并与粟、稻农业一起大规模南传，情形类似于班图人Y染色体世系第3组的传播。从中国北部到泰国，Y染色体世系第7组遍及整个东亚大陆。

通过对古人颅骨的分析，这种整个东亚地区存在密切关系的观点得到了有力的证明。约翰·卡明加和理查德·赖特（Johan Kamminga and Richard Wright 1988）注意到，来自中国的旧石器时代晚期颅骨，特别是出自周口店遗址山顶洞的颅骨，从形态来看不是现代东亚人的祖先，这增加了后者在新石器时代从未知起源地迁徙而来的可能性。中国旧石器时代人类反而与日本前绳文时代的人类很像，后者年代在距今约12 000年至2 000年之间，在弥生时代稻作农人到来之前。在中国，具有蒙古人种典型特征的颅骨最早出土于新石器时代早期，例如淮河流域的贾湖遗址（Chen and Zhang 1998）。彼得·布朗（Peter Brown 1998，1999）将视野扩展到整个中国，认为柳江人、山顶洞人以及日本港川（Minatogawa）人等旧石器时代颅骨根本不是蒙古人种，大汶口、姜寨（仰韶文化）、贾湖等遗址出土的新石器时代颅骨才属于蒙古人种。

因此，从体质人类学的角度来看，中国新石器时代发生的大规模的人口取代，情形应该类似于公元前300年左右弥生时代稻作人群由朝鲜迁徙到日本（Hudson 1999，2003）。但根据基因材料得出的观点似乎与之不同，争论无疑还将继续。

东南亚和太平洋：以南岛人为例

对该地区基因和人骨的诸多研究是由对波利尼西亚人起源的

学术热潮所推动的。我已经在其他著作中总结了这方面的大部分成果(Bellwood 1978a, 1993, 1997a),结论是前新石器时代岛屿东南亚特别是印度尼西亚的人群,形成了黑种人(Australomelanesian)西迁运动,这些人至少在4万年前就已经占据了西太平洋(包括澳大利亚)。新石器时代的人口迁徙,特别是进入岛屿东南亚的南岛语系人群和进入大陆东南亚的南亚语系人群,带来了亚洲类型(南方蒙古人种)基因,这些基因类型与土著人群的基因混合在一起,到了美拉尼西亚甚至被土著基因所吸收,在马来半岛和印度尼西亚东部基因含量更小一些。结果是,今天我们可以看到存在一个从亚洲到太平洋的基因渐变,趋势是从北向南,从西向东,从东南亚到美拉尼西亚,再向南到马来半岛。从美拉尼西亚到波利尼西亚的渐变趋势则方向相反,波利尼西亚东部和密克罗尼西亚东部的亚洲特征比例变得很高。

265/266

尽管新几内亚人很早就独立发展了农业,但农业扩张的地理范围却很有限。遗传方面则情况不同,其基因可见于今天很多地方的南岛人群,如印度尼西亚东部(特别是摩卢卡斯和小圣代东部)和美拉尼西亚,向东直到斐济。然而,最近的线粒体DNA研究表明,新几内亚高地世系没有多样性,表明这里可能确实存在农业驱动的对外人口扩散(Hagelberg et al. 1999: 149)。

对东亚和太平洋颅骨资料最全面的分析是由迈克尔·皮楚威斯基(Michael Pietrusewsky 1999)完成的,他的聚类分析不仅表现出地理关系,还表现出系统发育关系。在东亚,这个树状图清晰地把绳文人和阿伊努人从日本人中区分开来。它还表明“中国人”样本中存在相当高的多样性,并将所有东南亚人与图顶部的一个亚洲分支联系起来。波利尼西亚人和密克罗尼西亚人接近这个亚洲分支,美拉尼西亚人和澳大利亚人的颅骨特征与之非常不同,属于另一个独立分支。针对下文的讨论,也许最有趣的是,皮楚威斯基最近的结论是(Pietrusewsky and Chang 2003：293)："台湾岛土著群体和波利尼西亚的颅骨系列之间的关联性表明，台湾岛土著居民可能是这些遥远的大洋居民的祖先。"还值得注意的是，在这些颅骨资料中，并未见到一些遗传学家津津乐道的东亚和东南亚人群之间的显著差别。

我们现在转向遗传学。南岛语族起源和扩散研究从一般问题入手，到 1995 年发现了线索，当时阿兰・里德、特里・梅尔顿等人发表了他们对线粒体 DNA 中一个被称为 9 碱基对缺失特征分布的分析结果(Redd et al. 1995；Melton et al. 1995)。许多由特定核苷酸取代所定义的血统有这种缺失，其中一个血统在 16247 号位置有一个替代物，因为它在大多数现代波利尼西亚人中都有，所以被称为"波利尼西亚图案(Polynesian motif)"。里德等人认为这种血统是在大约 5 500 年前从印度尼西亚东部进入大洋洲地区的。在 16247 位置替代之前，还有一个发生在 16261 号位置上的替代物，被认为来自台湾岛，代表了整个南岛语族群的最初源头，布莱恩・赛克斯等人(Bryan Sykes 1995)利用线粒体 DNA 数据也独立得出了这一结论。1998 年，特里・梅尔顿等人(Terry Melton 1998)再次强调，9-碱基对缺失单倍群中的祖先线粒体 DNA 替代(不包括 16247)特征突破"台湾瓶颈(Taiwan bottleneck)"扩散到了东南亚和太平洋地区(另见 Hagelberg et al. 1999；Hagelberg 2000)。

这些结论与其他几位生化学家和遗传学家的研究结果一致。杰弗里・朗姆和丽贝卡・肯恩(Koji Lum and Rebecca Cann 1998)指出，波利尼西亚的线粒体 DNA 清晰地表明这些人与东南亚人有联系，而与美拉尼西亚人无关。安德鲁・梅里韦瑟等人(Andrew Merriwether et al. 1999)也得出一个结论，他们非常坚定地强调，波利尼西亚的母系祖先不可能来自美拉尼西亚。所有学术权威都赞同波利尼西亚的线粒体 DNA 图案(16247 位置替代物)起源于

267/268

印度尼西亚东部，而不是台湾岛，台湾岛只存在早期突变，这表明后来的突变可能是在扩散过程中发生的。

1998年，朗姆等人（Koji Lum 1998，2002）已经注意到波利尼西亚人大约30%的核基因可能来自美拉尼西亚人，这与南岛人持续东进时巴布亚人的男性基因流广泛融入南岛族群有关。从某种意义上讲，线粒体DNA的故事用贾雷德·戴蒙德的比喻（Jared Diamond 1988），好像是一列从东南亚开向太平洋的"特快列车（express train）"，而核基因和后来Y染色体的故事，用约翰·特雷尔的说法（John Terrell 1988），则更像达尔文比喻的"混合库（entangled bank）"。最早远行的移民中虽然也有少量妇女，但大多数妇女是留在故土的，而男性总是有四处漫游的倾向（Hage and Marck 2003，从人类学的角度讨论这些问题）。

来自巴布亚的男性介导基因大量流入太平洋的南岛人群，这个观点很快受到Y染色体研究方法的推动。曼弗雷德·凯泽尔等人声称（Manfred Kayser 2000），在库克岛居民的少量样本中发现了三个波利尼西亚Y染色体单倍型，可能起源于美拉尼西亚，尽管它们也存在于东南亚岛屿。他们的结论与中国科学院昆明动物研究所宿兵等人（Bing Su 2000）的研究结果不同，后者认为波利尼西亚所有Y染色体都来自东南亚，而没有一条来自美拉尼西亚。这种差异部分出于不同的研究团队分析了不同的标记物，但凯泽尔认为这两种分析结果并不矛盾。

2001年，克里斯蒂安·卡佩里等人（Cristian Capelli 2001）公布了一个类似的研究结果，对太平洋、东南亚和中国南方的人群关系从Y染色体角度做了全景式描述。南岛人从中国南部和台湾岛向岛屿东南亚的扩散，似乎被他们的Y单倍群H和L（现在一般称为O3。Cox 2004）记录在案，后者显然起源于全新世早期，广泛见于中国华南、台湾岛南部、岛屿东南亚和波利尼西亚。东印度群岛和美拉尼西亚人的单倍群主要是西太平洋地区的原有之物(Cox 2004)。波利尼西亚人因为遗传漂变发生很大变异,但他们基本上是将美拉尼西亚人和"南岛人"的单倍群按不同比例组合在一起,其比例因不同岛屿而异。

到目前为止,从南岛人 Y 染色体提取的信息与我们从考古学和语言学中看到的信息高度吻合。Y 染色体单倍群可能起源于中国南部或台湾岛,在向南和向东迁徙的过程中,与土著基因混合的程度越来越高,在美拉尼西亚其基因内涵最终消失,但是有些又继续向东,突破一系列创始者瓶颈(founder bottlenecks)进入波利尼西亚。利用一组不同的 Y 染色体数据,彼得·安德希尔等人(Peter Underhill 2001b)认为:"Y 染色体分析结果支持东南亚、美拉尼西亚和波利尼西亚之间复杂的相互关系模式,而线粒体 DNA 和语言资料则支持快速而均匀的南岛扩张模式。Y 染色体资料显示出在波利尼西亚历史上存在一种独特的多基因来源性别调节模式。"马修·赫尔斯等人在研究 Y 染色体的外围标记时得出了另外一个结论:"我们的研究虽然并不强烈支持南岛语族从台湾岛快速扩张的假说,但不一定与之不相容。人种的起源和文化的起源可以存在一定程度的分离"(Hurles et al. 2002: 301; Hurles 2003)。

268
269

那么,根据遗传学,对于南岛史前史我们是不是可以轻松得出下面这样一个结论。南岛人最初从中国南部和台湾岛出发,经由岛屿东南亚扩散到太平洋,迁徙过程中与土著人群深度融合,最终以男性为主的基因大量流出美拉尼西亚。我当然相信我们可以得出这样的结论,但是最近一个由马丁·理查兹、斯蒂芬·奥本海默和布莱恩·赛克斯组成的线粒体 DNA 研究团队提出了不同看法(Richards et al. 1998; Oppenheimer and Richards 2001a, 2001b, 2003)。他们声称波利尼西亚人与其他南岛人的生物学来源不同,因为他们认为"波利尼西亚图案"记录的是距今 5 500 年至 34 500

年之间发生在印度尼西亚东部的一次基因突变。因为在台湾岛、菲律宾或印度尼西亚的大部分地区，这个发生在16247位的突变“图案”似乎没有以其“最终”形式出现，并且测算出它们的年代范围早于任何考古或语言证据。关于南岛人的扩散，他们认为波利尼西亚人来自印度尼西亚东部的更新世人群，位置可能是华莱士线以东的某个地方（如苏拉威西、摩卢卡斯或小圣代）。他们还认为，从语言意义上讲，整个南岛族群的扩散可能起源于印度尼西亚东部，之前宿兵团队的Y染色体研究也暗示存在这种可能性（Bing Su 2000；反对意见见：Reid 2001）。

从语言学和考古学角度来看，所有南岛人的祖先都是印度尼西亚东部更新世人群的观点并不可信。说南岛人是从印度尼西亚东部迁徙到台湾岛的，这与考古学和语言学表现出来的迁徙方向完全相反。虽然理论上似乎有可能，但从全球人类历史多学科研究的结果来看，这种可能性是完全不存在的。然而，波利尼西亚人和波利尼西亚线粒体DNA图案到底是什么？也是必须面对的问题。这是因为，首先，这一图案在马达加斯加也非常常见。最近布赖恩·赛克斯（Bryan Sykes 1999b：109）提出，马达加斯加的这个基因图案来自从澳大利亚南部航行而来的波利尼西亚人。然而，马达加斯加人不仅语言主要源于婆罗洲南部，而且自公元500年定居以来的史前史完全处于陶器时代，而波利尼西亚人在大约2 000年之前已经丢失了制陶技术。在考古或语言资料中，也完全没有发现任何证据证明马达加斯加人经马来语介导而来的梵语借词来自于波利尼西亚（Adelaar 1995）。

相反，似乎有三种可能来解释奥本海默和理查兹关于波利尼西亚基因图案的观点：

269
270

1. 如果具有类似波利尼西亚和亚洲起源形态的人群早在南岛扩散时期之前就已经迁徙到印度尼西亚东部，那么该单倍型可能是很久以后由作为波利尼西亚人祖先的南岛人从中获得的。这在理论上是可能的，并且能让两个对立的重建之间有更大程度的协调。主要问题是，没有发现全新世之前的人骨证据可以证明印度尼西亚东部存在类似波利尼西亚的人口，尽管可能是尚未发现。

2. 波利尼西亚基因图案起源年代的分子钟计算可能是错误的，现在已经出现了大量关于这一年代计算结果的争论和质疑。如果错误的话，那么这种突变可能发生在4 000年前南岛人在印度尼西亚东部的扩散期间。或者换句话说，波利尼西亚图案的起源地是正确的，但其突变发生的年代计算是错误的。[4]

3. 早期南岛人是否从印度尼西亚东部的某个土著那里获得了波利尼西亚图案？最初只是通过一两个女性，其后代很快由于瓶颈条件下的大量繁衍而提高了它在波利尼西亚（拉皮塔）祖先群体中出现的频率？这个解释似乎是可能的，但只有当波利尼西亚图案起源于更新世的说法未来得到计算证实时才可信。

奥本海默和理查兹还提出，波利尼西亚人的α-球蛋白基因（部分血红蛋白分子编码）最有可能起源于华莱士线以东。这也许是正确的，但由于整个旧大陆热带地区都有异常血红蛋白参与抵御疟疾，因此背后的原因似乎是自然选择，而不是人口起源因素本身。即使在今天，印度尼西亚东部和美拉尼西亚仍然有非常致命的疟疾存在，而早期南岛人最初可能没有任何遗传变异用以抵抗疟疾（Serjeantson and Gao 1995；Fix 2002）。

上文关于南岛人基因祖先的综述十分详细，因为这个地区和欧洲一样，世界各地的考古学家、语言学家和生物学家对之讨论极多。碰巧，在这一章草稿完成之后，我受邀阅读一篇由默里·考克斯（Murray Cox 2003）撰写的博士论文，他是来自新西兰奥塔哥大学的生化学家，现就职于剑桥大学莱弗胡姆（Leverhulme）人类进化研究中心。考克斯深入考察了南岛人的Y染色体和线粒体

DNA资料之后指出，也许正如预想的那样，到目前为止现代南岛人只体现出大约20%的基因可能来自他们的新石器时代祖先，这一平均数据与欧洲接近。但考克斯也重新计算了波利尼西亚基因图案的年代，结果进入了南岛扩散的时间范围，还计算出亚洲Y染色体单倍群O3的年代处于全新世，其工作如前文所述。考克斯显然很满意他提出的南岛语族扩散“出台湾模式修改版(Modified Out of Taiwan Model)”，这也基本上是我赞成的模式。

270/271

最后，另一个南岛语族研究热点地区是马来半岛，这里从泰国南部直到新加坡人种差异很大。我个人的观点是，主要是三次人群迁徙造成了当前马来半岛的人种多样性(Bellwood 1993, 1997a)。塞芒人即尼格利陀小黑人(Semang Negritos)是和平文化(Hoabinhian)觅食者的后裔，和平人广泛分布在整个半岛，随着冰期后全新世早期海平面上升迁徙到了内陆。大卫·布尔贝克(David Bulbeck 2003)称，正是过去几千年里处在内陆雨林环境中，这些人的身材最终变得很矮小。他们之后的第二批人群是色诺人(Senoi)，这些农人大约在4 000年前从泰国南部迁徙至此，带来了新石器时代的人工制品和属于南亚语系的阿斯利安语(Aslian)，阿斯利安语最终被塞芒人所采用，就像菲律宾的尼格利陀人采用了南岛语。第三批移民是讲南岛语的马来人，大约在公元前500年或更晚的铁器时代从婆罗洲西部或苏门答腊来到这里。

以上这一简单明了的文化和人群发展序列，在我看来确实是最好的解释。人类学家杰弗里·本杰明(Geoffrey Benjamin 1985)也曾经对此进行研究，他的观点是半岛上的两支阿斯利安语人群都发源于本地土著，由于两者在社会和经济因素方面的反差，例如，流动狩猎与定居农业、群外婚与群内婚、贸易参与程度不同，他们的生活方式、语言和外表有了基本差异。本杰明的观点最近得到了大卫·布尔贝克(David Bulbeck 2004)体质人类学研究成果的支持。遗传学家阿兰·费克斯(Alan Fix 1999, 2000, 2002)也赞成本杰明关于阿斯利安人文化和人种本地起源的假设,但强调现代基因数据不能真正证明或否定古代移民的发生,并指出,在某些情况下,历史无法简单地从基因树中解读出来。

基因研究当然有其价值,萨巴等人的研究(Saba et al. 1995)表明,马来西亚的塞迈语色诺人(Semai Senoi)和柬埔寨的高棉人在血液遗传标记(蛋白质和酶)上有着相当密切的联系,如果这个迹象表明他们拥有一个共同祖先,那么要确定他们在史前(也许是新石器时代)时期的位置比历史时期还要容易得多。吴哥的高棉帝国肯定从来没有延伸到马来半岛植被茂盛的内陆地区,我们也没有证据表明后来(约公元12世纪)有任何重要的基因流到马来半岛南部。我只能作出这样的结论:马来半岛仍然是一个神秘的地区,要了解其人类历史绝非轻易之举。

美洲

美洲关于农业人群和语系起源问题的基因研究成果不是很多,而且我还必须承认,缺乏获得相关资料的渠道。但也有一些研究是非常有趣的。例如,斯隆·威廉姆斯等人(Sloan Williams 2002)注意到,委内瑞拉和巴西的雅诺马马(Yanomama)村落居民具有较高的村内通婚率,根据核基因标记可以清晰地区分彼此,村民之间的遗传距离与他们记忆中家族裂变的历史非常吻合。此外,尼尔森·法古德斯等人(Nelson Fagundes 2002)发现,巴西的图皮人,线粒体DNA与语言之间的关系高度一致。对于那些有兴趣追踪与语系相关的人群的学者来说,这是一个充满希望的好消息。

271/272

但是,当威廉姆斯等人使用线粒体DNA序列而非核基因数据来区分雅诺马马村落人群时,发现效果不佳,这显然是因为特定性别移民和取样问题所致。在这方面,还有里潘·马尔希等人(Ripan Malhi 2003)的有趣研究,他们认为墨西哥和美国西南部的线粒体 DNA 单倍型更多地与地理有关,而不是与语系有关。他们指出,早期的乌托-阿兹特克语是由男性而非女性移民传播的,前者可以通过一种广泛分布的核基因标记物(被称为墨西哥白蛋白[Albumin * Mexico])而被识别出来。他们的"女人不出门,男人行千里"的推断在一定程度上也是合理的,但人们想知道,这些所谓研究成果抽取的样本量是否充分?是否考虑到其他因素?

此外,美洲开始定居生活的时代距今如此之近,以至于根本没有时间发展到类似旧大陆人种那样的生物分化程度。过去大多数人口迁徙,特别是缓进而非长距离急进,很可能是各类基因传承关系已经非常密切的人群混合在一起进行。如果美洲要为农业扩散问题提供有用的遗传资料,就需要开展更多的研究。

早期农业是通过人口迁徙扩散的吗?

这个问题没有唯一的答案,因为各地情况明显不同。仅仅是人口迁徙不会成为任何语系或农业体系的源头,但是,再加上人种混合、特定性别移民和连续突破瓶颈的长期过程,就有极大可能形成语系和农业的扩散。将这个过程视为一个组合,就意味着我们不会强求新石器时代不列颠人的基因与新石器时代安纳托利亚人的基因相同,或者强求现代所罗门群岛居民的基因与现代台湾岛居民的基因一样。

关于生物研究的争论还会长期继续下去,例如关于欧洲人或南岛人的起源问题,但随着争论的进行,我们这种"中间道路(middle-of-the road)"性质的结论其合理性就会变得越来越不言而喻。这并不意味着人类过去的活动只是一种随意的漫游,而从来没有任何创新目的或迁徙目标。我们不能把人类的考古学、语言学和生物学资料仅仅看作是“本应在此(in place)”的变异和漂移产物，因为人类首先是以某种有意识的方式在世界上迁徙的，他们有计划，有目标，有能动性。既往研究拼凑出一个散漫的支离破碎的过去，但是让所有古代社会在其中扮演同样的角色，对那些早已死去和被遗忘的人来说，是不公平的；学术界的另外一种看法，即认为人口迁徙是对原有居民的完全控制和取代，同样也是不公平的。我们需要一个平衡，所以也许是得出某种结论的时候了。

第十二章　早期农业扩张的性质

早期农业人群在穿过狩猎采集者活动区向外扩散的过程中创造出来的语言、文化和基因的基本分布形态，今天仍然存在于世界上大部分温带和热带地区。然而，并不是所有的农业起源地都发生了扩散，语言、文化和基因的传播也并不是与农业扩散完全同步的。整体来看，人类的历史确实非常复杂。

这些遍地开花的农业文化，其时空表现为何有所不同？又是如何发生的？是否存在跨文化的一般规律？早期农业传播是否可以按照某些可见的量化因素——如移动速度、年代以及语言、文化和生物形态的相似程度来分类？

为了解决这些问题，我们首先考虑两种极端情况。一种极端情况，农业人群和文化完全取代觅食者。另一种极端情况，语言和文化结构的形成完全来自土著，而与外来人群无关。正如前几章所指出的那样，这两种极端情况在现实中都不存在，至少在农业人群进占狩猎采集区域时未见如此。但是，出于研究目的，我们仍然把它们作为理想状态列举出来。

在第一种情况下，土著语言和人口完全取代，将不会留下明显的底层遗存（如果该地从来无人居住，更是完全不会有任何前期遗存）。除非后来又发生人群侵入，这一过程再度重新开始，否则，语言的形态将不会表现出孤立性，也没有语言转变造成的洋泾浜化或串扰痕迹，并且不同亚群之间的词汇变化率十分平缓。开始阶段的考古学文化面貌分布广泛，风格一致，随着时间的推移，逐渐

273
274

分化为一些区域类型。文化风格逐渐失去统一性，起作用的是时间和地理因素，而不是文化杂交。基因和人骨证据表现出人种取代的情况。

在第二种情况下，文化和语言是通过采纳或转换传播的，不存在人群迁徙，底层遗存十分完整。语言形态存在大量未转换的孤立性内容，有很强的证据表明语言转换造成的串扰，而且由于各个土著社会采纳外来语的结构不同，词汇差异程度很大。考古学文化延续上一个时期，但风格面貌更加复杂多样，增加了一些推动文化传播的新技术和经济因素，如农业、磨制石器和陶器。基因和人骨证据表现出人种的连续性。

介于这两个极端状况之间的可能性多到数不胜数。通过观察考古学、语言学和生物学资料的不均衡状态，可以很清晰地揭露出来。例如，如果语言没有孤立现象或底层内容，那么通常就有力证明了人口迁徙的存在，同时人种的生物学形态也会更具有多样性。印度尼西亚东部和美拉尼西亚群岛就是这种情况，也许可以通过南岛语族强势扩散假说来解释，其内容既包括了人口迁徙，也包括了语言转换，但相比而言，其中亚洲和美拉尼西亚人种混合的重要性更高一些。物质文化的情况介于两者之间——既不像语言元素那样在结构上紧密相连，也不像染色体那样自由组合。

起源地、迁徙区、摩擦区和回归区

在最近一篇关于早期农业扩散问题的综述中（Bellwood 2001b），我发现将农业起源和扩散过程中涉及的四类区域概念具体区分出来很有好处。

1. 起源地或星爆区（starburst zone）。对外扩散形态呈辐射状，农业成熟，农业过渡过程中狩猎采集者转型为农人的连续性明确。案例包括前几章讨论过的农业和语系起源的主要地区。

2. 迁徙区(语言学家约翰娜·尼科尔斯也使用这个术语,含义略有不同)。近于上文说的极端取代情况,同类文化分布广泛,文化发展轨迹明显不连续。在达到环境或人口极限之前,传播速度往往很快。新石器时代或美洲形成期迁徙区的案例见图 1.3。

3. 摩擦区。特征是狩猎者与农人之间基因混合与文化交织。一些摩擦区位于农业传播之路的末端,例如北欧和西欧,滨海气候和高密度狩猎采集人口阻碍了农业的进一步扩散。由此,农业传播速度显著下降。但也有其他情况,例如在新几内亚低地,摩擦区不是在南岛语族传播路线的末端,而是在中间的一个突出部。再如太平洋西部的拉皮塔文化聚落,因为美拉尼西亚以西以前无人居住的太平洋岛屿也有丰富的资源,故而农业扩散的速度非常之快。另一方面,南岛语族从拉皮塔文化分布区渗透到距离相对较近的新几内亚却非常缓慢(表 12.1)。因此,摩擦区的概念本质上是指不同文化交织达到了比较高的程度,而与传播速度的快慢关系不大。

274
275

4. 最后是回归(overshoot)区。农人们发现由于各种原因造成环境状况不利于从事农业,因此改变了自己的经济方式,重拾狩猎采集。南部毛利人、婆罗洲普南人和大盆地努米克语族群都是绝佳的例证。

从全球视野观察迁徙区和摩擦区的案例,结合扩散速度,人们可以得出一些很有趣的结论(表 12.1)。贾雷德·戴蒙德(Jared Diamond 1994)十分正确地指出,早期农人喜欢同纬度横向迁徙,这比跨纬度纵向迁徙要快得多,这主要是因为同纬度地区环境相似,催生谷物和豆类发芽的日长这一关键因素变化不大。但是,确实也有跨纬度快速迁徙的例子,例如东非和南美洲铁器时代的农业人群。也有相反的案例表明同纬度迁徙有时候非常缓慢,例如

表 12.1 根据考古资料推断的农业传播速度，以及相关纬度、环境和人群

（传播速度数据受到年代不确定性的影响，但研究目的在于观察趋势而不是追求准确的年代。也见 Bellwood 2001b：186－187，对原数据有所修正）

新石器时代/形成期农业传播	传播时间（大约）	传播距离 km（大约）	传播速度（km/年）	起点和终点的纬度差	环境变化程度
迁 徙 区					
意大利到葡萄牙（卡迪埃新石器时代）	200 年（Zilhao 2001）	约 2 000（假设沿海岸迁移）	10（海路）	0	很小
匈牙利到法国（线纹陶文化）	400 年（Gronenborn 1999）	1 000	2.5	<5 度	很小
扎格罗斯到俾路支前陶新石器时代（梅赫尔格尔文化）	500 年（LeBlan 2003）	1 600	3.2	5 度	很小
菲律宾到萨摩亚（磨光红陶/拉皮塔文化）	1 000 年（Bellwood 2001）	8 500	8.5（海路）（参见 Fort 2003）	根据赤道计算为 0	很小
墨西哥中部到亚利桑那	500 年（LeBlanc 2003；Matson 2003）	1 850	3.7	12 度	很小，但有沙漠阻隔
维多利亚湖到纳塔尔（支方巴斯文化）	700 年（Philipson 1993）	3 000	4.3（铁器时代）	30 度	冬季气温差异大，但降雨季节无差异
摩 擦 区					
新石器时代，从线纹陶文化到不列颠	1 300 年（Price 2000）	500	0.4	0	很小（狩猎采集者阻碍较大?）

续　表

新石器时代/形成期农业传播	传播时间（大约）	传播距离km（大约）	传播速度（km/年）	起点和终点的纬度差	环境变化程度
摩　擦　区					
新石器时代，从长江流域到香港	2 500年	1 000	0.4	8度	很小（狩猎-采集者阻碍较大?）
铜石并用时代，从俾路支到哈里亚纳和东拉贾斯坦	3 000年	1 000	0.33	0	差异较大，从地中海气候区跨入夏季季风气候区
新不列颠岛（拉皮塔文化）到巴布亚西南部	1300年（Kirch 2000：119）	1 000	0.8（海路）	5度	很小

农业沿印度河在印度的传播，原因在于该地区虽然纬度相同但雨季有变化，从冬季降雨变成了夏季降雨。也正是由于雨季的不同使得农业人群（而非游牧人群）没能进入非洲西南部以及加利福尼亚，减缓了农业人群进入印度北部的步伐，西南亚的农业系统进入埃及以后，再继续向非洲其他地区传播亦变得非常困难。尽管小麦和其他冬季作物最终进入了埃塞俄比亚高原，但再也未能前进一步。

因此，从表12.1可得出以下结论，降雨季节的差别对早期农人造成的阻碍远远大于气温的差别（除非可供作物生长的季节长度达不到作物的要求）。但也有例外，其中之一是中国南方。农业从华南向东南亚的纵向传播速度远低于农业在非洲南部的传播速度，直到南岛语族的航海技术打破这一瓶颈，才通过海上殖民活动快速扩散到岛屿东南亚和太平洋地区。笔者认为，华南与非洲东南部的气候与作物起源地的气候差别都很有限，不足以成为影响作物传播速度的决定性因素。技术的发展对于促进或阻碍农业传播往往与环境条件同等重要。华南农业扩散时期的技术水平还停留在纯粹的新石器时代，而且这里的土著狩猎采集者人口密度很高，特别是在丘陵和沿海地带。而在非洲，班图语农人移民已经有了铁器，这是一项重大技术优势。

276/277

自然灾害和过度开发对耕地载能造成的破坏当然也会对移民的迁徙速度造成决定性影响。农业或牧业本身的生产力水平也是重要因素。例如，大卫·哈里斯(David Harris 2003)认为，与块茎类作物经济相比，谷物经济的扩张能力更强，考古资料充分证明了这一点。

如果以图表形式表现出来，以上叙述可能看起来更清楚。这当然需要从各类资料中提取出大量的细节并深入研究。例如，表12.1显示，迁徙区和摩擦区的农业传播速度存在意料之中的差异。读者还可以注意到，海路传播和铁器时代的传播速度确实非常快。我怀疑正是因为环境难度的降低和技术能力的提高才使得农业传播速度变得如此之快。无论是在何种环境条件下，谷物农业在传播过程中都可以产生足够的人口动力，如滚雪球般快速发展。

农业起源与扩散过程的各个阶段

以上讨论的内容主要是传播的模式，下面我们按照时间顺序来考察一下发展的模式。可以推断，农业体系的发展普遍存在以下几个基本阶段。

1. 前农业阶段。在狩猎采集阶段的末期，如果不同人群已经在不同地区各自生活了成千上万年，那么我们可以预见他们的文化是高度异质的。即使一些高纬度地区和干旱地区在更新世末期环境剧变之后再度兴盛的人群，情况也是如此。农业萌芽于新仙女木事件之前的气候改善时期，并最终形成，绝大多数农业扩散都发生在农业形成的数千年之后，甚至中东也不例外。农业扩散之前各地的文化都是各不相同的。

2. 向农业过渡的阶段。随着全新世农业生产的发展趋势，我们可以预见，定居程度、人口密度和社会复杂性都会日益提高。由于农业的形成，族内通婚网络覆盖的群体范围更大，在考古资料上的表现就是原料、观念和风格的交流互动范围扩大了。在这种情况下，某些语言扩展到十分广大的区域用于沟通，通常是采用和谐的双语方式而不是激烈的语言取代。通过这一网络，某些表示文化实物的外来词可以传播到很远的地方。在欧亚新石器时代或者美洲形成期，这类语言极有可能是具有亲缘关系的自然语言，而不是像后来欧洲殖民扩张和人口迁徙过程中形成的语言类型。这类语言是否是后来的语系之根？

277/278

3. 对农业的依赖和农业的传播。随着人口增长、环境恶化、群体冲突的加剧，以及农业生产需求增长，农业从起源地或者说星爆区开始扩张，扩散形态呈离心式，驱动力主要来自边缘地带而非核心区域。由于长期以来的互动交流，边缘地带人群与核心地带人群在语言和风格上有很多共同特征。这种共同之处并不总是意味着他们具有直接遗传关系，尽管在某些情况下，两个群体从同一个起源地向不同的方向扩散，他们的共同之处表现得十分显眼。因此，向外扩散的结果可能既包括遗传关系也包括借用关系，在实践中模糊地交织在一起。与此同时，留守核心区域的人群将有机会强化生产，迈向“文明”，当然，在现实中只有少数地区走到了这一步，其他做不到的群体，要么维持原状，要么走向衰落。

总的来说，第三阶段在物质、语言和生物学这几个方面的形态关联程度最高，尤其是扩散过程中经过或穿越新地域的时候，它们的关联程度达到最高。这类扩张事件有时会令农业形成比在本土时候更相似的文化模式，因为它们是以系统发育（基于扩散）为主导，而不是建立在互动的基础上，其结果是人口和语言向外扩散，而非立足本土自然发展。随着定居网络的形成，外来者与土著融合和同化。网络结构的强度取决于当地的状况，包括新来者与土著之间的人口比例、融合的时间和速度、技术的差异、通婚方式等。新移民也可能带来疾病和战争，但是在前国家时代早期农业社会状况下，土著狩猎采集者的生物基因有可能保存下来，即使其语言与物质文化消失在历史长河中。

本书认为，过去历史的形态在整体上是一种建立在扩散基础上的间断性脉动，间以呈现网状结构状态的时期（通常时间极长）。我们不能指望过去所有的扩散结果显而易见地表现在现今的语言和生物模式中，但主要的扩散活动应该会有体现。

也许最终的结论应该是，史前时期语系和早期农业经济实际上是通过人口增长和扩散而非融合方式占领狩猎采集者领地的。狩猎采集者采纳农业方式并不是农业传播的唯一甚或主要的机制，尽管在农人自身传播逐渐衰减的条件下它的作用会越来越重要，农业的本土化总会遇到各种各样的问题。

于我而言，之所以对早期农业扩散假说的研究深感振奋，是由于它对当今世界具有重大意义，至少是对公元1500年之前前殖民时期的世界史具有重大意义。我们的语系，我们的农业系统，甚至我们的种族（无论你对这一概念有什么成见），都非常明显地反映出早期农业扩散的影响，甚至在扩散事件几千年之后历史对此已经失忆，结果仍然如此。对于考古学来说，除非我们能够将它与自身所处的区域和时代联系起来，否则没有任何意义，农业扩散研究正是考古学可以充分发挥其价值的舞台。

278
279

我为之振奋的另一个方面是，世界上所有人都以某种方式参与了早期农业扩散活动，无论是作为发起者还是接受者。我们的世界需要一个将人们联结起来的故事，而不是各自孤立地研究自己的祖先，大家不应把考古学当成一场场动人的独幕剧。人类迁徙和殖民新环境的能力是世界上所有民族的祖先最宝贵的财富之一，从狩猎者到早期农业人群再到早期国家，各个阶段莫不如此。希望未来的世界秩序能够以一种人道和文明的方式利用这一能力，我对此充满信心。

注　释

第一章

1. 关于史前语言系统发育和网格化的论著相当多，但是观点差异很大。见 Bellwood 1996c，2001a，2001b，2001c，2001d；Kirch and Green 2001；Moore 1994；Prentiss and Chatters 2003；Shennan 2002；Terrell ed. 2001。

第二章

1. 陈奇禄讨论了台湾岛(Chen Chi-lu 1987)；特里尔讨论了皮特凯恩群岛(Terrell 1986：191)；鲍里讨论了澳大利亚(Borrie 1994)；伯德赛讨论了特里斯坦-达库尼亚群岛和巴斯海峡群岛(Birdsell 1957)。
2. 例如，在非常辽阔的地域范围内采集食物时需要带着孩子，脂肪摄入量经常不足，由于缺乏断奶必需的软食而不得不延长母乳喂养时间。关于这几个问题的讨论，见 Blurton Jones 1986；Cohen 1980；Kelly 1995；Lee 1979，1980。
3. 关于健康方面的这些问题，参见：Handwerker 1983；Roosevelt 1984；Meiklejohn and Zvelebil 1991；Fox 1996；Jackes et al. 1997a，1997b。关于泰国，体质人类学家未发现健康状况随着农业发展而持续变差的情况(Domett 2001；Pietrusewsky and Douglas 2001)。佩琼金娜明确表示，中国新石器时代健康变差始于晚期而非早期(Pechenkina et al. 2002)。近东早期农人基本上是健康的，没有出现营养不良的迹象(例如，Moore et al. 2000)。
4. 见：Higham and Thosarat 1994；Tayles 1999。严格来讲，比起长江流域公元前 7000 年的稻作文化，科潘迪(Khok Phanom Di)并非最早的农业遗址，它的年代只能追溯到公元前 2000 年，并且展现的可能是稻作农人从遥远的北方起源地移民到沿海湿地的活动。在那里，疟疾迅速蔓延了起来。众所周知，疟疾可以引起孕妇流产，因此极大增加了这里的婴儿死亡率。虽然异常血红蛋白等位基因形成的异质接合体可以产生一些保护作用，但还是抵挡不住疟疾和贫血。

5. 见：Bender 1978；Hayden 1990，1992，1995；Runnels and van Andel 1988；Dickson 1989。也见 Chang 1981，1986；Thorpe 1996 and Price and Gebauer 1995 中支持富裕模式（affluence model）的新观点。在富裕模式中，农业是作为富饶环境中的补充性食物来源而开始的。法林顿和厄里认为最初的驯化作物是有"文化价值的食物"而非主食（Farrington and Urry 1985）。
6. 例如，肯尼迪关于新西兰北部的研究（Kennedy 1969）；格雷厄姆关于墨西哥北部的研究（Graham 1994）。
7. 关于黎凡特的讨论见：Lieberman 1998；Moore et al. 2000；关于土耳其的讨论见：Rosenberg et al. 1998；关于苏丹的讨论见：Haaland 1997；关于墨西哥的讨论见：Niederberger 1979。
8. 见：Pennington 1996；Gomes 1990；Kelly 1995；Rosenberg 1998。
9. 我在核对资料时注意到了布鲁斯·史密斯的观点（Bruce Smith 2003）。他提出，占食物摄入总量 30％到 50％的"低水平食物生产"与持续觅食活动的结合是很多史前社会稳定的适应模式。这与本章的表述正相反。虽然史密斯举出的史前时期两个主要案例——美国东部的前玉米农业和日本的绳文文化——似乎都很符合他的理论。但是他列举的低水平食物生产的民族志案例——印度尼西亚东部赤道附近的斯兰岛上讲南岛语的努阿乌鲁人、讲努米克语（乌托-阿兹特克语）的派尤特人，以及东加利福尼亚欧文斯山谷和大盆地的肖肖尼人，在我看来，都是农业社会的后裔（见第 243 到 244 页中关于努米克语人群的内容）。换句话说，正如本章下文所详细描述的，在迁入不适宜农业发展的环境后，这些现代族群的祖先部分或全部采用了狩猎采集的生活方式。因此，虽然低水平食物生产在理论上能够成立，但我感觉它一直都是边缘环境的产物，在那里，农人必须回归食物采集生活，或者觅食者需要进行少量的种植，也没有来自其他农人群体的激烈竞争。这种社会代表了农业扩散历史轨迹的终点，而非起点。
10. Gellner 1988；Eder 1987；A.B. Smith 1990，1998；Ingold 1991；Bird David 1990，1992。

11. 案例包括：非洲中部姆布蒂人与班图人的交流(Bahuchet et al. 1991)；马来西亚的塞芒人与农人的交流(Dunn 1975; Endicott and Bellwood 1991; Gregg 1979－80; Endicott 1997)；以及菲律宾的阿格塔人与菲律宾农人的交流(Headland and Reid 1989; Peterson 1978; Headland 1986)。
12. 与斯赫里勒(Schrire 1980)一样，威尔姆森和丹博(Wilmsen and Denbow 1990)也支持桑人从公元600年开始采纳又放弃畜牧业的观点。与他们有着类似语言和生物特征的邻居科伊桑人(Khoikhoi 或 Khoekhoe)在1 500至2 000年前就采纳了畜牧经济(Barnard 1992; A.B. Smith 1993)。但是其他学者认为很多桑人，特别是偏远地区的族群，一直以来都是“真正的”狩猎采集者(Solway and Lee 1990, Lee and Guenther 1990; Yellen 1990；以及 Lee 1979 关于昆人的历史)。考古学证明，桑人和科伊桑人从距今1 500年开始就趋于分离，并且桑人有一段独立的狩猎采集史前史(Smith 1993)。也见 Bird David 1992; Kent 1992; Jolly 1996; Sadr 1997。
13. 见：Peterson 1976; Chase 1989。琼斯和米汉(Jones and Meehan 1989)以及延(Yen 1995)也注意到阿纳姆地的土著人利用了很多来自澳大利亚以外的野生植物——甘薯、芋头、露兜和水稻。在澳大利亚，还没有关于尝试驯化这些植物的记录。在与欧洲殖民者交流的过程中土著人群未显示出任何向农业转变的迹象，尽管他们曾经偶尔受到过托雷斯海峡群岛的巴布亚园艺者的影响。
14. 宾福德提出了一种与伍德伯恩十分相似的对狩猎采集社会的分类(Binford 1980)。在此分类中，宾福德对觅食者和采集者的差异做了区分。觅食者有很强的流动性，经常在季节性变化相对不大的环境中从一个资源区域迁移到另一个资源区域。采集者居住在季节性变化更大的环境中，这导致他们必须储存食物，通常定居程度更高。采集者的社会更接近伍德伯恩提出的延迟偿还社会(delayed return societies)。宾福德将这两种不同社会的形成与环境因素(非季节性与季节性)而非社会因素(例如有无界限)联系了起来。事实上，环境因素与社会因素在文化的形成中似乎都在发挥作用。见凯利的类似划分，他将狩猎采集者分为简单型和复杂型(Keeley 1988)。
15. 见 Schwartz 1963。也见萨瑟的观点，即从狩猎采集者到农人，族群内的经济分工从很早时候(约公元前2500年时的原始马来-波利尼西亚语阶段)就已经是南岛社会的普遍特征(Sather 1995)。

16. 见 Headland 1993; Berreman 1999; 也见 Bellwood 1997a; Blust 1989; Hoffman 1986; Sandbukt 1991; Headland 1993。布罗休斯和斯特拉托认为婆罗洲普南人并不存在农业起源(Brosius 1991)(Sellato 1994)——斯特拉托将其称之为"游牧狩猎采集者的自发文化(autonomous original culture)"(Sellato 1994: 7)。
17. 这些案例的参考文献: Nurse et al. 1985(关于非洲); Guddemi 1992(关于塞皮克河流域); Gardner 1993; Zide and Zide 1976(关于印度)。关于奥凯克人的讨论,见: Blackburn 1982; Chang 1982; Newman 1995: 173 - 174。
18. Lathrap 1969; Stearmann 1991; Kent 1992。亚马逊的现代狩猎者和采集者是否为原始耕种或狩猎社会的后裔这一问题很有意思,但却无法解决(Rival 1999; Roosevelt 1999a)。亚马逊东南部很多杰语族群很可能历史上一直是狩猎采集者,但是其他那些和农业人群语言相同的族群可能不是。这一领域充满了很多未知数。
19. 见: Zvelebil and Rowley-Convey 1986; Rowley-Conwy 2001; Gregg 1988。以上论著讨论了欧洲新石器时代的这类可能情况。
20. 古人经常在很远的距离范围内仍然能够保持联系,因此,争论这些地区是否确实独立发展出了农业有时是一个适得其反的问题。其中最重要的一点是,这些地区都强烈地暗示农业本质上是一种内部发展。

第三章

1. Childe 1936; Bar-Yosef and Belfer-Cohen 1992; Bellwood 1989, 1996b; Sherratt 1997b。
2. 关于这些环境变化的研究见: Byrne 1987; Bottema 1995; Butzer 1995; Bar-Yosef 1996; Hillman 1996; Sanlaville 1996; Simmons 1997; Hillman et al. 2001; van Andel 2000; Chappell 2001; Cappers and Bottema 2002。
3. 综合性研究可见于: Heiser 1990; Evans 1993; Smith 1995; Harlan 1995; Willcox 1999; Zohary and Hopf 2000。
4. 带壳的小麦和大麦(所有的野生谷类都是有壳的)。谷粒被称为颖壳的坚硬外壳所包裹,颖壳可以保护它们免受鸟兽和休眠期间外界不利因素的侵害。

在许多驯化谷物(如普通小麦)中,谷粒只是被松散地包裹在严重退化的颖壳中。这些谷物更容易脱粒,有时被称为裸粒谷物。在许多地区,带壳谷物在整个史前时期都有种植,因为它们比裸粒品种更能抵抗疾病和干旱。关于黎凡特地区考古遗址中谷类和豆类野生种和驯化种的分布范围,见:Garrard 1999; Colledge 2001。

5. 例如,在以下地方发现有野生大麦:属于纳图夫文化的瓦迪哈梅 27 号遗址(Edwards 1991)和哈尤尼姆洞穴(Hayonim Cave)(Capdevila 1992);属于前陶新石器 A 段文化的聂替夫-哈格杜德和吉甲遗址,两者都位于约旦河谷(Bar-Yosef 1991; Kislev 1997);属于前陶新石器 A 段文化的叙利亚北部幼发拉底河中游的杰夫艾哈迈尔和达贾德(Dja'de)遗址(Willcox 1996)。
6. 在西南亚和中国北方的黄河流域,最早的农业遗址经常大量制作石磨盘和石磨棒。正如莱特(Wright 1994)所说,假设西南亚的古人也像现代人一样食用谷物,他们同样需要这些工具来研磨面粉,以烘烤面包或糕点(Molleson 1994)。
7. Goring-Morris and Belfer-Cohen 1998. 关于纳图夫文化的综合性讨论详见:Bar-Yosef and Belfer-Cohen 1989a; Bar-Yosef and Valla eds. 1991; Olszewski 1991; Anderson ed. 1992; Bar-Yosef 1998b; Belfer-Cohen and Bar-Yosef 2000; Bar-Yosef 2003。
8. Henry 1989, 1991; Moore and Hillman 1992; Hillman 1996; Hillman et al. 2001; Bar-Yosef 1996, 1998a, 1998b, 2002; Harris 2002。
9. 关于共生物的研究,也见:Belfer-Cohen and Bar-Yosef 2000; Edwards 1989; Lieberman 1991, 1993, 1998。关于社会分化的研究,见:Olszewski 1991; Byrd and Monahan 1995; Kuijt 2000b。
10. 尽管正如欧弗·巴尔-约瑟夫(私人交流)向我指出的,没有证据证明早期陶器是用作炊器的。
11. 一些植物学家赞成至少在前陶新石器 A 段存在少量的驯化谷物,例如在耶利哥(Hopf 1983)和大马士革附近的艾斯沃德土丘,但这些遗址的年代尚不确定(关于艾斯沃德土丘是否存在前陶新石器 A 段的疑问,见 Stordeur 2003)。基斯里夫(Kislev 1992,1997)相信,驯化谷物直到公元前 8500 年以后的前陶新石器 B 段才出现(也见威尔科克斯关于黎凡特北部的研究

[Willcox 1996]),他还指出,前陶新石器 A 段遗址中偶然出现的具有驯化形态的谷物遗存,可能只代表野生种群中罕见的不脱粒个体。因此,驯化形态谷物出现的准确年代仍然不清楚。进一步的讨论见:Harris 1998a; Garrard 1999; Edwards and Higham 2001; Cappers and Bottema 2002; Colledge et al. 2004。

12. 支持黎凡特南部起源论的论述见:McCorriston and Hole 1991。
13. 关于这些遗址的资料见:Aurenche 1989; Betts 1994; Hillman et al. 2001; Mottram 1997; Nadel et al. 1991; Stordeur et al. 1997; Stordeur 2000; Watkins et al. 1989; Watkins 1992; Willcox 1996。
14. Rosenberg 1994, 1999; Rosenberg and Redding 1998; Ozdogan and Balkan-Atli 1994; Pringle 1998; Rosenberg et al. 1998。罗利-康威怀疑哈兰塞米遗址发现的猪实际上是家猪,而不是野猪(Rowley-Conwy 2001)。
15. 除了哈兰塞米遗址外,亨利等人的论文也讨论了黎凡特南部干旱地区可能发生了从狩猎采集直接进入牧羊业的转变(Henry et al. 1999)。沃斯认为山羊驯化发生在"新仙女木事件"时期的黎巴嫩山区,尽管似乎没有直接的考古证据可以支持如此之早的一个年代(Wass 2001)。
16. 这里请注意,罗伯特指出,"新仙女木事件"一结束,安纳托利亚和黎凡特就出现了清除林地现象(Robert 2002)。
17. Cauvin 1988, 1993, 2000; Aurenche 1989; Rollefson 1989; Goring-Morris and Belfer-Cohen 1998; Bar-Yosef 2003。
18. 将房门开在高墙上可能是为了防止野兽和害虫进入;请注意约旦巴斯达遗址中离地 60 厘米高的房门,以及伊朗甘兹达列赫遗址中特有的"舷窗(portholes)"。无论如何,在残存下来可供考古研究的房基结构中极少发现房门,而且在诸如加泰土丘(现在被视为典型的前陶新石器时代——Cessford 2001)和巴加这样的遗址中,有迹象表明人们是通过屋顶的天窗进入室内的。许多小隔间结构可以视为二层楼房的基础部分,例如巴斯达和巴加遗址就是如此(Gebel and Hermansen 1999)。有趣且完全巧合的是,对于任何熟悉前陶新石器 B 段蜂巢状建筑的人来说,置身在古代和现代美国西南部的普韦布洛建筑中可能会感到非常亲切,二者非常相像。特别是 12 世纪的普韦布洛博尼托(Pueblo Bonito)遗址、切特罗凯特尔(Chetro Ketl)遗址和阿兹特克废墟(Aztec Ruin)以及美国陶斯普韦布洛人(Taos Pueblo)的现代多层公寓建筑。

19. 这些段落所讨论的礼仪建筑,见 Stordeur 2000(关于杰夫艾哈迈尔遗址);Hauptmann 1999(关于哥贝克力山丘和涅瓦利克利遗址);Rollefson 1998(关于艾因格扎尔遗址);Verhoeven 1997(关于萨比阿比亚遗址);Schirmer 1990(关于恰约尼遗址);Goring-Morris 2000 and Keys 2003(关于卡发-哈罗雷斯遗址);Gebel and Hermansen 1999(关于巴加遗址);Schmidt 2003 及《新石器》(*Neo-Lithics*)期刊中的很多文章(关于哥贝克利丘)。Kuijt 2000b 中也有综合性讨论。

20. 比如:Aurenche and Calley 1988;Cauvin 1988, 2000;Aurenche 1989;Bar-Yosef and Belfer-Cohen 1989b, 1991;Gopher and Gophra 1994;Miller 1991;Garfinkel 1994;Banning 1998:215。

21. 环境退化事件是人类大量活动造成的,还是说是气候恶化(例如气候干旱化)造成的,往往非常难以判断。这两者都能够导致环境退化,但从多种花粉的研究结果来看,自然气候的变化可能才是主要原因,因为环境退化也发生在人类活动不太明显的一些地区。中东地区在本文讨论的时间段内没有完整的花粉记录。许多学者喜欢将这类"灾难"归咎于人类,尤其是当它们发生在全新世人口密度和社会复杂性都很高的情况下。

第四章

1. Simmons 1998, 1999。不能完全肯定是新石器农人造成了这些动物的灭绝;在他们之前不久,已经有一群狩猎者到达了这里。

2. Demoule and Perles 1993;Demoule 1993;Halstead 1996;van Andel and Runnels 1995;Runnels and Murray 2001。

3. 贝利等人讨论了巴尔干地区从南部的土丘向北部的短期定居聚落过渡的问题(Bailey et al. 2002)。

4. 该争论发生以下两派之间:福克斯主张新石器时代人口迁徙(Fox 1996,该观点得到了 Zilhao 2000, 2001 的支持);杰克斯等人否认新石器时代人口迁徙(Jackes 1997a, 1997b;该观点得到了 Ribe et al. 1997 的支持)。不论正确答案是什么,对人骨的稳定同位素分析无疑显示出在食物结构上葡萄牙发生了从中石器时代迈向新石器时代的重大变化(Zilhao 2000：162)。

5. 格隆恩伯恩也讨论了从多瑙河和地中海分别起源的新石器时代传统在法国北部相遇并融合的陶器纹饰证据(Gronenborn 1999：143)。亦见 Sherratt 1997a：fig. 13.1。莱茵河的洛盖特(Hoguette)陶器传统实际上反映了中石器时代陶器可能源于南部的卡迪尔文化，而非线纹陶文化(Street et al. 2001)。
6. 线纹陶文化的这部分内容是由很多资料汇编而成的，包括：Keeley and Cahen 1989；Keeley 1992；Kooijmans 1993；Bogucki 1987，1988，1996a，1996b；Bogucki and Grygiel 1993；Statible 1995；Sherratt 1997a；Gronenborn 1999；Kruk and Milisauskas 1999；Bradley 2001；Collard and Shennan 2000；Shennan 2002：247－251。
7. 与大部分学者的看法不同，拉马克斯认为莱茵河下游从中石器时代到新石器时代的转变很快，二者明显的长期交叉现象可能是遗址保存因素所致(Raemakers 2003)。另外，埃泰博莱文化和漏斗杯文化的这部分内容来自：Arias 1999；Price 1987，1996；Price and Gebauer 1992；Rowley-Conwy 1984，1995，1999；Solberg 1989；Midgley 1992；Zvelevil 1996a，1996b；Street et al. 2001；Nowak 2001。
8. 例如，米奇利(Midgley 1992)、博古茨基(Bogucki 1996b)、普赖斯(Price 1996)、托马斯(Thomas 1996)、诺瓦克(Nowak 2001)和兹韦莱比尔(Zvelebil 1996a，1996b，1998，2000)都相信埃泰博勒之后的漏斗杯文化中混入了一定程度的中石器文化，只不过或多或少而已。
9. 席尔德认为很多陶器发现是由于地层混淆所致，因此，要谨慎对待波罗的海东部地区类似日本绳文文化那样的非农业新石器时代的概念(Schild 1998)。
10. 例如，苏格兰布里迪遗址(Balbridie)公元前 4000 年的新石器时代木构大厅(Fairweather and Ralston 1993)，以及爱尔兰的一些新石器时代早期房屋(Grogan 2002)。Rowley-Conwy 2000；Kimball 2000；Schulting 2000；Dark and Gent 2001 等论文提供了西北欧和不列颠新石器时代的最新证据，表明从中石器时代到新石器时代存在饮食和文化的急剧变化。关于古代人骨稳定同位素的最新研究也表明，在欧洲各地区中石器文化和新石器文化的交界地带，饮食结构发生了从河滨或沿海食物到“陆地”食物(即植物)的显著转变(例如，Bonsall et al. 1997 关于多瑙河流域的研究；Richards and Hedges 1999

关于欧洲和伊比利亚半岛的研究；Zilhao 2000 关于伊比利亚半岛的研究；Schulting and Richards 2002 关于威尔士的研究；Richards et al. 2003 关于丹麦的研究）。这推翻了中石器时代经济进入新石器时代早期之后还继续存在的观点（但也不要忽视一些谨慎看法，如 Milner et al. 2004）。

11. 这里请注意，只有在新西兰南部农业区之外的地方，人们才真正成为了永久性的狩猎采集者。由于自然资源受到过度开发而变得稀缺，热带的波利尼西亚人和新西兰北岛的毛利人返回到了他们祖先的农业经济。
12. 关于梅赫尔格尔遗址的综合性研究可参见：Lechevallier and Quivron 1979；Jarrige and Meadow 1980，1992；Jarrige 1993；Costantini 1981；Meadow 1989，1993，1998。
13. 有观点称斯里兰卡很早就出现了农业，但这一说法没有确凿的考古证据（Deraniyagala 2001）。
14. 关于南亚的非洲粟类和豆类作物，参见：Possehl 1986；Kajale 1991；Reddy 1997；Weber 1991，1998，1999；Blench 2003。但也有学者对一些遗址的发现提出质疑（Rowley-Conwy et al. 1997；Fuller 2001）。维格博斯相信印度所有非洲粟的年代都在中世纪或更晚（Wigboldus 1996），但这一观点后来未得到考古发现的充分支持。
15. 关于前哈拉帕文化考古研究的参考文献有很多，与本部分内容有关者包括：R.P. Singh 1990；Kajale 1991（两篇都是综合性植物考古研究）；Dhavalikhar and Possehl 1992（关于古吉拉特邦）；Shudai 1996－97；Sonawane 2000（关于古吉拉特邦）；Chakrabarti 1999；Misra 2001；Possehl 2002。
16. 参见：IAR 1981－82：19－20（关于古夫克拉遗址）；Buth and Kaw 1985（关于布尔扎霍姆遗址）；Dikshit 2000。
17. 到公元前 3 千纪末，非洲粟已经和水稻一起到达了哈拉帕地区的东缘（Fujiwara 1993）。古吉拉特邦公元前 2 千纪早期的遗址中发现了包括粟类和稻类的多种作物组合，这些遗址包括罗基迪（Weber 1991，1993，1999，1998）和兰加普尔（Rao 1962－63）等。也见：Possehl 1986；Fuller 2002，2003。
18. 关于这些文化的资料很多，本文主要参考：Chakrabarti 1999；Clason 1977；Dhavalikar 1988，1994，1997；Dhavalikar et al. 1988；Kajale 1996a；Misra 1997；Misra et al. 1995，Shinde 1991，1994，2000；Thomas 2000。

19. 见米斯拉关于赭色彩陶绳纹的研究(V. D. Misra 2002)。陶器的绳纹系使用拍子和砧板制作,拍子(通常为木拍)用某种绳子或编织物包裹,用来在烧陶前拍打其表面。陶拍在中国和东南亚大陆地区的新石器时代文化以及日本绳文文化中都很常见。
20. 赤兰德遗址没有出土绳纹陶器,但出土了与柯尔迪华新石器时代遗址类似的陶器(Misra 1977: 116)。纳罕遗址第1期的年代大约始于公元前1300年(Singh 1994),发现有水稻、六倍体小麦、珍珠粟、大麦、瘤牛、黑红陶和绳纹陶器,以及小件铜制品。
21. 关于这些遗址的参考文献包括: Liversage 1992; Dhavalikar 1997; R. P. Singh 1990; A. K. Singh 1998; P. Singh 1994, 1998; Sathe and Badam 1996。
22. Liversage 1992; Allchin and Allchin 1982 赞成连续发展的观点;Lal 1984 持反对意见。

第五章

1. 关于撒哈拉以南地区驯化作物的资料,参见: MacDonald 1998; Rowley-Conwy et al. 1997; Wetterstrom 1998; D'Andrea and Casey 2002; van der Veen 1999。
2. 关于北非早期陶器起源的各类资料,参见: Mohammad-Ali 1987; Roset 1987; Krzyzaniak 1991; Muzzolini 1993; Haaland 1993, 1999; Close 1995, 1996; Barich 1997; Wasylikowa et al. 1997; Wetterstrom 1998; Hassan 1998; Midant-Reynes 2000; Cremaschi and di Lernia 2001; Wendorf et al. 2001。
3. 大卫·菲利普森(私人交流)赞同在西非有些早期农业社群曾沿大西洋海岸向南扩散到安哥拉北部,但他认为几乎没有证据可以证明西部班图语族群曾穿越非洲大陆向东南传播。

第六章

1. 日本绳文时代存在果树栽培和田间农业的可能性不容忽视——从绳文时代中期起,日本一些地区就出现了水稻,粟类也相当普遍。关于绳文时代农业的基本情况,参见: Imamura 1996; Crawford and Chen 1998; D'Andrea

1999；Yasuda 2002。

2. MacNeish and Libby 1995；MacNeish et al. 1998；MacNeish 1999；Zhao 1998；Pringle 1998；Zhang 1999；Chen 1999。作者认为，仙人洞和吊桶环遗址不属于同一个时期。
3. 例如，《古代》1998年第72期各篇论文关于水稻驯化的章节（*Antiquity* 72，1998），以及安田喜宪的不同观点（Yasuda 2002）。中国古代水稻考古项目的网站（www.carleton.ca/～bgordon/Rice/）上可以看到很多关于水稻起源的中文文章的英译稿。不过，籼稻和粳稻各自独立起源的DNA证据似乎很有力（Bautista et al. 2001）。
4. 而且，不管怎么说，河姆渡与新西兰的史前细木工艺非常相似！具体来说，河姆渡的木器、锛柄和木制陀螺与史前晚期毛利人的非常相似（例如曼加卡沃湖遗址的发掘结果[Bellwood 1978b]）。这并不是说河姆渡人就是毛利人的直接祖先，但是，这的确意味着太平洋地区南岛物质文化和技术的很多内容都可以追溯到新石器时代中国的沿海地带。
5. 设计这类穿孔的最初目的可能是为了烧烤时从底座向外排放热气。这种形制的陶器在新石器时代的中国开始出现，然后穿越岛屿东南亚，传播到美拉尼西亚西部的拉皮塔文化。

第七章

1. 最新的调查资料参见：Bellwood 1992，1996a，1996b，1997a，1998a，1998b，2000a，2000b，2001f；Bellwood and Hiscock 2005。也见：Higham 1996a，1996b，2002，2004；Higham and Thosarat 1998a；Spriggs 1989，1999，2003；Glover and Bellwood eds. 2004。关于太平洋地区的主要调查资料包括：Kirch 1997，2000；Spriggs 1997a；Bellwood 2001e。
2. 像纺轮和牛骨这类标本在新石器时代的岛屿东南亚并不多见，至少在菲律宾吕宋岛的南部不常见。该说法只是概括了一个趋势。
3. 公元1千纪中期时，印度尼西亚的农人来到马达加斯加岛定居。他们可能主要来自婆罗洲南部，并且语言受到了马来语和爪哇语的影响（Adelaar 1996；Verin and Wright 2000）。目前，没有明确证据证明该岛之前曾有人类居住（但也有不同看法，见MacPhee and Burney 1991）。本章未对马达加斯加岛做更深入的讨论，它在地理上当然是非洲的一部分。但是，该岛屿可能是香蕉、芋头和洋芋等东南亚作物传入热带非洲的中转站。

4. 关于这些遗址的最新著作包括：Higham and Bannanurag 1990 and onward；Higham and Thosarat 1994；Higham and Thosarat 1998b；White 1982，1997；Pigott and Natapintu 1996 - 97。
5. 在本章中，我用拼音来拼写台湾岛的地名。
6. 关于这些组合，参见：Chang 1995；Bellwood 1997b，2000b；Yang 1995；Tsang 1992，1995。台湾史前文化博物馆的臧振华也发现台湾岛早期陶器与广东沿海新石器时代遗址存在紧密联系(Tsang Cheng-hwa 2004)。檀香山毕士博博物馆的焦天龙目前正在准备福建沿海遗址新资料的发表工作。
7. 这些资料分别来自：洪晓纯(Hung Hsiao-chun)(澳大利亚国立大学，堪培拉)、饭冢义之(Yoshi Iizuka)("中研院"，台北)、尤塞比奥・迪松(Eusebio Dizon)(菲律宾国家博物馆，马尼拉)等。巴丹群岛已经建立了一个 3 500 年的年代序列，至少在该时间段的前 2 000 年内，它与台湾岛都保持着非常密切的联系。初步研究结果见 Bellwood et al. 2003。
8. 我曾经提出新石器时代可能发生过一场从马来群岛到婆罗洲的迁徙活动(Bellwood 1997a：237 - 238)，这是受艾迪拉尔(Adelaar 1995)提出的阿斯利安语和沙捞越南岛语之间存在相似性的启发，但后来和桑德・艾迪拉尔的讨论让我明白，语言学对此的解释有所不同。这些细节对于当前的研究来说无关紧要。
9. 狩猎采集者在与世隔绝的小海岛上无法找到长期生活必需的食物。虽然早在 35 000 年前，印度尼西亚的诸多小岛就常被殖民，但它们一般靠近较大的岛屿，以便人群在需要时可以流动(Bellwood et al. 1998)。在航海技术方面，印度尼西亚、新几内亚和澳大利亚的狩猎采集人群在 35 000 年前就能够到达附近岛屿，但是通常他们只需要穿越隔海相望的狭窄海峡，在风平浪静的时候划着竹筏就能到达。从新几内亚到阿德米勒尔蒂群岛，以及从亚洲大陆或日本到冲绳的最大距离达 200 千米，他们也曾征服了这个距离，但次数非常少。从公元前 1500 年开始，后来的南岛语农业人群就可以驾驶边架艇穿越 2 000 千米或更长的距离了(例如从菲律宾到关岛)(Anderson 2000)。
10. 关于库克的研究及其价值，参见：Golson 1977；Golson and Gardner 1990；

Swadling and Hope 1992；Bayliss-Smith and Golson 1992；Haberle and Chepstow-Lusty 2000；Denham et al. 2003；Denham 2003；Haberle 2003。

第八章

1. 关于玉米多地区起源的观点，参见：Pickersgill 1989；Hastorf 1999；Jones and Brown 2000。博纳维亚和格罗伯曼提出玉米最初是作为一种糖分原料传播的（Bonavia and Grobman 1989），后来才因玉米穗的食用价值而被驯化（Smalley and Blake 2003）。
2. 也有学者认为早期野生玉米并非类蜀黍，而是另外一种植物（Mangelsdorf et al. 1964）。
3. 当前关于此问题的讨论参见：Tykot and Staller 2002；Staller and Thompson 2002。皮尔索仍然倾向于较早的年代，根据文化层中出现的玉米植硅体，他认为玉米在公元前 3500 年时就普遍出现在了厄瓜多尔的瓦尔迪维亚遗址（Pearsall 2002）。过去关于南美洲玉米年代的讨论包括：Bird 1990；Wilson 1985；Hastorf and Johannessen 1994；Piperno 1998；Hastorf 1999；Lynch 199。在秘鲁北部，没有出土玉米遗存且年代早于公元前 2000 年的前陶时代大遗址包括拉高达（La Galgada）（Grieder et al. 1988）、华伊努那（Huaynuna）（Pozorski and Pozorski 1990）、阿斯佩罗（Aspero）（Feldman 1985）和埃尔帕拉索（El Paraiso）（Quilter et al. 1991）。很多方面的情况仍不清楚。
4. 哈斯托夫称，菜豆（Phaseolis vulgaris）的驯化开始于公元前 8000 年的秘鲁（Hastorf 1999：45），但史密斯指出，墨西哥该品种的 AMS 年代只能追溯到公元前 300 年（Smith 2001：1325）。
5. 关于朱那奎那丘的航拍照片，见 LeBlanc 2003. 6。关于东部林地作物的驯化历史，有非常多的参考文献，其中最全面的一些资料包括：Ford 1985（论文集）；Keegan 1987（论文集）；Adair 1988；Jennings 1989；Fritz 1990；Smith 1992a，1992b，1995；Scarry 1993（论文集）；Green 1994（论文集）；Johannessen and Hastorf 1994（论文集）；Hart 1999。

第九章

1. 他随库克第二次航海（Cook's Second Voyage）回来后，就探讨了今天称之为南岛语的语言(Thomas et al. 1996: 190)。

2. 例如,海恩斯(Hines 1998: 284)谈到:“在漫长的史前时期,在当今世界主要语言广阔的分布区,分散、孤立(在我看来是主要因素)和分歧的趋势占主导,我认为没有理由反对这种观点。”也见罗斯关于该问题的精辟论述(Ross 1997)。很多学者反对将不相关语言之间的融合作为语系的一个来源,并且,他们尤其反对特鲁别茨柯依的理论(Trubetzkoy 1939),即印欧语系根本没有故乡,纯粹是语言融合的结果(Coleman 1988, Nichols 1997a, Dolgopolsky 1993, and Hayward 2000)。
3. 考古资料和语言资料相结合重建原始语言,一些学者做出了出色的案例(Coleman 1988, Nichols 1997a, Dolgopolsky 1993, Hayward 2000),原始波利尼西亚人的文化和生活方式也由此显现出来(Patrick Kirch and Roger Green 2001)。但在最近成功破译了不少玛雅碑文后,索伦·威克曼指出,重建的原始语言在细节上往往存在很多问题(Soeren Wichmann 2003)。
4. Andrew Pawley and Malcolm Ross 1993, 1995; Ross 1997。以上论文详细讨论了阐释型创新(树状)语支和连接型创新(耙状)语支的技术细节。尼克尔斯也讨论了这个问题,认为耙状语支的语言结构关系与她所说的“迁徙区”有关(Nichols 1997a)。尼克尔斯还表示,印欧语系所有主要语支在原始印欧语系存在的 1 000 年内已经分化成型,经过快速扩散而形成了耙状的分布结构(1998b: 136)。
5. 罗斯举了一个很好的案例说明了转换如何改变语言。新爱尔兰的库特人,之前说一种巴布亚语,后来采用了一种南岛语,并在此过程中通过注入巴布亚音系对后者做了修改(Ross 1994)。
6. 新喀里多尼亚在前殖民时代可能并非如此,但这里无意对该问题做深入探究。

第十章

1. 关于原始印欧语(PIE)词汇的相关资料很多,参见: Watkins 1985; Mallory 1996; Mallory and Adams 1997; Anthony 1995; Lehmann 1993; Gamkrelidze and Ivanov 1995。科姆里表示,PIE 中表示复杂型“犁”的“plough”一词当出现在新石器时代之后,但表示简单型“犁”的“ard”一词的使用肯定可以追溯到欧洲(甚至西南亚)农业和动物驯化的开始时期(Comrie 2003)。

2. 1988年，美国生物人类学家格罗夫·克兰茨(Grover Krantz 1988)提出一个假说，认为早期印欧语系在新石器时代传播到了安纳托利亚以外，该假说与科林·伦福儒的观点类似，但似乎是独立得出的结论。克兰茨提出了一些相当有说服力的原则，这些原则在今天依然有很高的可信度——例如，人口和语言通常不会扩散得太远，除非有不可抗拒的原因，以及人们迁徙到已有人居住的地区时通常需要拥有技术或人口优势。此处无须详述克兰茨对欧洲和印欧史前史重建的具体结果，但他的研究足以说明，新石器时代的欧洲是印欧语和亚非语扩散的舞台，库尔干(东欧大草原)假说是站不住脚的。
3. 一些语言学家对亚非语系(AA)的存在提出了质疑，例如坎贝尔，认为奥默语和乍得语并不属于亚非语系(Campbell 1999)。
4. 根据库马尔的说法，《梨俱吠陀》文本中有很多关于农业的内容(Kumar 1988)，马西卡认为原始印度-雅利安语中有大麦这个词(Masica 1979)，虽然很多作物名称都是借用的。我们对印度史前史的认识也是如此。
5. Renfrew 1989，1991，1992a，1992b；Bellwood 1989；类似的观点也见Sherratt and Sherratt 1988，他们可能是最早提出这种辐射模式的学者。很明显，很多考古学家在20世纪80年代晚期都独立得出了这样的结论。在最近的论文(例如，Renfrew 2001b)中，伦福儒对于是否真的存在超大语系也变得更加谨慎。
6. 关于泛欧亚大陆语系(Nostratic)的基本参考文献包括：Kaiser and Shevoroshkin 1988；Shevoroshkin and Manaster Ramer 1991；Shevoroshkin 1992；Bombard and Kerns 1994；Bomhard 1996；Dolgopolsky 1998；Renfrew and Nettle 1999。泛欧亚大陆语系的构建基于很多同源词，尤其是代词。文献中称有600个以上广泛流传的同源词(Michalove et al. 1998)。
7. 最经常讨论的问题包括：南岛语系和南亚语系的关系(例如，Reid 1988，1996)；南岛语系和泰语的关系(Benedict 1975)，以及南岛语系与汉藏语系的关系(Sagart 1994，2002，2003)。当前的争论见：Egerod 1991；Blust 1996；Sagart et al. 2005。
8. Sagart 1994，2002；大汶口文化的拔牙习俗见Chang 1986：162。
9. 比较重要的不同观点可参见：Unger 1990；Bombard 1990；Miller 1991；Janhunen 1996。

10. 这些年代只是几位语言学家估算的平均值。有关数据见 Migliazza 1982; Kaufman 1990a;以及 Bellwood 2000c: 129－130 中列出的其他资料。
11. 雅诺马马人讲一种属于帕诺语的语言。
12. 见《美国人类学家》(*American Anthropologist*) 82: 850－857(1980), 83: 905－911(1981) and 85: 362－372(1983)中的讨论。
13. 也有学者认为特瓦坎遗址通用的并不是纳瓦特尔语(Kaufman 2001; Beekman and Christensen 2003)。
14. 简·希尔(Jane Hill)告诉我(私人交流),弗蒙特人讲多种语言,其中有些人讲塔诺语。
15. 凯利认为,当时西南地区夏季降雨量可能比现在要大(Kelly 1997: 22)。也见 Madsen and Simms 1998。
16. Snow 1996 中的图 3.4 显示,相对而言,五大湖和圣劳伦斯河以北的加拿大地区在古代不适宜人类生存。
17. 兰金(Rankin)未将卡托巴语归为苏语,然而福斯特将其归入了苏-卡托巴语系中。

第十一章

1. 例如贝特曼等人的讨论(Bateman 1990)。巴布贾尼和索卡尔(Barbujani and Sokal 1990)赞成卡瓦利-斯福尔扎团队的观点,认为在保持遗传差异方面,欧洲人群的语言归属发挥了重要作用,而环境的不同似乎并不重要。
2. 线粒体 DNA 通过雌性遗传,能够产生为细胞提供动力并将食物转化为能量的酶。Y 染色体通过雄性遗传,决定了后代生物是否为雄性。关于这些遗传系统最重要的观察结果是,它们不会在每一代的减数分裂中发生重组,因此它们可以作为真实的谱系流传下去,只有偶然的突变才会使其发生变化。如果有可以使用的校准标尺,这种突变会经得起对它们年代的分子钟计算,但是这种类型的测年可能会有很大的问题。
3. 也见 Kivisild et al. 2002 中类似的研究结果,即线粒体 DNA 谱系将东北亚人群和东南亚人群区别开来,但他也强调了弥生时代从朝鲜进入日本的移民活动的重要性。另一方面,田岛等人(Tajima et al. 2002)提出,中国的汉族和东南亚很多人群有着紧密的关系。这个争论刚刚开始,还没有达成太多共识。

4. 在本书进行终校的前一周，我在日内瓦大学参加了一个关于东亚大陆和台湾岛人类迁徙问题的会议（2004 年 6 月）。台北马偕纪念医院的让・特乔特（Jean Trejaut）为波利尼西亚人 DNA 位置特定变异组合提供了一个新的共祖年代，这个年代只有 6 900 年，他还表示中国或台湾岛的祖型年代只有一万年。这些年代对照人类与黑猩猩谱系分化的年代进行了校准，只有奥本海默（Oppenheimer）和理查兹（Richards）估算时间的一半多。我不知道关于波利尼西亚人 DNA 位置特定变异组合突变的年代他们谁才是正确的，但真正的答案，如果可以被找到的话，无疑会很有意思。

参 考 文 献

（2004年以来的文献。贝尔伍德教授为中文版补充）

Bellwood，P. 2009 The dispersals of established food-producing populations. *Current Anthropology* 50：621－6.

Bellwood，P. 2013 *First Migrants*. Chichester：Wiley Blackwell.

Bellwood，P. ed. 2015 *The Global Prehistory of Human Migration*. Chichester：Wiley Blackwell.

Bellwood，P. 2017 *First Islanders*. Hoboken：Wiley Blackwell.

Bellwood，P. 2018 The search for ancient DNA heads east. *Science* 361：31－2.

Bellwood，P.，Renfrew，C.（eds）2002 *Examining the Farming/Language Dispersal Hypothesis*. Cambridge：McDonald Institute.

Bellwood，P et al. 2007 Review feature：*First Farmers*：*the Origins of Agricultural Societies*. *Cambridge Archaeological Journal* 17：87－109.

Bin Liu et al. 2017 Earliest hydraulic enterprise in China，5100 years ago. *Proceedings of the National Academy of Sciences* 114：13637－13642.

Bouckaert，R. et al. 2012. Mapping the origins and expansion of the Indo-European language family. *Science* 337：957－60.

Bo Wen et al. 2004 Genetic evidence supports demic diffusion of Han culture. *Nature* 431：302－5.

Bowles，S. and Choi，J-K. 2019 The Neolithic agricultural revolution and the origins of private property. *Journal of Political Economy* 127，no.5.

Cohen，D. 2011. The beginnings of agriculture in China：a multiregional view. *Current Anthropology* Supplement 4：S273－95.

Gallagher，E.，Shennan，S. and Thomas，M. 2015 Transition to farming more likely for small, conservative groups with property rights, but increased productivity is not essential. *Proceedings of the National Academy of Sciences* 112: 14218 - 14223.

Heggarty, P. 2015 Europe and western Asia: Indo-European linguistic history. In P. Bellwood, P. ed., *The Global Prehistory of Human Migration*, pp. 157 - 167. Chichester: Wiley Blackwell.

Kavanagh, P. et al. 2018 Hindcasting global population densities reveals forces enabling the origin of agriculture. *Nature Human Behaviour* 2: 478 - 84.

Kistler, L. et al. 2018 Multiproxy evidence highlights a complex evolutionary legacy of maize in South America. *Science* 362: 1309 - 13.

La Polla, R. 2015 Eastern Asia: Sino-Tibetan linguistic history. In P. Bellwood, P. ed., *The Global Prehistory of Human Migration*, pp. 204 - 208. Chichester: Wiley Blackwell.

Lipson, M. et al. 2018 Ancient genomes document multiple waves of migration in Southeast Asian prehistory. *Science* 361: 92 - 5.

Ma Yongchao et al. 2018 Multiple indicators of rice remains and the process of rice domestication. *PloS ONE* 13(12): e0208104.

McColl, H. et al. 2018 The prehistoric peopling of Southeast Asia. *Science* 361: 88 - 92.

Moore, A. and Hillman, G. 1992 The Pleistocene to Holocene transition and human economy in southwest Asia. *American Antiquity* 57: 482 - 94.

Piperno, D. 2011a Plant cultivation and domestication in the New World tropics. *Current Anthropology* 52, Supplement 4: S453 - 70.

Piperno, D. 2011b Northern Peruvian Early and Middle Preceramic agriculture. In T. Dillehay ed., *From Foraging to Farming in the Andes*, pp. 275 - 84. Cambridge: Cambridge University Press.

Reich, D. 2018 *Who We Are and How We Got Here*. Oxford: Oxford University Press.

Shennan, S. 2018 *The First Farmers of Europe*. Cambridge: Cambridge University Press.

Stevens, C. and Fuller, D. 2017 The spread of agriculture in eastern Asia. *Language Dynamics and Change* 7: 152 – 186.

Wagner, M. et al. 2013 Mapping the spatial and temporal distribution of archaeological sites of northern China during the Neolithic and Bronze Age. *Quaternary International* 290 – 291: 344 – 57.

Willcox, G. 2012 Pre-domestication cultivation during the Late Pleistocene and Early Holocene in the northern Levant. In P. Gepts et al. (eds), *Biodiversity in Agriculture*, pp. 92 – 109. Cambridge: Cambridge University Press.

Yu Yanyan et al. 2016 Spatial and temporal changes of prehistoric human land use in the Wei River valley, northern China. *The Holocene* 26: 1788 – 1801.

Zuo Xinxin et al. 2017 Dating rice remains through phytolith carbon – 14 study reveals domestication at the beginning of the Holocene. *Proceeedings of the National Academy of Sciences* 114: 6486 – 6491.

(2004 年以前)

Adair, M. 1988 *Prehistoric Agriculture in the Central Plains*. Lawrence: University of Kansas Department of Anthropology.

Adair, M. 1994 Corn and culture history in the central Plains. In S. Johannessen and C. Hastorf eds., *Corn and Culture in the Prehistoric New World*, pp.315 – 34. Boulder: Westview.

Adelaar, K. A. 1995 Borneo as a cross-roads for comparative Austronesian linguistics. In P. Bellwood, J.J. Fox and D. Tryon eds., *The Austronesians: Comparative and Historical Perspectives*, pp. 75 – 95. Canberra: Dept Anthropology. Research School of Pacific and Asian Studies, Australian National University.

Adelaar, K.A. 1996 Malagasy culture history: some linguistic evidence. In J. Reade ed., *The Indian Ocean in Antiquity*, pp.487 – 500. London: Kegan Paul International.

Adi Haji Taha 1985 The re-excavation of the rockshelter of Gua Cha, Ulu Kelantan, West Malaysia. *Federation Museums Journal* 30.

Agrawala, R.C. and Kumar, V. 1993 Ganeshwar Jodhpura culture: new traits in Indian archaeology. In G. Possehl ed. *Harappan Civilization: A Recent Perspective*, pp.79 - 84. New Delhi: Oxford & IBH.

Aikhenvald, A. 1996 Areal diffusion in northwest Amazonia - the case of Tariana. *Anthropological Linguistics* 38: 73 - 116.

Aikhenvald, A. 1999 The Arawak language family. In R. Dixon and A. Aikhenvald eds., *Amazonian Languages*. pp.65 - 106. Cambridge: Cambridge University Press.

Aikhenvald, A. 2001 Areal diffusion, genetic inheritance, and problems of subgrouping: a North Arawak case study. In A. Aikhenvald and R. Dixon eds., *Areal Diffusion and Genetic Inheritance*, pp. 167 - 94. Oxford: Oxford University Press.

Aikhenvald, A. 2002 *Language Contact in Amazonia*. Oxford: Oxford University Press.

Aikhenvald, A. and Dixon, R. 2001 Introduction. In A. Aikhenvald and R. Dixon eds., *Areal Diffusion and Genetic Inheritance: Problems in Comparative Linguistics*, pp.1 - 26. Oxford: Oxford University Press.

Akkermans, P. 1993 *Villages in the Steppe*. Ann Arbor: International Monographs in Prehistory.

Alexander, J. 1978 Frontier studies and the earliest farmers in Europe. In D. Green, C. Haselgrove and M. Spriggs eds., *Social Organisation and Settlement*, pp.13 - 30. Oxford: BAR International Series (Supplementary) 47(i).

Allchin, B. and Allchin, R. 1982 *The Rise of Civilization in India and Pakistan*. Cambridge: Cambridge University Press.

Allchin, R. 1963 *Neolithic Cattle Keepers of South India*. Cambridge: Cambridge University Press.

Allen, H. 1974 The Bagundji of the Darling Basin. *World Archaeology* 5: 309 - 22.

Ammerman, A.J. and Cavalli-Sforza, L.L. 1984 *The Neolithic Transition and the Genetics of Populations in Europe*. Princeton: Princeton University Press.

Andel, T. van 2000 Where received wisdom fails: the mid-Palaeolithic and early Neolithic climates. In C. Renfrew and K. Boyle eds., *Archaeogenetics*, pp.31 - 40. Cambridge: McDonald Institute for Archaeological Research.

Andel, T. van and Runnels, C. 1995 The earliest farmers in Europe. *Antiquity* 69: 481 - 500.

Andel, T. van, Zangger, E. and Demitrack, A. 1990 Land use and soil erosion in prehistoric and historic Greece. *Journal of Field Archaeology* 17: 379 - 96.

Anderson, A. 1989 *Prodigious Birds*. Cambridge: Cambridge University Press.

Anderson, A. 2000 Slow boats from China. In S. O'Connor and P. Veth eds., *East of Wallace's Line*, pp.13 - 50. Rotterdam: Balkema.

Anderson, P. 1994 Reflections on the significance of two PPN typological classes. In H.G. Gebel and S.F. Kozlowski eds., *Neolithic Chipped Stone Industries of the Levant*, pp.61 - 82. Berlin: Ex Oriente.

Anderson, P. ed. 1992 *PrMistoire de l'Agriculture*. Paris: CNRS (Monographie du CRA 6).

Anquandah, J. 1993 The Kintampo complex. In T. Shaw, P. Sinclair, B. Andah and A. Okpoko eds., *The Archaeology of Africa*, pp. 255 - 60. London: Routledge.

Anthony, D. 1991 The archaeology of Indo-European origins. *Journal of Indo-European Studies* 19: 193 - 222.

Anthony, D. 1995 Horse, wagon and chariot: Indo-European languages and Archaeology. *Antiquity* 69: 554 - 64.

Anthony, D. and Brown, D. 2000 Eneolithic horse exploitation in the Eurasian steppes. *Antiquity* 74: 75 - 86.

Araus, J.L. et al. 1999 Crop water availability in early agriculture. *Global Change Biology* 5: 201 - 12.

Arias, P. 1999 The origins of the Neolithic along the Atlantic coast of Continental Europe. *Journal of World Prehistory* 13: 403 - 64.

Arkell, A.J. 1975 *The Prehistory of the Nile Valley*. Leiden: Brill.

Armit, I. and Finlayson, B. 1992 Hunter-gatherers transformed: the transition to agriculture in northern and western Europe. *Antiquity* 66: 664 - 76.

Aurenche, O. and Calley, S. 1988 L'architecture de 1'Anatolie du Sud-Est an Neolithique aceramique. *Anatolica* 15: 1 - 24.

Aurenche, O. 1989 La neolithisation au Levant et sa premiere diffusion. In O. Aurenche and J. Cauvin eds., *Neolithisations*, pp.3 - 36. Oxford: International Series 516.

Bader, NO. 1993 Tell Maghzaliyah. In N. Yoffee and J. J. Clark eds., *Early Stages in the Evolution of Mesopotamian Civilization*, pp. 7 - 40. Tucson: University of Arizona Press.

Bahuchet, S., McKey, D. and de Garine, 1. 1991 Wild yams revisited. *Human Ecology* 19: 213 - 44.

Bailey, D., Andreescu, R. et al. 2002 Alluvial landscapes in the temperate Balkans Neolithic; transitions to tells. *Antiquity* 76: 349 - 55.

Bakker, J., Kruk, J. et al. 1999 The earliest evidence of wheeled vehicles in Europe and the Near East. *Antiquity* 73: 778 - 90.

Bale, M. 2001 The archaeology of early agriculture in the Korean Peninsula. *Bulletin of the IndoPacific Prehistory Association* 21: 77 - 84.

Ballard, W. L. 1985 The linguistic history of South China: Miao-Yao and southern dialects. In G. Thurgood et al. eds., *Linguistics of the SinoTibetan Area: The State of the Art*, pp.58 - 89. Canberra: Pacific Linguistics C - 87.

Banning, E. B. 1998 The Neolithic Period. *Near Eastern Archaeology* 61/4: 188 - 237.

Barbujani, G, Bertorelle, G. and Chikhi, L. 1998 Evidence for Palaeolithic and Neolithic gene flow in Europe. *American Journal of Human Genetics* 62: 488 - 91.

Barbujani, G. and Dupanloup, I. 2003 DNA variation in Europe: estimating the demographic impact of Neolithic dispersals. In P. Bellwood and C. Renfrew eds., *Examining the Farming/ Language Dispersal Hypothesis*, pp. 421 - 34. Cambridge: McDonald Institute for Archaeological Research.

Barbujani, G., Pilastro, A. et al. 1994 Genetic variation in North Africa and

Eurasia: Neolithic demic diffusion vs. Palaeolithic colonization. *American journal of Physical Anthropology* 95: 137 – 54.

Barbujani, G. and Sokal, R. 1990 Zones of sharp genetic change in Europe are also linguistic boundaries. *Proceedings of the National Academy of Sciences* 87: 1816 – 9.

Barbujani, G., Sokal, R. and Oden, N. 1995 Indo-European origins: a computer-simulation test of five hypotheses. *American Journal of Physical Anthropology* 96: 109 – 32.

Bard, K., Coltorti, M. et al. 2000 The environmental history of Tigray (northern Ethiopia) in the Middle and Late Holocene. *African Archaeological Review* 17: 65 – 86.

Barich, B. 1997 Saharan Neolithic. In J. Vogel ed., *Encyclopaedia of Precolonial Africa*, pp.38994. Walnut Creek: Sage.

Barker, G. 2003 Transitions to farming and pastoralism in North Africa. In P. Bellwood and C. Renfrew eds., *Examining the Farming/Language Dispersal Hypothesis*, pp.151 – 62. Cambridge: McDonald Institute for Archaeological Research.

Barnard, A. 1992 *Hunters and Herders of Southern Africa*. Cambridge: Cambridge University Press.

Barnett, T. 1999 *The Emergence of Food Production in Ethiopia*. Oxford: BAR International Series 763.

Barnett, W.K. 1995 Putting the pot before the horse. In W.K. Barnett and J. Hoopes eds., *The Emergence of Pottery*, pp.79 – 88. Washington: Smithsonian.

Bar-Yosef, O. 1991 The Early Neolithic of the Levant. *Review of Archaeology* 12/2: 1 – 18.

Bar-Yosef, O. 1994 The contributions of Southwest Asia. In M.H. Nitecki and D. V. Nitecki eds., *Origins of Anatomically Modern Humans*, pp.23 – 66. New York: Plenum.

Bar-Yosef, O. 1996 The impact of Late Pleistocene-Early Holocene climatic changes on humans in Southwest Asia. In L.G. Strauss et al. eds., *Humans at the End of the Ice Age*, pp.61 – 78. New York: Plenum.

Bar-Yosef, O. 1998a On the nature of transitions. *Cambridge Archaeological Journal* 8: 141 – 63.

Bar-Yoset, O. 1998b The Natufian culture in the Levant. *Evolutionary Anthropology* 6: 159 – 77.

Bar-Yosef, O. 2002 The role of the Younger Dryas in the origin of agriculture in West Asia. In Y. Yasuda ed., *The Origins of Pottery and Agriculture*, pp.39 – 54. New Delhi: Roli.

Bar-Yosef, O. 2003 The Natufian Culture and the Early Neolithic: social and economic trends in Southwestern Asia. In P. Bellwood and C. Renfrew eds., *Examining the Language/Farming Dispersal Hypothesis*, pp. 113 – 26. Cambridge: McDonald Institute for Archaeological Research.

Bar-Yosef, O. and Belfer-Cohen, A. 1989a The origins of sedentism and farming communities in the Levant. *Journal of World Prehistory* 3: 447 – 498.

Bar-Yosef, O. and Belfer-Cohen, A. 1989b The Levantine PPNB interaction sphere. In Herschkovitz, I. *People and Culture in Change*, pp. 59 – 72. Oxford: BAR International Series 508.

Bar-Yosef, O. and Belfer-Cohen, A. 1991 From sedentary huntergatherers to territorial farmers in the Levant. In S. A. Gregg ed., *Between Bands and States*, pp. 181 – 202. Center for Archaeological Investigations, Occasional Paper 9, Southern Illinois University.

Bar-Yosef, O. and Belfer-Cohen, A. 1992 From foraging to farming in the Mediterranean Levant. In A. B. Gebauer and T. D. Price eds., *Transitions to Agriculture in Prehistory*, pp.2148. Madison: Prehistory Press.

Bar-Yosef, O. and Meadow, R. 1995 The origins of agriculture in the Near East. In T.D. Price and A.B. Gebauer eds., *Last Hunters First Farmers*, pp.39 – 94. Santa Fe: School of American Research.

Bar-Yosef, O. and Valla, F.R. eds. 1991 *The Natufian Culture in the Levant*. Ann Arbor: International Monographs in Prehistory.

Bastin, Y., Coupez, A. and Mann, M. 1999 Continuity and divergence in the

Bantu languages: perspectives from a lexicostatic study. Tervuren, Belgium: Musee Royale d'Afrique Centrale, Annales, *Sciences Humaines*, vol.162.

Bateman, R., Goddard, I. et al. 1990 Speaking of forked tongues. *Current Anthropology* 31: 1 – 24.

Bautista, N. A., Solis, R. et al. 2001 RAPD, RFLP and SSLP analyses of phylogenetic relationships between cultivated and wild species of rice. *Genes and Genetic Systems* 76(2): 71 – 9.

Bayliss-Smith, T. 1988 Prehistoric agriculture in the New Guinea Highlands: problems in defining the altitudinal limits. In J. Bintliff et al. eds., *Conceptual Issues in Environmental Archaeology*, pp. 153 – 60. Edinburgh University Press.

Bayliss-Smith, T. and Golson, J. 1992 Wetland agriculture in New Guinea Highland prehistory. In B. Coles ed., *The Wetland Revolution in Prehistory*, pp.15 – 28. Exeter: Prehistoric Society and WARP.

Beaglehole, J.C. 1968 *The Journals of Captain James Cook. I: The Voyage of the Endeavour 1768 – 1771*. Cambridge: Hakluyt Society.

Bean, L. J. and Lawton, H. 1976 Some explanations for the rise of cultural complexity in California with comments on proto-agriculture and agriculture. In L.J. Bean and T.C. Blackburn eds., *Native Californians*, pp.19 – 40. Socorro: Ballena Press.

Beavitt, P., Kurui, E. and Thompson, G. 1996 Confirmation of an early date for the presence of rice in Borneo. *Borneo Research Bulletin* 27: 29 – 37.

Beekman, C. and Christensen, A. 2003 Controlling for doubt and uncertainty through multiple lines of evidence: a new look at the Mesoamerican Nahua migrations. *Journal of Archaeological Method and Theory* 10: 111 – 164.

Belfer-Cohen, A. 1991 The Natufian in the Levant. *Journal of World Prehistory* 20: 167 – 86.

Belfer-Cohen, A. and Bar-Yosef, O. 2000 Early sedentism in the Near East. In I. Kuijt ed., *Life in Neolithic Farming Communities*, pp.19 – 37. New York: Kluwer.

Belfer-Cohen, A. and Hovers, E. 1992 In the eye of the beholder: Mousterian and Natufian burials in the Levant. *CA*33: 463 - 72.

Bellwood, P. 1978a *Man's Conquest of the Pacific*. Auckland: Collins.

Bellwood, P. 1978b *Archaeological Research at Lake Mangakaware*, Waikato. Dunedin: Otago Studies in Prehistoric Anthropology 12.

Bellwood, P. 1983 The great Pacific Migration. *Encyclopaedia Britannica Yearbook of Science and the Future for 1984*, pp.80 - 93.

Bellwood, P. 1988 A hypothesis for Austronesian origins. *Asian Perspectives* 26: 107 - 17.

Bellwood, P. 1989 Foraging towards farming. *Review of Archaeology* 11 /2: 14 - 24.

Bellwood, P. 1991 The Austronesian dispersal and the origins of languages. *Scientific American* 265/1: 88 - 93.

Bellwood, P. 1992 Southeast Asia before history. In N. Tarling ed., *The Cambridge History of Southeast Asia*, vol. 1, pp. 55 - 136. Cambridge: Cambridge University Press.

Bellwood, P. 1993 Cultural and biological differentiation in Peninsular Malaysia: the last 10 000 years. *Asian Perspectives* 32: 37 - 60.

Bellwood, P. 1995 Early agriculture, language history and the archaeological record in China and Southeast Asia. In C-t. Yeung and Brenda Li eds., *Conference Papers on Archaeology in Southeast Asia*, pp.11 - 22. University of Hong Kong Museum and Art Gallery.

Bellwood, P. 1996a Early agriculture and the dispersal of the Southern Mongoloids. In T. Akazawa and E. Szathmary eds., *Prehistoric Mongoloid Dispersals*, pp.287 - 302. Tokyo: Oxford University Press.

Bellwood, P. 1996b The origins and spread of agriculture in the IndoPacific region. In D. Harris ed., *The Origins and Spread of Agriculture and Pastoralism in Eurasia*, pp.465 - 98. London: University College Press.

Bellwood, P. 1996c Phylogeny and Reticulation in Prehistory. *Antiquity* 70: 881 - 90.

Bellwood, P. 1996d Hierarchy, founder ideology and Austronesian expansion. In J. Fox and C. Sather eds., *Origin, Ancestry and Alliance*, pp. 18 - 40. Canberra: Department of Anthropology, Comparative Austronesian Project, ANU.

Bellwood, P. 1997a *Prehistory of the Indo-Malaysian Archipelago*. Revised edition. Honolulu: University of Hawaii Press.

Bellwood, P. 1997b Taiwan and the prehistory of the Austronesianspeaking peoples. *Review of Archaeology* 18/2: 39 - 48.

Bellwood, P. 1997c Prehistoric cultural explanations for the existence of widespread language families. In P. McConvell and N. Evans eds., *Archaeology and Linguistics: Aboriginal Australia in Global Perspective*, pp.123 - 34. Melbourne: Oxford University Press.

Bellwood, P. 1998a Human dispersals and colonizations in prehistory — the Southeast Asian data and their implications. In K. Omoto and P. V. Tobias eds., *The Origins and Past of Modern Humans — Towards Reconciliation*, pp.188 - 205. Singapore: World Scientific.

Bellwood, P. 1998b From Bird's Head to bird's eye view: long term structures and trends in Indo-Pacific Prehistory. In J. Miedema, C. Ode and R. Dam eds., Perspectives on the Bird's Head of Irian Jaya, Indonesia, pp. 951 - 75. Amsterdam: Rodopi.

Bellwood, P. 2000a Some thoughts on understanding the human colonization of the Pacific. *People and Culture in Oceania* 16: 5 - 17.

Bellwood, P. 2000b Formosan Prehistory and Austronesian dispersal. In D. Blundell ed., *Austronesian Taiwan*, pp.337 - 65. Taipei: SMC Publishing.

Bellwood, P. 2000c The time depth of major language families: an archaeologist's perspective. In C. Renfrew, A. McMahon and L. Trask eds., *Time Depth in Historical Linguistics*, pp. 10940. Cambridge: McDonald Institute for Archaeological Research.

Bellwood, P. 2001a Archaeology and the historical determinants of punctuation in language family origins. In A. Aikhenvald and R. Dixon, eds., *Areal Diffusion and Genetic Inheritance: Problems in Comparative Linguistics*, pp.27 - 43. Oxford: Oxford University Press.

Bellwood, P. 2001b Early agriculturalist population diasporas? Farming, languages and genes. *Annual Review ofAnthropology* 30: 181 - 207.

Bellwood, P. 2001 c Archaeology and the history of languages. *International Encyclopaedia of the Social and Behavioral Sciences*, Vol. 1, pp.617 - 22. Amsterdam: Pergamon.

Bellwood, P. 2001d Cultural evolution: phylogeny versus reticulation. *International Encyclopaedia of the Social and Behavioral Sciences*, Vol. 5, pp.3052 - 7. Amsterdam: Pergamon.

Bellwood, P. 2001e Polynesian prehistory and the rest of mankind. In C. Stevenson, G. Lee and F. Morin eds., *Pacific 2000*, pp.11 - 25. Los Osos CA: Easter Island Foundation.

Bellwood, P. 2001f Southeast Asia Neolithic and Early Bronze. In P. Peregrine and M. Ember eds., *Encyclopaedia of Prehistory*, Vol. 3: East Asia and Oceania, pp.287 - 306.

Bellwood, P. 2003 Farmers, foragers, languages, genes: the genesis of agricultural societies. In P. Bellwood and C. Renfrew eds., *Examining the Farming/ Language Dispersal Hypothesis*, pp. 17 - 28. Cambridge: McDonald Institute for Archaeological Research.

Bellwood, P. in press. Examining the farming/ language dispersal hypothesis in the East Asian context. In L. Sagart, R. Blench and A. Sanchez-Mazas eds., *The Peopling of East Asia: Putting Together Archaeology*, Linguistics and Genetics. London: RoutledgeCurzon.

Bellwood, P., Gillespie, R., Thompson, G.B., Vogel, J., Ardika, I.W. and Datan, 1. 1992 New dates for prehistoric Asian rice. *Asian Perspectives* 31: 161 - 70.

Bellwood, P. and Hiscock, P. in press. Hunters, farmers and long distance colonizers — Australia, Island Southeast Asia and Oceania during the Holocene. In C. Scarre ed., *The Human Past*. London: Thames and Hudson.

Bellwood, P. and Koon, P. 1989 Lapita colonists leave boats unburned. *Antiquity* 63: 613 - 22.

Bellwood, P., Nitihaminoto, G. et al. 1998 35,000 years of prehistory in the northern Moluccas. In G. Bartstra ed., *Bird's Head Approaches*, pp.233 - 74. Rotterdam: Balkema.

Bellwood, P. and Renfrew, C. eds. 2003 *Examining the Farming/Language Dispersal Hypothesis*. Cambridge: McDonald Institute for Archaeological Research.

Bender, B. 1978 Gatherer-hunter to farmer: a social perspective. *World Archaeology* 10: 204 - 22.

Bellwood, P., Stevenson, J. et al. 2003 Archaeological and palaeoenvironmental research in Batanes and Ilocos Norte Provinces, Northern Philippines. *Bulletin of the Indo-Pacific Prehistory Association* 23: 141 - 62.

Bender, L. 1982 Livestock and linguistics in north and east African ethnohistory. *Current Anthropology* 23: 316 - 7.

Bendremer, J. and Dewar, R. 1994 The advent of prehistoric maize in New England. In S. Johannessen and C. Hastorf eds., *Corn and Culture in the Prehistoric New World*, pp.36994. Boulder: Westview.

Benedict, P. 1975 *Austro-Thai Language and Culture*. New Haven: HRAF Press.

Benjamin, G. 1985 In the long term: three themes in Malayan cultural ecology. In K.L. Hutterer, T. Rambo and G. Lovelace eds., *Cultural Values and Human Ecology in Southeast Asia*, pp.219 - 78. Ann Arbor: University of Michigan, Center for S and SE Asian Studies.

Bentley, R., Chikhi, L. and Price, D. 2003 The Neolithic transition in Europe: comparing broad scale genetic and local scale isotopic evidence. *Antiquity* 77: 63 - 6.

Benz, B. 2001 Archaeological evidence of teosinte domestication from Guila Naquitz, Oaxaca. *Proceedings of the National Academy of Sciences* 98: 2104 - 6.

Benz, B. and Iltis, H. 1990 Studies in archaeological maize I. *American Antiquity* 55: 500 – 11.

Benz, B. and Long, A. 2000 Prehistoric maize evolution in the Tehuacan Valley. *Current Anthropology* 41: 459 – 65.

Bernal, 1. 1969 *The Olmec World*. Berkeley: University of California Press.

Berreman, G.D. 1999 The Tasaday controversy. In R.B. Lee and R. Daly eds., *The Cambridge Encyclopaedia of Hunters and Gatherers*, pp. 457 – 64. Cambridge: Cambridge University Press.

Berry, M.S. 1985 The age of maize in the Greater Southwest. In R. Ford ed., *Prehistoric Food Production in North America*, pp.279 – 308. University of Michigan, Museum of Anthropology, Anthropological papers 75.

Bettinger, R., Madsen, D. and Elston, R. G. 1994 Prehistoric settlement categories and settlement systems in the Alashan Desert of Inner Mongolia. *Journal of Anthropological Archaeology* 13: 74 – 101.

Bettinger, R. L. and Baumhoff, M. A. 1982 The Numic spread. *American Antiquity* 47: 485 – 503.

Betts, A. 1994 Qermez Dere: the chipped stone assemblage. In H.G. Gebel and S.F. Kozlowski eds., *Neolithic Chipped Stone Industries of the Levant*, pp. 189 – 204. Berlin: Ex Oriente.

Binford, L. 1968 Post-Pleistocene adaptations. In S.R. and L.R. Binford eds., *New Perspectives in Archaeology*, pp.313 – 41. Chicago: Aldine.

Binford, L. 1980 Willow smoke and dogs tails. *American Antiquity* 45: 4 – 20.

Bird, R., Browman, D. and Durbin, M. 1983 – 4 Quechua and maize: mirrors of central Andean culture history. *Journal of the Steward Anthropological Society* 15(1 and 2): 187 – 240.

Bird, R.M. 1990 What are the chances of finding maize in Peru dating before 1000 BC? *American Antiquity* 55: 828 – 40.

Bird-David, N. 1990 The giving environment. *Current Anthropology* 31: 189 – 96.

Bird-David, N. 1992 Beyond the original affluent society: a culturalist reformulation. *Current Anthropology* 33: 25 - 48.

Birdsell, J.B. 1957 Some population problems involving Pleistocene man. *Cold Spring Harbour Symposia on Quantitative Biology* 22: 47 - 69.

Blackburn, R. 1982 In the land of milk and honey: Okiek adaptations to their forests and neighbours. In E. Leacock and R.B. Lee eds., *Politics and History in Band Societies*, pp.283305. Cambridge: Cambridge University Press.

Blazek, V. 1999 Elam: a bridge between Ancient Near East and Dravidian India? In R. Blench and M. Spriggs eds., *Archaeology and Language IV*, pp.48 - 78. London: Routledge.

Blench, R. 1993 Recent developments in African language classification and their implications for prehistory. In T. Shaw et al. eds., *The Archaeology ofAfrica*, pp.126 - 38. London: Routledge.

Blench, R. 1999 The languages of Africa. In R. Blench and M. Spriggs eds., *Archaeology and Language IV*, pp.29 - 47. London: Routledge.

Blench, R. 2003 The movement of cultivated plants between Africa and India in prehistory. In K. Neumann, A. Butler and S. Kahlheber eds., *Food, Fuel and Fields: Progress in African Archaeobotany*, pp. 273 - 99. Koln: Heinrich-Barth-Institute.

Blumler, M. 1998 Introgression of durum into wild emmer and the agricultural origin question. In A. Damania, J. Valkoun, G. Willcox and C. Qualset eds., *The Origins of Agriculture and Crop Domestication*, pp.252 - 68. Aleppo: ICARDA.

Blurton Jones, N. 1986 Bushman birth spacing: a test for optimal interbirth intervals. *Ecology and Sociobiology* 7: 91 - 105.

Blust, R. 1989 Comment (on Headland and Reid 1989). *Current Anthropology* 30: 53 - 4.

Blust, R. 1991 Sound change and migrational distance. In R. Blust ed., *Current Trends in Pacific Linguistics*, pp. 27 - 42. Canberra: Pacific Linguistics C - 117.

Blust, R. 1993 Central and Central-Eastern Malayo-Polynesian. *Oceanic*

Linguistics 32: 241 – 93.

Blust, R. 1995a The prehistory of the Austronesian-speaking peoples: a view from language. *Journal of World Prehistory* 9: 453 – 510.

Blust, R. 1995b The position of the Formosan languages. In P.J-K. Li, DA. Ho, Y-K. Huang, C-W. Tsang and C-Y. Tseng eds., *Austronesian Studies Relating to Taiwan*, pp. 585 – 650. Taipei: Academia Sinica, Institute of History and Philology, Symposium Series 3.

Blust, R. 1996 Beyond the Austronesian homeland: the Austric hypothesis and its implication for archaeology. In W. Goodenough ed., *Prehistoric Settlement of the Pacific*, pp.117 – 40. Philadelphia: American Philosophical Society.

Blust, R. 1999 Subgrouping, circularity and extinction. In E. Zeitoun and P. J-K. Li eds., *Selected papers from the Eighth International Conference on Austronesian Linguistics*, pp. 31 – 94. Taipei: Academia Sinica, Institute of Linguistics.

Blust, R. 2000a Chamorro historical phonology. *Oceanic Linguistics* 39 / 1: 83 – 122.

Blust, R. 2000b Why lexicostatistics doesn't work. In C. Renfrew, A. McMahon and L. Trask eds., *Time Depth in Historical Linguistics*, pp. 311 – 32. Cambridge: McDonald Institute for Archaeological Research.

Bocquet-Appel, J-P. 2002 Palaeoanthropological traces of a Neolithic demographic transition. *Current Anthropology* 43: 637 – 50.

Bogucki, P. 1987 The establishment of agrarian communities on the North European Plain. *Current Anthropology* 28: 1 – 24.

Bogucki, P. 1988 *Forest Farmers and Stockherders*. Cambridge: Cambridge University Press.

Bogucki, P. 1996a Sustainable and unsustainable adaptations by early farming communities of central Poland. *Journal of Anthropological Archaeology* 15: 289 – 311.

Bogucki, P. 1996b The spread of early farming in Europe. *American Scientist* 84: 242 – 53.

Bogucki, P. and Grygiel, R. 1993 The first farmers of central Europe. *Journal of Field Archaeology* 20: 399 - 426.

Bohrer, V.L. 1994 Maize in Middle American and Southwestern United States agricultural traditions. In S. Johannesen and C. Hastorf eds., *Corn and Culture in the Prehistoric New World*, pp.469 - 512. Boulder: Westview.

Bomhard, A. 1990 A survey of the comparative phonology of the socalled "Nostratic" languages. In P. Baldi ed., *Linguistic Change and Reconstruction Methodology*, pp.331 - 58. Berlin: Mouton de Gruyter.

Bomhard, A. 1996 *Indo-European and the Nostratic Hypothesis*. Charleston: Signum.

Bombard, A. and Kerns, J. 1994 *The Nostratic Macrofamily*. Berlin: Mouton de Gruyter.

Bonavia, D. 1999 The domestication of Andean camelids. In G. Politis and B. Alberti eds., *Archaeology in Latin America*, pp.130 - 47. London: Routledge.

Bonavia, D. and Grobman, A. 1989 Andean maize: its origins and domestication. In D. Harris and G. Hillman eds., *Foraging and Farming*, pp. 456 - 70. London: Unwin Hyman.

Bonsall, C. et al. 1997 Mesolithic and Neolithic in the Iron Gates: a palaeodietary perspective. *Journal of European Archaeology* 5: 50 - 92.

Borrie, W. D. 1994 *The European Peopling of Australasia*. Canberra: Demographic Program RSSS, Australian National University.

Boserup, E. 1965 *The Conditions of Agricultural Growth*. Chicago: Aldine.

Bottema, S. 1995 The Younger Dryas in the Eastern Mediterranean. *Quaternary Science Reviews* 14: 883 - 91.

Bousman, C. B. 1998 The chronological evidence for the introduction of domesticated stock into southern Africa. *African Archaeological Review* 15: 133 - 50.

Bower, J. 1991 The Pastoral Neolithic of East Africa. *Journal of World Prehistory* 5: 49 - 82.

Bradley, D. and Loftus, R. 2000 Two eves for Taurus? Bovine mitochondrial

DNA and African cattle domestication. In R. Blench and K. MacDonald eds., *The Origins and Development of African Livestock*, pp. 244 - 50. London: UCL Press.

Bradley, D. G., MacHugh, D., Cunningham, P. and Loftus, R. 1996 Mitochondrial diversity and the origins ofAfrican and European cattle. *Proceedings of the National Academy of Sciences* 93: 5131 - 5.

Bradley, R. 2001 Orientations and origins: a symbolic dimension to the long house in Neolithic Europe. *Antiquity* 75: 50 - 5.

Braidwood, R. 1960. *The agricultural revolution. Scientific American* 203: 130 - 48.

Breton, R. 1997 *Atlas of the Languages and Ethnic Communities of South Asia*. Walnut Creek: Altamira.

Broodbank, C. 1999 Colonization and configuration in the insular neolithic of the Aegean. In P. Halstead ed., *Neolithic Society in Greece*, pp.15 - 41. Sheffield: Sheffield Academic Press.

Broodbank, C. and Strasser, T. F. 1991 Migrant farmers and the Neolithic colonization of Crete. *Antiquity* 65: 233 - 45.

Brookfield, H. 1989 Frost and drought through time and space. *Mountain Research and Development* 9: 306 - 21.

Brose, D.S., Brown, J.A. and Penney, D.W. 1985 *Ancient Art of the American Woodland Indians*. New York: Abrams.

Brosius, P. 1990 *After Duwagan*. Ann Arbor: University of Michigan, Center for S and SE Asian Studies.

Brosius, P. 1991 Foraging in tropical rain forests: the case of the Penan of Sarawak. *Human Ecology* 19: 123 - 50.

Brosnahan, L. 1963 Some historical cases of language imposition. In J. Spencer ed., *Language in Africa*, pp.7 - 24. Cambridge: Cambridge University Press.

Brown, I.W. 1994 Recent trends in the archaeology of the Southeastern USA. *Journal of Archaeological Research* 2: 45 - 112.

Brown, P. 1998 The first Mongoloids? *Acta Anthropologica Sinica* 17: 260 - 75.

Brown, P. 1999 The first modern East Asians? In K. Omoto ed., *Interdisciplinary Perspectives on the Origins of the Japanese*, pp.105 - 26. Kyoto: International Research Center for Japanese Studies.

Brunhes, K. 1994 *Ancient South America*. Cambridge: Cambridge University Press.

Buckler, F., Pearsall, D. and Holtsford, T. 1998 Climate, plant ecology, and Central American Archaic plant subsistence. *Current Anthropology* 39: 152 - 64.

Buikstra, J. E., Konigsberg, L. and Bullington, J. 1986 Fertility and the development of agriculture in the prehistoric Midwest. *American Antiquity* 51: 528 - 46.

Bulbeck, D. 2003 Hunter-gatherer occupation of the Malay Peninsula from the Ice Age to the Iron Age. In J. Mercader ed., *Under the Canopy*, pp.119 - 60. New Brunswick: Rutgers University Press.

Bulbeck, D. 2004 Indigenous traditions and exogenous influences in the early history of Peninsular Malaysia. In I. Glover and P. Bellwood eds., *Southeast Asia: From Prehistory to History*, pp.314 - 36. London: RoutledgeCurzon.

Burger, R. 1992 *Chavin and the Origins of Andean Civilization*. London: Thames and Hudson.

Burger, R. and van der Merwe, N. 1990 Maize and the origin of highland Chavin civilization. *American Anthropologist* 92: 85 - 95.

Buth, G. and Kaw, R. 1985 Plant husbandry in Neolithic Burzahom, Kashmir. *Current Trends in Geology VI*, pp. 109 - 13. New Delhi: Today and Tomorrow's Printers and Publishers.

Butler, V. 2000 Resource depression on the Northwest Coast of North America. *Antiquity* 74: 649 - 61.

Butzer, K. 1995 Environmental change in the Near East and human impact on the land. In J. Sasson ed., *Civilizations of the Ancient Near East*, vol. 1, pp.123 - 51. New York: Scribner's Sons.

Byers, D. S. ed. 1967 *The Prehistory of the Tehuacan Valley*, Vol. 1:

Environment and Subsistence. Austin: University of Texas Press.

Byrd, B. 1989 Natufian settlement variability and economic adaptations. *Journal of World Prehistory* 3: 159 - 98.

Byrd, B. and Monahan, C. 1995 Death, mortuary ritual, and Natufian social structure. *Journal of Anthropological Archaeology* 14: 251 - 87.

Byrd, K.M. ed. 1991 The Poverty Point Culture. *Geoscience and Man* Vol. 29. Baton Rouge: Louisiana State University.

Byrne, R. 1987 Climate Change and the Origins of Agriculture. In L. Manzanilla ed., *Studies in the Neolithic and Urban Revolutions*, pp. 21 - 34. Oxford: BAR. International Series 349.

Callaghan, R. A. 2001 Ceramic age seafaring and interaction potential in the Amtilles: a computer simulation. *Current Anthropology* 42: 308 - 13.

Campbell, L. 1997 *American Indian Languages*. New York: Oxford University Press.

Campbell, L. 1999 Nostratic and linguistic palaeontology in methodological perspective. In C. Renfrew and D. Nettle eds., *Nostratic: Examining a Language Macrofamily*, pp. 179 - 230. Cambridge: McDonald Institute for Archaeological Research.

Campbell, L. and Kaufman, T. 1976 A linguistic look at the Olmecs. *American Antiquity* 41: 80 - 9.

Cane, S. 1989 Australian Aboriginal seed grinding and its archaeological record. In D. Harris and G. Hillman eds., *Foraging and Farming*, pp. 99 - 119. London: Unwin Hyman.

Capdevila, R.B. 1992 Quelques aspects des restes paleobotaniques preleves sur la terrasse de Hayonim. In P.C. Anderson ed., *Prehistoire de 1'Agriculture*, pp. 225 - 30. Paris: CNRS (Monographie du CRA 6).

Capell, A. 1969 *A Survey of New Guinea Languages*. Sydney: Sydney University Press.

Capelli, C., Wilson, J. F. et al. 2001 A predominantly indigenous paternal heritage for the Austronesian-speaking peoples of insular Southeast Asia and

Oceania. *American Journal of Human Genetics* 68：432－43.

Carneiro，R. 1970 A theory of the origin of the state. *Science* 169：733－8.

Cappers，R. and Bottema，S. eds. 2002 *The Dawn of Farming in the Near East*. Berlin：Ex Oriente.

Carpenter，J.，Mabry，J. and Sanchez de Carpenter，G. 2002 *O'Odham origins：reconstructing Uto-Aztecan prehistory*. Paper presented at Annual Meeting of the Society for American Archaeology，Denver.

Carpenter，J.，Sanchez de Carpenter，G. and Villalpando，E. 1999 Preliminary investigations at La Playa，Sonora，Mexico. *Archaeology Southwest* 13(1)：6.

Casey，J. 1998 The ecology of food production in West Africa. In G. Connah ed.，*Transformations in Africa*，pp.46－70. London：Leicester University Press.

Casey，J. 2000 *The Kintampo Complex*. Oxford：BAR International Series 906.

Cauvin，J. 1988 La neolithisation de la Turquie du Sud-Est dans sa contexte proche-oriental. *Anatolica* 15：69－80.

Cauvin，J. 1993 La sequence neolithique PPNB au Levant Nord. *Paleorient* 19(1)：23－28.

Cauvin，J. 2000 *The Birth of the Gods and the Origins of Agriculture*. Cambridge：Cambridge University Press.

Cauvin，J.，Hodder，I.，Rollefson，G.，Bar-Yosef，O. and Watkins，T. 2001 The birth of the gods and the origins of agriculture. *Cambridge Archaeological journal* 11：105－22.

Cavalli-Sforza，L. L. 2003 Demic diffusion as the basic process of human expansions. In P. Bellwood and C. Renfrew eds.，*Examining the Farming/Language Dispersal Hypothesis*，pp.79－88. Cambridge：McDonald Institute for Archaeological Research.

Cavalli-Sforza，L.L. and Cavalli-Sforza，F.C. 1995 *The Great Human Diasporas*. Reading，MA：Addison-Wesley.

Cavalli-Sforza，L. and Feldman，M. 2003 The application of molecular genetic approaches to the study of human evolution. *Nature Genetics Supplement* 33：266－75.

Cavalli-Sforza, L. L., Menozzi, P. and Piazza, A. 1994 *The History and Geography of Human Genes*. Princeton: Princeton University Press.

Cavalli-Sforza, L. and Minch, E. 1997 Palaeolithic and Neolithic lineages in the European mitochondria] gene pool. *American Journal of Human Genetics* 61: 247 - 51.

Cavalli-Sforza, L., Piazza, A. et al. 1988 Reconstruction of human evolution: bringing together genetic, archaeological and linguistic data. *Proceedings of the National Academy of Sciences* 85: 6002 - 6.

Cessford, C. 2001 A new dating sequence for catalhoyiik. *Antiquity* 75: 717 - 25.

Chagnon, A. 1992 *Yanomamo*. Fort Worth: Harcourt Brace Jovanovich.

Chakrabarti, D. 1999 *India: An Archaeological History*. New Delhi: Oxford University Press.

Chami, F. and Msemwa, P. 1997 A new look at culture and trade on the Azanian coast. *Current Anthropology* 38: 673 - 7.

Chang, C. 1982 Nomads without cattle: East African foragers in historical perspective. In E. Leacock and R.B. Lee eds., *Politics and History in Band Societies*, pp.269 - 82. Cambridge: Cambridge University Press.

Chang, C. and Tourtelotte, P. 1998 The role of agro-pastoralism in the evolution of steppe culture in the Semirechye area of southern Kazakhstan. In V. Mair ed., *The Bronze Age and Early Iron Age Peoples of Eastern Central Asia*, pp.238 - 63. Washington: Institute for the Study of Man.

Chang, K.C. 1981 The affluent foragers in the coastal areas of China. *Senri Ethnological Studies* 9: 177 - 86.

Chang, K.C. 1986 *The Archaeology of Ancient China*. 4th edn. New Haven: Yale University Press (Previous editions 1963, 1968, 1977).

Chang, K.C. 1995 Taiwan Strait archaeology and the Protoaustronesians. In P.J-K. Li, D-A. Ho, Y-K. Huang, C-W. Tsang and C-Y. Tseng eds., *Austronesian Studies Relating to Taiwan* pp. 161 - 84. Taipei: Academia Sinica, Institute of History and Philology, Symposium Series 3.

Chang, K.C. and Goodenough, W. 1996 Archaeology of southern China and its bearing on the Austronesian homeland. In W. Goodenough ed., *Prehistoric Settlement of the Pacific*, pp. 3656. Philadelphia: American Philosophical Society.

Chang, T-T. 1976 The rice cultures. *Philosophical Transactions of the Royal Society of London: Series B* 275: 143 - 55.

Chappell, J. 2001 Climate before agriculture. In A. Anderson, I. Lilley and S. O'Connor eds., *Histories of Old Ages*, pp.171 - 84. Canberra: Pandanus.

Chase, A. 1989 Domestication and domiculture in northern Australia: a social perspective. In D. Harris and G. Hillman eds., *Foraging and Fanning*, pp.42 -54. London: Unwin Hyman.

Chau Hing-wah ed. 1993 *Collected Essays on the Culture of the Ancient Yue People in South China*. Hong Kong: Urban Council.

Chen Chi-lu 1987 *People and Culture*. Taipei: Southern Materials Center.

Chen Dezhen and Zhang Juzhong 1998 The physical characteristics of the Early Neolithic human in Jiahu site. *Acta Anthropologica Sinica* 17: 205 - 11.

Chen Xingcan 1996 Xiantouling Dune Site. *Bulletin of the Indo-Pacific Prehistory Association* 15: 207 - 10.

Chen Xingcan 1999 On the earliest evidence for rice cultivation in China. *Bulletin of the IndoPacific Prehistory Association* 18: 81 - 94.

Chia, S. 1998 Prehistoric Pottery Sources and Technology in Peninsular Malaysia. *Federation Museums Journal* 33.

Chikhi, L., Destro-Bisol, G. et al. 1998a Clinal variation in the nuclear DNA of Europeans. *Human Biology* 70: 643 - 57.

Chikhi, L., Destro-Bisol, G. et al. 1998b Clines of nuclear DNA markers suggest a largely Neolithic ancestry of the European gene pool. *Proceedings of the National Academy of Sciences* 95: 9053 - 8.

Chikhi, L., Nichols, R. et al. 2002 Y genetic data support the Neolithic demic diffusion model. *Proceedings of the National Academy of Sciences* 99: 11008 - 13.

Childe, V. 1926 *The Aryans: A Study of Indo-European Origins*. London:

Paul, Trench, Trubner.

Childe, V. G. 1928 *The Most Ancient East*. London: Kegan Paul, Trench, Trubner.

Childe, V.G. 1936/ 1956 *Man Makes Himself*. London: Watts.

Chowning, A. 1985 Rapid lexical change and aberrant Melanesian languages. In A. Pawley and L. Carrington eds., *Austronesian Linguistics at the 15th Pacific Science Congress*, pp.169 – 98. Canberra: Pacific Linguistics C – 88.

Christensen, A.F. 1998 Colonization and microevolution in Formative Oaxaca, Mexico. *World Archaeology* 30: 262 – 85.

Clackson, J. 2000 Time depth in Indo-European. In C. Renfrew, A. McMahon and L. Trask eds., *Time Depth in Historical Linguistics*, pp. 441 – 54. Cambridge: McDonald Institute for Archaeological Research.

Clark, J.D. and Khanna, G.S. 1989 The site of Kunjhun II. M. Kenoyer ed., *Old Problems and New Perspectives in the Archaeology of South Asia*, pp.29 – 46. Madison: Dept Anthropology, University of Wisconsin.

Clark, J. E. 1991 The beginnings of Mesoamerica. In W. R. Fowler ed., *The Formation of Complex Society in Southeastern Mesoamerica*, pp. 13 – 26. Boca Raton: CRC Press.

Clark, J.E. and Pye, M. eds. 2000 *Olmec Art and Archaeology in Mesoamerica*. Washington DC: National Gallery of Art.

Clason, A.T. 1977 Wild and Domestic Animals in Prehistoric and Early Historic India. *Lucknow: The Eastern Anthropologist* Vol. 30, No. 3.

Clermont, N. 1996 The origin of the Iroquoians. *The Review of Archaeology* 17/ 1: 59 – 64.

Close, A. 1995 Few and far between: early ceramics in North Africa. In W.K. Barnett and J. W. Hoopes eds., *The Emergence of Pottery*, pp. 23 – 37. Washington: Smithsonian.

Close, A. 1996 Plus fa change: the Pleistocene-Holocene transition in northeast Africa. In L.G. Strauss, By. Eriksen, J.M. Erlandsen and D. Yesner eds., *Humans at the End of the Ice Age*, pp.43 – 60. New York: Plenum.

Coe, M. 1989 The Olmec Heartland: evolution of ideology. In R.J. Sharer and D. C. Grove eds., *Regional Perspectives on the Olmec*, pp.68 – 84. Cambridge: Cambridge University Press.

Coe, M., Snow, D. and Benson, E. 1989 *Atlas of Ancient America*. New York: Facts on File.

Cohen, D. 1998 The origins of domesticated cereals and the PleistoceneHolocene transition in China. *Review of Archaeology* 19/2: 22 – 9.

Cohen, D.J. 2003 Microblades, pottery, and the nature and chronology of the PalaeolithicNeolithic transition in China. *Review of Archaeology* 24/2: 21 – 36.

Cohen, M.N. 1977a *The Food Crisis in Prehistory*. New Haven: Yale University Press.

Cohen, M. N. 1977b Population pressure and the origins of agriculture: an archaeological example from the coast of Peru. In C. A. Reed ed., *Origins ofAgri.culture*, pp.135 – 78. The Hague: Mouton.

Cohen, M. N. 1980 Speculations on the evolution of density measurement and regulation in Homo sapiens. In M. N. Cohen, R. S. Malpass and H. G. Klein eds., *Biosocial Mechanisms of Population Regulation*, pp. 275 – 304. New Haven: Yale University Press.

Coleman, R. 1988 Comment. *Current Anthropology* 29: 449 – 53.

Collard, M. and Shennan, S. 2000 Processes of culture change in prehistory: a case study from the European Neolithic. In C. Renfrew and K. Boyle eds., *Archaeogenetics*, pp.89 – 97. Cambridge: McDonald Institute for Archaeological Research.

Colledge, S. 2001 *Plant Exploitation on Epipalaeolithic and Early Neolithic Sites in the Levant*, Oxford: BAR International Series 986.

Colledge, S., Conolly, J. and Sherman, S. 2004 Archaeobotanical evidence for the spread of farming in the Eastern Mediterranean. *Current Anthropology* 45.

Collett, D.P. 1982 Models of the spread of the Early Iron Age. In C. Ehret and M. Posnansky eds., *The Archaeological and Linguistic Reconstruction of*

African History, pp.182–98. Berkeley: University of California Press.

Comrie, B. 2003 Farming dispersal in Europe and the spread of the IndoEuropean language family. In P. Bellwood and C. Renfrew eds., *Examining the Language/Farming Dispersal Hypothesis*, pp. 409–20. Cambridge: McDonald Institute for Archaeological Research.

Coningham, R. 2002 Deciphering the Indus script. In S. Settar and R. Korisettar eds., *Indian Archaeology in Retrospect*, vol. 2, pp. 81–103. New Delhi: Manohar.

Cooper, R. 1982 A framework for the study of language spread. In R. Cooper ed., *Language Spread*, pp.5–36. Bloomington: Indiana University Press.

Cooper, Z. 1996 Archaeological evidence of maritime contacts: the Andaman Islands. In H. P. Ray and J-F. Salles eds., *Tradition and Archaeology*, pp.239–46. New Delhi: Manohar.

Cordell, L. 1997 *Archaeology of the Southwest*. 2nd edn. San Diego: Academic.

Cordell, L. and Smith, B. 1996 Indigenous farmers. In B.G. Trigger and WE. Washburn eds., *The Cambridge History of the Native Peoples of the Americas*, Vol. 1, North America, Part 1, pp. 201–66. Cambridge: Cambridge University Press.

Costantini, L. 1981 The beginning of agriculture in the Kachi Plain: the evidence of Mehrgarh. In B. Allchin ed., *South Asian Archaeology 1981*, pp.29–33. Cambridge: Cambridge University Press.

Cowgill, G. L. 1975 On causes of ancient and modern population changes. *American Anthropologist* 77: 505–25.

Cox, M. 2003 *Genetic Patterning at Austronesian Contact Zones*. Unpublished PhD thesis, University of Otago, Dunedin, New Zealand.

Cox, M. 2004 *Biogeographical boundaries? Re-establishing "Melanesia" in biological history*. Manuscript.

Crawford, G. and Chen Shen 1998 The origins of rice agriculture: recent progress in East Asia. *Antiquity* 72: 858–66.

Crawford, G. and Lee, G. 2003 Agricultural origins in the Korean Peninsula.

Antiquity 77: 87 – 95.

Cremaschi, M. and di Lernia, S. 2001 Environment and settlements in the mid-Holocene palaeo-oasis of Wadi Tanezzuft (Libyan Sahara). *Antiquity* 75: 815 – 24.

Crosby, A.W. 1986 Ecological Imperialism. Cambridge: Cambridge University Press.

D'Andrea, C. 1999 The dispersal of domesticated plants into north-eastern Japan. In C. Gosden and J. Hather eds., *The Prehistory of Food*, pp. 166 – 83. London: Routledge.

D'Andrea, C. and Casey, J. 2002 Pearl millet and Kintampo subsistence. *African Archaeological Review* 19: 147 – 74.

D'Andrea, C., Klee, M. and Casey, J. 2001 Archaeobotanical evidence for pearl millet (Pennisetum glaucum) in sub-Saharan West Africa. *Antiquity* 75: 341 – 8.

D'Andrea, C., Lyons, D. et al. 1999 Ethnoarchaeological approaches to the study of prehistoric agriculture in the Highlands of Ethiopia. In M. van der Veen ed., *The Exploitation of Plant Resources in Ancient Africa*, pp. 101 – 22. New York: Kluwer Academic.

Dahlberg, J.A. and Wasylikowa, K. 1996 Image and statistical analyses of early sorghum remains (8000 BP) from the Nabta Playa archaeological site. *Vegetation History and Archaeobotany* 5: 293 – 9.

Dahlin, B., Quizar, R. and Dahlin, A. 1987 Linguistic divergence and the collapse of preclassic civilization in southern Mesoamerica. *American Antiquity* 52: 367 – 82.

Dakin, K. and Wichmann, S. 2000 Cacao and chocolate: a Uto-Aztecan perspective. *Ancient Mesoamerica* 11: 55 – 75.

Damp, J.E. 1984 Architecture of the Early Valdivia village. *American Antiquity* 49: 573 – 85.

Dark, P. and Gent, H. 2001 Pests and diseases of prehistoric crops: a yield 'honeymoon' for early grain crops in Europe? *Oxford Journal of*

Archaeology 20：59－78.

David, N. 1982 Prehistoric and historical linguistics in central Africa：points of contact. In C. Ehret and M. Posnansky eds.，*The Archaeological and Linguistic Reconstruction of African History*，pp. 78 － 95. Berkeley：University of California Press.

Deavaraj，D. et al. 1995 The Watgal excavations：an interim report. *Man and Environment* XX(2)：57－74.

Demoule，J-P. 1993 Anatolie et Balkans：la logique evolutive du Neolithique egeen. *Anatolica* 19：1－18.

Demoule，J-P. and Perles，C. 1993 The Greek Neolithic：a new review. *Journal of World Prehistory* 7：355－416.

Denbow，J. 1990 Congo to Kalahari. *African Archaeological Review* 8：139－76.

Denham，T. 2003 Archaeological evidence for mid-Holocene agriculture in the interior of Papua New Guinea：a critical review. *Archaeology in Oceania* 38：159－76.

Denham，T.，Haberle，S. et al. 2003 Origins of agriculture at Kuk Swamp in the Highlands of New Guinea. *Science* 301：189－93.

Dennell，R. 1992 The origins of crop agriculture in Europe. In C.W. Cowan and P.J. Watson eds.，*The Origins of Agriculture*，pp. 71 － 100. Washington：Smithsonian.

Dentan，R.K.，Endicott，K.，Gomes，A.G. and Hooker M.B. 1997 *Malaysia and the Original People*. Boston：Allyn and Bacon.

Deraniyagala，S.U. 2001 Man before Vijaya in Sri Lanka. In L. Prematilleke ed.，*Men and Monuments*，pp.54－62. Sri Lanka：Central Cultural Fund'.

Dergachev，V. 1989 Neolithic and Bronze Age cultural communities of the steppe zone of the USSR. *Antiquity* 63：793－802.

Dewar，R. 2003 Rainfall variability and subsistence systems in Southeast Asia and the western Pacific. *Current Anthropology* 44：369－88.

Dhavalikar，M. 1988 *The First Farmers of the Deccan*. Pune：Ravish.

Dhavalikar，M. 1994 Early farming communities of central India. *Man and*

Environment XIX：159 - 68.

Dhavalikar，M. 1997 *Indian Protohistory*. New Delhi：Books & Books.

Dhavalikar，M.，Sankalia，H.D. and Ansari，Z. 1988 *Excavations at Inamgaon*. 2 vols. Pune：Deccan College.

Dhavalikhar，M.K. and Possehl，G. 1992 The Pre-Harappan Phase at Prabhas Patan. *Man and Environment* XVII / 1：71 - 8.

Di Piazza，A. and Pearthree，E. 2001 Voyaging and basalt exchange in the Phoenix and Line Archipelagoes. *Archaeology in Oceania* 36：146 - 52.

Diakonoff，1. 1998 The earliest Semitic society. *Journal of Semitic Studies* 43/2：209 - 19.

Diakonov，I. 1985 On the original home of the speakers of IndoEuropean. *Journal of IndoEuropean Studies* 13：92 - 174.

Diamond，J. 1988 Express train to Polynesia. *Nature* 336：307 - 8.

Diamond，J. 1994 Spacious skies and tilted axes. *Natural History 1994*，part 5：16 - 22.

Diamond，J. 1997 *Guns*，*Germs and Steel*. London：Jonathan Cape.

Diamond，J. 2002 Evolution，consequences and future of plant and animal domestication. *Nature* 418：34 - 41.

Diamond，J. and Bellwood，P. 2003 Farmers and their languages：the first expansions. *Science* 300：597 - 603.

Dickson，D.B. 1989 Out of Utopia. *Journal of Mediterranean Archaeology* 2：297 - 302.

Dikshit，K.N. 2000 A review of Palaeolithic culture in India with special reference to the Neolithic culture of Kashmir. *Man and Environment* XXV/2：1 - 6.

Dillehay，T.D.，Rossen，J. and Netherly，P. 1997 The Nanchoc Tradition：the beginnings of Andean civilization. *American Scientist* 85：46 - 55.

Dimmendaal，G. 1995 Do some languages have a multi-genetic or nongenetic origin? In R. Nicolai and F. Rottland eds.，*Cinquieme Colloque de Linguistique Nilo-Saharienne*，pp.35892. KOIn：Koppe.

Dixon，R. 1997 *The Rise and Fall of Languages*. Cambridge：Cambridge

University Press.

Dixon, R. and Aikhenvald, A. 1999 Introduction. In R. Dixon and A. Aikhenvald eds., *Amazonian Languages*, pp. 1 – 22. Cambridge: Cambridge University Press.

Doherty, C., Beavitt, P. and Kurui, E. 2000 Recent observations of rice temper in pottery from Niah and other sites in Sarawak. *Bulletin of the Indo-Pacific Prehistory Association* 20: 147 – 52.

Dolgopolsky, A. 1987 The Indo-European homeland and lexical contacts of Proto-IndoEuropean with other languages. *Mediterranean Language Review* 3: 7 – 31.

Dolgopolsky, A. 1993 More about the Indo-European homeland problem. *Mediterranean Language Review* 6: 230 – 48.

Dolgopolsky, A. 1998 *The Nostratic macrofamily and Linguistic Palaeontology*. Cambridge: McDonald Institute for Archaeological Research.

Dollfus, G. 1989 Les processus de neolithisation en Iran — bilan des connaissances. In O. Aurenche and J. Cauvin eds., *Neolithisations*, pp.37 – 65. Oxford: BAR International Series 516.

Domett, K. 2001 *Health in Late Prehistoric Thailand*. Oxford: BAR International Series 946.

Donahue, R., Burroni, D., Coles, G., Colten, R. and Hunt, C. 1992 Petriolo III South. *Current Anthropology* 33: 328 – 32.

Drews, R. ed. 2001 *Greater Anatolia and the Indo-Hittite Language Family*. Washington DC: Institute for the Study of Man.

Driem, G. van 1999 A new theory on the origin of Chinese. Bulletin of the Indo-Pacific *Prehistory Association* 18: 43 – 58.

Driem, G. van 2003 Tibeto-Burman phylogeny and prehistory: languages, material culture and genes. In P. Bellwood and C. Renfrew eds., *Examining the Language/Farming Dispersal Hypothesis*, pp. 233 – 50. Cambridge: McDonald Institute for Archaeological Research.

DuFresne, A. et al. 1998 A preliminary analysis of microblades, blade cores and lunates from Watgal. *Man and Environment* XXIII/2：17 – 44.

Dunn，F. L. 1975 *Rain-Forest Collectors and Traders*. Monographs of the Malaysian Branch of the Royal Asiatic Society No. 5.

Dutton，T. 1994 Motu-Koiari contact in Papua New Guinea. In T. Dutton and D. Tryon eds.，*Language Contact and Change in the Austroneaian World*，pp. 181 – 232. Berlin：Mouton de Gruyter.

Dutton，T. 1995 Language contact and change in Melanesia. In P. Bellwood，J. Fox and D. Tryon eds.，*The Austronesian*，pp. 192 – 213. Canberra：Dept Anthropology，Research School of Pacific Studies，Australian National University.

Dutton，T. and Tryon，D. eds. 1994 *Language Contact and Change in the Austronesian World*. Berlin：Mouton de Gruyter.

Dye，T. and Komori，E. 1992 A pre-censal population history of Hawai'i. *New Zealand Journal of Archaeology* 14：113 – 28.

Dyen，I. 1965 A Lexicostatistical Classification of the Austronesian Languages. *International Journal of American Linguistics Memoir* 19.

Early，J. and Headland，T. 1998 Population Dynamics of a Philippine Rainforest People. Gainesville：University of Florida Press.

Edens，C. and Wilkinson，T. 1998 Southwest Arabia during the Holocene. *Journal of World Prehistory* 12：55 – 119.

Eder，J. 1987 *On the Road to Tribal Extinction*. Berkeley：University of California Press.

Edwards，P. 1989 Problems of recognizing earliest sedentism：the Natufian example. *Journal of Mediterranean Archaeology* 2：5 – 48.

Edwards，P. 1991 Wadi Hammeh 27. In 0. Bar-Yosef and F.R. Valla eds.，*The Natufian Culture in the Levant*，pp. 123 – 48. Ann Arbor：International Monographs in Prehistory.

Edwards，P. and Higham，C. 2001 Zahrat adh-Dhra' 2 and the Dead Sea Plain at the dawn of the Holocene. In A. Walmsley ed.，*Australians Uncovering Ancient Jordan*，pp.139 – 52. Sydney：Research Institute for Humanities and

Social Sciences, University of Sydney.

Egerod, S. 1991 Far Eastern languages. In S. Lamb and E. Mitchell eds., *Sprung from Some Common Source*, pp. 205 - 31. Stanford: Stanford University Press.

Eggert, M. 1993 Central Africa and the archaeology of the equatorial rainforest. In T. Shaw, P. Sinclair, B. Andah and A. Okpoko eds., *The Archaeology of Africa*, pp.289 - 329. London: Routledge.

Eggert, M. 1996 Pots, farming and analogy: early ceramics in the equatorial rainforest. *Azania Special Volume* XXIX-XXX: 332 - 8.

Ehret, C. 1979 On the antiquity of agriculture in Ethiopia. *Journal of African History* 20: 161 - 77.

Ehret, C. 1993 Nilo-Saharans and the Saharo-Sudanese Neolithic. In T. Shaw, P. Sinclair, B. Andah and A. Okpoko eds., *The Archaeology of Africa*, pp.104 - 25. London: Routledge.

Ehret, C. 1995 *Reconstructing Proto-Afroasiatic*. Berkeley: University of California Press.

Ehret, C. 1997 African languages: a historical survey. In J. Vogel ed., *Encyclopaedia of Precolonial Africa*, pp.159 - 66. Walnut Creek: Sage.

Ehret, C. 1998 *An African Classical Age*. Charlottesville: University Press of Virginia.

Ehret, C. 2000 Testing the expectations of glottochronology against the correlations of language and archaeology in Africa. In C. Renfrew, A. McMahon and L. Trask eds., *Time Depth in Historical Linguistics*, pp.373 - 400. Cambridge: McDonald Institute for Archaeological Research.

Ehret, C. 2003 language family expansions: broadening our understandings of cause from an African perspective. In P. Bellwood and C. Renfrew eds., *Examining the Farming/Language Dispersal Hypothesis*, pp. 163 - 76. Cambridge: McDonald Institute for Archaeological Research.

Ehret, C. and Posnansky, M. eds. 1982 *The Archaeological and Linguistic Reconstruction of African History*. Berkeley: University of California Press.

Ellis, F.H. 1968 What Utaztecan ethnography suggests of Utaztecan prehistory. In E.H. Swanson ed., *Utaztecan Prehistory*, pp.53 – 105. Pocatello: Museum of Idaho University, Occasional Papers 22.

Endicott, K. 1997 Batek history, interethnic relations, and subgroup dynamics. In R.L. Winzeler ed., *Indigenous Peoples and the State*, pp.30 – 50. New Haven: Yale University Southeast Asia Studies Monograph 46.

Endicott, K. and Bellwood, P. 1991 The possibility of independent foraging in the rain forest of Peninsular Malaysia. *Human Ecology* 19: 151 – 87.

Erdosy, G. 1989 Ethnicity and the Rigveda. *South Asian Studies* 5: 35 – 47.

Erdosy, G. 1995 Language, material culture and ethnicity. In G. Erdosy ed., *The Indo-Aryans of Ancient South Asia*, pp.1 – 31. Berlin: Walter de Gruyter.

Errington, J. 1998 *Shifting Languages*. Cambridge: Cambridge University Press.

Evans, L. 1993 *Crop Evolution, Adaptation and Yield*. Cambridge: Cambridge University Press.

Excoffier, L., Pellegrini, B. et al. 1987 Genetics and history of SubSaharan Africa. *Yearbook of Physical Anthropology* 30: 151 – 94.

Fagundes N., Bonatto, S. et al. 2002 Genetic, geographic, and linguistic variation among South American Indians: possible sex influence. *American Journal of Physical Anthropology* 117: 68 – 78.

Fairservis, W. and Southworth, F. 1989 Linguistic archaeology and the Indus Valley culture. In J. Kenoyer ed., *Old Problems and New Perspectives in the Archaeology of South Asia*, Madison: Dept. Of Anthropology, University of Wisconsin, pp.183 – 92.

Fairweather, A.D. and Ralston, I. 1993 The Neolithic timber hall at Balbridie. *Antiquity* 67: 313 – 23.

Farnsworth, P., Brady, J., DeNiro, M. and MacNeish, R. 1985 A reevaluation of the isotopic and archaeological reconstructions of diet in the Tehuacan valley. *American Antiquity* 50: 102 – 16.

Farrington, I. and Urry, J. 1985 Food and the early history of cultivation.

Journal of Ethnobiology 5：143－57.

Feldman，R. A. 1985 Preceramic corporate architecture. In C. B. Donnan ed.，*Early Ceremonial Architecture in the Andes*，pp. 71－92. Washington，DC：Dumbarton Oaks Research Library and Collection.

Fellner，R. 1995 *Cultural Change and the Epipalaeolithic of Palestine*. Oxford：BAR International Series 599.

Fentress，M. 1985 Water resources and double cropping in Harappan food production. In V. N. Misra and P. Bellwood eds.，*Recent Advances in Indo-Pacific Prehistory*，pp.359－68. New Delhi：Oxford & IBH.

Fiedel，S. 1987 Algonquian origins. *Archaeology of Eastern North America* 15：1－11.

Fiedel，S. 1990 Middle Woodland and Algonquian expansion：a refined model. *North American Archaeologist* 11：209－30.

Fiedel，S. 1991 Correlating archaeology and linguistics：the Algonquian case. *Man in the Northeast* 41：9－32.

Fiedel，S. 1999 Older than we thought：implications of corrected dates for Paleoindians. *American Antiquity* 64：95－115.

Fix，A. 1999 *Migration and Colonization in Human Evolution*. Cambridge：Cambridge University Press.

Fix，A. 2000 Genes，languages and ethnic groups：reconstructing Orang Ash prehistory. *Bulletin of the Indo-Pacific Prehistory Association* 19：11－16.

Fix，A. 2002 Foragers，farmers and traders in the Malayan Peninsula：origins of cultural and biological diversity. In K. Morrison and L. Dunker eds.，*Forager-traders in South and Southeast Asia*，pp. 185－202. Cambridge：Cambridge University Press.

Flam L. 1999 The prehistoric Indus river system and the Indus Civilization in Sindh. *Man and Environment* XXIV / 1：35－70.

Flannery，K. 1969 Origins and ecological effects of early domestication in Iran and the Near East. In P. Ucko and G. W. Dimbleby eds.，*The Domestication and Exploitation of Plants and Animals*，pp.73－100. London：Duckworth.

Flannery，K. 1972 The origins of the village as a settlement type in Mesoamerica and the Near East. In P. Ucko，R. Tringham and G. Dimbleby eds.，*Man，Settlement and Urbanism*，pp.23－53. London：Duckworth.

Flannery，K. ed. 1976 *The Early Mesoamerican Village*. Orlando：Academic.

Flannery，K. 1986 The problem and the model. In K. V. Flannery ed.，*Guila Naquitz*，pp.1－18. Orlando：Academic.

Flannery，K. ed. 1986 *Guila Naquitz*. Orlando：Academic.

Flannery，K. and Marcus，J. eds. 1983 *The Cloud People*. Orlando：Academic.

Flannery，K. and Marcus，J. 2000 Formative Mexican chiefdoms and the myth of the "Mother Culture". *Journal of Anthropological Archaeology* 19：1－37.

Flannery，K. and Marcus，J. 2003 The origin of war：new ^{14}C dates from ancient Mexico. Proc. *National Academy of Sciences (USA)* 100：11801－5.

Foley，W. 1986 *The Papuan Languages of New Guinea*. Cambridge：Cambridge University Press.

Ford，J. A. 1969 *A Comparison of Formative Cultures in the Americas*. Washington DC：Smithsonian.

Ford，R. ed. 1985 *Prehistoric Food Production in North America*. University of Michigan，Museum of Anthropology，Anthropological Papers 75.

Forster，P. and Toth，A. 2003 Toward a phylogenetic chronology of ancient Gaulish，Celtic，and Indo-European. Proc. *National Academy of Sciences (USA)* 100：9079－84.

Fort，J. 2003 Population expansion in the western Pacific (Austronesia)：a wave of advance model. *Antiquity* 77：520－30.

Fort，J. and Mendez，V. 1999 Time delayed theory of the Neolithic transition in Europe. *Physical Review Letters* 82：867－71.

Foster，M. 1996 Language and the culture history of North America. In I. Goddard ed.，*Handbook of North American Indians*，vol. 17，pp. 64－110. Washington DC：Smithsonian.

Fowler，C. 1983 Lexical clues to Uto-Aztecan prehistory. *International Journal of American Linguistics* 49：224－57.

Fowler, C. 1994 Corn, beans and squash: some linguistic perspectives from Uto-Aztecan. In S. Johannessen and C. Hastorf eds., *Corn and Culture in the Prehistoric New World*, pp.44568. Boulder: Westview.

Fowler, W. 1989 *The Cultural Evolution of Ancient Nahua Civilizations*. Norman: University of Oklahoma Press.

Fox, C. L. 1996 Physical anthropological aspects of the MesolithicNeolithic transition in the Iberian Peninsula. *Current Anthropology* 37: 689 - 94.

Fox, R. B. 1953 The Pinatubo Negritos. *Philippine Journal of Science* 81: 173 - 414.

Friedrich, P. 1966 Proto-Indo-European kinship. *Ethnology* 5: 1 - 36.

Fritz, G. J. 1990 Multiple pathways to farming in precontact eastern North America. *Journal of World Prehistory* 4: 387 - 436.

Fritz, G.J. 1993 Early and Middle Woodland Period paleoethnobotany. In C.M. Scarry ed., *Foraging and Farming in the Eastern Woodlands*, pp.39 - 56. Gainesville: University Press of Florida.

Fujimoto, T. 1983 Grinding-slabs, hand-stones, mortars, pestles, and saddle querns 1. *Bulletin of the Department of Archaeology*, Faculty of Letters, University of Tokyo 2: 73 - 5.

Fujiwara, H. 1993 Research into the history of rice cultivation using phytolith analysis. In D.M. Pearsall and D. Piperno eds., *Current Research in Phytolith Analysis*, pp. 157. Philadelphia: MASCA Research Papers in Science and Archaeology 10.

Fuller, D. 2001 Harappan seeds and agriculture: some considerations. *Antiquity* 75: 410 - 4.

Fuller, D. 2002 Fifty years of archaeobotanical studies in India: laying a solid foundation. In S. Settar and R. Korisettar eds., *Indian Archaeology in Retrospect*, vol.3, pp.247 - 363. New Delhi: Manohar.

Fuller, D. 2003 An agricultural perspective on Dravidian historical linguistics. In P. Bellwood and C. Renfrew eds., *Examining the Farming/Language Dispersal Hypothesis*, pp. 191 - 215. Cambridge: McDonald Institute for

Archaeological Research.

Fuller, D. and Madella, M. 2002 Issues in Harappan archaeology: retrospect and prospect. In S. Settar and R. Korisettar eds., *Indian Archaeology in Retrospect*, Vol. 2, pp.317 - 90. New Delhi: Manohar.

Galinat, W. C. 1985 Domestication and diffusion of maize. In R. Ford ed., *Prehistoric Food Production in North America*, pp.245 - 278. University of Michigan, Museum of Anthropology, Anthropological Papers 75.

Galinat, W. 1995 The origin of maize: grain of humanity. *Economic Botany* 49: 3 - 12.

Gamkrelidze, T. 1989 Proto-Indo-Europeans in Anatolia. *Journal of Indo-European Studies* 17: 341 - 50.

Gamkrelidze, T. and Ivanov, V. 1985 The Ancient Near East and the Indo-European question. *Journal of Indo-European Studies* 13: 3 - 48.

Gamkrelidze, T. and Ivanov, V. 1995 *Indo-European and the Indo-Europeans*. Berlin: Mouton de Gruyter.

Garasanin, M. and Radovanovic, 1. 2001 A pot in house 54 at Lepenski Vir 1. *Antiquity* 75: 118 - 25.

Gardner, P. 1980 Lexicostatistics and Dravidian differentiation in situ. *Indian Linguistics* 41: 170 - 80.

Gardner, P. M. 1993 Dimensions of subsistence foraging in South India. *Ethnology* 32: 109 - 44.

Garfinkel, J. 1994 Ritual burial of cultic objects: the earliest evidence. *Cambridge Archaeological Journal* 4/2: 159 - 88.

Garfinkel, Y. 1987 Yiftahel. *Journal of Field Archaeology* 14: 199 - 212.

Garrard, A. 1999 Charting the emergence of cereal and pulse domestication in South-west Asia. *Environmental Archaeology* 4: 67 - 86.

Gaut, R.C. 1983 *Excavations at Atranjikhera*. Delhi: Motilal Banarsidass.

Gebel, H.G. and Bienert, H-D. 1997 Baja hidden in the Petra Mountains. In H. Gebel. Z. Kafafi and G. Rollefson eds., *The Prehistory of Jordan, II. Perspectives from 1997*, pp.221 - 62. Berlin: Ex Oriente.

Gebel, H.G. and Hermansen, B. 1999 Baja Neolithic Project 1999. *NeoLithics* 3(99): 18 - 21.

Geertz, C. 1963 *Agricultural Involution*. Berkeley: University of California Press.

Gellner, E. 1988 *Plough, Sword and Book*. London: Collins Harvill.

Gibson, J. L. 1996 Poverty Point and Greater Southeastern prehistory. In K. Sassaman and D. Anderson eds., *Archaeology of the Mid-Holocene Southeast*, pp.288 - 305. Gainesville: University of Florida Press.

Gibson, J.L. 1998 Broken circles, owl monsters, and black earth midden. In R. Mainfort and L. Sullivan eds., *Ancient Earthen Enclosures*, pp. 17 - 30. Gainesville: University of Florida Press.

Gifford-Gonzalez, D. 1998 Early pastoralists in East Africa: ecological and social dimensions. *Journal of Anthropological Archaeology* 17: 166 - 200.

Gifford-Gonzalez, D. 2000 Animal disease challenges to the emergence of pastoralism in sub-Saharan Africa. *African Archaeological Review* 17: 95 - 139.

Gilead, I. 1991 The Upper Palaeolithic period in the Levant. *Journal of World Prehistory* 5: 105 - 50.

Gilman, P. A. 1997 *Wandering Villagers*. Arizona State University Anthropological Papers 49.

Gimbutas, M. 1985 Primary and secondary homelands of the Indo-Europeans. *Journal of IndoEuropean Studies* 13: 185 - 202.

Gimbutas, M. 1991 Deities and symbols of Old Europe. In S. Lamb and E. Mitchell eds., *Sprung from Some Common Source*, pp.89 - 121. Stanford: Stanford University Press.

Gkiasta, M., Russell, T. et al. 2003 Neolithic transition in Europe: the radiocarbon record revisited. *Antiquity* 77: 45 - 62.

Glover, I. and Bellwood, P. eds. 2004 *Southeast Asia: From Prehistory to History*. London: RoutledgeCurzon.

Glover, I.C. and Higham, C.F. 1996 New evidence for early rice cultivation. In

D. Harris ed., *The Origins and Spread ofAgriculture and Pastoralism in Eurasia*, pp.412 - 41. London: UCL Press.

Goddard, 1. 1979 Comparative Algonquian. In L. Campbell and M. Mithun eds., *The Languages of Native America*, pp.70 - 132. Austin: University of Texas Press.

Goldschmidt, A., 1996 *A Concise History of the Middle East*. Boulder: Westview.

Golson, J. 1977 No room at the top. In J. Allen, J. Golson and R. Jones eds., *Sunda and Sahul*, pp.601 - 38. London: Academic.

Golson, J. and D. Gardner 1990 Agriculture and sociopolitical organisation in New Guinea Highlands prehistory. *Annual Review of Anthropology* 19: 395 - 417.

Comes, A.G. 1990 Demographic implications of villagisation among the Semang of Malaysia. In B. Meehan and N. White eds., *Hunter-Gatherer Demography: Past and Present*, pp.126 - 38. Sydney: Oceania Monograph 39.

Gonda, J. 1973 *Sanskrit in Indonesia*. 2nd edn. New Delhi: International Academy of Indian Culture.

Gopher, A. 1994 Southern-Central Levant PPN cultural sequences. In H.G. Gebel and S.F. Kozlowski eds., *Neolithic Chipped Stone Industries of the Levant*, pp.387 - 92. Berlin: Ex Oriente.

Gopher, A., Abbo, S. and Lev-Yadun, S. 2001 The "when", the "where" and the "why" of the Neolithic revolution in the Levant. In M. Budje ed., *Documenta Praehistorica XXVIII*, pp.4962. Ljubljana (ISSN 1408 - 967X).

Gopher, A. and Gophra, R. 1994 Cultures of the eighth and seventh millennia BP in the southern Levant. *Journal of World Prehistory* 7: 297 - 353.

Gorecki, P. 1986 Human occupation and agricultural development in the Papua New Guinea Highlands. *Mountain Research and development* 6: 159 - 66.

Goring-Morris, A. N. 2000 The quick and the dead. In I. Kuijt ed., *Life in Neolithic Farming Communities*, pp.103 - 36. New York: Kluwer.

Goring-Morris, A. N. and Belfer-Cohen, A. 1998 The articulation of cultural processes and Late Quaternary environmental changes in Cisjordan. *Paleorient* 23/2: 71 – 93.

Gosden, C. and Hather, J. eds. 1999 *The Prehistory of Food*. London: Routledge.

Goss, J. 1968 Culture-historical inference from Utaztecan linguistic evidence. In E. Swanson ed., *Utaztecan Prehistory*, pp.1 – 42. Pocatello: Occasional Papers of the Museum of Idaho University, No. 22.

Grace, G. 1990 The "aberrant" (vs. "exemplary") Melanesian languages. In P. Baldi ed., *Linguistic Change and Reconstruction Methodology*, pp.156 – 73. Berlin: Mouton de Gruyter.

Graham, J. 1989 Olmec diffusion: a sculptural view from Pacific Guatemala. In R.J. Sharer and D. C. Grove eds., *Regional Perspectives on the Olmec*, pp.227 – 46. Cambridge: Cambridge University Press.

Graham, M. 1994 *Mobile Farmers*. Ann Arbor: International Monographs in Prehistory, Ethnoarchaeological Monograph 3.

Gray, R. and Atkinson, Q. 2003 Language tree divergence times support the Anatolian theory of Indo-European origin. *Nature*, 426: 435 – 9.

Gray, R. and Jordan, F. 2000 Language trees support the express-train sequence of Austronesian expansion. *Nature* 405: 1052 – 5.

Green, R. 1991 Near and Remote Oceania — disestablishing "Melanesia" in culture history. In A. Pawley ed., *Man and a Half* pp.491 – 502. Auckland: Polynesian Society.

Green, W. ed. 1994 *Agricultural Origins and Development in the Mid-Continent*. Iowa City: University of Iowa Press.

Greenberg, J. 1987 *Language in the Americas*. Stanford: Stanford University Press.

Greenberg, J. 1990 Commentary. *Review of Archaeology* 11 /2: 5 – 14.

Greenberg, J. 2000 *Indo-European and its Closest Relatives: the Eurasiatic Language Family*. Vol. 1: Grammar. Stanford: Stanford University Press.

Gregg, S. 1979 – 80 A material perspective of tropical rainforest huntergatherers:

the Semang of Malaysia. *Michigan Discussions in Anthropology* 15/1 - 2: 117 - 35.

Gregg, S.A. 1988 *Foragers and Farmers*. Chicago: University of Chicago Press.

Grieder, T., Mendoza, A.B., Smith, C.E. and Malina, R.M. 1988 *La Galgada, Peru*. Austin: University of Texas Press.

Grogan, E. 2002 Neolithic houses in Ireland: a broader perspective. *Antiquity* 76: 517 - 25.

Gronenborn, D. 1999 A variation on a basic theme: the transition to farming in southern central Europe. *Journal of World Prehistory* 13: 123 - 212.

Groube, L. 1970 The origin and development of earthwork fortification n the Pacific. In R. Green and M. Kelly eds., *Studies in Oceanic Culture History*, vol. 1, pp. 133 - 64. Honolulu, Bishop Museum: Pacific Anthropological Records 11.

Grove, D. 1989 Olmec: what's in a name? In R.J. Sharer and D.C. Grove eds., *Regional Perspectives on the Olmec*, pp.8 - 16. Cambridge: CUP.

Grove, D. 2000 The Preclassic societies of the Central Highlands of Mesoamerica. In R. Adams and M. MacLeod eds., *The Cambridge History of the Native Peoples of the Americas II*, Mesoamerica, Part 1, pp.122 - 55. Cambridge: Cambridge University Press.

Guddemi, P. 1992 When horticulturalists are like hunter-gatherers: the Sawiyano of Papua New Guinea. *Ethnology* 31: 303 - 14.

Haaland, R. 1993 Aqualithic sites of the Middle Nile. *Azania* 28: 47 - 86.

Haaland, R. 1995 Sedentism, cultivation and plant domestication in the Holocene Middle Nile region. *Journal of Field Archaeology* 22: 157 - 74.

Haaland, R. 1997 The emergence of sedentism. *Antiquity* 71: 374 - 85.

Haaland, R. 1999 The puzzle of the late mergence of domesticated sorghum in the Nile valley. In C. Gosden and J. Hather eds., *The Prehistory of Food*, pp. 397 - 418. London: Routledge.

Haas, M. 1969 *The Prehistory of Languages*. The Hague: Mouton.

Haberle, S. 2003 The emergence of an agricultural landscape in the highlands of

New Guinea. *Archaeology in Oceania* 38: 149 - 58.

Haberle, S.G. 1994 Anthropogenic indicators in pollen diagrams: problems and prospects for Late Quaternary palynology in New Guinea. In J. Rather ed., *Tropical Archaeobotany: Applications and New Developments*, pp.172 - 201. London: Routledge.

Haberle, S.G. and Chepstow-Lusty, A.G. 2000 Can climate influence cultural development? A view through time. *Environment and History* 6: 349 - 69.

Haberle, S.G., Hope, G.S. and DeFretes, Y. 1991 Environmental change in the Baliem Valley, montane Irian Jaya, Republic of Indonesia. *Journal of Biogeography* 18: 25 - 40.

Hage, P. and Marck, J. 2003 Matrilineality and the Melanesian origin of Polynesian Y chromosomes. *Current Anthropology* 44, Supplement: 121 - 7.

Hagelberg, E. 2000 *Genetics in the Study of Human History: Problems and Opportunities*. University of Amsterdam, Kroon Lecture Series no. 20.

Hagelberg, E., Kayser, M. et al. 1999 Molecular genetic evidence for the human settlement of the Pacific. Philosophical Transactions of the Royal Society of London, *Biological Sciences* 354: 141 - 52.

Hale, K. and Harris, D. 1979 Historical linguistics and archaeology. In A. Ortiz ed., *Handbook of North American Indians*, Vol. 9, Southwest, pp.170 - 7. Washington: Smithsonian.

Halstead, P. 1996 The development of agriculture and pastoralism in Greece. In D. Harris ed., *The Origins and Spread ofAgnculture and Pastoralism in Eurasia*, pp.296 - 309. London: UCL Press.

Hammond, N. 2000 The Maya Lowlands: pioneer farmers to merchant princes. In R. Adams and M. MacLeod eds., *The Cambridge History of the Native Peoples of the Americas II*, Mesoamerica, Part 1, pp.197 - 249. Cambridge: Cambridge University Press.

Handwerker, W. P. 1983 The first demographic transition. *American Anthropologist* 85: 5 - 27.

Hanotte, 0., Bradley, D. et al. 2002 African pastoralism: genetic imprints of origins and migrations. *Science* 296：336－9.

Hansen，J. 1991 *The Paleoethnobotany of Franchthi Cave*. Bloomington：Indiana University Press.

Hansen，J. 1992 Franchthi Cave and the beginnings of agriculture in Greece and the Aegean. In P.C. Anderson ed.，*Prehistoire de l'Agriculture*，pp.231－48. Paris：CNRS.

Haour，A. 2003 One hundred years of archaeology in Niger. *Journal of World Prehistory* 17：181－234.

Hard，R.J. and Merrill，W.C. 1992 Mobile agriculturalists and the emergence of sedentism：perspectives from northern Mexico. *American Anthropologist* 94：601－20.

Hard，R. J. and Roney，J. R. 1998 A massive terraced village complex in Chihuahua，Mexico，3000 years before present. *Science* 279：1661－4.

Hard，R.J. and Roney，J.R. 1999 Cerro Juangquena. *Archaeology Southwest* 13/1：4－5.

Harlan，J. 1992 Indigenous African agriculture. In C.W. Cowan and P.J. Watson eds.，*The Origins of Agriculture*，pp.59－70. Washington DC：Smithsonian.

Harlan，J. 1995 *The Living Fields*. Cambridge：CUP.

Harris，D. 1977a Alternative pathways toward agriculture. In C.A. Reed ed.，*Origins of Agriculture*，pp.179－243. The Hague：Mouton.

Harris，D. 1977b Subsistence strategies across Torres Strait. In J. Allen，J. Golson and R. Jones eds.，*Sunda and Sahul*，pp.421－64. London：Academic Press.

Harris，D. 1998a The origins of agriculture in Southwest Asia. *Review of Archaeology* 19/2：5－11.

Harris，D. 1998b The spread of Neolithic agriculture from the Levant to western central Asia. In A. Damania，J. Valkoun，G. Willcox and C. Qualset eds.，*The Origins of Agriculture and Crop Domestication*，pp. 65 － 82. Aleppo：ICARDA.

Harris，D. 2002 Development of the agro-pastoral economy in the Fertile

Crescent during the Pre-Pottery Neolithic period. In S. Bottema and R. Cappers eds., *The Transition from Foraging to Farming in Southwest Asia*, pp.67 - 84. Berlin: Ex Oriente.

Harris, D. 2003 The expansion capacity of early agricultural systems: a comparative perspective on the spread of agriculture. In P. Bellwood and C. Renfrew eds., *Examining the Farming/ Language Dispersal Hypothesis*, pp.31 - 40. Cambridge: McDonald Institute for Archaeological Research.

Harris, D., Gosden, C. and Charles, M. 1996 Jeitun: recent excavations at an Early Neolithic site in southern Turkmenistan. *PPS* 62: 423 - 42.

Hart, J. 1999 Maize agriculture evolution in the Eastern Woodlands of North America. *Journal of Archaeological Method and Theory* 6: 137 - 80.

Hart, J., Asch, D. et al. 2002 The age of the common bean (Phaseolus vulgaris) in the northern Eastern Woodlands of North America. *Antiquity* 76: 377 - 85.

Hart, J. and Brumbach, H. 2003 The death of Owasco. *American Antiquity* 68: 737 - 52.

Hart, J., Thompson, R. and Brumbach, H. 2003 Phytolith evidence for early maize (Zea mays) in the northern Finger Lakes region of New York. *American Antiquity* 68: 619 - 40.

Hassan, F. 1981 *Demographic Archaeology*. New York: Academic.

Hassan, F. 1988 The predynastic of Egypt. *Journal of World Prehistory* 2: 135 - 86.

Hassan, F. 1997a Holocene palaeoclimates of Africa. *African Archaeological Review* 14: 213 - 30.

Hassan, F. 1997b Egypt: beginnings of agriculture. In Vogel, J. ed., *Encyclopaedia of Precolonial Africa*, pp.405 - 9. Walnut Creek: Sage.

Hassan, F. 1998 The archaeology of North Africa at Kiekrz 1997. *African Archaeological Review* 15: 85 - 93.

Hassan, F. 2000 Climate and cattle in North Africa: a first approximation. In Blench, R. and MacDonald, K. eds., *The Origins and Development of African Livestock*, pp.61 - 86. London: UCL Press.

Hassan, F. 2002 Palaeoclimate, food and culture change in Africa: an overview. In Hassan, F. ed., *Droughts, Food and Culture*, pp. 11 - 26. New York: Kluwer.

Hassan, F. 2003 Archaeology and linguistic diversity in North Africa. In P. Bellwood and C. Renfrew eds., *Examining the Farming/Language Dispersal Hypothesis*, pp. 127 - 34. Cambridge: McDonald Institute for Archaeological Research.

Hastorf, C. 1999 Cultural implications of crop introductions in Andean prehistory. In C. Gosden and J. Hather eds., *The Prehistory of Food*, pp.35 - 58. London: Routledge.

Hastorf, C. and Johannessen, S. 1994 Becoming corn-eaters in prehistoric America. In S. Johannessen and C. Hastorf eds., *Corn and Culture in the Prehistoric New World*, pp.427 - 44. Boulder: Westview.

Hather, J. and Hammond, N. 1994 Ancient Maya subsistence diversity. *Antiquity* 68: 330 - 5.

Haugen, E. 1988 Language and ethnicity. In A. Jazayery and W. Winter eds., *Languages and Cultures*, pp.235 - 44. Berlin: Mouton de Gruyter.

Hauptmann, H. 1999 The Urfa region. In M. Ozdogan and N. Balgelen eds., *Neolithic in Turkey*, pp.65 - 86. Istanbul: Arkeoloji ve Sanat Yayinlari.

Haury, E.H. 1986 Thoughts after sixty years as a Southwestern archaeologist. In J.J. Reid and D.E. Doyel eds., Emil W. *Haury's Prehistory of the American Southwest*, pp.435 - 64. Tucson: University of Arizona Press.

Hayden, B. 1990 Nimrods, piscators, pluckers and planters. *Journal of Anthropological Archaeology* 9: 31 - 69.

Hayden, B. 1992 Models of domestication. In A.B. Gebauer and T.D. Price eds., *Transitions to Agriculture in Prehistory*, pp. 11 - 19. Madison: Prehistory Press.

Hayden, B. 1995 An new overview of domestication. In T. D. Price and A. B. Gebauer eds., *Last Hunters First Farmers*, pp.273 - 300. Santa Fe: School of American Research.

Hayward, R. 2000 Is there a metric for convergence? In C. Renfrew, A. McMahon and L. Trask eds., *Time Depth in Historical Linguistics*, pp.621 - 42. Cambridge: McDonald Institute for Archaeological Research.

He Jiejun 1999 Excavations in Chengtoushan in Li County, Hunan Province, China. *Bulletin of the Indo-Pacific Prehistory Association* 18: 101 - 4.

Headland, T. ed. 1993 *The Tasaday Controversy*. Washington: American Anthropological Association.

Headland, T. 1986 *Why Foragers do not Become Farmers*. Ann Arbor: University Microfilms International.

Headland, T. 1997 Limitation of human rights — Agra Negritos. *Human Organisation* 56: 79 - 90.

Headland, T. and Reid, L. 1989 Hunter-gatherers and their neighbours from prehistory to the present. *Current Anthropology* 30: 43 - 66.

Heath, S. and Laprade, R. 1982 Castilian colonization and indigenous languages: the cases of Quechua and Aymara. In R. Cooper ed., *Language Spread: Studies in Diffusion and Social Change*, pp. 118 - 47. Bloomington: Indiana University Press.

Hedrick, B. C., Kelley, J. C. and Riley, C. R. eds. 1974 *The Mesoamerican Southwest*. Carbondale: Southern Illinois University Press.

Hegedus, I. 1989 The applicability of exact methods in Nostratic research. In V. Shevoroshkin ed., *Explorations in Language Macrofamilies*, pp. 30 - 9. Bochum: Brockmeyer.

Heiser, C. 1988 Aspects of unconscious selection and the evolution of domesticated plants. *Euphytica* 37: 77 - 81.

Heiser, C. 1990 *Seed to Civilization*. Cambridge, MA: Harvard University Press.

Hemphill, B. et al. 1991 Biological adaptations and affinities of Bronze Age Harappans. In R. H. Meadow ed., *Harappa Excavations 1986 - 1990*, pp.137 - 82. Madison: Prehistory Press.

Henry, D. O. 1989 *From Foraging to Agriculture*. Philadelphia: University of

Pennsylvania Press.

Henry, D.O. 1991 Foraging, sedentism and adaptive vigour in the Natufian. In G. A. Clark ed., *Perspectives on the Past*, pp. 353 – 70. Philadelphia: University of Pennsylvania Press.

Henry, D. O. et al. 1999 Investigation of the Early Neolithic site of Ain Abu Nekheileh. *NeoLithics* 3/99: 3 – 5.

Herbert R.K. and Huffman, T.N. 1993 A new perspective on Bantu expansion and classification. *African Studies* 52: 53 – 76.

Herschkovitz, I. Speirs, M, Frayer, D., Nadel, D., Wish-Baratz, S. and Arensburg, B. 1995 Ohalo II H2: a 19,000 year old skeleton from a water-logged site at the Sea of Galilee, Israel. *American Journal of Physical Anthropology* 96: 215 – 34.

Hester, J.J. 1962 *Early Navajo Migrations and Acculturation in the Southwest*. Santa Fe: Museum of New Mexico, Papers in Anthropology No. 6.

Heun, M. Schafer-Pregi, R. et al. 1997 Site of einkom wheat domestication identified by DNA fingerprinting. *Science* 278: 1312 – 4.

Higgs, E.S. and Jarman, M. 1972 The origins of animal and plant husbandry. In E.S. Higgs ed., *Papers in Economic Prehistory*, pp. 3 – 14. Cambridge: Cambridge University Press.

Higham, C. 1996a *The Bronze Age of Southeast Asia*. Cambridge: Cambridge University Press.

Higham, C. 1996b A review of archaeology in Mainland Southeast Asia. *Journal of Archaeological Research* 4: 3 – 50.

Higham, C. 1996c Archaeology and linguistics in Southeast Asia: implications of the Austric hypothesis. *Bulletin of the Indo-Pacific Prehistory Association* 14: 110 – 118.

Higham, C. 2002 *Early Cultures of Mainland Southeast Asia*. London: Thames and Hudson.

Higham, C. 2003 Languages and farming dispersals: Austroasiatic languages and rice cultivation. In P. Bellwood and C. Renfrew eds., *Examining the*

Language/Farming Dispersal Hypothesis, pp. 223 – 32. Cambridge: McDonald Institute for Archaeological Research.

Higham, C. 2004 Mainland Southeast Asia from the Neolithic to the Iron Age. In I. Glover and P. Bellwood eds., *Southeast Asia: From Prehistory to History*, pp.41 – 67. London: RoutledgeCurzon.

Higham, C. and Bannanurag (Thosarat), R. eds. *1990 and onwards The Excavation of Khok Phanom Di. London: Society of Antiquaries*. 5 vols.

Higham, C. and Thosarat, R. 1994 *Khok Phanom Di*. Fort Worth: Harcourt, Brace, Jovanovich.

Higham, C. and Thosarat, R. 1998a *Prehistoric Thailand*. Bangkok: River Books.

Higham, C. and Thosarat, R. eds. 1998b *The Excavation of Nong Nor: a prehistoric site in central Thailand*. Oxford: Oxbow Books.

Hill, J. 2001 Proto-Uto-Aztecan: a community of cultivators in central Mexico? *American Anthropologist* 103: 913 – 34.

Hill, J. 2002 Toward a linguistic prehistory of the Southwest: "Aztec-Tanoan" and the arrival of maize cultivation. *Journal of Anthropological Research* 58: 457 – 76.

Hill, J. 2003 Proto-Uto-Aztecan cultivation and the Northern Devolution. In P. Bellwood and C. Renfrew eds., *Examining the Farming/Language Dispersal Hypothesis*, pp.331 – 40. Cambridge: McDonald Institute for Archaeological Research.

Hillman, G. 1989 Late Palaeolithic plant foods from Wadi Kubanniya in Upper Egypt. In D. Harris and C. Hillman eds., *The Origins and Spread of Agriculture and Pastoralism in Eurasia*, pp.207 – 39. London: UCL Press.

Hillman, G. 1996 Late Pleistocene changes in wild plant-foods available to hunter-gatherers of the northern Fertile Crescent; possible preludes to cereal cultivation. In D. Harris ed., *The Origins and Spread of Agriculture and Pastoralism in Eurasia*, pp.159 – 203. London: UCL Press.

Hillman, G. 2000 The plant food economy of Abu Hureyra 1. In A. Moore, G.

Hillman and A. Legge *Village on the Euphrates: From Foraging to Farming at Abu Hureyra*, pp.327-99. New York: Oxford University Press.

Hillman, G. and Davies, M. 1990 Measured domestication rates in wild wheat and barley. *Journal of World Prehistory* 4: 157-222.

Hillman, G., Hedges, R., Moore, A., Colledge, S. and Pettitt, P. 2001 New evidence of late glacial cereal cultivation at Abu Hureyra on the Euphrates. *The Holocene* 11: 383-93.

Hines, J. 1998 Archaeology and language in a historical context: the creation of English. In R. Blench and M. Spriggs eds., *Archaeology and Language III*, pp.283-94. London: Routledge.

Hitchcock, R. 1982 Patterns of sedentism among the Basarwa of eastern Botswana. In E. Leacock and R.B. Lee eds., *Politics and History in Band Societies*, pp.223-68. Cambridge: Cambridge University Press.

Ho, Ping-ti 1975 *The Cradle of the East*. Chicago: University of Chicago Press.

Hodges, D.C. 1989 *Agricultural Intensification and Prehistoric Health in the Valley of Oaxaca*, Mexico. Ann Arbor, Museum of Anthropology, University of Michigan, Memoir 22.

Hoffman, C. L. 1986 *The Punan: Hunters and Gatherers of Borneo*. Ann Arbor: UMI Research Press.

Holden, C. 2002 Bantu language trees reflect the spread of farming across sub-Saharan Africa: a maximum parsimony analysis. *Proceedings of the Royal Society of London B* 269: 793-9.

Hole, F. 1998 The spread of agriculture to the eastern arc of the Fertile Crescent. In A. Damania, J. Valkoun, G. Willcox and C. Qualset eds., *The Origins of Agriculture and Crop Domestication*, pp.83-92. Aleppo: ICARDA.

Hole, F. 2000 New radiocarbon dates for Ali Kosh, Iran. *Neo-Lithics* 1/2000: 13.

Holl, A. 1998 The dawn of African pastoralisms. *Journal of Anthropological Archaeology* 17: 81-96.

Hoopes, J. 1991 The Isthmian alternative. In W.R. Fowler ed., *The Formation of Complex Society in Southeastern Mesoamerica*, pp.171 – 92. Boca Raton: CRC Press.

Hoopes, J. 1993 A view from the south: prehistoric exchange in Lower Central America. In J.E. Ericson and T.G. Baugh eds., *The American Southwest and Mesoamerica*, pp.247 – 82. New York: Plenum.

Hoopes, J. 1994 Ford revisited. *Journal of World Prehistory* 8: 1 – 50.

Hoopes, J. 1996 Settlement, subsistence and the origins of social complexity in Greater Chiriqui. In F.W. Lange ed., *Paths to Central American Prehistory*, pp.15 – 48. Niwot: University of Colorado Press.

Hopf, M. 1983 Jericho plant remains. In K.M. Kenyon and T.A. Holland eds., *Excavations at Jericho*, Vol. 5, pp.576 – 621. London: British School of Archaeology in Jerusalem.

Hopkins, N. 1965 Great Basin prehistory and Uto-Aztecan. *American Antiquity* 31: 48 – 60.

Hours, F. et al. 1994 *Atlas des Sites du Proche Orient*. 2 vols. Lyon: Maison de l'Orient mediterranean.

Huang Tsui-mei 1992 Liangzhu — a late neolithic jade-yielding culture in southeastern coastal China. *Antiquity* 66: 75 – 83.

Huckell, B. 1998 Alluvial stratigraphy of the Santa Cruz Bend Reach. In J. Mabry ed., *Archaeological Investigations of Early Village Sites in the Middle Santa Cruz Valley. Analysis and Synthesis*, vol. 1, pp.31 – 56. Tucson: Center for Desert Archaeology, Archaeological Papers 19.

Huckell, B., Huckell, L.W. and Fish, S.K. 1995 *Investigations at Milagro*. Tucson: Center for Desert Archaeology, Technical Report No. 94 – 5.

Hudson, M. 1999 *Ruins of Identity*. Honolulu: University of Hawaii Press.

Hudson, M. 2003 Agriculture and language change in the Japanese Islands. In P. Bellwood and C. Renfrew eds., *Examining the Farming/Language Dispersal Hypothesis*, pp.311 – 8. Cambridge: McDonald Institute for Archaeological Research.

Huffman, T. N. 1989a *Iron Age Migrations*. Johannesburg: Witwaterstrand

University Press.

Huffman, T. N. 1989b Ceramics, settlements and Late Iron Age migrations. *African Archaeological Review* 7: 155 – 82.

Huffman, T.N. and Herbert, R.K. 1996 A new perspective on Eastern Bantu. *Azania Special Volume* XXIX-XXX: 27 – 36.

Huke, R. 1982a *Agroclimatic and Dry-Season Maps of South, Southeast and East Asia*. Los Banos, Philippines: International Rice Research Institute.

Huke, R. 1982b Rice Area by Type of Culture: South, Southeast and East Asia. Los Banos, Philippines: International Rice Research Institute. Hunan Institute of Archaeology 1990 Preliminary report on excavations at the Early Neolithic site of Pengtoushan. *Wenwu* 1990/8: 17 – 29 (in Chinese).

Hunan Institute of Archaeology 1996 Excavation of an Early Neolithic site at Bashidang. *Wenwu* 1996/12: 26 – 39 (in Chinese).

Hunn, E.S. and Williams, N.M. 1982 Introduction. In N.M. Williams and E.S. Hunn eds., *Resource Managers: North American and Australian Hunter-Gatherers*, pp.1 – 16. Boulder: Westview.

Hurles, M. 2003 Can the hypothesis of language/ agriculture co-dispersal be tested with archaeogenetics? In P. Bellwood and C. Renfrew eds., *Examining the Farming/Language Dispersal Hypothesis*, pp. 299 – 310. Cambridge: McDonald Institute for Archaeological Research.

Hurles, M., Nicholson, J. et al. 2002 Y chromosomal evidence for the origins of Oceanicspeaking peoples. *Genetics* 160: 289 – 303.

IAR 1982 *Indian Archaeology — A Review*. New Delhi: Archaeological Survey of India.

Iltis, H. 2000 Homoerotic sexual translocations and the origin of maize. *Economic Botany* 54: 7 – 42.

Imamura, K. 1996 *Prehistoric Japan*. Honolulu: University of Hawaii Press.

Ingold, T. 1991 Comments. *Current Anthropology* 32: 263 – 5.

Inizan, M-L. and Lechevallier, M. 1994 L'adoption du debitage laminaire par pression au Proche-Orient. In H.G. Gebel and S.F. Kozlowski eds., *Neolithic*

Chipped Stone Industries of the Levant, pp.23 – 32. Berlin: Ex Oriente.

Ipoi, D. and Bellwood, P.S. 1991 Recent research at Gua Sireh (Serian) and Lubang Angin (Gunung Mulu National Park), Sarawak. *Bulletin of the Indo-Pacific Prehistory Association* 11: 386 – 405.

Izumi, S. and Terada, K. 1972 *Excavations at Kotosh, Peru*. Tokyo: University of Tokyo Press.

Jackes, M., Lubell, D. and Meiklejohn, C. 1997a On physical anthropological aspects of the Mesolithic-Neolithic transition in the Iberian Peninsula. *Current Anthropology* 38: 839 – 46.

Jackes, M., Lubell, D. and Meiklejohn, C. 1997b Healthy but mortal: human biology and the first farmers of Western Europe. *Antiquity* 71: 639 – 58.

Janhunen, J. 1996 *Manchuria: an Ethnic History*. Helsinki: Suomalais-Ugrilainen Seura.

Jarrige, J-F. and Meadow R.H. 1980 The antecedents of civilization in the Indus Valley. *Scientific American* 243 / 2: 102 – 11.

Jarrige, J-F. and Meadow R.H. 1992 Melanges Fairservis. In G.L. Possehl ed. *South Asian Archaeology Studies*, pp.163 – 78. New Delhi: Oxford & IBH.

Jarrige, J-F. 1993 Excavations at Mehrgarh. In G. Possehl ed., *Harappan Civilization: A Recent Perspective*, pp. 79 – 84. 2nd edition. New Delhi: Oxford & IBH.

Jenkins, N.J., Dye, D.H. and Walthall, J.A. 1986 Developments in the Gulf Coastal Plain. In K. Farnsworth and T. Emerson eds., *Early Woodland Archaeology*, pp.546 – 63. Kampsville, IL: Center for American Archaeology, Kampsville Seminars in Archaeology, vol.2.

Jennings, J.D. 1989 *Prehistory of North America*. 3rd edition. Mountain View: Mayfield.

Jensen, H., Schild, R., Wendorf, F. and Close, A. 1991 Understanding the Late Palaeolithic tools with lustrous edges from the Nile Valley. *Antiquity* 65: 122 – 8.

Jing, Y. and Flad, R. 2002 Pig domestication in ancient China. *Antiquity* 76:

724 - 32.

Jolly, P. 1996 Symbiotic interaction between black farmers and south-eastern San. *Current Anthropology* 37: 277 - 306.

Jones, M. 2001 *The Molecule Hunt*. London: Allen Lane.

Jones, M. and Brown, T. 2000 Agricultural origins: the evidence of modern and ancient DNA. *The Holocene* 10: 769 - 76.

Jones, R. and Meehan, B. 1989 Plant foods of the Gidjingali. In D. Harris and G. Hillman eds., *Foraging and Farming*, pp.120 - 35. London: Unwin Hyman.

Josserand, K., Winter, M. and Hopkins, N. eds. 1984 *Essays in Otomanguean Culture History*. Nashville: Vanderbilt University Publications in Archaeology 31.

Joyce, R. and Henderson, J. 2001 Beginnings of village life in eastern Mesoamerica. *Latin American Antiquity* 12: 5 - 24.

Kahler, H. 1978 Austronesian comparative linguistics and reconstruction of earlier forms of the language. In S. Wurm and L. Carrington eds., *Proceedings of the Second International Conference on Comparative Austronesian Linguistics, Fascicle 1*, pp.3 - 18. Canberra: Pacific Linguistics Series C - 61.

Kaiser, M. and Shevoroshkin, V. 1988 Nostratic. *Annual Review of Anthropology* 17: 309 - 29.

Kajale, M.D. 1991 Current status of Indian palaeoethnobotany. In J. Renfrew ed., *New Light on Early Farming*, pp.155 - 89.

Kajale, M. 1996a Palaeobotanical investigations at Balathal. *Man and Environment* XXI/ 1: 98 - 102.

Kajale, M.D. 1996b Neolithic plant economy in parts of Lower Deccan and South India. In 1. *Abstracts — The Sections of the XIII International Congress of Prehistoric and Protohistoric Sciences*, Forli, Sept. 1996, pp.67 - 70.

Kamminga, J. and Wright, R. 1988 The Upper Cave at Zhoukoudian and the origins of the Mongoloids. *Journal of Human Evolution* 17: 739 - 67.

Kantor, H. 1992 Egypt. In R. W. Ehrich ed., *Chronologies in Old World*

Archaeology, vol.1, pp.321. Chicago: University of Chicago Press.

Karafet, T., Xu, L. et al. 2001 Paternal population history of East Asia. *American Journal of Human Genetics* 69: 615 - 28.

Kaufman, T. 1976 Archaeological and linguistic correlations in Mayaland and associated areas of Meso-America. *World Archaeology* 8: 101 - 18.

Kaufman, T. 1990a Language history in South America. In D. Payne ed., *Amazonian Linguistics*, pp.13 - 73. Austin: University of Texas Press.

Kaufman, T. 1990b Early Otomanguean homelands and cultures: some premature hypotheses. *University of Pittsburgh Working Papers in Linguistics*, vol.I, pp.91 - 136.

Kaufman, T. 2001 *The history of the Nawa language group from earliest times to the sixteenth century*. http://www.albany.edu/anthro/maldp/Nawa.pdf.

Kayser, M., Brauer, S. et al. 2000 Melanesian origin of Polynesian Y chromosomes. *Current Biology* 10: 1237 - 46.

Kealhofer, L. 1996 The human environment during the terminal Pleistocene and Holocene in northeastern Thailand. *Asian Perspectives* 35: 229 - 54.

Keally, C., Taniguchi, Y. and Kuzmin, Y. 2003 Understanding the beginnings of pottery technology in Japan and neighboring East Asia. *Review of Archaeology* 24/2: 3 - 14.

Keegan, W. 1987 Diffusion of maize from South America. In W.F. Keegan ed., *Emergent Horticultural Economies of the Eastern Woodlands*, pp.329 - 44. Center for Archaeological Investigations, Southern Illinois University at Carbondale.

Keegan, W. ed. 1987 *Emergent Horticultural Economies of the Eastern Woodlands*. Carbondale, Southern Illinois University, Center for Archaeological Investigations, Occasional Paper 7.

Keegan, W. 1994 West Indian Archaeology I. Overview and foragers. *Journal of Archaeological Research* 2: 255 - 84.

Keeley, L. H. 1988 Hunter-gatherer economic complexity and "population pressure": a crosscultural analysis. *Journal of Anthropological Archaeology*

7: 373 - 411.

Keeley, L. H. 1992 The introduction of agriculture to the western North European Plain. In A. B. Gebauer and T. D. Price eds., *Transitions to Agriculture in Prehistory*, pp.81 - 96. Madison: Prehistory Press.

Keeley, L.H. 1995 Protoagricultural practices amongst hunter-gatherers. In T.D. Price and A.B. Gebauer eds., *Last Hunters First Farmers*, pp. 243 - 272. Santa Fe: School of American Research.

Keeley, L. 1996 *War before Civilization*. New York: Oxford University Press.

Keeley, L.H. 1997 Frontier warfare in the early Neolithic. In D.L. Martin and D. W. Frayer eds., *Troubled Times*, pp. 303 - 19. Amsterdam: Gordon and Breach.

Keeley, L. H. and Cahen, D. 1989 Early Neolithic Forts and Villages in NE Belgium: A Preliminary Report. *Journal of Field Archaeology* 16: 157 - 76.

Kelley, J. C. 1974 Speculations on the culture history of Northwestern Mesoamerica. In B. Bell ed., *The Archaeology of West Mexico*, pp. 19 - 39. Jalisco: West Mexican Society for Advanced Study.

Kelley, J.C. and Kelley, E.A. 1975 An alternative hypothesis for the explanation of Anasazi culture history. In T.R. Frisbie ed., *Collected Papers in Honour of Florence Hawley Ellis*, pp.178 - 223. Norman: Hooper.

Kelly, R. 1997 Late Holocene Great Basin prehistory. *Journal of World Prehistory* 11: 1 - 50.

Kelly, R.L. 1995 *The Foraging Spectrum*. Washington: Smithsonian.

Kennedy, J. 1969 *Settlement in the Bay of Islands 1772*. Dunedin: Otago University Studies in Prehistoric Anthropology 3.

Kent, S. 1992 The current forager controversy. *Man* 27: 45 - 70.

Kent, S. 1996 Cultural diversity among African foragers: causes and implications. In S. Kent ed., *Cultural Diversity among TwentiethCentury Foragers*, pp.1 - 18. Cambridge: Cambridge University Press.

Kent, S. ed. 1989 *Farmers as Hunters*. Cambridge: Cambridge University Press.

Kertesz, R. and Makkay, J. eds. 2001 *From the Mesolithic to the Neolithic*.

Budapest: Archaeolingua.

Keys, D. 2003 Pre-Christian rituals at Nazareth. *Archaeology* 56/6: 10.

Khoury, P. and Kostiner, J. 1990 Introduction. In P. Khoury and J. Kostiner eds., *Tribes and State Formation in the Middle East*, pp.1 - 22. Berkeley: University of California Press.

Kimball, M. 2000 Human Ecology and Neolithic Transition in Eastern County Donegal, Ireland. Oxford: BAR British Series 300.

King, F.B. 1985 Early cultivated cucurbits in eastern North America. In R. Ford ed., *Prehistoric Food Production in North America*, pp.73 - 98. University of Michigan, Museum of Anthropology, Anthropological Papers 75.

King, R. and Underhill, P. 2002 Congruent distribution of Neolithic painted pottery and ceramic figurines with Y-chromosome lineages. *Antiquity* 76: 707 - 14.

Kirch, P.V. 1989 Second millennium BP arboriculture in Melanesia. *Economic Botany* 43: 225 - 40.

Kirch, P.V. 1997 *The Lapita Peoples*. Oxford: Blackwell.

Kirch, P.V. 2000 *On the Road of the Winds*. Berkeley: University of California Press.

Kirch, P.V. and Green, R.C. 2001 *Hawaiki: Ancestral Polynesia*. Cambridge: Cambridge University Press.

Kirchhoff, P. 1954 Gatherers and farmers in the Greater Southwest: a problem in classification. *American Anthropologist* 56: 529 - 60.

Kislev, M.E. 1992 Agriculture in the Near East in the Vllth millennium uc. In P. C. Anderson 1992, *Prehistoire de l'Agriculture*, pp. 87 - 94. Paris: CNRS (Monographie du CRA 6).

Kislev, M.E. 1997 Early agriculture and paleoecology of Netiv Hagdud. In O. Bar-Yosef and A. Gopher eds., *An Early Neolithic Village in the Jordan Valley. Part 1: The Archaeology of Netiv Hagdud*, pp. 209 - 36. Cambridge, MA: Peabody Museum of Archaeology and Ethnology.

Kitson, P. 1996 British and European river names. Trans. *Philological Society*

94：73 - 118.

Kivisild，T.，Rootsi，S. et al. 2003 The genetics of language and farming spread in India. In P. Bellwood and C. Renfrew eds.，*Examining the Farming/ Language Dispersal Hypothesis*，pp.215 - 22. Cambridge：McDonald Institute for Archaeological Research.

Kivisild，T.，Tolk，H. et al. 2002 The emerging limbs and twigs of the East Asian mtDNA tree. *Molecular Biology and Evolution* 19：1737 - 51.

Klee，M. and Zach，B. 1999 The exploitation of wild and domesticated food plants at settlement mounds in north-east Nigeria. In M. van der Veen ed.，*The Exploitation of Plant Resources in Ancient Africa*，pp.81 - 8. New York：Kluwer Academic.

Klimov，G. 1991 Some thoughts on Indo-European-Kartvelian relations. *Journal of IndoEuropean Studies* 19：193 - 222.

Knapp，B. and Meskell，L. 1997 Bodies of evidence on prehistoric Cyprus. *Cambridge Archaeological Journal* 7：183 - 204.

Kohler-Rollefson，1. 1988 The aftermath of the Levantine Neolithic Revolution. *Paleorient* 14/ 1：87 - 94.

Kolata，A. 1993 *The Tiwanaku*. Oxford：Blackwell.

Kooijmans，L. 1993 The Mesolithic/ Neolithic transformation in the Lower Rhine Basin. In P. Bogucki ed.，*Case Studies in European Prehistory*，pp.95 - 146. Boca Raton：CRC.

Korisettar，R.，Venkatasubbaiah，P. and Fuller，D. 2002 Brahmagiri and beyond：the archaeology of the southern Neolithic. In S. Settar and R. Korisettar eds.，*Indian Archaeology in Retrospect*，Vol. 1，pp.151 - 237. New Delhi：Manohar.

Koslowski，S. and Ginter，B. 1989 The Fayum Neolithic in the light of new discoveries. In L. Krzyzaniak and M. Kobusiewicz eds.，*Late Prehistory of the Nile Basin and the Sahara*，pp. 157 - 80. Poznan：Poznan Anthropological Museum.

Kozlowski，S. 1992 *Nemrik 9*. Vol. 2：House No 1/1A/1B. Warsaw：Warsaw

University Press.

Kozlowski, S.K. 1994 Chipped Neolithic industries at the Eastern Wing of the Fertile Crescent. In H.G. Gebel and S.F. Kozlowski eds., *Neolithic Chipped Stone Industries of the Levant*, pp.143 - 72. Berlin: Ex Oriente.

Kozlowski, S.K. 1999 *The Eastern Wing of the Fertile Crescent*. Oxford: BAR International Series 760.

Krantz, G. 1988 *Geographical Development of European Languages*. New York: Lang.

Kruk, J. and Milisauskas, S. 1999 *The Rise and Fall of Neolithic Societies*. Krakow: Polskiej Akademii Nauk.

Krzyzaniak, L. 1991 Early farming in the Middle Nile Basin. *Antiquity* 65: 515 - 32.

Kuchikura, Y. 1988 Food use and nutrition in a hunting and gathering community in transition, Peninsular Malaysia. *Man and Culture in Oceania* 4: 1 - 30.

Kuijt, 1. 1994 Pre-Pottery Neolithic A settlement variability. *Journal of Mediterranean Archaeology* 7: 165 - 92.

Kuijt, 1. 1996 Negotiating equality through ritual. *Journal of Anthropological Archaeology* 15: 313 - 36.

Kuijt, I. 2000a People and space in early agricultural villages. *Journal of Anthropological Archaeology* 19: 75 - 102.

Kuijt, I. ed. 2000b *Life in Neolithic Farming Communities*. New York: Kluwer.

Kuiper, F. 1948 *Proto-Munda Words in Sanskrit*. Amsterdam: Verhandelingen der Koninklijke Nederlandsche Akademie van Wetenschappen, Afdeling Letterkunde 51, Part 3.

Kulick, D. 1992 *Language Shift and Cultural Reproduction*. Cambridge: Cambridge University Press.

Kumar T. 1988 *History of Rice in India*. Delhi: Gian.

Kushnareva, O. 1997 *The southern Caucasus in Prehistory*. Philadelphia: University of Pennsylvania.

Kuzmina, E. 2001 The first migration wave of Indo-Aryans to the south. *Journal of IndoEuropean Studies* 29, parts 1 and 2: 29 - 40.

Ladizinsky, G. 1999 Identification of the lentil's wild genetic stock. *Genetic Resources and Crop Evolution* 46: 115 - 8.

Lahr, M., Foley, R. and Pinhasi, R. 2000 Expected regional patterns of Mesolithic-Neolithic human population admixture in Europe based on archaeological evidence. In C. Renfrew and K. Boyle eds., *Archaeogenetics*, pp. 81 - 88. Cambridge: McDonald Institute for Archaeological Research.

Lal, M. 1984 *Settlement History and Rise of Civilization in Ganga-Yamuna Doab*. Delhi: B.R.

Lamb, S. 1958 Linguistic prehistory in the Great Basin. *International Journal of American Linguistics* 24: 95 - 100.

Lamberg-Karlovsky, C.C. 2002 Archaeology and language: the Indo-Iranians. *Current Anthropology* 43: 63 - 88.

LaPolla, R. 2001 The role of migration and language contact in the development of the SinoTibetan language family. In A. Aikhenvald and R. Dixon, eds., *Areal Diffusion and Genetic Inheritance: Problems in Comparative Linguistics*, pp.225 - 54. Oxford: Oxford University Press.

Lathrap, D. 1969 The "hunting" economies of the tropical forest zone of South America. In R. Lee and I. De Vore eds., *Man the Hunter*, pp. 23 - 29. Chicago: Aldine.

Lathrap, D. 1970 *The Upper Amazon*. London: Thames and Hudson.

Lathrap, D. 1973 The antiquity and importance of long distance trade. *World Archaeology* 5: 170 - 86.

Lathrap, D. 1977 Our father the cayman, our mother the gourd. In C. Reed ed., *Origins of Agriculture*, pp.713 - 52. The Hague: Mouton.

Lathrap, D. and Troike, R. 1983 - 4 Californian historical linguistics and archaeology. J. *Steward Anthropological Society* 15: 99 - 157.

Lavachery, P. 2001 The Holocene archaeological sequence of Shum Laka rock shelter. *African Archaeological Review* 18: 213 - 47.

Layton, R. et al. 1991 The transition between hunting and gathering and the specialised husbandry of resources. *Current Anthropology* 32: 255 - 74.

Le Brun, A. 1989 *Fouilles recentes a Khirokitia*. Paris: Editions Recherche sue les Civilizations.

LeBlanc, S. 2003a *Constant Battles*. New York: St Martin's.

LeBlanc, S. 2003b Conflict and language dispersal — issues and a New World example. In P. Bellwood and C. Renfrew eds., *Examining the Farming/Language Dispersal Hypothesis*, pp.357 - 65. Cambridge: McDonald Institute for Archaeological Research.

Lebot, V. 1998 Biomolecular evidence for plant domestication in Sahul. *Genetic Resources and Crop Evolution* 46: 619 - 28.

Lechevallier, M. and Quivron, G. 1979 The Neolithic in Baluchistan: new evidences from Mehrgarh. In H. Harrel ed., *South Asian Archaeology 1979*, pp.71 - 92. Berlin: Dietrich Reimer.

Lee, R.B. 1979 *The ! Kung San*. Cambridge: Cambridge University Press.

Lee, R.B. 1980 Lactation, ovulation, infanticide, and women's work: a study of huntergatherer population regulation. In M.N. Cohen, R.S. Malpass and H.G. Klein eds., *Biosocial Mechanisms of Population Regulation*, pp. 321 - 48. New Haven: Yale University Press.

Lee, R.B. and Daly, R. eds. 1999 *The Cambridge Encyclopaedia of Hunters and Gatherers*. Cambridge: Cambridge University Press.

Lee, R.B. and Guenther, M. 1990 Oxen or onions? The search for trade (and truth) in the Kalahari. *Current Anthropology* 32: 592 - 602.

Legge, A.J. and Rowley-Conwy, P. 1987 Gazelle killing in Stone Age Syria. *Scientific American* 257(8): 88 - 95.

Legge, A.J. and Rowley-Conwy, P. 2000 The exploitation of animals. In A. Moore, G. Hillman and A. Legge, *Village on the Euphrates: From Foraging to Farming at Abu Hureyra*, pp. 424 - 71. New York: Oxford University Press.

Lehmann, W. 1993 *Theoretical Bases of Indo-European Linguistics*. London:

Routledge.

Leong Sau Heng 1991 Jenderam Hilir and the mid-Holocene prehistory of the west coast plain of Peninsular Malaysia. *Bulletin of the Indo-Pacific Prehistory Association* 10: 150 – 60.

Lesure, R.G. 1997 Early Formative platforms at Paso de la Amada, Chiapas, Mexico. *Latin American Antiquity* 8: 217 – 35.

Levine, M., Rassamakin, Y., Kislenko, A. and Tatarintseva, N. 1999 *Late Prehistoric Exploitation of the Eurasian Steppes*. Cambridge: McDonald Institute for Archaeological Research.

Levtzion, N., 1979 Toward a comparative study of Islamization? In N.Levtzion ed., *Conversion to Islam*, pp.1 – 23. New York: Holmes and Meier.

Lev-Yadun, S., Gopher, A. and Abbo, S. 2000 The cradle of agriculture. *Science* 288: 1602 – 3.

Li Xueqin, Harbottle, G. et al. 2003 The earliest writing? *Antiquity* 77: 31 – 44.

Lieberman, D. E. 1991 Seasonality and gazelle hunting at Hayonim Cave. *Paleorient* 17: 47 – 57.

Lieberman, D.E. 1993 The rise and fall of seasonal mobility amongst hunter-gatherers. *Current Anthropology* 34: 599 – 632.

Lieberman, D.E. 1998 Natufian "sedentism" and the importance of biological data for estimating reduced mobility. In T. Rocek and O. BarYosef eds., *Seasonality and Sedentism*, pp.7592. Cambridge, Mass.: Peabody Museum, Harvard University.

Lien Chao-mei 2002 The jade industry of Neolithic Taiwan. *Bulletin of the Indo-Pacific Prehistory Association* 22: 55 – 62.

Liu, L. 1996 Settlement patterns, chiefdom variability, and the development of early states in north China. *Journal of Anthropological Archaeology* 15: 237 – 88.

Liversage, D. 1992 On the origins of the Ganges civilization. In P. Bellwood ed., *Man and His Culture: A Resurgence*, pp.245 – 66. New Delhi: Books and Books.

Loftus, R. and Cunningham, P. 2000 Molecular genetic analysis of African zeboid populations. In Blench, R. and MacDonald, K. eds., *The Origins and Development of African Livestock*, pp.251 - 8. London: UCL Press.

Long, A., Benz, B., Donahue, D., Jull, A. and Toolin, L. 1989 First direct AMS dates on early maize from Tehacan, Mexico. *Radiocarbon* 31: 1030 - 35.

Lourandos, H. 1991 Palaeopolitics: resource intensification in Aboriginal Australia and Papua New Guinea. In T. Ingold, D. Riches and J. Woodburn eds., *Hunters and Gatherers*. Vol. 1: History, Evolution and Social Change, pp.148 - 60. Oxford: Berg.

Lourandos, H. 1997 *Continent of Hunter-Gatherers*. Cambridge: Cambridge University Press.

Lowe, G.W. 1989 The heartland Olmec: evolution of material culture. In R.J. Sharer and D.C. Grove eds., *Regional Perspectives on the O1mec*, pp.33 - 67. Cambridge: CUP.

Lu Houyuan, Liu Zhenxia, Wu Naiqin et al. 2002 Rice domestication and climate change: phytolith evidence from East China. *Boreas* 31: 378 - 85.

Lu, T. 1998a *The Transition from Foraging to Farming and the Origin of Agriculture in China*. Oxford: BAR International Series 774.

Lu, T. 1998b Some botanical characteristics of green foxtail (Setaria viridis) and harvesting experiments on the grass. *Antiquity* 72: 902 - 7.

Lu, T. 2002 A green foxtail millet (Setaria viridis) cultivation experiment in the middle Yellow River Valley. *Asian Perspectives* 41: 1 - 14.

Lukacs, J. 2002 Hunting and gathering strategies in prehistoric India. In K. Morrison and L. Dunker eds., *Forager-Traders in South and Southeast Asia*, pp.41 - 61. Cambridge: Cambridge University Press.

Lum, K and Cann, R. 1998 mtDNA and language support a common origin of Micronesians and Polynesians in Island Southeast Asia. *American Journal of Physical Anthropology* 105: 109 - 19.

Lum, K., Cann, R. et al. 1998 Mitochondrial and nuclear genetic relationships among Pacific Island and Asian populations. *American Journal of Human*

Genetics 63：613 – 24.

Lum，K.，Jorde，L. and Schiefenhovel，W. 2002 Affinities among Melanesian，Micronesians and Polynesians：a neutral，biparental genetic perspective. *Human Biology* 74：413 – 30.

Lynch，T.F. 1999 The earliest South American lifeways. In F. Salomon and S. Schwartz eds.，*The Cambridge History of the Native Peoples of the Americas III*，South America，Part 1，pp. 188263. Cambridge：Cambridge University Press.

Mabry，J. 1999 Changing concepts of the first period of agriculture in the southern Southwest. *Archaeology Southwest* 13/1：2.

Mabry，J. B. ed. 1998 *Archaeological Investigations of Early Village Sites in the Middle Santa Cruz Valley*. Analyses and Synthesis，Parts I and II. Tucson：Center for Desert Archaeology，Archaeological Papers 19.

MacDonald，K. 1998 Before the Empire of Ghana. In G. Connah ed.，*Transformations in Africa*，pp.71 – 103. London：Leicester University Press.

MacDonald，K. 2000 The origins of African livestock：indigenous or imported? In R. Blench and K. MacDonald eds.，*The Origins and Development of African Livestock*，pp.2 – 17. London：UCL Press.

MacHugh，D.E. and Bradley，D.G. 2001 Livestock genetic origins：goats buck the trend. Proc. *National Academy of Sciences* 98：5382 – 4.

Macknight，C. 1976 *Voyage to Marege*. Carlton：Melbourne University Press.

MacNeish，R. 1972 The evaluation of community patterns in the Tehuacan Valley. In P. Ucko，R. Tringham and G. Dimbleby eds.，*Man*，*Settlement and Urbanism*，pp，67 – 93. London：Duckworth.

MacNeish，R. 1992 *The Origins of Agriculture and Settled Life*. Norman：University of Oklahoma Press.

MacNeish，R. 1999 A Palaeolithic-Neolithic sequence from South China，Jiangxi Province PRC. In K. Omoto ed.，*Interdisciplinary Perspectives on the Origins of the Japanese*，pp. 233 – 55. Kyoto：International Research Center for Japanese Studies.

MacNeish, R. and Eubanks, M. 2000 Comparative analysis for the Rio Balsas and Tehuacan models for the origins of maize. *Latin American Antiquity* 11: 3 - 20.

MacNeish, R. and Libby, J. eds. 1995 *Origins of Rice Agriculture*. The Preliminary Report of the Sino-AmericanJiangxi (PRC) Project-SAJOR. University of Texas at El Paso: El Paso Centennial Museum, Publications in Anthropology 13.

MacNeish, R., Cunnar, G, Zhijun Zhao and Libby, J. 1998 *Re-Revised Second Report of the Sino-American Jiangxi (PRC) Origin of Rice Project*. Andover, MA: Andover Foundation for Archaeological Research.

MacPhee, R. and Burney, D. 1991 Dating of modified femora of extinct dwarf Hippopotamus from southern Madagascar. *Journal of Archaeological Science* 18: 695 - 706.

Madsen, D. and Simms, S. 1998 The Fremont complex: a behavioural perspective. *Journal of World Prehistory* 12: 255 - 336.

Madsen, D.B. and Rhode, D. 1994 *Across the West*. Salt Lake City: University of Utah Press.

Maggs, T. 1996 *The Early Iron Age in the extreme south: some patterns and problems*. Azania Special Volume XXIX-XXX: 171 - 8.

Maggs, T. and Whitelaw, G. 1991 A review of recent archaeological research on foodproducing communities in southern Africa. *Journal of African History* 32: 3 - 24.

Mahdi, W. 1998 Linguistic data on transmission of Southeast Asian cultigens to India and Sri Lanka. In R. Blench and M. Spriggs eds., *Archaeology and Language 11*, pp.390 - 415. London: Routledge.

Maier, U. 1996 Morphological studies of free-threshing wheat ears from a Neolithic site in southwest Germany, and the history of naked wheats. *Vegetation History and Archaeobotany* 5: 39 - 55.

Mainfort, R.C. and Sullivan, L.P. 1998 Explaining earthen enclosures. In R. Mainfort and L. Sullivan eds., *Ancient Earthen Enclosures*, pp. 1 - 16.

Gainesville: University of Florida Press.

Malhi, R., Mortensen, H. et al. 2003 Native American mtDNA prehistory in the American Southwest. *American Journal of Physical Anthropology* 120: 108 - 24.

Malone, C. 2003 The Italian Neolithic. *Journal of World Prehistory* 17: 235 - 312.

Mallory, J. 1989 *In Search of the Indo-Europeans*. London: Thames and Hudson.

Mallory, J. 1996 The Indo-European phenomenon: linguistics and archaeology. In A. Dani and J. Mohen eds., *History of Humanity*, vol.II, pp.80 - 91. Paris: Unesco.

Mallory, J. 1997 The homelands of the Indo-Europeans. In R. Blench and M. Spriggs eds., *Archaeology and Language I*, pp.93 - 121. London: Routledge.

Mallory, J. and Adams, D. eds. 1997 *Encyclopaedia of Indo-European Culture*. London: Fitzroy Dearborn.

Mangelsdorf, P., MacNeish, R. and Galinat, W. 1964 Domestication of corn. *Science* 143: 538 - 45.

Mansfield, P. 1985 *The Arabs*. 2nd edition. Harmondsworth: Penguin.

Mapa 1980 *Mapa Etno-Historico do Brasil e Regioes Adjacentes*. Fundacao Instituto Brasileiro de Geografia e Estatistica.

Marcus, J. and Flannery. K. 1996 *Zapotec Civilization*. London: Thames and Hudson.

Maret, P. de 1996 Pits, pots and the Far-West streams. *Azania Special Volume* XXIX-XXX: 318 - 23.

Markey, T. 1989 The spread of agriculture in western Europe. In D. Harris ed., *The Origins and Spread of Agriculture and Pastoralism in Eurasia*, pp.585 - 606. London: UCL Press.

Marshall, F. 1998 Early food production in Africa. *Review of Archaeology* 19/2: 47 - 57.

Marshall, F. and Hildebrand, E. 2002 Cattle before crops: the beginnings of food production in Africa. *Journal of World Prehistory* 16: 99 – 144.

Masica, C. 1976 *Defining a Linguistic Area: South Asia*. Chicago: University of Chicago Press.

Masica C. 1979 Aryan and Non-Aryan elements in north Indian agriculture. In M. Deshpande and P. Hook eds., *Aryan and Non-Aryan in India*, pp.55 – 152. Ann Arbor: Michigan Papers on South and Southeast Asia 14.

Masica, C. 1991 *The Indo-Aryan Languages*. Cambridge: Cambridge University Press.

Matisoff, J. 1991 Sino-Tibetan linguistics: present state and future prospects. *Annual Review of Anthropology* 20: 469 – 504.

Matisoff, J. 2000 On the uselessness of glottochronology for subgrouping Tibeto-Burman. In C. Renfrew, A. McMahon and L. Trask eds., *Time Depth in Historical Linguistics*, pp. 333 – 72. Cambridge: McDonald Institute for Archaeological Research.

Matson, R. G. 1991 *The Origins of Southwestern Agriculture*. Tucson: University of Arizona Press.

Matson, R.G. 2003 The spread of maize agriculture into the US Southwest. In P. Bellwood and C. Renfrew eds., *Examining the Farming/Language Dispersal Hypothesis*, pp.341 – 56. Cambridge: McDonald Institute for Archaeological Research.

Matsuoka, Y., Vigouroux, Y, Goodman, M. et al. 2002 A single domestication for maize shown by multilocus microsatellite genotyping. *Proceedings of the National Academy of Sciences* 99: 6080 – 84.

Matteson, E., Wheeler, A. et al. 1972 *Comparative Studies in Amerindian Languages*. The Hague: Mouton.

McAlpin, D. 1974 Towards Proto-Elamo-Dravidian. *Language* 50: 89 – 101.

McAlpin, D. 1981 *Proto-Elamo-Dravidian: the Evidence and its Implications*. Transactions of the American Philosophical Society 71(3). Philadelphia.

McCall, D. 1998 The Afroasiatic language phylum: African in origin, or Asian? *Current Anthropology* 39: 139 – 44.

McCorriston, J. and Hole, F. 1991 The ecology of seasonal stress and the origins of agriculture in the Near East. *American Anthropologist* 93: 46 - 69.

McCorriston, J. and Oches, E. 2001 Two Early Holocene check dams from southern Arabia. *Antiquity* 75: 675 - 6.

McIntosh, S.K. and McIntosh, R. 1988 From stone to metal: new perspectives on the later prehistory of West Africa. *Journal of World Prehistory* 2: 89 - 133.

McIntosh, S. K. 1994 Changing perceptions of West Africa's past. *Journal of Archaeological Research* 2: 165 - 98.

Meacham, W. 1978 Sham Wan, Lamma Island. *Hong Kong Archaeological Society*, Journal Monograph III.

Meacham, W. 1984 - 5 Hac Sa Wan, Macau. *Journal of the Hong Kong Archaeological Society* XI: 97 - 105.

Meacham, W. 1994 *Archaeological Investigations on Chek Lap Kok Island*. Hong Kong: Hong Kong Archaeological Society.

Meacham, W. 1995 Middle and Late Neolithic at "Yung Long South". In C. Yeung and B. Li eds., *Archaeology in Southeast Asia*, pp. 445 - 66. Hong Kong: University of Hong Kong Museum and Art Gallery.

Meadow, R. 1989 Continuity and change in the agriculture of the Greater Indus Valley. In J. M. Kenoyer ed., *Old Problems and New Perspectives in the Archaeology of South Asia*, pp. 61 - 74. Madison: University of Wisconsin Archaeological Reports 2.

Meadow, R.H. 1993 Animal domestication in the Middle East. In G. Possehl ed., *Harappan Civilization: A Recent Perspective*, pp. 295 - 322. 2nd edition. New Delhi: Oxford & IBH.

Meadow, R. H. 1998 Pre- and proto-historic agricultural and pastoral transformations in northwestern South Asia. *Review of Archaeology* 23 /2: 22 - 29.

Meggers, B. 1987 The early history of man in Amazonia. In T.C. Whitmore and G. T. Prance eds., *Biogeography and Quaternary History in Tropical*

America, pp.151–74. Oxford: Clarendon Pres.

Meggers, B. and Evans, C. 1983 Lowland South America and the Antilles. In J. D. Jennings ed., *Ancient South Americans*, pp. 287–335. San Francisco: Freeman.

Mehra, K. 1999 Subsistence changes in India and Pakistan. In C. Gosden and J. Hather eds., *The Prehistory of Food*, pp.139–46. London: Routledge.

Meiklejohn, C. and Zvelebil, M. 1991 Health status of European populations at the agricultural transition. In H. Bush and M. Zvelebil eds., *Health in Past Societies*, pp.129–45. Oxford: BAR International Series 567.

Meiklejohn, C. et al. 1992 Artificial cranial deformation. *Paleorient* 18/2: 83–98.

Melton, T., Clifford, S. et al. 1998 Genetic evidence for the Proto oAustronesian tribes in Asia. *American Journal of Human Genetics* 63: 1807–23.

Melton, T., Peterson, R. et al. 1995 Polynesian genetic affinities with Southeast Asian populations as identified by mitochondrial DNA analysis. *American Journal of Human Genetics* 57: 403–14.

Mercader, J, Garcia-Heras, M. and Gonzalez-Alvarez, 1. 2000 Ceramic tradition in the African forest. *Journal of Archaeological Science* 27: 163–82.

Merriwether, A., Friedlaender, J. et al. 1999 Mitochondrial DNA is an indicator of Austronesian influence in Island Melanesia. *American Journal of Physical Anthropology* 110: 243–70.

Merriwether, A., Kemp, B. et al. 2000 Gene flow and genetic variation in the Yanomama as revealed by mitochondrial DNA. In C. Renfrew ed., *America Past, America Present*, pp. 89124. Cambridge: McDonald Institute for Archaeological Research.

Michalove, P., Georg, S. and Manaster Ramer, A. 1998 Current issues in linguistic taxonomy. *Annual Review of Anthropology* 27: 451–72.

Midant-Reynes, B. 2000 *The Prehistory of Egypt*. Oxford: Blackwell.

Midgley, M. 1992 *TRB Culture*. Edinburgh: Edinburgh University Press.

Migliazza, E. 1982 Linguistic prehistory and the refuge model. In G. Prance ed.,

Biological Diversification in the Tropics, pp.497 – 522. New York: Columbia University Press.

Migliazza, E. 1985 Languages of the Orinoco-Amazon region. In H. Manelis-Klein and L. Stark eds., *South American Indian Languages*, pp. 17 – 139. Austin: University of Texas Press.

Milanich, J.T. 1996 *The Timucua*. Oxford: Blackwell.

Militarev, A. 2000 Towards the chronology of Afrasian (Afroasiatic) and its daughter families. In C. Renfrew, A. McMahon and L. Trask eds., *Time Depth in Historical Linguistics*, pp. 267307. Cambridge: McDonald Institute for Archaeological Research.

Militarev, A. 2003 The prehistory of a dispersal: the Proto-Afrasian (Afroasiatic) farming lexicon. In P. Bellwood and C.Renfrew eds., *Examining the Farming/Language Dispersal Hypothesis*, pp. 135 – 50. Cambridge: McDonald Institute for Archaeological Research.

Miller, N. 1991 The Near East. In W. van Zeist et al. eds., *Progress in Old World Palaeoethnobotany*, pp.133 – 60. Rotterdam: Balkema.

Miller, N. 1992 The origins of plant cultivation in the Near East. In C.W. Cowan and P.J. Watson eds., *The Origins of Agriculture*, pp.39 – 58. Washington: Smithsonian.

Miller, R. 1991 Genetic connections among the Altaic languages. In S. Lamb and E. Mitchell eds., *Sprung from Some Common Source*, pp.293 – 327. Stanford: Stanford University Press.

Miller, W. 1983 Uto-Aztecan Languages. In A. Ortiz ed., *Handbook of North American Indians*, Vol. 10, pp.113 – 24. Washington: Smithsonian.

Miller, W. 1984 The classification of the Uto-Aztecan languages based on lexical evidence. *International Journal of American Linguistics* 50: 1 – 24.

Milner, N., Craig, O. et al. 2004 Something fishy in the Neolithic? *Antiquity* 78: 9 – 22.

Mindzie, C., Doutrelepont, H. et al. 2001 First archaeological evidence of banana cultivation in central Africa during the third millennium before present.

Vegetation History and Archaeobotany 10：1－6.

Minnis，P.E. 1992 Earliest plant cultivation in the desert borderlands of North America. In C.W. Cowan and P.J. Watson eds.，*The Origins of Agriculture*，pp.121－42. Washington DC：Smithsonian.

Misra，V.D. 1977 *Some Aspects of Indian Archaeology*. Allahabad：Prabhat Prakashan.

Misra，V.D. 2002 A review of the Copper Hoards and the OCP culture. In S. Settar and R. Korisettar eds.，*Indian Archaeology in Retrospect*，Vol. 1，pp.277－86. New Delhi：Manohar.

Misra，V.N. 1973 Bagor — a late mesolithic settlement in north-west India. *World Archaeology* 5：92－110.

Misra，V.N. 1997 Balathal：a Chalcolithic settlement in Mewar，Rajasthan. *South Asian Studies* 13：251－73.

Misra，V.N. 2001 Prehistoric human colonization of India. *Journal of Bioscience* 26，No. 4，Supplement，pp.491－531.

Misra，V.N. 2002 *Radiocarbon chronology of Balathal and its implications*. Paper presented at 17th IPPA Congress，Taipei，September 2002.

Misra，V.N. et al. 1995 The excavations at Balathal. *Man and Environment* XX/1：57－80.

Mithun，M. 1984 Iroquoian origins：problems in reconstruction. In M. Foster et al. eds.，*Extending the Rafters*，pp.237－81. Albany：State University of New York Press.

Mithun，M. 1999 *The Native Languages of North America*. Cambridge：Cambridge University Press.

Mohammad-Ali，A. 1987 The Neolithic of central Sudan. In A. Close ed.，*Prehistory of Arid North Africa*，pp.123－36. Dallas：Southern Methodist University Press.

Molleson，T. 1994 The eloquent bones of Anu Hureyra. *Scientific American* 271 /2：60－65.

Moore，A. and Hillman，G. 1992 The Pleistocene to Holocene transition and human economy in Southwest Asia. *American Antiquity* 57: 482 - 94.

Moore, A., Hillman, G. and Legge, A. 2000 *Village on the Euphrates: From Foraging to Farming at Abu Hureyra*. New York: Oxford University Press.

Moore, J. 1994 Putting anthropology back together again. *American Anthropologist* 96: 925 - 48.

Moseley, M.E. 1975 *The Maritime Foundations of Andean Civilization*. Menlo Park: Cummings.

Moseley, M.E. 1994 New light on the horizon. *Review of Archaeology* 15/2: 26 - 41.

Mottram, M. 1997 Jerf el-Ahmar: the chipped stone industry of a PPNA site on the Middle Euphrates. *Neo-Lithics* 1/97: 14 - 16.

Moulins, D. de 1997 *Agricultural Changes at Euphrates and Steppe Sites in the Mid - 8th to Mid - 6th Millennium BC*. Oxford: BAR International Series 683.

Murdock, G.P. 1967 *Ethnographic Atlas*. New Haven: HRAF Press.

Murdock, G. P. 1968 Genetic classification of the Austronesian languages. *Ethnology* 3: 117 - 26.

Muro, M. 1998 - 9 Not just another roadside attraction. *American Archaeology* 2/4: 10 - 16.

Muzzolini, A. 1993 The emergence of a food-producing economy in the Sahara. In T. Shaw, P. Sinclair, B. Andah and A. Okpoko eds., *The Archaeology of Africa*, pp.227 - 39. London: Routledge.

Nadel, D. and Herschkovitz, 1. 1991 New subsistence data and human remains from the earliest Levantine Epipalaeolithic. *Current Anthropology* 32: 631 - 5.

Nadel, D. and Werker, E. 1999 The oldest ever brush hut plant remains from Ohalo II, Jordan Valley, Israel (19,000 BP). *Antiquity* 73: 755 - 64.

Nadel, D. et al. 1991 Early Neolithic arrowhead types in the southern Levant. *Paleorient* 17/ 1: 109 - 19.

Nelson, S. 1995 Introduction. In S, Nelson ed., *The Archaeology of Northeast China*, pp.1 - 18. London: Routledge.

Nettle, D. 1998 Explaining global patterns of linguistic diversity. *Journal of*

Anthropological Archaeology 17：354 – 74.

Nettle，D. 1999 *Linguistic Diversity*. Oxford：Oxford University Press.

Nettle，D. and Harriss，L. 2003 Genetic and linguistic affinities between human populations in Eurasia and West Africa. *Human Biology* 75：331 – 44.

Neumann，K. 1999 Charcoal from West African savanna sites. In M. van der Veen ed.，*The Exploitation of Plant Resources in Ancient Africa*，pp.205 – 20. New York：Kluwer Academic.

Newman，J. L. 1995 *The Peopling of Africa*. New Haven：Yale University Press.

Nguyen Xuan Hien 1998 Rice remains from various archaeological sites in North and South Vietnam. In M. Klokke and T. de Bruijn eds.，*Southeast Asian Archaeology 1996*，pp.27 – 40. University of Hull，Centre for Asian Studies.

Nichols，J. 1997a The epicentre of the Indo-European linguistic spread. In R. Blench and M. Spriggs eds.，*Archaeology and Language I*，pp. 122 – 48. London：Routledge.

Nichols，J. 1997b Modeling ancient population structures and movement in linguistics. *Annual Review of Anthropology* 26：359 – 84.

Nichols，J. 1998a The Eurasian spread zone and the Indo-European dispersal. In R. Blench and M. Spriggs eds.，*Archaeology and Language II*，pp.220 – 66. London：Routledge.

Nichols，J. 1998b The origins and dispersals of languages. In N. Jablonski and L. Aiello eds.，*The Origin and Diversification of Language*，pp.127 – 70. San Francisco：Memoirs of the Californian Academy of Science 24.

Nichols，J. 2000 Estimating the dates of early American colonization events. In C. Renfrew，A. McMahon and L. Trask eds.，*Time Depth in Historical Linguistics*，pp.643 – 64. Cambridge：McDonald Institute for Archaeological Research.

Nichols，M. 1983 – 4 Old California Uto-Aztecan. J. Steward *Anthropological Society* 15：23 – 46.

Niederberger，C. 1979 Early sedentary economy in the Basin of Mexico. *Science*

203: 131 – 42.

Nissen, H., Muheisen, M. and Gebel, H. G. 1987 Report on the first two seasons of excavation at Basta. *Annual Report of the Department of Antiquities of Jordan* 31: 79 – 118.

Noble, G. 1965 Proto-Arawakan and its Descendants. *International Journal of American Linguistics* 31/3, part II.

Norman, J. 1988 *Chinese*. Cambridge: Cambridge University Press.

Norman, J. and Tsu-lin Mei 1976 The Austroasiatics in ancient south China: some lexical evidence. *Monumenta Serica* 32: 274 – 301.

Nowak, M. 2001 The second phase of Neolithization in east-central Europe. *Antiquity* 75: 582 – 92.

Nurse, G.T., Weiner, J.S. and Jenkins T. 1985 *The Peoples of Southern Africa and their Affinities*. Oxford: Clarendon Press.

O'Brien, M.J. and Wood, W.R. 1998 *The Prehistory of Missouri*. Columbia: University of Missouri Press.

Olsen, K. and Schaal, B. 1999 Evidence on the origin of cassava: phylogeography of Manihot esculenta. *Proceedings of the National Academy of Sciences* 96: 5586 – 91.

Olszewski, D. 1991 Social complexity in the Natufian? In G. A. Clark ed., *Perspectives on the Past*, pp.322 – 40. Philadelphia: University of Pennsylvania Press.

Oppenheimer, S. and Richards, M. 2001a Fast trains, slow boats, and the ancestry of the Polynesian islanders. *Science Progress* 84: 157 – 81.

Oppenheimer, S. and Richards, M. 2001b Slow boat to Melanesia? *Nature* 410: 166 – 7.

Oppenheimer, S. and Richards, M. 2003 Polynesians: devolved Taiwanese rice farmers or Wallacean maritime traders with fishing, foraging and horticultural skills. In P. Bellwood and C. Renfrew eds., *Examining the Farming/Language Dispersal Hypothesis*, pp.287 – 98. Cambridge: McDonald Institute for Archaeological Research.

Ostapirat, W. in press Kra-dai and Austronesians. In L. Sagart, R. Blench and A. SanchezMazas eds., *The Peopling of East Asia: Putting Together Archaeology, Linguistics and Genetics*. London: RoutledgeCurzon.

Oyuela-Cayceda, A. 1994 Rocks versus clay: the evolution of pottery technology in the case of San Jacinto 1, Colombia. In W. Barnett and J. Hoopes eds., *The Emergence of Pottery*, pp.13344. Washington DC: Smithsonian.

Oyuela-Cayceda, A. 1996 The study of collector variability in the transition to sedentary food producers in northern Colombia. *Journal of World Prehistory* 10: 49 - 93.

Ozdogan, M. 1997a *Anatolia from the last glacial maximum to the Holocene climatic optimum*. P 23/2: 25 - 38.

Ozdogan, M. 1997b The beginning of Neolithic economies in southeastern Europe: an Anatolian perspective. J. *European Archaeology* 5/2: 1 - 33.

Ozdogan, M. 1998 Anatolia from the last glacial maximum to the Holocene climatic optimum. *Paleorient* 23/2: 25 - 38.

Ozdogan, M. 1999 cayonii. In M. Ozdogan and B. Basgelen eds., *Neolithic in Turkey* pp.35 - 64. Istanbul: Arkeoloji ve Sanat Yayinlari.

Ozdogan, M. and Balkan-Atli, N. 1994 South-East Anatolian chipped stone sequence. In H.G. Gebel and S.F. Kozlowski eds., *Neolithic Chipped Stone Industries of the Levant*, pp.2056. Berlin: Ex Oriente.

Ozdogan, M. and Ba～gelen, N. 1999 *Neolithic in Turkey*. Istanbul: Arkeoloji ve Sanat Yayinlari.

Paabo, S. 1999 Ancient DNA. In B. Sykes ed., *The Human Inheritance*, pp.119 - 34. Oxford: Oxford University Press.

Pachori, S. 1993 *Sir William Jones: a Reader*. Delhi: Oxford University Press.

Paddayya, K. 1993 Ashmound investigations at Budihal. *Man and Environment* XVIII/1: 57 - 88.

Paddayya, K. 1998 Evidence of Neolithic cattle-penning at Budihal. *South Asian Studies* 14: 141 - 53.

Pardoe, C. 1988 The cemetery as symbol. *Archaeology in Oceania* 23: 1 - 16.

Parkin, R. 1991 *A Guide to Austroasiatic Speakers and their Languages*. Honolulu: University of Hawaii Press.

Parpola, A. 1988 The coming of the Aryans to Iran and India. *Studio Orientalia* 64: 195 - 302.

Parpola, A. 1999 The formation of the Aryan branch of Indo-European. In R. Blench and M. Spriggs eds., *Archaeology and Language III*, pp.180 - 210. London: Routledge.

Passarino, G. 1996 Pre-Caucasoid and Caucasoid genetic features of the Indian population. *American Journal of Human Genetics* 59: 927 - 34.

Pawley, A. 1981 Melanesian diversity and Polynesian homogeneity: a unified explanation for language. In K. Hollyman and A. Pawley eds., *Studies in Pacific Languages and Cultures*, pp.269 - 309. Auckland: Linguistic Society of New Zealand.

Pawley, A. 1996 On the Polynesian subgroup as a problem for Irwin's continuous settlement hypothesis. In J.M. Davidson et al. eds., *Oceanic Culture History*, pp. 387 - 410. Dunedin: New Zealand Journal of Archaeology Special Publication.

Pawley, A. 1999 Chasing rainbows: implications of the rapid dispersal of Austronesian languages for subgrouping and reconstruction. In E. Zeitoun and P. J-K. Li eds., *Selected papers from the Eighth International Conference on Austronesian linguistics*, pp. 95 - 138. Taipei: Institute of Linguistics, Academia Sinica.

Pawley, A. 2003 The Austronesian dispersal: languages, technologies and people. In P. Bellwood and C. Renfrew eds., *Examining the Fanning/Language Dispersal Hypothesi*, pp.251 - 74. Cambridge: McDonald Institute for Archaeological Research.

Pawley, A. in press The chequered career of the Trans New Guinea hypothesis: recent research and its implications. In A. Pawley, R. Attenborough, R. Hide and J. Golson eds., *Papuan Pasts*. Adelaide: Crawford House Australia.

Pawley, A. and Green, R. 1975 Dating the dispersal of the Oceanic languages.

Oceanic Linguistics 12：1－67.

Pawley，A. and Pawley，M. 1994 Early Austronesian terms for canoe parts and seafaring. In A. Pawley and M. Ross eds.，*Austronesian Terminologies：Continuity and Change*，pp. 329 － 62. Canberra：Pacific Linguistics Series C－127.

Pawley，A. and Ross，M. 1993 Austronesian historical linguistics and culture history. *Review of Anthropology* 22：425－59.

Pawley，A. and Ross，M. 1995 The prehistory of the Oceanic languages：a current view. In P. Bellwood，J. Fox and D. Tryon eds.，*The Austronesians*，pp.39－74. Canberra：Dept Anthropology，Research School of Pacific Studies，Australian National University.

Payne，D. 1991 A classification of Maipurean（Arawakan）languages based on shared lexical retentions. In D. Derbyshire and G. Pullum eds.，*Handbook of Amazonian Languages*，vol.3，pp.355－499. New York：Mouton de Gruyter.

Paz，V. 2003 Island Southeast Asia：spread of friction zone? In P. Bellwood and C. Renfrew eds.，*Examining the Fanning/Language Dispersal Hypothesis*，pp.275－85. Cambridge：McDonald Institute for Archaeological Research.

Pearsall，D. 1999 The impact of maize on subsistence systems in South America. In C. Gosden and J. Hather eds.，*The Prehistory of Food*，pp. 419 － 37. London：Routledge.

Pearsall，D. 2002 Maize is still ancient in prehistoric Ecuador. Journal of *Archaeological Science* 29：51－5.

Pearson，R. 1981 Social complexity in Chinese coastal Neolithic sites. *Science* 213：1078－86.

Pechenkina，E.，Benfer，R. and Wang Zhijun 2002 Diet and health changes at the end of the Chinese Neolithic. *American Journal of Physical Anthropology* 117：15－36.

Peiros，I. 1988 *Comparative Linguistics in Southeast Asia*. Canberra：Pacific Linguistics Series C－142.

Pejros，I. and Schnirelman，V. 1998 Rice in Southeast Asia. In R. Blench and M.

Spriggs eds., *Archaeology and Language II*, pp. 379 - 89. London: Routledge.

Peltenberg, E., Colledge, S. et al. 2000 Agro-pastoral colonization of Cyprus in the 10th millennium BP: initial assessments. *Antiquity* 74: 844 - 53.

Peltenberg, E., Colledge, S., Croft, P. et al. 2001 Neolithic dispersals from the Levantine Corridor: a Mediterranean perspective. *Levant* 33: 35 - 64.

Pennington, R.L. 1996 Causes of early human population growth. *AJPA* 99: 259 - 74.

Penny, D. 1999 Palaeoenvironmental analysis of the Sakhon Nakhon Basin, northeast Thailand. *Bulletin of the Indo-Pacific Prehistory Association* 18: 139 - 50.

Pentz, P., 1992 *The Invisible Conquest*. Copenhagen: National Museum of Denmark.

Perles, C. 1999 The distribution of magoules in eastern Thessaly. In P. Halstead ed., *Neolithic Society in Greece*, pp.42 - 56. Sheffield: Sheffield Academic Press.

Perles, C. 2001 *The Early Neolithic in Greece*. Cambridge: Cambridge University Press.

Perrin, T. 2003 Mesolithic and Neolithic cultures co-existing in the upper Rhone Valley. *Antiquity* 77: 732 - 9.

Perry, W. 1937 (1924) *The Growth of Civilization*. Harmondsworth: Penguin.

Perttula, T. 1996 Caddoan area archaeology since 1990. *Journal of Archaeological Research* 4: 295 - 348.

Peterson, D. A. 1980 The introduction, use and technology of fibretempered pottery in the southeastern USA. In D. L. Browman ed., *Early Native Americans*, pp.363 - 72. The Hague: Mouton.

Peterson, J. 1978 *The Ecology of Social Boundaries*. Urbana: University of Illinois Press.

Peterson, N. 1976 Ethnoarchaeology in the Australian Iron Age. In G. Sieveking, I. Longworth and K. Wilson eds., *Problems in Economic and Social*

Archaeology, pp.265 - 76. London: Duckworth.

Peterson, N. 1993 Demand sharing. *American Anthropologist* 95: 860 - 74.

Petry, C. ed., 1998 *The Cambridge History of Egypt*. Cambridge: Cambridge University Press.

Phillipson, D. 1993 *African Archaeology*. 2nd edn. Cambridge: Cambridge University Press.

Phillipson, D. 1998 *Ancient Ethiopia*. London: British Museum Press.

Phillipson, D. 2003 Language and farming dispersals in sub-Saharan Africa, with particular reference to the Bantu-speaking peoples. In P. Bellwood and C. Renfrew eds., *Examining the Farming/Language Dispersal Hypothesis*, pp. 177 - 87. Cambridge: McDonald Institute for Archaeological Research.

Piazza, A., Rendine, S. et al. 1995 Genetics and the origin of European languages. *Proceedings of the National Academy of Sciences* 92: 5836 - 40.

Pickersgill, B. 1989 Cytological and genetic evidence on the domestication and diffusion of crops within the Americas. In D. Harris and G. Hillman eds., *Foraging and Farming*, pp.42639. London: Unwin Hyman.

Pietrusewsky, M. 1999 Multivariate cranial investigations of Japanese, Asian, and Pacific Islanders. In K. Omoto ed., *Interdisciplinary Perspectives on the Origins of the Japanese*, pp.65104. Kyoto: International Research Center for Japanese Studies.

Pietrusewsky, M. and Chang, C. 2003 Taiwan Aboriginals and peoples of the Asia-Pacific region: multivariate craniometric comparisons. *Anthropological Science (Japan)* 111: 293 - 332.

Pietrusewsky, M. and Douglas, M. 2001 Intensification of agriculture at Ban Chiang: is there evidence from the skeletons? *Asian Perspectives* 40: 157 - 78.

Pigott, V. and Natapintu, S. 1996 - 7 Investigating the origins of metal use in prehistoric Thailand. In D. Bulbeck ed., *Ancient Chinese and Southeast Asian Bronze Age Cultures*, vol.II, pp.787 - 808. Taipei: SMC Publishing.

Pinhasi, R. and Pluciennik, M. in press A regional biological approach to the spread of agriculture to Europe. *Current Anthropology*.

Piperno, D. 1998 Paleoethnobotany in the tropics from microfossils. *Journal of World Prehistory* 12: 393 - 450.

Piperno, D. and Flannery, K. 2001 The earliest archaeological maize (Zea mays L.) from highland Mexico. *Proceedings of the National Academy of Sciences* 98: 2101 - 3.

Piperno, D. and Pearsall, D. 1998 *The Origins of Agriculture in the Lowland Neotropics*. San Diego: Academic.

Piperno, D.R., Ranere, A., Holst, I. and Hansell, P. 2000 Starch grains reveal early root crop horticulture in the Panamanian tropical forest. *Nature* 407: 894 - 7.

Plog, S. 1997 *Ancient Peoples of the American Southwest*. New York: Thames and Hudson.

Pohl, M., Pope, K. et al. 1996 Early agriculture in the Maya Lowlands. *Latin American Antiquity* 7: 355 - 72.

Polome, E. 1990 The IndoEuropeanization of northern Europe: the linguistic evidence. *Journal of Indo-European Studies* 18: 331 - 8.

Poloni, E., Semino. O. et al. 1997 Human genetic affinities for Ychromosome P49a, f/Tagl haplotypes show strong correspondence with linguistics. *American Journal of Human Genetics* 61: 1015 - 35.

Polunin, I. 1953 The medical natural history of Malayan aborigines. *Medical Journal of Malaya* 8/1: 62 - 174.

Pope, K., Pohl, M., Jones, J. et al. 2001 Origin and environmental setting of ancient agriculture in the lowlands of Mesoamerica. *Science* 292: 1370 - 3.

Possehl, G. 1986 African millets in South Asian prehistory. In J. Jacobsen ed., *Studies in the Archaeology of India and Pakistan*, pp.237 - 56. New Delhi: Oxford & IBH,

Possehl, G. 1997 The transformation of the Indus civilization. *Journal of World Prehistory* 11: 425 - 72.

Possehl, G. 2002 *The Indus Civilization*. Walnut Creek, C : Altamira.

Possehl, G. and Kennedy, K. 1979 Hunter-gatherer/agriculturalist exchange in prehistory: an Indian example. *Current Anthropology* 20: 592 - 3.

Potts, D. 1999 *The Archaeology of Elam*. Cambridge: Cambridge University Press.

Pozorski, S. and Pozorski, T. 1987 *Early Settlement and Subsistence in the Casma Valley, Peru*. Iowa City: University of Iowa Press.

Pozorski, S. and Pozorski, T. 1992 Early civilization in the Casma Valley, Peru. *Antiquity* 66: 845 - 70.

Pozorski, T. 1996 Ventilated hearth structures in the Casma Valley, Peru. *Latin American Antiquity* 7: 341 - 53.

Pozorski, T. and Pozorski, S. 1990 Huaynuna, a late Cotton Preceramic site on the north coast of Peru. *Journal of Field Archaeology* 17: 17 - 26.

Prance, G. ed. 1982 *Biological Diversification in the Tropics*. New York: Columbia University Press.

Prentiss, W. and Chatters, J. 2003 Cultural diversification and decimation in the prehistoric record. *Current Anthropology* 44: 33 - 58.

Price, T. D. and Gebauer, A. B. 1995 New Perspectives on the Transition to Agriculture. In T. D. Price and A. B. Gebauer eds., *Last Hunters First Farmers*, pp.3 - 20. Santa Fe: School of American Research.

Price, T.D. ed. 2000 *Europe's First Farmers*. Cambridge: Cambridge University Press.

Price, T. D. 1987 The Mesolithic of Western Europe. *Journal of World Prehistory* 1: 225 - 306.

Price, T.D. 1996 *The first farmers of southern Scandinavia*. In D. Harris ed. 1996, pp.346 - 62.

Price, T.D. and Gebauer, A. 1992 The final frontier: first farmers in northern Europe. In A.B. Gebauer and T.D. Price eds., *Transitions to Agriculture in Prehistory*, pp.97 - 116. Madison: Prehistory Press.

Price, T. D., Bentley, R. A. et al. 2001 Prehistoric human migration in the Linearbandkeramik of central Europe. *Antiquity* 75: 593 - 603.

Pringle, H. 1998 The slow birth of agriculture. *Science* 282: 1446 - 50.

Pye, M. E. and Demarest, A. 1991 The evolution of complex societies in southeast Mesoamerica. In W. R. Fowler ed. *The Formation of Complex Society in Southeastern Mesoamerica*, pp. 77 - 100. Boca Raton, FL: CRC Press.

Quilter, J. Ojeda, B. et al. 1991 Subsistence economy of El Paraiso, an early Peruvian site. *Science* 251: 277 - 83.

Quintana-Murci, L., Krausz, C. et al. 2001 Y-chromosome lineages trace diffusion of people and languages in southwestern Asia. *American Journal of Human Genetics* 68: 537 - 42.

Quintero, L. and Wilke, P. 1995 Evolutionary and economic significance of naviform coreand-blade technology in the southern Levant. *Paleorient* 21: 17 - 33.

Quintero, L., Wilke, P. and Waines, G. 1997 Pragmatic studies of Near Eastern Neolithic sickle blades. In H. Gebel, Z. Kafafi and G. Rollefson eds., *The Prehistory of Jordan*, II. Perspectives from 1997, pp. 263 - 86. Berlin: Ex Oriente.

Raemakers, D. 2003 Cutting a long story short? The process of neolithization in the Dutch delta re-examined. *Antiquity* 77: 740 - 8.

Rai, N. 1990 *Living in a Lean-to*. Ann Arbor: University of Michigan Monograph in Anthropology 80. Rankin, R. n. d. On Siouan chronology. Unpublished manuscript (via personal communication).

Rao, S. N. 1977 Continuity and survival of Neolithic traditions in northeastern India. *Asian Pespectives* 20: 191 - 205.

Rao, S.R. 1962 - 3 Excavations at Rangpur. *Ancient India* 18 & 19: 5 - 207.

Raymond, J. S. 1981 The maritime foundations of Andean civilization: a reconsideration of the evidence. *American Antiquity* 46: 806 - 21.

Redd, A. J., Takezaki, N. et al. 1995 Evolutionary history of the COII/tRNALY, intergenic 9 b.p. deletion in human mitochondrial DNAs from the Pacific. *Molecular Biology and Evolution* 12: 604 - 15.

Reddy, S.N. 1997 If the threshing floor could talk. *Journal of Anthropological*

Archaeology 16：162－87.

Reid，L. 1988 Benedict's Austro-Tai hypothesis：an evaluation. *Asian Perspectives* 26：19－34.

Reid，L. 1994a Unravelling the linguistic histories of Philippine Negritos. In T. Dutton and D. Tryon eds.，*Language Contact and Change in the Austroneaian World*，pp.443－76. Berlin：Mouton de Gruyter.

Reid，L. 1994b Possible non-Austronesian lexical elements in Philippine Negrito languages. *Oceanic Linguistics* 33：37－72.

Reid，L. 1996 The current state of linguistic research on the relatedness of the language families of East and Southeast Asia. *Bulletin of the Indo-Pacific Prehistory Association* 15：87－92.

Reid，L. 2001 Comment. *Language and Linguistics* 2：247－52. Academia Sinica，Taipei.

Renfrew，C. 1987 *Archaeology and Language*. London：Jonathan Cape.

Renfrew，C. 1989 Models of change in language and archaeology. *Transactions of the Philological Society* 87：103－65.

Renfrew，C. 1991 Before Babel. *Cambridge Archaeological journal* 1：3－23.

Renfrew，C. 1992a World languages and human dispersals：a minimalist view. In J. Hall and 1. Jarvie eds.，*Transition to Modernity*，pp.11－68. Cambridge：Cambridge University Press.

Renfrew，C. 1992b Archaeology，genetics and linguistic diversity. *Man* 27：445－78.

Renfrew，C. 1998 Word of Minos. *Cambridge Archaeological journal* 8：239－64.

Renfrew，C. 1999 Time depth，convergence theory，and innovation in Proto-Indo-European. *Journal of Indo-European Studies* 27：257－93.

Renfrew，C. 2000 Archaeogenetics：towards a population prehistory of Europe. In C. Renfrew and K. Boyle eds.，*Archaeogenetics*，pp.3－12. Cambridge：McDonald Institute for Archaeological Research.

Renfrew，C. 2001 a The Anatolian origins of Proto-Indo-European and the autochthony of the Hittites. In R. Drews ed., *Greater Anatolia and the Indo-Hittite Language Family*, pp. 36 - 63. Washington, DC: Institute for the Study of Man.

Renfrew, C. 2001b At the edge of knowability: towards a prehistory of languages. *Cambridge Archaeological journal* 10: 7 - 34.

Renfrew, C. 2001c From molecular genetics to archaeogenetics. *Proceedings of the National Academy of Sciences* 98: 4830 - 32.

Renfrew, C. 2003 "The emerging synthesis": the archaeogenetics of language/farming dispersals and other spread zones. In P. Bellwood and C. Renfrew eds., *Examining the Farming/ Language Dispersal Hypothesis*, pp. 3 - 16. Cambridge: McDonald Institute for Archaeological Research.

Renfrew, C. and Boyle, K. eds. 2000 *Archaeogenetics*. Cambridge: McDonald Institute for Archaeological Research.

Renfrew, C., McMahon, A. and Trask, L. eds. 2000 *Time Depth in Historical Linguistics*. 2 vols. Cambridge: McDonald Institute for Archaeological Research.

Renfrew, C. and Nettle, D. 1999 *Nostratic: Examining a Linguistic Macrofamily*. Cambridge: McDonald Institute for Archaeological Research.

Rensch, C. 1976 *Comparative Otomanguean Phonology*. Bloomington: Indiana University Press.

Ribe, G., Cruells, W. and Molist, M. 1997 The Neolithic of the Iberian Peninsula. In M. Diaz- Andrieu and S. Keay eds., *The Archaeology of Iberia*, pp.65 - 84. London: Routledge.

Richards, M., Price, T. D. and Koch, E. 2003 Mesolithic and Neolithic subsistence in Denmark: new stable isotope data. *Current Anthropology* 44: 288 - 94.

Richards, M. 2003 The Neolithic invasion of Europe. *Annual Review of Anthropology* 32: 135 - 62.

Richards, M., Corte-Real, H. et al. 1996 Palaeolithic and Neolithic lineages in the European mitochondria] gene pool. *American Journal of Human Genetics*

59：185－203.

Richards，M.，Macaulay，V. and Bandelt，H -J. 2003 Analyzing genetic data in a model-based framework：inferences about European prehistory. In P. Bellwood and C. Renfrew eds.，*Examining the Language/Farming Dispersal Hypothesis*，pp.459－66. Cambridge：McDonald Institute for Archaeological Research.

Richards，M.，Macaulay，V. et al. 2000 Tracing European founder lineages in the Near Eastern mtDNA pool. *American Journal of Human genetics* 67：1251－76.

Richards，M.，Macaulay，V. et al. 1997 Reply to Cavalli-Sforza and Minch. *American Journal of Human Genetics* 61：251－4.

Richards，M.，Oppenheimer，S. and Sykes，B. 1998 mtDNA suggests Polynesian origins in eastern Indonesia. American Journal of Human Genetics 63：1234－6.

Richards，M.P. and Hedges，R. 1999 *A Neolithic revolution? New evidence of diet in the British Neolithic Antiquity* 73：891－7.

Richardson，A. 1982 The control of productive resources on the Northwest Coast of North America. In N.M. Williams and E.S. Hunn eds.，*Resource Managers：North American and Australian Hunter-Gatherers*，pp. 93－112. Boulder：Westview.

Richerson，P.，Boyd，R. and Bettinger，R. 2001 Was agriculture impossible during the Pleistocene but mandatory during the Holocene? *American Antiquity* 66：387－411.

Riley，T. 1987 Ridged-field agriculture and the Mississippian economic pattern. In W. F. Keegan ed.，*Emergent Horticultural Economies of the Eastern Woodlands*，pp.295－304. Center for Archaeological Investigations，Southern Illinois University at Carbondale.

Riley，T.，Walz，G. et al. 1994 Accelerator mass spectrometry（AMS）dates confirm early Zea mays in the Mississippi River Valley. *American Antiquity* 59：490－8.

Riley, T., Edging, R. and Rossen, J. 1991 Cultigens in prehistoric eastern North America. *Current Anthropology* 31: 525 – 41.

Rimantiene, R. 1992 The Neolithic of the eastern Baltic. *Journal of World Prehistory* 6: 97 – 143.

Rindos, D. 1980 Symbiosis, instability and the origins and spread of agriculture. *Current Anthropology* 21: 751 – 72.

Rindos, D. 1984 *The Origins of Agriculture*. Orlando: Academic.

Rindos, D. 1989 Darwinism and its role in the explanation of domestication. In D. Harris and G. Hillman eds., *Foraging and Farming*, pp.27 – 41. London: Unwin Hyman.

Ringe, D., Warnow, T. and Taylor, A. 1998 Computational cladistics and the position of Tocharian. In V.H. Mair ed., *The Bronze Age and Early Iron Age Peoples of Eastern Central Asia*, pp.391 – 414. Philadelphia: Institute for the Study of Man.

Rival, L.M. 1999 Introduction: South America. In R.B. Lee and R. Daly eds., *The Cambridge Encyclopaedia of Hunters and Gatherers*, pp. 77 – 85. Cambridge: Cambridge University Press.

Roberts, N. 2002 Did prehistoric landscape management retard the postglacial spread of woodland in Southwest Asia? *Antiquity* 76: 1002 – 10.

Rodriguez, A. 1999 Tupi. In R. Dixon and A. Aikhenvald eds., *Amazonian Languages*, pp.10724. Cambridge: Cambridge University Press.

Rolett, B., Chen Wei-chun and Sinton, J. 2000 Taiwan, Neolithic seafaring and Austronesian origins. *Antiquity* 74: 54 – 61.

Rollefson, G. 1989 The late aceramic Neolithic of the Levant: a synthesis. *Paleorient* 15/ 1: 168 – 73.

Rollefson, G. 1998 Ain Ghazal (Jordan): ritual and ceremony III. *Paleorient* 24/ 1: 43 – 58.

Rollefson, G. and Kohler-Rollefson, I. 1993 PPNC adaptations in the first half of the 6th millennium BC. *Paleorient* 19: 33 – 42.

Romney, A. 1957 The genetic model and Uto-Aztecan time perspective.

Davidson Journal of Anthropology 3: 35 - 41.

Roodenberg, J. 1999 Ilipinar, an early farming village in the Iznik Lake region. In M. Ozdogan and N. Ba% elen eds., *Neolithic in Turkey*, pp. 193 - 202. Istanbul: Arkeoloji ve Sanat Yayinlari.

Roosevelt, A.C. 1980 *Parmana*. New York: Academic.

Roosevelt, A.C. 1984 Population, health and the evolution of subsistence. In M. N. Cohen and G. J. Armelagos eds., *Palaeopathology at the Origins of Agriculture*, pp.559 - 83. New York: Academic.

Roosevelt, A.C. 1999a Archaeology [South America]. In R.B. Lee and R. Daly eds., *The Cambridge Encyclopaedia of Hunters and Gatherers*, pp.86 - 91. Cambridge: Cambridge University Press.

Roosevelt, A.C. 1999b The maritime, highland, forest dynamic and the origins of complex culture. In F. Salomon and S. Schwartz eds., *The Cambridge History of the Native Peoples of the Americas III*, South America, Part 1, pp.264 - 349. Cambridge: Cambridge University Press.

Roosevelt, A.C., Housley, R.A., da Silviera, M., Maranca, S. and Johnson, R. 1991 Eighth millennium pottery from a prehistoric shell midden in the Brazilian Amazon. *Science* 254: 1621 - 4.

Roscoe, P. 2002 The hunters and gatherers of New Guinea. *Current Anthropology* 43: 153 - 62.

Rosen, A. 2001 Phytolith evidence for agro-pastoral economies in the Scythian period of southern Kazakhstan. In J. Meunier and F. Colin eds., *Phytoliths: Applications in Earth Sciences and Human History*, pp. 183 - 98. Lisse: Balkema.

Rosenberg, M. 1994 A preliminary description of lithic industry from Hallan semi. In H. G. Gebel and S. F. Kozlowski eds., *Neolithic Chipped Stone Industries of the Levant*, pp.223 - 38. Berlin: Ex Oriente.

Rosenberg, M. 1998 Cheating at musical chairs. *Current Anthropology* 39: 653 - 82.

Rosenberg, M. 1999 Hallan semi. In M. Ozdogan and N. Basgelen eds.,

Neolithic in Turkey, pp.25 - 34. Istanbul: Arkeoloji ve Sanat Yayinlari.

Rosenberg, M., Nesbitt, R., Redding, R.W. and Peasnall, B.J. 1998 Hallam semi, pig husbandry and post-Pleistocene adaptations along the Taurus-Zagros Arc. *Paleorient* 24/1: 25 - 42.

Rosenberg, M. and Redding, R. 1998 Early pig husbandry in southwestern Asia. In S. Nelson ed., *Ancestors for the Pigs*, pp.55 - 64. Philadelphia: MASCA Research Paper 15.

Roset, J-P. 1987 Palaeoclimatic and cultural conditions of Neolithic development in the Early Holocene of northern Niger. In A. Close ed., *Prehistory of Arid North Africa*, pp.211 - 34. Dallas: Southern Methodist University Press.

Ross, M. 1991 How conservative are sedentary languages? Evidence from western Melanesia. In R. Blust ed., *Current Trends in Pacific Linguistics*, pp. 433 - 57. Canberra: Pacific Linguistics C - 117.

Ross, M. 1994 Areal phonological features in north central New Ireland. In T. Dutton and D. Tryon eds., *Language Contact and Change in the Austronesian World*, pp.551 - 72. Berlin: Mouton de Gruyter.

Ross, M. 1997 Social networks and kinds of speech community event. In R. Blench and M. Spriggs eds., *Archaeology and Language 1*, pp. 209 - 61. London: Routledge.

Ross, M. 2001 Contact-induced change in Oceanic languages in northwest Melanesia. In A. Aikhenvald and R. Dixon, eds., *Areal Diffusion and Genetic Inheritance: Problems in Comparative Linguistics*, pp. 134 - 66. Oxford: Oxford University Press.

Rosser, Z., Zerjal, T. et al. 2000 Y-chromosomal diversity in Europe is clinal and influenced primarily by geography, rather than by language. *American Journal of Human Genetics* 67: 1526 - 43.

Roth, B.J. ed. 1996 *Early Formative Adaptations in the southern Southwest*. Madison: Prehistory Press Monograph in World Archaeology 25.

Rouse, I. 1992 *The Tainos*. New Haven: Yale University Press.

Rowley-Conwy, P. 1984 The laziness of the short-distance hunter. *Journal of*

Anthropological Archaeology 3：300 – 24.

Rowley-Conwy，P. 1995 Making first farmers younger：the west European evidence. *Current Anthropology* 36：346 – 52.

Rowley-Conwy，P. 1999 Economic prehistory in southern Scandinavia. In J. Coles，R. Bewley and P. Mellars eds.，*World Prehistory*，pp. 125 – 59. London：British Academy.

Rowley-Conwy，P. 2000 Through a taphonomic glass，darkly：the importance of cereal cultivation in prehistoric Britain. In J.P. Huntley and S. Stallibrass eds.，*Taphonomy and Interpretation*，pp.43 – 53. Oxford：Oxbow.

Rowley-Conwy，P. 2001 Time，change and the archaeology of huntergatherers. In C. PanterBrick，R. Layton and P. Rowley-Conwy eds.，*Hunter-Gatherers：an Interdisciplinary Perspective*，pp.39 – 72. Cambridge：Cambridge University Press.

Rowley-Conwy，P.，Deakin，W. and Shaw，C. 1997 Ancient DNA from archaeological sorghum (Sorghum bicolor) from Qasr Ibrim，Nubia. *Sahara* 9：23 – 34.

Ruhlen，M. 1987 *A Guide to the World's Languages*. Vol. 1. Stanford：Stanford University Press.

Runnels，C. and Van Andel，T.H. 1988 Trade and the origins of agriculture in the eastern Mediterranean. *Journal of Mediterranean Archaeology* 1：83 – 109.

Runnels，C. and Murray，P. 2001 *Greece Before History*. Stanford：Stanford University Press.

Rust，W.R. and Leyden，B.W. 1994 Evidence of maize use at Early and Middle Preclassic La Venta Olmec sites. In S. Johannessen and C. Hastorf eds.，*Corn and Culture in the Prehistoric New World*，pp.181 – 202. Boulder：Westview.

Sadr，K. 1997 Kalahari archaeology and the Bushman debate. *Current Anthropology* 38：104 – 12.

Sadr，K. 1998 The first herders at the Cape of Good Hope. *African Archaeological Review* 15：101 – 32.

Sagart, L. 1994 Proto-Austronesian and the Old Chinese evidence for Sino-Austronesian. *Oceanic Linguistics* 33: 271 - 308.

Sagart, L. 2002 *Sino-Tibetan-Austronesian: an updated and improved argument*. Unpublished paper presented at the 9th International Congress of Austronesian Linguistics, Canberra.

Sagart, L. 2003 The vocabulary of cereal cultivation and the phylogeny of East Asian languages. *Bulletin of the Indo-Pacific Prehistory Association* 23: 127 - 36.

Sagart, L. in press Malayo-Polynesian features in the AN-related vocabulary in Kadai. In L. Sagan, R. Blench and A. Sanchez-Mazas eds., *The Peopling of East Asia: Putting Together Archaeology, Linguistics and Genetics*. London: RoutledgeCurzon.

Saha, N., Mak, J. et al. 1995 Population genetic study among the Orang Ash (Semai Senoi) of Malaysia. *Human Biology* 67: 37 - 57.

Sabi, M. 2001 Ochre Coloured Pottery: its genetic relationship with Harappan ware. *Man and Environment* 26/2: 75 - 88.

Sahlins, M. 1968 Notes on the original affluent society. In R. Lee and I. De Vore eds., *Man the Hunter*, pp.85 - 9. Chicago: Aldine.

Sandbukt, 0. 1991 Tributary tradition and relations of affinity and gender among the Sumatran Kubu. In T. Ingold, D. Riches and J. Woodburn eds., *Hunters and Gatherers*. Vol. 1: History, Evolution and Social Change, pp.107 - 116. Oxford: Berg.

Sanders, W. T. and Murdy, C. N. 1982 Cultural evolution and ecological succession in the Valley of Guatemala 1500 BC - AD 1524. In K. Flannery ed. *Maya Subsistence*, pp.19 - 63. New York: Academic.

Sandweiss, D., Maasch, K. and Anderson, D. 1999 Transitions in the Mid-Holocene. *Science* 283: 499 - 500.

Sanjur, 0., Piperno, D. et al. 2002 Phylogenetic relationships among domesticated and wild species of Cucurbita. Proc. *National Academy of Sciences* 99: 535 - 40.

Sanlaville, P. 1996 Changements climatiques dans la region Levantine a la fin du Pleistocene. *Paleorient* 22: 7 - 30.

Santley, R.S. and Pool, C.A. 1993 Prehispanic exchange relationships among Central Mexico, the Valley of Oaxaca, and the Gulf Coast of Mexico. In J.E. Ericson and T.G. Baugh eds., *The American Southwest and Mesoamerica*, pp. 179 - 211. New York: Plenum.

Sathe, V. and Badam, G. 1996 Animal remains from the Neolithic and Chalcolithic periods at Senuwar. *Man and Environment* XXI: 43 - 8.

Sather, C. 1995 Sea nomads and rainforest hunter-gatherers. In P. Bellwood, J. Fox and D. Tryon eds., *The Austronesians*, pp.229 - 68. Canberra: Australian National University, Dept. Anthropology Research School of Pacific and Asian Studies.

Sato, Y - 1. 1999 Origin and dissemination of cultivated rice in the eastern Asia. In K. Omoto ed., *Interdisciplinary Perspectives on the Origins of the Japanese*, pp. 143 - 53. Kyoto: International Research Center for Japanese Studies.

Sauer, C.O. 1952 *Agricultural Origins and Dispersals*. New York: American Geographical Society.

Scarre, C. 1992 The Early Neolithic of western France and megalithic origins in Atlantic Europe. *Oxford Journal of Archaeology* 11: 121 - 54.

Scarry, M. ed. 1993 *Foraging and Farming in the Eastern Woodlands*. Gainesville, FL: University Press of Florida.

Schild, R. 1998 The perils of dating open-air sandy sites of the North European Plain. In M. Zvelebil, L. Domanska and R. Dennell eds., *Harvesting the Sea, Farming the Forest*, pp.716. Sheffield: Sheffield Academic Press.

Schirmer, W. 1990 Some aspects of building at the "aceramic-neolithic" settlement at cayonii Tepesi. *World Archaeology* 21: 363 - 87.

Schmidt, K. 1990 The postulated Pre-Indo-European substrates in Insular Celtic and Tocharian. In T. Markey and J. Greppin eds., *When Worlds Collide*, pp. 179 - 203. Ann Arbor, MI: Karoma.

Schmidt, K. 2002 The 2002 excavations at Gobekli Tepe. *Neo-Lithics* 2/02: 8-13.

Schmidt, K. 2003 The 2003 campaign at Gobekli Tepe. *Neo-Lithics* 2/03: 3-8.

Schrire, C. 1980 An enquiry into the evolutionary status and apparent identity of San huntergatherers. *Human Ecology* 8: 9-32.

Schrire, C. 1984 Wild surmises on savage thoughts. In C. Schrire ed., *Past and Present in HunterGatherer Studies*, pp.1-26. Orlando, FL: Academic.

Schulting, R. 2000 New AMS dates from the Lamboum long barrow. *Oxford Journal of Archaeology* 19: 25-35.

Schulting, R. and Richards, M. 2002 Finding the coastal Mesolithic in southwest Britain. *Antiquity* 76: 1011-25.

Schwartz, D. 1963 Systems of areal integration. *Anthropological Forum* 1: 56-97.

Sealy, J. and Yates, R. 1994 The chronology of the introduction of pastoralism to the Cape, South Africa. *Antiquity* 68: 58-67.

Sellato, B. 1994 *Nomads of the Borneo Rainforest*. Honolulu: University of Hawaii Press.

Semino, 0., Passarino, G. et al. 2000 The genetic legacy of Paleolithic Homo sapiens sapiens in extant Europeans: a Y chromosome perspective. *Science* 290: 1155-9.

Serjeantcson, S. and Gao, X. 1995 Homo sapiens is an evolving species: origins of the Austronesians. In Bellwood, P. Fox, J.J. and Tryon, D. eds., *The Austronesians: Comparative and Historical Perspectives*, pp. 165-80. Canberra: Dept Anthropology, Research School of Pacific and Asian Studies, Australian National University.

Sevilla, R. 1994 Variation in modern Andean maize and its implications for prehistoric patterns. In S. Johannessen and C. Hastorf eds., *Corn and Culture in the Prehistoric New World*, pp.219-44. Boulder: Westview.

Shady Solis, R., Haas, J. and Creamer, W. 2001 Dating Caral, a Preceramic site in the Supe Valley on the central coast of Peru. *Science* 292: 723-6.

Sharer, R. 1978 *The Prehistory of Chalchuapa, El Salvador*. Philadelphia: University of Pennsylvania Press.

Sharma, G. R. et at. 1980 *Beginnings of Agriculture*. Allahabad: Abinash Prakashan.

Sheets, P. 1984 The prehistory of El Salvador: an interpretative summary. In F. W. Lange and D.L. Stone eds., *The Archaeology of Lower Central America*, pp.85 - 112. Albuquerque: University of New Mexico Press.

Sheets, P. 2000 The southeastern frontiers of Mesoamerica. In R. Adams and M. MacLeod eds., *The Cambridge History of the Native Peoples of the Americas II, Mesoamerica*, Part 1, pp. 407 - 448. Cambridge: Cambridge University Press.

Shelach, G. 2000 The earliest Neolithic cultures of northeast China. *Journal of World Prehistory* 14: 363 - 414.

Sherman, S. 2002 Genes, *Memes and Human History*. London: Thames and Hudson.

Sherratt, A. 1980 Water, soil and seasonality in early cereal cultivation. *World Archaeology* 11: 313 - 30.

Sherratt, A. 1995 Reviving the grand narrative. *Journal of European Archaeology* 3/1: 1 - 32.

Sherratt, A. 1997a *Economy and Society in Prehistoric Europe*. Edinburgh: Edinburgh University Press.

Sherratt, A. 1997b Climatic cycles and behavioural revolutions. *Antiquity* 71: 271 - 87.

Sherratt, A. and Sherratt, S. 1988 The archaeology of Indo-European: an alternative view. *Antiquity* 62: 584 - 95.

Shevoroshkin, V. and Manaster Ramer, A. 1991 Some recent work on the remote relations of languages. In S. Lamb and E. Mitchell eds., *Sprung from Some Common Source*, pp.89 - 121. Stanford, CA: Stanford University Press.

Shevoroshkin, V. ed. 1992 *Reconstructing Languages and Cultures*. Bochum: Brockmeyer.

Shimada, I. 1999 Evolution of Andean diversity: regional formations. In F. Salomon and S. Schwartz eds., *The Cambridge History of the Native Peoples of the Americas III*, South America, Part 1, pp. 350 - 517. Cambridge: Cambridge University Press.

Shinde, V. 1991 Craft specialization and social organisation in the Chalcolithic Deccan. *Antiquity* 65: 796 - 807.

Shinde, V. 1994 The Deccan Chalcolithic: a recent perspective. *Man and Environment* XIX: 169 - 78.

Shinde, V. 2000 The origin and development of the Chalcolithic in central India. *Bulletin of the Indo-Pacific Prehistory Association* 19: 125 - 36.

Shinde, V. 2002 The emergence, development and spread of agricultural communities in South Asia. In Y. Yasuda Y. ed., *The Origins of Pottery and Agriculture*, pp.89 - 115. New Delhi: Roli.

Shudai, H. 1996 - 7 Searching for the Early Harappan Culture. *Indian Archaeological Studies* 18: 40 - 51 (Tokyo).

Sidrys, R. 1996 The light eye and hair cline. In K. Jones-Bley ed., *The Indoeuropeanization of Northern Europe*, pp. 330 - 49. Washington, DC: Journal of Indo-European Studies Monograph 17.

Siebert, F. 1967 The original home of the Proto-Algonquian people. *National Museum of Canada Bulletin* 214: 13 - 47.

Simmons, A.H. 1986 New evidence for the early use of cultigens in the American Southwest. *American Antiquity* 51: 73 - 89.

Simmons, A.H. 1997 Ecological changes during the late Neolithic in Jordan. In H. Gebel. Z. Kafafi and G. Rollefson eds., *The Prehistory of Jordan, II*. Perspectives from 1997, pp.309 - 18. Berlin: Ex Oriente.

Simmons, A.H. 1998 Of tiny hippos, large cows and early colonists in Cyprus. *Journal of Mediterranean Archaeology* 11: 232 - 41.

Simmons, A. H. 1999 *Faunal Extinction in an Island Society*. New York: Kluwer.

Simoni, L., Calafell, F. et al. 2000 Geographic patterns of mtDNA diversity in

Europe. *American Journal of Human Genetics* 66：262 – 768.

Singh，A.K. 1998 *Excavations at Imlidih Khurd，District Gorakhpur，India*. Paper presented at IPPA Conference，Melaka，July 1998.

Singh，O. K. 1997 *Stone Age Archaeology of Manipur*. Manipur：Amusana Institute of Antiquarian Studies.

Singh，P. 1994 *Excavations at Narhan*. Varanasi：Banaras Hindu University.

Singh，P. 1998 *Early farming cultures of the Middle Ganga Valley*. Paper presented at IPPA Conference，Melaka，July 1998.

Singh，R.P. 1990 *Agriculture in Protohistoric India*. Delhi：Pratibha Prakashan.

Skak-Nielson，N. V. 2003 How did farming come to southern Scandinavia? *Fornvdnnen* 98：1 – 12.

Smalley，J. and Blake，M. 2003 Sweet beginnings：stalk sugar and the domestication of maize. *Current Anthropology* 44：675 – 704.

Smith，A. B. 1989 The Near Eastern connection. In L. Krzyzaniak and M. Kobusiewicz eds.，*Late Prehistory of the Nile Basin and the Sahara*，pp.69 – 78. Poznan：Poznan Anthropological Museum.

Smith，A.B. 1990 On becoming herders：Khoikhoi and San ethnicity in southern Africa. *African Studies* 49：51 – 73.

Smith，A. B. 1993 On subsistence and ethnicity in pre-colonial South Africa. *Current Anthropology* 34：439.

Smith，A. B. 1998 Keeping people on the periphery：the ideology of social hierarchies between hunters and herders. *Journal of Anthropological Archaeology* 17：201 – 15.

Smith，B. D. 1987 The independent domestication of indigenous seedbearing plants in eastern North America. In W.F. Keegan ed.，*Emergent Horticultural Economies of the Eastern Woodlands*，pp.3 – 47. Center for Archaeological Investigations，Southern Illinois University at Carbondale.

Smith，B.D. 1992a Prehistoric plant husbandry in eastern North America. In C. W. Cowan and P.J. Watson eds.，*The Origins of Agriculture*，pp.101 – 20. Washington DC：Smithsonian.

Smith, B.D. 1992b *Rivers of Change*. Washington, DC: Smithsonian.

Smith, B. D. 1995 *The Emergence of Agriculture*. New York: Scientific American.

Smith, B.D. 1997a Reconsidering the Ocampo Caves. *Latin American Antiquity* 8: 342 – 83.

Smith, B.D. 1997b The initial domestication of Cucurbita pepo in the Americas 10,000 years ago. *Science* 276: 932 – 4.

Smith, B.D. 2001 Documenting plant domestication. *Proceedings of the National Academy of Sciences* 98: 1324 – 6.

Smith, B. 2003 Low-level food production. *Journal of Archaeological Research* 9: 1 – 43.

Smith, P. 1972 *The Consequences of Food Production*. Reading: Addison-Wesley.

Snow, B. E., Shutler, R., Nelson, D., Vogel, J. S. and Southon, J. 1986 Evidence of early rice cultivation in the Philippines. *Philippine Quarterly of Culture and Society* 14: 3 – 11.

Snow, D. 1984 Iroquois prehistory. In M. Foster et al. eds., *Extending the Rafters*, pp.241 – 57. Albany: State University of New York Press.

Snow, D. 1991 Upland prehistoric maize agriculture in the eastern Rio Grande and its peripheries. In K.A. Spielmann ed., *Farmers, Hunters and Colonists*, pp.71 – 88. Tucson: University of Arizona Press.

Snow, D. 1994 *The Iroquois*. Oxford: Blackwell.

Snow, D. 1995 Migration in prehistory: the Northern Iroquoian case. *American Antiquity* 60: 59 – 79.

Snow, D. 1996 The first Americans and the differentiation of huntergatherer cultures. In B.G. Trigger and W.E. Washburn eds., *The Cambridge History of the Native Peoples of the Americas*, Vol. 1, North America, Part 1, pp. 125 – 99. Cambridge: Cambridge University Press.

Sokal, R., Oden, N. and Thomson, B. 1992 Origins of the Indo-Europeans: genetic evidence. *Proceedings of the National Academy of Sciences* 89:

7669 – 73.

Sokal, R., Oden, N. and Wilson, C. 1991 Genetic evidence for the spread of agriculture in Europe by demic diffusion. *Nature* 351: 143 – 4.

Solberg, B. 1989 The Neolithic transition in southern Scandinavia. *Oxford Journal of Archaeology* 8: 261 – 96.

Solway, J.S. and Lee, R.B. 1990 Foragers, genuine or spurious? Situating the Kalahari San in history. *Current Anthropology* 31: 109 – 46.

Sonawane, V.H. 2000 Early farming communities of Gujarat, India. *Bulletin of the Indo-Pacific Prehistory Association* 19: 137 – 46.

Soodyall, H., Vigiland, L. et al. 1996 mtDNA control-region sequence variation suggests multiple independent origins of an "Asian-specific" 9 – bp deletion in Sub-Saharan Africans. *American Journal of Human Genetics* 58: 595 – 608.

Sorensen, A. 1982 Multilingualism in the northwest Amazon. In J. Pride and J. Holmes eds., *Sociolinguistics*, pp.78 – 93. Harmondsworth: Penguin.

Sorensen, P. 1967 The Neolithic cultures of Thailand (and north Malaysia) and their Lungshanoid relationships. In Barnard, N. ed., *Early Chinese Art and its Possible Influence in the Pacific Basin*. Vol. 2, pp. 459 – 506. New York: Intercultural Arts Press.

Southworth, F. 1975 Cereals in South Asian prehistory. In K. Kennedy and G. Possehl eds., *Ecological Backgrounds of South Asian Prehistory*, pp.52 – 75. Ithaca: South Asia Program, Cornell University.

Southworth, F. 1988 Ancient economic plants of South Asia. In M. Jazayery and W. Winter eds., *Language and Culture*, pp. 649 – 68. Berlin: Mouton de Gruyter.

Southworth, F. 1990 The reconstruction of prehistoric South Asian language contact. In F. Bendix ed., *The Uses of Linguistics*, pp.207 – 34. Annals of the New York Academy of Science vol.583.

Southworth, F. 1992 Linguistics and archaeology. In G. Possehl ed., *South Asian Archaeology Studies*, pp.81 – 6. New Delhi: Oxford & IBH.

Southworth, F. 1995 Reconstructing social context from language. In G. Erdosy ed., *The IndoAryans of Ancient South Asia*, pp, 258 - 77. Berlin: Walter de Gruyter.

Spencer, R.F. and Jennings, J. D. eds. *1977 The Native Americans*. 2nd edition. New York: Harper & Row.

Spielmann, K.A. and Eder, J. 1994 Hunters and farmers: then and now. *Annual Review of Anthropology* 23: 303 - 23.

Spinden, H. 1915 The origin and distribution of agriculture in America. *In Proceedings of the 19th International Congress of Americanists, Washington, 1915*, pp.269 - 76. Nendeln: Kraus Reprint (1968).

Spriggs, M. 1989 The dating of the Island Southeast Asian Neolithic. *Antiquity* 63: 587 - 612.

Spriggs, M. 1996 Early agriculture and what went on before in Island Melanesia: continuity or intrusion? In D. Harris ed., *The Origins and Spread ofAgriculture and Pastoralism in Eurasia*, pp.524 - 37. London: University College Press.

Spriggs, M. 1997a *The Island Melanesians*. Oxford: Basil Blackwell.

Spriggs, M. 1997b Landscape catastrophe and landscape enhancement. In P. Kirch, P. and T. Hunt eds., *Historical Ecology in the Pacific Islands*, pp. 80 - 104. New Haven: Yale University Press.

Spriggs, M. 1999 Archaeological dates and linguistic subgroups in the settlement of the Island Southeast Asian-Pacific region. *Bulletin of the Indo-Pacific Prehistory Association* 18: 17 - 24.

Spriggs, M. 2003 Chronology of the Neolithic transition in Island Southeast Asia and the western Pacific. *Review of Archaeology* 24/2: 57 - 80.

Stahl, A.B. 1993 Intensification in the west African Late Stone Age: a view from central Ghana. In T. Shaw, P. Sinclair, B. Andah and A. Okpoko eds., *The Archaeology of Africa*, pp.261 - 73. London: Routledge.

Stahl, A. B. 1994 Innovation, diffusion and culture contact: the Holocene archaeology of Ghana. *Journal of World Prehistory* 8: 51 - 112.

Staller, J. and Thompson R. 2002 A multidisciplinary approach to understanding the initial introduction of maize into coastal Ecuador. *Journal of Archaeological Science* 29: 33 - 50.

Staller, J.E. 2001 Reassessing the developmental and chronological relationships of the Formative of coastal Ecuador. *Journal of World Prehistory* 15: 193 - 256.

Stanley, D. J. and Warne, A. G. 1993 Sea level and initiation of Predynastic culture in the Nile Delta. *Nature* 363: 425 - 8.

Staiible, H. 1995 Radiocarbon dates of the earliest Neolithic in central Europe. *Radiocarbon* 37: 227 - 37.

Stearmann, A.M. 1991 Making a living in the tropical forest: Yuqui foragers in the Bolivian Amazon. *Human Ecology* 19: 245 - 60.

Stevens, M. 1999 Spectacular results from modest remains. *Archaeology Southwest* 13/1, pp.4 - 5.

Steward, J. H. 1947 American culture history in the light of South America. *Southwestern Journal of Anthropology* 3: 85 - 107.

Stordeur, D. 2000 Les batiments communautaires de Jerf el Ahmar et Mureybet horizon PPNA. *Paleorient* 26: 29 - 44 (see also Neo-Lithics 1/2000: 1 - 4).

Stordeur, D. 2003 Tell Aswad: resultats preliminaire des campagnes 2001 et 2002. *Neo-Lithics* 1/03: 7 - 15.

Stordeur, D., Helmer, D. and Willcox, G. 1997 Jerf el Ahmar: un nouveau site de l'horizon PPNA sur le moyen Euphrate Syrien. *Bulletin de la Societe Prehistorique franfaise* 94: 282 - 5.

Strade, N. 1998 An interdisciplinary approach to the role of Uralic hunters and gatherers in the ethnohistory of the early Germanic area. In K. Julku and K Wiik eds., *The Roots of Peoples and Languages of Northern Eurasia 1*, pp. 168 - 79. Turku: Finno-Ugric Historical Society.

Street, M., Baales, M. et al. 2001 Final Palaeolithic and Mesolithic research in reunified Germany. *Journal of World Prehistory* 15: 365 - 453.

Su, B., Jin, L. et al. 2000 Polynesian origins: insights from the Y chromosome. *Proceedings of the National Academy of Sciences* 97: 8225 - 8.

Sumegi, P. and Kertesz, R. 2001 Palaeogeographic characteristics of the Carpathian Basin — an ecological trap during the early Neolithic? In R. Kertesz and J. Makkay eds., *From the Mesolithic to the Neolithic*, pp. 405 - 16. Budapest: Archaeolingua.

Sverdrup, H. and Guardans, R. 1999 Compiling words from extinct non-Indoeuropean languages in Europe. In V. Shevoroshkin and P. Sidwell eds., *Historical Linguistics and Lexicostatistics*, pp. 201 - 58. Melbourne: Association for the History of Language.

Swadling, P. and Hope, G. 1992 Environmental change in New Guinea since human settlement. In J. Dodson ed., *The Naive Lands*, pp. 13 - 42. Melbourne: Longman Cheshire.

Swadling, P., Araho, N. and Ivuyo, B. 1991 Settlements associated with the inland Sepik-Ramu Sea. Bulletin of the Indo-Pacific Prehistory Association 11: 92 - 112.

Sykes, B. 1999a The molecular genetics of European ancestry. *Philosophical Transactions of the Royal Society of London*, *Biological Sciences* 354: 131 - 40.

Sykes, B. 1999b Using genes to map population structure and origins. In B. Sykes ed., *The Human Inheritance*, pp.93 - 118. Oxford: Oxford University Press.

Sykes, B., Leiboff, A. et al. 1995 The origins of the Polynesians: an interpretation from mitochondrial lineage analysis. *American Journal of Human Genetics* 57: 1463 - 1475.

Taavitsainen, J-P., Simola, H. and Gronlund, E. 1998 Cultivation history beyond the periphery. *Journal of World Prehistory* 12: 199 - 253.

Tajima, A., Pan, I-H. et al. 2002 Three major lineages of Asian Y chromosomes: implications for the peopling of east and southeast Asia. *Human Genetics* 110: 80 - 8.

Taketsugu, I. 1991 *Research on Chinese Neolithic Culture*. *Translated by Mark Hudson*. Tokyo: Yamakawa Shuppansha.

Tayles, N. 1999 *The Excavation of Khok Phanom Di*. *Vol. V*: *The People*.

London: Society of Antiquaries.

Tchernov, E. 1997 Are Late Pleistocene environmental factors, faunal changes and cultural transformations culturally connected? *Paleorient* 23/2: 209 - 28.

Telegin, D.J. 1987 Neolithic cultures of the Ukraine and adjacent areas and their chronology. *Journal of World Prehistory* 1: 307 - 31.

Terrell, J. 1986 *Prehistory in the Pacific Islands*. Cambridge: Cambridge University Press.

Terrell, J. 1988 History as a family tree, history as an entangled bank. *Antiquity* 62: 642 - 57.

Terrell, J. ed. 2001 *Archaeology, Language and History*. Westport, CT: Bergin and Garvey.

Testart, A. 1988 Some major problems in the social anthropology of hunter-gatherers. *Current Anthropology* 29: 1 - 32.

Thomas, J. 1996 The cultural context of the first use of domesticates in continental Central and Northwest Europe. In D. Harris ed., *The Origins and Spread of Agriculture and Pastoralism in Eurasia*, pp. 310 - 22. London: UCL Press.

Thomas, N., Guest, H. and Dettelbach, M. eds. 1996 *Observations Made During a Voyage Round the World* (by Johann Reinhold Forster). Honolulu: University of Hawai'i Press.

Thomas, P.K. 2000 Subsistence based on animals in the Chalcolithic Culture of Western India. *Bulletin of the Indo-Pacific Prehistory Association* 19: 147 - 51.

Thorpe, 1. 1996 *The Origins of Agriculture in Europe*. London: Routledge.

Tolstoy, P. 1989 Coapexco and Tlatilco. In R.J. Sharer and D.C. Grove eds., *Regional Perspectives on the Olmec*, pp. 85 - 121. Cambridge: Cambridge University Press.

Torroni, A., Bandelt, HJ. et al. 1998 mtDNA analysis reveals a major late Palaeolithic population expansion from southwestern to northeastern Europe. *American Journal of Human Genetics* 62: 1137 - 1152.

Troy, C., MacHugh, D. et al. 2001 Genetic evidence for Near Eastern origins of European cattle. *Nature* 410: 1088-91.

Trubetzkoy, N. 1939 Gedanken uber das Indogermanenproblem. *Acta Linguistica* 1: 81-9.

Tsang Cheng-hwa 1992 *Archaeology of the P'eng-hu Islands*. Taipei: Institute of History and Philology, Academia Sinica.

Tsang Cheng-hwa 1995 New archaeological data from both sides of the Taiwan Straits. In P. Li, et al. eds., *Austronesian Studies Relating to Taiwan*, pp.185-226. Taipei: Institute of History and Philology, Academia Sinica.

Tsang Cheng-hwa in press Recent discoveries of the Tapenkeng culture in Taiwan: implications for the problem of Austronesian origins. In L. Sagart, R. Blench and A. Sanchez-Mazas eds., *The Peopling of East Asia: Putting Together Archaeology, Linguistics and Genetics*. London: RoutledgeCurzon.

Tsukada, M. 1967 Vegetation in subtropical Formosa during the Pleistocene glaciations and the Holocene. *Palaeogeography, Palaeoclimatology and Palaeoecology* 3: 49-64.

Tykot, R. and Staller, J. 2002 The importance of early maize agriculture in coastal Ecuador. *Current Anthropology* 43: 666-77.

Underhill, A.P. 1997 Current issues in Chinese Neolithic archaeology. *Journal of World Prehistory* 11: 103-60.

Underhill, P., Passarino, G. et al. 2001a The phylogeography of Y chromosome binary haplotypes and the origins of modern human populations. *Annals of Human Genetics* 65: 43-62.

Underhill, P., Passarino, G. et al. 2001b Maori origins, Y-chromosome haplotypes and implications for human history in the Pacific. *Human Mutation* 17: 271-80.

Underhill, P. 2003 Inference of Neolithic population histories using Ychromosome haplotypes. In P. Bellwood and C. Renfrew eds., *Examining the Language / Farming Dispersal Hypothesis*, pp.65-78. Cambridge: McDonald Institute for Archaeological Research.

Unger, J. 1990 Japanese and what other Altaic languages. In P. Baldi ed., *Linguistic Change and Reconstruction Methodology*, pp. 547 - 61. Berlin: Mouton de Gruyter.

Unger-Hamilton, R. 1989 The Epi-Palaeolithic southern Levant and the origins of cultivation. *Current Anthropology* 30: 88 - 103.

Unger-Hamilton, R. 1991 Natufian plant husbandry in the southern Levant. In 0. Bar-Yosef and F.R. Valla eds. 1991 *The Natufian Culture in the Levant*, pp. 483 - 520. Ann Arbor, MI: International Monographs in Prehistory.

Upham, S. 1994 Nomads of the Desert West. *Journal of World Prehistory* 8: 113 - 68.

Urry, J. and Walsh, M. 1981 The lost "Macassar language" of northern Australia. *Aboriginal History* 5: 91 - 108.

Vamplew, W. ed. 1987 *Australians: Historical Statistics*. Sydney: Fairfax, Syme and Weldon.

Vansina, J. 1990 *Paths in the Rainforest*. Madison: University of Wisconsin Press.

Vansina, J. 1995 New linguistic evidence and "the Bantu expansion." *Journal of African History* 36: 173 - 95.

Veen, M. van der ed. 1999 *The Exploitation of Plant Resources in Ancient Africa*. New York: Kluwer Academic.

Vend, S. 1986 The role of hunting-gathering populations in the transition to farming: a centralEuropean perspective. In M. Zvelebil ed., *Hunters in Transition*, pp.43 - 51. Cambridge: Cambridge University Press.

Venkatasubbaiah, P.C. and Kajale, M. 1991 Biological remains from Neolithic and Early Historic sites in Cuddapah District. *Man and Environment* XVI/1: 85 - 97.

Vennemann, T. 1994 Linguistic reconstruction in the context of European Prehistory. Trans. *Philological Society* 92: 215 - 84.

Verhoeven, M. 1997 The 1996 excavations at Tell Sabi Abyad II. *Neo-Lithics* 1/97: 1 - 3.

Verhoeven, M. 2002 Ritual and ideology in the Pre-Pottery Neolithic B of the Levant and southeast Anatolia. *Cambridge Archaeological Journal* 12: 233 - 58.

Verin, P. and Wright, H. 1999 Madagascar and Indonesia: new evidence from archaeology and linguistics. *Bulletin of the Indo-Pacific Prehistory Association* 18: 35 - 42.

Vierich, H. 1982 Adaptive flexibility in a multi-ethnic setting: the Basarwa of the southern Kalahari. In E. Leacock and R.B. Lee eds., *Politics and History in Band Societies*, pp.213 - 22. Cambridge: Cambridge University Press.

Villalon, M. 1991 A spatial model of lexical relationships among 14 Cariban varieties. In M. Key ed., *Language Change in South American Indian Languages*, pp.54 - 94. Philadelphia: University of Pennsylvania Press.

Vitelli, K.D. 1995 Pots, potters and the shaping of Greek Neolithic society. In W. Barnett and J. Hoopes eds., *The Emergence of Pottery*, pp. Washington: Smithsonian.

Walthall, J. A. 1990 *Prehistoric Indians of the Southeast*. Tuscaloosa: University of Alabama Press.

Warnow, T. 1997 Mathematical approaches to computational linguistics. *Proceedings of the National Academy of Sciences* 94: 6585 - 90.

Warrick, G. 2000 The precontact Iroquoian occupation of southern Ontario. *Journal of World Prehistory* 14: 415 - 66.

Wasse, A. 2001 The wild goats of Lebanon: evidence for early domestication? *Levant* 31: 21 - 34.

Wasylikowa, K. and Dahlberg, J. 1999 Sorghum in the economy of the Early Neolithic nomadic tribes at Nabta Playa, southern Egypt. In M. van der Veen ed., *The Exploitation of Plant Resources in Ancient Africa*, pp.11 - 32. New York: Kluwer Academic.

Wasylikowa, K., Mitka, J., Wendorf, F. and Close, A. 1997 Exploitation of wild plants by the early Neolithic hunter-gatherers of the Western Desert, Egypt. *Antiquity* 71: 932 - 41.

Watkins, C. 1985 *The American Heritage Dictionary of Indo-European Roots*. Boston, MA: Houghton Mifflin.

Watkins, C. 1998 An Indo-European linguistic area and its characteristics. In A. Aikhenvald and R. Dixon eds., *Areal Diffusion and Genetic Inheritance*, pp.44 - 63. Oxford: Oxford University Press.

Watkins, T. 1992 The beginning of the Neolithic. *Paleorient* 18/1: 63 - 75.

Watkins, T., Baird, D. and Betts, A. 1989 Qermez Dere and the early aceramic Neolithic of northern Iraq. *Paleorient* 15/1: 19 - 24.

Watson, E., Bauer, K. et al. 1996 mtDNA sequence diversity in Africa. *American Journal of Human Genetics* 59: 437 - 44.

Watson, J. and Woodhouse, J. 2001 The Kintampo Archaeological Research Project. *Antiquity* 75: 813 - 4.

Webb, C.H. 1977 The Poverty Point Culture. *Geoscience and Man* Vol. 17. Baton Rouge, LA: Louisiana State University.

Webb, W.S. and Snow, C.E. 1988 *The Adena People* (reprint of 1945 original). Knoxville, TN: University of Tennessee Press.

Weber, S.A. 1991 *Plants and Harappan Subsistence*. New Delhi: Oxford & IBH.

Weber, S.A. 1993 Changes in plant use at Rojdi. In G. Possehl ed., *Harappan Civilization, 2nd Edition*, pp.287 - 94. New Delhi: Oxford & IBH.

Weber, S.A. 1998 Out of Africa: the initial impact of millets in South Asia. *Current Anthropology* 39: 267 - 73.

Weber, S. A. 1999 Seeds of urbanism: palaeoethnobotany and the Indus Civilization. *Antiquity* 73: 813 - 26.

Wedel, W. 1983 The prehistoric Plains. In J. Jennings ed., *Ancient North Americans*, pp.203 - 41. San Francisco, CA: Freeman.

Weisler, M. 1998 Hard evidence for prehistoric interaction in Polynesia. *Current Anthropology* 39: 521 - 32.

Wells, B., Runnels, C., Zangger, E. 1993 In the shadow of Mycenae. *Archaeology* 46/1: 46 - 58, 63.

Wendorf, F. and Schild, R. 1998 Nabta Playa and its role in northeast African prehistory, *Journal of Anthropological Archaeology* 17: 97 - 123.

Wendorf, F., Schild, R. et al. 2001 *Holocene Settlement of the Egyptian Sahara*. Vol. 1: The Archaeology of Nabta Playa. New York: Kluwer.

Wendorf, F., Schild, R. and Close, A. eds. 1980 *Loaves and Fishes*. Dallas, TX: Southern Methodist University, Dept. Anthropology.

Wetterstrom, W. 1998 The origins of agriculture in Africa. *Review of Archaeology* 19/ 2: 30 - 46.

Whalen, M. 1981 *Excavations at Santo Domingo Tomaltepec*. Ann Arbor, MI: Museum of Anthropology, University of Michigan, Memoir 12.

Whalen, M. 1994 Moving out of the Archaic on the edge of the Southwest. *American Antiquity* 59: 622 - 38.

Whitaker, T.W. 1983 Cucurbits in Andean prehistory. *American Antiquity* 48: 576 - 85.

White, J.C. 1982 *Ban Chiang*. Philadelphia: University Museum.

White, J.C. 1997 A brief note on new dates for the Ban Chiang cultural tradition. *Bulletin of the Indo-Pacific Prehistory Association* 17: 103 - 6.

Whitehouse, R. 1987 The first farmers in the Adriatic and their position in the Neolithic of the Mediterranean. In J. Guilaine et al. eds., *Premieres Communautes paysannes en Mediterranean Occidentale*, pp.357 - 66. Paris: CNRS.

Wichmann, S. 1998 A conservative look at diffusion involving MixeZoquean languages. In R. Blench and M. Spriggs eds., *Archaeology and Language II*, pp.297 - 323. London: Routledge.

Wichmann, S. 2003 Contextualizing proto-languages, homelands and siatant genetic relationship. In P. Bellwood and C. Renfrew eds., *Examining the Farming/Language Dispersal Hypothesis*, pp.321 - 30. Cambridge: McDonald Institute for Archaeological Research.

Widmer, R.J. 1988 *The Evolution of the Calusa*. Tuscaloosa: University of Alabama Press.

Wigboldus, J. 1996 Early presence of African millets near the Indian Ocean. In J. Reade ed., *The Indian Ocean in Antiquity*, pp. 75 – 88. London: Kegan Paul.

Wiik, K. 2000 Some ancient and modern linguistic processes in northern Europe. In C. Renfrew, A. McMahon and L. Trask eds., *Time Depth in Historical Linguistics*, pp. 463 – 80. Cambridge: McDonald Institute for Archaeological Research.

Wilke, P. J. et al. 1972 Harvest selection and domestication in seed plants. *Antiquity* 46: 203 – 9.

Willcox, G. 1989 Some differences between crops of Near Eastern origin and those from the tropics. In C. Jarrige ed., *South Asian Archaeology 1989*, pp. 291 – 9. Madison: Prehistory Press.

Willcox, G. 1996 Evidence for plant exploitation and vegetation history from three Early Neolithic pre-pottery sites on the Euphrates (Syria). *Vegetation History and Archaeobotany* 5: 143 – 52.

Willcox, G. 1999 Agrarian change and the beginnings of cultivation in the Near East. In Gosden and Hather eds., *The Prehistory of Food*, pp. 478 – 99. London: Routledge.

Willcox, G. 2002 Geographical variation in major cereal components and evidence for independent domestication events in western Asia. In R. Cappers and S. Bottema eds., *The Dawn of Farming in the Near East*, pp.133 – 40. Berlin: Ex Oriente.

Willey, G. 1958 An archaeological perspective on Algonkian-Gulf links. *Southwestern Journal of Anthropology* 14: 265 – 71.

Willey, G. 1962 The early great styles and the rise of pre-Columbian civilizations. *American Anthropologist* 64: 1 – 14.

Williams, C. 1985 A scheme for the early monumental architecture of the central coast of Peru. In C. B. Dorman ed., *Early Ceremonial Architecture in the Andes: A Conference at Dumbarton Oaks, 26 and 27 October 1982*, pp.227 – 39. Washington, D.C.: Dumbarton Oaks Research.

Williams, S., Chagnon, N. and Spielman, R. 2002 Nuclear and itochondrial genetic variation in the Yanomamo. *American Journal of Physical Anthropology* 117: 246 - 59.

Williamson, K. and Blench, R. 2000 Niger-Congo. In B. Heine and D. Nurse eds., *African Languages: an Introduction*, pp. 11 - 42. Cambridge: Cambridge University Press.

Willis, K. and Bennett, K. 1994 The Neolithic transition — fact or fiction? *The Holocene* 4: 326 - 30.

Wills, W. H. 1988 *Early Prehistoric Agriculture in the American Southwest*. Santa Fe, CA: School of American Research.

Wilmsen, E. N. and Denbow, J. R. 1990 Paradigmatic history of San-speaking peoples. *Current Anthropology* 31: 489 - 524.

Wilson, D.J. 1985 Of maize and men. *American Anthropologist* 83: 93 - 120.

Winter, J. C. and Hogan, P. F. 1986 Plant husbandry in the Great Basin and adjacent North Colorado Plateau. In C. J. Londie and D. D. Fowler eds., *Anthropology of the Desert West*, pp. 119 - 44. Salt Lake City, UT: University of Utah Press.

Witkowski, S. and Brown, C. 1978 Mesoamerican: a proposed language phylum. *American Anthropologist* 80: 942 - 4.

Witzel, M. 1995 Early Indian history: linguistic and textual parameters. In G. Erdosy ed., *The Indo-Aryans of Ancient South Asia*, pp, 85 - 125. Berlin: Walter de Gruyter.

Woodburn, J. 1982 Egalitarian societies. *Man* 17: 431 - 51.

Woodburn, J. 1991 African hunter-gatherer social organisation: is it best understood as a product of encapsulation? In T. Ingold, D. Riches and J. Woodburn eds., *Hunters and Gatherers*. Vol. 1: History, Evolution and Social Change, pp.31 - 64. Oxford: Berg.

Wright, J. 1984 The cultural continuity of the Northern Iroquoianspeaking peoples. In M. Foster et al. eds., *Extending the Rafters*, pp.283 - 99. Albany: State University of New York Press.

Wright, K. 1994 Ground-stone tools and hunter-gatherer subsistence in Southwest Asia: implications of the transition to farming. *American Antiquity* 59: 238 - 63.

Wu Yaoli 1996 Prehistoric rice agriculture in the Yellow River Valley. *Bulletin of the Indo-Pacific Prehistory Association* 15: 223 - 4.

Wuethrich, B. 2000 Learning the world's languages — before they vanish. *Science* 288: 1156 - 9.

Wurm, S. A. 1982 *Papuan Languages of Oceania*. Tubingen: Gunter Nan Verlag.

Wurm, S. A. 1983 Linguistic prehistory in the New Guinea area. *Journal of Human Evolution* 12: 25 - 35.

Wüst, I. 1998 Continuities and discontinuities: archaeology and ethnoarchaeology in the heart of the eastern Bororo territory, Mato Grosso, Brazil. *Antiquity* 72: 663 - 75.

Yan Wenming 1991 China's earliest rice agriculture remains. *Bulletin of the Indo-Pacific Prehistory Association* 10: 118 - 26.

Yan Wenming 1992 Origins of agriculture and animal husbandry in China. In C. M. Aikens and Song Nai Rhee eds., *Pacific Northeast Asia in Prehistory: Hunter-Fisher-Gatherers, Farmers, and Sociopolitical Elites*, pp. 113 - 24. Pullman: Washington State University Press.

Yan Wenming 2002 The origins of rice agriculture, pottery and cities. In Y. Yasuda Y. ed., *The Origins of Pottery and Agriculture*, pp. 151 - 6. New Delhi: Roli.

Yang Cong 1995 The prehistoric kiln sites and ceramic industry of Fujian. In C. Yeung and B. Li eds., *Archaeology in Southeast Asia*, pp. 267 - 84. Hong Kong: University of Hong Kong Museum and Art Gallery.

Yang Yaolin 1999 Preliminary investigations of the Xiantou Ling prehistoric cultural remains. *Bulletin of the Indo-Pacific Prehistory Association* 18: 105 - 16.

Yanushevich, Z. V. 1989 Agricultural evolution north of the Black Sea. In D.

Harris and G. Hillman eds., *Foraging and Farming*, pp.607 – 19. London: Unwin Hyman.

Yarnell, R.A. 1993 The importance of native crops during the Late Archaic and Woodland Periods. In M. Scarry ed., *Foraging and Farming in the Eastern Woodlands*, pp.13 – 26. Gainesville, FL: University Press of Florida.

Yarnell, R. A. 1994 Investigations relevant to the native development of plant husbandry in eastern North America. In W. Green ed., *Agricultural Origins and Development in the Mid-Continent*, pp.7 – 24. Iowa City, IA: University of Iowa Press.

Yasuda, Y. 2000 The oldest remains of a Chinese circular walled fortification. *Newsletter of the Grant-in-Aid Program for COE Research Foundation* 3 / 1: 1 – 4. Kyoto: International Research Center for Japanese Studies.

Yasuda, Y. ed. 2002 *The Origins of Pottery and Agriculture*. New Delhi: Roli.

Yellen, J. 1990 The transformation of the Kalahari ! Kung. *Scientific American* 262/4: 96 – 105.

Yen, D. E. 1995 The development of Sahul agriculture with Australia as bystander. *Antiquity* 69 (Special Number 265): 831 – 47.

Young, D. and Bettinger, R. 1992 The Numic spread: a computer simulation. *American Anthropologist* 57: 85 – 99.

Zarins, J. 1990 Early pastoral nomadism and the settlement of Lower Mesopotamia. *Bulletin of the American Schools of Oriental Research* 280: 31 – 65.

Zeist, W. van 1988 Some aspects of early Neolithic plant husbandry in the Near East. *Anatolica* 15: 49 – 67.

Zeist, W. van and Bottema, S. 1991 *Late Quaternary Vegetation of the Near East*. Wiesbaden: Ludwig Reichert.

Zhang Chi 1999 The excavations at Xianrendong and Diaotonghuan, Jiangxi. *Bulletin vof the Indo-Pacific Prehistory Association* 18: 97 – 100.

ZhangJuzhong and Wang Xiangkun 1998 Note son the recent discovery of ancient cultivated rice at Jiahu, Henan province. *Antiquity* 72: 897 – 901.

Zhang Wenxu 2002 The Bi-Peak-Tubercle of rice. In Y. Yasuda Y. ed., *The Origins of Pottery and Agriculture*, pp.205 - 16. New Delhi: Roli.

Zhao Zhijun 1998 The Middle Yangtze region in China is one place where rice was domesticated. *Antiquity* 72: 885 - 96.

Zide, A. and Zide, N. 1976 Proto-munda cultural vocabulary: evidence for early agriculture. In P. N. Jenner, L. C. Thompson and S. Starosta, *Austroasiatic Studies*, pp.1295 - 1334. Honolulu: Oceanic Linguistics Special Publication 13.

Zilhao, J. 1993 The spread of agro-pastoral communities across Mediterranean Europe. *Journal of Mediterranean Archaeology* 6: 5 - 63.

Zilhao, J. 2000 From the Mesolithic to the Neolithic in the Iberian Peninsula. In T.D. Price ed., *Europe's First Farmers*, pp.144 - 82. Cambridge: Cambridge University Press.

Zilhao, J. 2001 Radiocarbon evidence for maritime pioneer colonization at the origins of farming in west Mediterranean Europe. *Proceedings of the National Academy of Sciences* 98: 14180 - 5.

Zohary, D. 1996 The mode of domestication of the founder crops of Southwest Asian agriculture, In D. Harris ed., *The Origins and Spread of Agriculture and Pastoralism in Eurasia*, pp.142 - 58. London: UCL Press.

Zohary, D. 1999 Monophyletic vs. polyphyletic origin of the crops on which agriculture was founded in the Near East. *Genetic Resources and Crop Evolution* 46: 133 - 42.

Zohary, D. and Hopf, M. 2000 *Domestication of Plants in the Old World*. 3rd edition. Oxford: Clarendon.

Zorc, D. 1994 Austronesian culture history through reconstructed vocabulary. In A. Pawley and M. Ross eds., *Austronesian Terminologies: Continuity and Change*, pp.541 - 95. Canberra: Pacific Linguistics Series C - 127.

Zvelebil, K. 1985 Dravidian and Elamite — a real break-through? *Journal of the American Oriental Society* 94: 384 - 5.

Zvelebil, M. 1989 On the transition to farming in Europe. *Antiquity* 63: 379 - 83.

Zvelebil, M. 1996a The agricultural frontier and the transition to farming in the circum-Baltic region. In D. Harris ed., *The Origins and Spread of Agriculture and Pastoralism in Eurasia*, pp.323 - 45. London: UCL Press.

Zvelebil, M. 1996b Farmers our ancestors and the identity of Europe. In P. Graves-Brown, S. Jones and C. Gamble eds., *Cultural Identity and Archaeology*, pp.145 - 66. London: Routledge.

Zvelebil, M. 1998 Agricultural frontiers, Neolithic origins, and the transition to farming in the Baltic region. In M. Zvelebil, L. Domanska and R. Dennell eds., *Harvesting the Sea, Farming the Forest*, pp. 9 - 27. Sheffield: Sheffield Academic Press.

Zvelebil, M. 2000 The social context of the agricultural transition in Europe. In C. Renfrew and K. Boyle eds., *Archaeogenetics*, pp. 57 - 79. Cambridge: McDonald Institute for Archaeological Research.

Zvelebil, M. and Rowley-Conwy, P. 1986 Foragers and farmers in Atlantic Europe. In M. Zvelebil ed., *Hunters in Transition*, pp.67 - 95. Cambridge: Cambridge University Press.

Zvelebil, M. and Zvelebil, K. 1988 Agricultural transition and IndoEuropean dispersals. *Antiquity* 62: 574 - 83.

索　　引

说明：

1. 条目后的页码为原书页码，见本书边码。

2. 有些条目（粗体字）如农业、动物、语系、豆类、果实和块茎，下面汇集了多个相关词汇。

译 后 记

《最早的农人：农业社会的起源》(*First Farmers: the Origins of Agricultural Societies*)一书是世界著名考古学家、澳大利亚国立大学彼得·贝尔伍德(Peter S. Bellwood)教授的名著，出版于2005年，曾经获得美国考古学会的最佳著作奖(Book Award from the Society for American Archaeology, 2006年)，在全世界有重大影响。该书较早在国内介绍是经由洪晓纯博士，她曾经是贝尔伍德先生的学生和助手，目前也在澳大利亚国立大学工作。《南方文物》2011年第3期发表了洪晓纯博士采写的《彼得·贝尔伍德(Peter Bellwood)教授访谈录》，系统介绍了贝尔伍德教授的学术经历和成就，其中较为详细地阐述了《最早的农人》一书的主要观点。由此，该书在中国考古学界逐渐广为人知，并产生了重要影响。在案例分析基础上进行理论建构是西方考古学的强项，《最早的农人》建立的"农业、族群和语言扩散假说"堪称是西方考古学理论研究中的经典，思维宏大，论述缜密，资料丰富，极具学术魅力。这种跨学科、全球性、"一揽子"解决问题的方式，虽然存在争议，但其贡献毋庸置疑，国际考古学界也给予了高度评价。

2014年陈洪波在耶鲁大学人类学系访问期间研读了这本书，觉得这本书不但有方法论上的借鉴意义，在内容上也与中国考古有密切的联系，其中对于中国新石器时代考古有浓墨重彩的书写，多有精辟之论，这在西方考古学著作中是不多见的，因此萌生了将此书翻译为中文出版的想法。陈洪波的工作单位广西师范大学与广西文物保护与考古研究所有长期友好的合作关系，当陈洪波将翻译该书的想法向林强所长汇报时，当即得到了首肯，经研究拟列入广西文物保护与考古研究所学术丛书出版。该所谢光茂研究员和贝尔伍德教授有长期的学术交往，他和贝尔伍德教授联系后，得到了老先生的大力支持，贝尔伍德教授不但积极帮助解决著作版问题并提供插图原稿，还为中译本慷慨作序。

本书的翻译由广西师范大学和广西文物保护与考古研究所合作进行，是一项集体成果，由陈洪波教授和谢光茂研究员领衔主译，其他翻译人员包括：广西文物保护与考古研究所杜芳芳、陆艳慧，柳州市博物馆谢莉，重庆中国三峡博物馆吴雁，秦始皇帝陵博物院张小攀和广西民族博物馆陆秋燕。杜芳芳还负责了部分译稿的初步校对。最后由陈洪波和谢光茂负责全书的校对，并由陈洪波统稿。由于翻译团队水平有限，错误和疏漏在所难免，敬请读者批评指正。

本书的翻译和出版始终得到广西文物保护与考古研究所林强所长等领导和专家的大力支持。上海古籍出版社的编辑贾利民先生为此书出版付出了艰辛劳动，从联系版权到编辑校对，都做了大量工作。我们在翻译过程中遇到难题，亦多次向国内外学者请教，特别是澳大利亚国立大学的洪晓纯博士、复旦大学陈淳教授和张萌博士等，对译者不厌其烦多有指点。我们在此谨致谢忱！

陈洪波　谢光茂

2020 年 3 月 12 日